不确定性支持向量机
——算法及应用

杨志民　刘广利　著

本书获国家自然科学基金（编号：10926198）、
浙江工业大学专著与研究生教材出版基金（编号：20110103）资助

科学出版社
北　京

内 容 简 介

不确定性支持向量机是数据挖掘的一个新的研究领域，能有效地处理不确定性信息条件下的模式分类、回归预测、聚类分析和有序回归等诸多问题，并可应用于预测预警、综合评价等领域，因此适用于理科、工科、管理和农业等多个学科.

本书从不确定性规划出发，结合模糊、粗糙和未确知等不确定性理论，详细阐述适用于各类问题的不确定性支持向量机模型和算法. 目前国内外不确定性优化理论和支持向量机相结合的研究正处于快速发展阶段，希望本书的出版能促进不确定性支持向量机在我国各个应用领域的普及与提升，并且给相关领域的理论研究者和实际工作者提供一些思路和帮助.

本书适合于高等院校高年级本科生、研究生、教师以及相关领域的实际工作者阅读和使用.

图书在版编目(CIP)数据

不确定性支持向量机：算法及应用/杨志民，刘广利著. —北京：科学出版社, 2012

ISBN 978-7-03-032950-9

Ⅰ.①不… Ⅱ.①杨… ②刘… Ⅲ.①向量计算机-算法理论 Ⅳ.①TP301.6

中国版本图书馆 CIP 数据核字 (2011) 第 252429 号

责任编辑：刘凤娟／责任校对：桂伟利
责任印制：钱玉芬／封面设计：耕 者

科 学 出 版 社 出版
北京东黄城根北街 16 号
邮政编码：100717
http://www.sciencep.com

北京凌奇印刷有限责任公司 印刷

科学出版社发行 各地新华书店经销

*

2012 年 1 月第 一 版 开本：B5(720×1000)
2012 年 1 月第一次印刷 印张：17 1/4
字数：335 000

POD定价： 88.00元
(如有印装质量问题，我社负责调换)

前　言

支持向量机是 Vapnik 等提出的一类新型机器学习方法, 它能够非常成功地处理分类和回归问题. 由于支持向量机出色的学习性能, 该技术已成为机器学习界的研究热点, 并在很多领域得到了成功的应用. 但是, 作为一种尚未成熟的新技术, 支持向量机模型目前还存在许多局限. 客观世界存在大量的不确定性信息, 如果支持向量机的训练集中含有不确定性信息, 那么标准的支持向量机 (算法) 将无能为力.

2007 年, 我们在科学出版社出版了学术专著《不确定性支持向量机原理及应用》, 该书为国内外第一部系统论述不确定性支持向量机的著作. 专著出版后, 得到了国内外同行的广泛关注, 全国许多高等院校和科研单位的研究人员、教授及研究生来电来函, 提出在此领域合作研究的意向. 并且此专著被国内外学术论文和国内博士、硕士研究生学位论文 (如中国科学院、浙江大学、中国农业科学院、吉林大学、中国矿业大学、山东大学、厦门大学、天津大学、北京交通大学、西南交通大学、哈尔滨工业大学、电子科技大学、湖南大学、重庆大学、江南大学、南京理工大学、解放军信息工程大学等) 作为主要参考文献引用 200 余次. 在此基础上, 作者经过 4 年的继续研究和教学实践, 取得了一批研究成果. 因此决定出版专著《不确定性支持向量机 —— 算法及应用》, 系统地论述不确定性支持向量机的算法及不确定性支持向量机的应用.

本书首先介绍了最优化和不确定性数学的基础理论, 然后就统计学习理论和支持向量机进行了讨论 (第 1~3 章). 之后, 第 4~6 章提出基于可能性理论的模糊支持向量分类机、基于可信性理论的强模糊支持向量分类机及基于模糊系数规划的模糊支持向量分类机, 就模糊线性可分、近似模糊线性可分和模糊非线性问题三种情形分别构建了模糊支持向量分类机 (算法). 当最优超平面中的参数为模糊量 (模糊向量或模糊数) 时, 第 7 章建立模糊线性支持向量分类机和模糊线性支持向量回归机, 给出带有模糊决策的模糊机会约束规划模型, 并讨论了带有模糊决策的模糊机会约束规划解法 —— 基于模糊模拟的遗传算法及模糊支持向量集 (模糊集合) 的概念. 第 8 章提出带有不确定性信息的支持向量分类方法, 该方法将专家意见和不确定性信息融入分类系统. 针对多类分类问题的一类特殊问题 —— 有序回归. 第 9 章建立了不确定性有序支持向量回归模型. 第 10 章介绍不确定性理论、核理论与聚类问题的结合. 第 11 章建立未确知支持向量机 (算法). 第 12 章研究不确定性支持向量机的应用.

本书由杨志民和刘广利共同撰稿完成, 其内容是作者多年来在不确定性支持向量机领域的研究成果. 在本书的撰写过程中, 作者得到了许多专家学者的帮助. 首先要感谢中国农业大学邓乃扬教授的指导. 其次要感谢中国科学院田英杰研究员, 唐山师范学院阎满富教授, 河北工程大学哈明虎教授、刘开第教授、吴和琴教授, 温州大学王义闹教授, 西南交通大学徐扬教授, 东北财经大学王维国教授, 安阳师范学院王爱民教授的指导和帮助. 此外, 还要感谢浙江工业大学计建炳教授、方志明教授、王河江教授、池仁勇教授、程成教授、周明华教授、隋成华教授、乐孜纯教授、邸继征教授、王定江教授、寿华好教授的帮助.

由于作者水平有限, 书中难免有不当之处, 敬请读者批评指正.

作　者

2011 年 3 月 1 日

目　录

第 1 章 最优化理论基础

1.1 最优化问题

1.1.1 最优化问题的概念

所谓最优化就是找出一个多变量函数的极小值点. 最优化问题数学模型的一般形式为

$$\begin{cases} \min & f(x) \\ \text{s.t.} & x \in S \end{cases} \tag{1.1}$$

其中, $\boldsymbol{x} = (x_1, x_2, \cdots, x_n)^{\mathrm{T}} \in \mathbf{R}^n$ 称为决策变量; $f(x)$ 是 $\boldsymbol{x}$ 的函数, 称为目标函数; s.t. 是 “subject to” 的缩写; S 是 $\mathbf{R}^n$ 的子集.

当 $S \subset \mathbf{R}^n$ 时, x 的取值受限制, x 必须属于 S, S 便称为约束条件. 式 (1.1) 就是在集合 S 中求使 $f(x)$ 取极小值的 x, 称为约束最优化问题; 当 $S = \mathbf{R}^n$ 时, 问题 (1.1) 就转化为在 $\mathbf{R}^n$ 内求 $f(x)$ 的极小值, 称为无约束最小化问题.

当约束条件是线性的等式或不等式方程, 而目标函数是 x 的线性函数时, 称为线性规划. 当约束条件或目标函数中出现非线性时, 称为非线性规划. 非线性规划问题中最简单的一种是二次规划问题, 它的目标函数是 x 的二次函数, 而约束条件是 x 的线性等式或不等式方程. 其中, 二次规划问题是非线性规划问题中重要的一种类型. 当规划问题与时间相关, 即前一时刻的行为将影响下一时刻的行为时, 则称为动态规划, 又称为多级决策理论. 此外, 最优化问题还包括运输问题、最小二乘问题、最大最小问题等.

1.1.2 线性规划

线性规划是数学规划的重要分支. 自从 1947 年 George Dantzig 建立了适合在计算机上进行计算的单纯形法以来, 线性规划便得到了迅速发展并日益扩大其应用领域. 其应用涵盖管理科学、系统工程、应用数学、数理经济学、信息科学等众多学科领域.

线性规划都具备线性函数约束、符号约束、线性目标函数三个特征. 线性规划中的所有常数和决策变量都是在实数范围内考虑的, 决策变量的个数和线性函数约束的数目都是有限的. 当要求决策变量取整数时, 这种线性规划称为整数规划.

满足线性规划的函数约束和符号约束的解, 称为可行解. 在一般情况下, 线性规划的可行解有无限多个.

标准的线性规划问题可以表示为

$$\begin{cases} \min \quad \boldsymbol{z} = \boldsymbol{c}^{\mathrm{T}} \boldsymbol{x} \\ \text{s.t.} \quad \boldsymbol{A x} \geqslant \boldsymbol{b} \\ \qquad \boldsymbol{x} \geqslant 0 \end{cases} \tag{1.2}$$

其中, $\boldsymbol{A}$ 为 $m \times n$ 维结构矩阵; $\boldsymbol{b}$ 为 $m \times 1$ 维条件向量; $\boldsymbol{c}$ 是 $n \times 1$ 维的费用向量; $\boldsymbol{x}$ 是 $n \times 1$ 维的决策向量.

如果向量 $\boldsymbol{x}$ 满足式 (1.2) 的约束条件 $\boldsymbol{A x} \geqslant \boldsymbol{b}, \boldsymbol{x} \geqslant 0$, 则称 $\boldsymbol{x}$ 为可行解; 如果 $\boldsymbol{x}$ 同时满足式 (1.2) 的目标函数, 则称 $\boldsymbol{x}$ 为最优解. 并不是所有线性规划问题都有可行解和最优解, 即使线性规划的最优解存在, 也不一定唯一.

每个线性规划问题, 都存在另一个与它密切关联的线性规划问题, 将其中一个称为原问题, 简记为 P, 另一个称为它的对偶问题, 简记为 D.

定义 1.1　将线性规划问题

$$\begin{cases} \max \quad \boldsymbol{w} = \boldsymbol{y}^{\mathrm{T}} \boldsymbol{b} \\ \text{s.t.} \quad \boldsymbol{y}^{\mathrm{T}} \boldsymbol{A} \leqslant \boldsymbol{c}^{\mathrm{T}} \\ \qquad \boldsymbol{y} \geqslant 0 \end{cases} \tag{1.3}$$

称为线性规划问题 (1.2) 的对偶问题.

问题 (1.3) 和问题 (1.2) 互为对偶问题.

可以证明, 如果 $\boldsymbol{x}^*$ 是 (1.2) 的可行解, $\boldsymbol{y}^*$ 是对偶问题 (1.3) 的可行解, 而且 $\boldsymbol{c}^{\mathrm{T}} \boldsymbol{x}^* = \boldsymbol{y}^{*\mathrm{T}} \boldsymbol{b}$, 则 $\boldsymbol{x}^*$ 和 $\boldsymbol{y}^*$ 分别是问题 (1.2) 和问题 (1.3) 的最优解.

尽管自 1947 年 George Dantzig 提出单纯形法以来, 出现过若干新的算法, 如椭圆形法及 Karmarkar 方法等, 但单纯形法仍然是线性规划中最重要的实用算法. 这里只介绍单纯形法. 单纯形法的基本思想, 简单地可概括为以下几点：

(1) 求出一个基可行解, 或者判定其无可行解, 如无可行解则计算停止, 否则进入下一阶段.

(2) 对基可行解进行最优性判别, 如果已达到最优, 则计算停止; 或者无最优解, 计算也可停止.

(3) 替换基, 求出新的基可行解, 转回到第 (2) 点.

上述第 (1) 点是第一阶段, 第 (2)、(3) 点属于第二阶段, 而第一阶段的具体算法与第二阶段是完全相同的, 只不过考虑的问题略有不同.

1.1.3 凸最优化

定义 1.2 集合 $S \subset \mathbf{R}^N$, 若任两点 $x, y \in S$, 有

$$(1-\theta)x + \theta y \in S, \quad 0 \leqslant \theta \leqslant 1 \tag{1.4}$$

则称 S 为 $\mathbf{R}^N$ 中的凸集. 根据凸集的定义, 可以证明有下述性质：即在同一空间中,

(1) 有限个凸集的交也是凸集.

(2) 如果 S_1 和 S_2 都是凸集, 则集合

$$S = \{z : z = x - y, x \in S_1, y \in S_2\} \tag{1.5}$$

也是凸集.

(3) 如果 S_1 和 S_2 都是凸集, 则集合

$$S = \{z : z = x + y, x \in S_1, y \in S_2\} \tag{1.6}$$

也是凸集.

(4) 如果 $S_1, \cdots, S_n$ 都是凸集, 则集合

$$S = \left\{ z : z = \sum_{i=1}^{n} a_i x^{(i)}, x^{(i)} \in S_i, a_i \geqslant 0, \sum_{i=1}^{n} a_i = 1 \right\} \tag{1.7}$$

也是凸集.

定义 1.3 如果集合 S 包含它的一切极限点, 则称 S 为闭集. 换言之, 如果点列 $x^{(1)}, x^{(2)}, x^{(3)}, \cdots \in S$ 及 $x^{(k)} \to x^*(k \to \infty)$, 有 $x^* \in S$, 则 S 是闭的.

定义 1.4 若 $\boldsymbol{A} = [\boldsymbol{a}^{(1)}, \cdots, \boldsymbol{a}^{(n)}]$ 是 $m \times n$ 矩阵, 集合

$$C = \{\boldsymbol{A}x : x \geqslant 0\} \tag{1.8}$$

或写为

$$C = \left\{ x_1 \boldsymbol{a}^{(1)} + \cdots + x_n \boldsymbol{a}^{(n)}, \forall x_j \geqslant 0, j = 1, \cdots, n \right\} \tag{1.9}$$

称为向量 $\boldsymbol{a}^{(1)}, \cdots, \boldsymbol{a}^{(n)}$ 的有限集生成的有限锥.

定义 1.5 设 $f : C \subset \mathbf{R}^n \to \mathbf{R}^1$, 其中 C 是非空凸集, 若对于任给的 $x^{(1)}, x^{(2)} \in C$ 及任给的 $\lambda \in [0, 1]$ 都有

$$f(\lambda x^{(1)} + (1-\lambda) x^{(2)}) \leqslant \lambda f(x^{(1)}) + (1-\lambda) f(x^{(2)}) \tag{1.10}$$

则称 $f(x)$ 为 C 上的凸函数, 如果上述定义式严格不等, 则称为严格凸函数.

把上述定义式中的不等号反向, 即可得到凹函数和严格凹函数的定义. 显然, 若函数 $f(x)$ 是凸函数 (严格凸函数), 则 $f(x)$ 一定是凹函数 (严格凹函数).

下面介绍凸函数的性质.

性质 1　若 $f(x)$ 是凸集 $C \in \mathbf{R}^n$ 上的凸函数, 对任意正整数 $n \geqslant 2$ 及任意 $x(1), x(2), \cdots, x(n) \in C$, 以及任意 $\lambda_1, \lambda_2, \cdots, \lambda_n \geqslant 0$, 满足 $\sum\limits_{i=1}^{n} \lambda_i = 1$, 有

$$f\left(\sum_{i=1}^{n} \lambda_i x^{(i)}\right) \leqslant \sum_{i=1}^{n} \lambda_i f\left(x^{(i)}\right) \tag{1.11}$$

成立.

性质 2　若 $f_1(x)$ 和 $f_2(x)$ 是凸集 $C \in \mathbf{R}^n$ 上的凸函数, 则

$$f(x) = f_1(x) + f_2(x) \tag{1.12}$$

也是 C 上的凸函数.

性质 3　若 $f(x)$ 是凸集 $C \in \mathbf{R}^n$ 上的凸函数, 则对任意的 $\lambda \geqslant 0$, 函数 $\lambda f(x)$ 也是 C 上的凸函数.

可以推出: 若$f_1(x), f_2(x), \cdots, f_k(x)$是凸集$C \in \mathbf{R}^n$ 上的凸函数, $\lambda_1, \lambda_2, \cdots, \lambda_k \geqslant 0$, 则非负线性组成

$$f(x) = \sum_{i=1}^{n} \lambda_i f_i(x) \tag{1.13}$$

也是 C 上的凸函数.

性质 4　设 $f(x)$ 是凸集 $C \in \mathbf{R}^n$ 上的凸函数, 则对每一实数 β, 集合

$$C_\beta \{x : f(x) \leqslant \beta, x \in C\} \tag{1.14}$$

是凸集.

定理 1.1　设 $C \in \mathbf{R}^n$ 为非空开凸集, $f : C \to \mathbf{R}^1$ 在 C 上可微, 则 f 是 C 上的凸函数的充要条件是对 $\forall x^{(1)}, x^{(2)} \in C$, 恒有

$$f(x^{(2)}) \geqslant f(x^{(1)}) + \nabla f(x^{(1)})^{\mathrm{T}}(x^{(2)} - x^{(1)}) \tag{1.15}$$

成立. 其中 $\nabla f(x^{(1)})$ 为函数 f 在点 $x^{(1)}$ 处的梯度.

定理 1.2　设 $C \in \mathbf{R}^n$ 为非空开凸集, $f : C \to \mathbf{R}^1$ 在 C 上二阶可微, 则 f 是 C 上的凸函数的充要条件是每一 $x \in C$, f 在 x 处的海赛矩阵

$$\boldsymbol{H}(x) = \nabla^2 f(x) \tag{1.16}$$

为半正定.

定理 1.3 设 $C \in \mathbf{R}^n$ 为非空开凸集, $f: C \to \mathbf{R}^1$ 在 C 上二阶可微, 若对一切 $x \in C$, 由式 (1.16) 定义的矩阵 $\boldsymbol{H}(x)$ 正定, 则 f 是 C 上的严格凸函数.

定义 1.6(凸约束问题) 称约束问题

$$\begin{cases} \min & f(x), \quad x \in \mathbf{R}^n \\ \text{s.t.} & c_i(x) \leqslant 0, \quad i = 1, \cdots, p \\ & c_i(x) = 0, \quad i = p+1, \cdots, p+q \end{cases} \tag{1.17}$$

为凸约束最优化问题, 如果其中的目标函数 $f(x)$ 和约束函数 $c_i(x)(i = 1, \cdots, p)$ 都是凸函数, 而 $c_i(x) = 0(i = p+1, \cdots, p+q)$ 是线性函数.

定理 1.4(凸函数的极小) 考虑凸约束问题 (1.17). 设问题的可行域

$$D = \{x | c_i(x) \leqslant 0, i = 1, \cdots, p; c_i(x) = 0, i = p+1, \cdots, p+q; x \in \mathbf{R}^N\} \tag{1.18}$$

则

(1) 若问题有局部解 x^*, 则 x^* 是问题的全局解.

(2) 问题的全局解组成的集合是凸集.

(3) 问题有局部解 x^*, $f(x)$ 是 D 上的严格凸函数, 则 x^* 是问题的唯一解.

有下面的推论成立:

(1) 考虑不定式约束问题

$$\begin{cases} \min & f(x), \quad x \in \mathbf{R}^n \\ \text{s.t.} & c_i(x) \leqslant 0, \quad i = 1, \cdots, p \end{cases} \tag{1.19}$$

其目标函数 $f(x)$ 和约束条件 $c_i(x)$ $(i = 1, \cdots, p)$ 都是 $\mathbf{R}^N$ 上的凸函数, 则定理 1.3 的结论成立.

(2) 考虑无约束问题

$$\min \quad f(x), \quad x \in \mathbf{R}^n \tag{1.20}$$

设其目标函数 $f(x)$ 是 $\mathbf{R}^N$ 上的凸函数, 则定理 1.3 的结论成立.

1.2 最优性条件

考虑约束最优化问题

$$\begin{cases} \min & f(x) \\ \text{s.t.} & g_i(x) \leqslant 0, \quad i = 1, 2, \cdots, m \\ & h_j(x) = 0, \quad j = 1, 2, \cdots, r \end{cases} \tag{1.21}$$

其中, $f:\mathbf{R}^n\to\mathbf{R}^1$; $g_i:\mathbf{R}^n\to\mathbf{R}^1(i=1,2,\cdots,m)$; $h_j:\mathbf{R}^n\to\mathbf{R}^1(j=1,2,\cdots,r)$. 设 $R=\{x:g_j(x)\leqslant 0,i=1,\cdots,m;h_j(x)=0,j=1,\cdots,r;x\in\mathbf{R}^n\}$.

现在来推导问题 (1.21) 在一般假设条件下的最优性条件.

定义 1.7 若问题 (1.21) 的一个可行点 $\bar{x}$ 使某个不等式约束 $g_i(x)\leqslant 0$ 变成等式, 即 $g_i(\bar{x})=0$, 则称该不等式约束为关于可行点 $\bar{x}$ 起作用约束 (或紧约束); 否则, 若 $\bar{x}$ 使得某个 $g_i(\bar{x})<0$, 则该不等式称为关于可行点 $\bar{x}$ 的不起作用约束 (或松约束). 用集合

$$I=\{i:g_i(\bar{x})=0,\bar{x}\in\mathbf{R}\} \tag{1.22}$$

表示在可行点 $\bar{x}$ 的起作用约束的指标集.

显然, 等式约束 $h_j(x)=0(j=1,\cdots,r)$ 可看作关于任一可行点 $\bar{x}\in\mathbf{R}$ 的起作用约束.

1.2.1 几何最优性条件

首先讨论有约束最优化问题的几何最优性条件.

定理 1.5 设 x^* 是问题 (1.21) 的可行点, f 和 $g_i(i\in I)$ 在 x^* 处可微, $g_i(i\notin I)$ 在 x^* 处连续, $h_j(j=1,\cdots,r)$ 在 x^* 处连续可微, $\nabla h_j(x^*)(j=1,\cdots,r)$ 线性无关. 如果 x^* 是问题的局部极小点, 则

$$F_0\cap G_0\cap H_0=\varnothing \tag{1.23}$$

其中

$$F_0=\left\{d:\nabla f(x^*)^{\mathrm{T}}d<0\right\} \tag{1.24}$$

$$G_0=\left\{d:\nabla g(x^*)^{\mathrm{T}}d<0,\forall i\in I\right\} \tag{1.25}$$

$$H_0=\left\{d:\nabla h_j(x^*)^{\mathrm{T}}d=0,j=1,\cdots,r\right\} \tag{1.26}$$

$\varnothing$ 表示空集.

这一定理给出的有约束极小问题 (1.21) 的最优性条件 (1.23) 是用点集形式表示的, 所以称为几何最优性条件. 这一定理给出的几何条件仅仅是必要的, 而不是充分的. 几何最优性条件虽然直观易懂, 但实际计算中并不好用. 以下讨论的 Fritz John 条件和 KKT 条件是较常用的代数最优条件.

1.2.2 Fritz John 条件

下面把约束最优化问题 (1.21) 的最优条件表示成代数形式.

定理 1.6(Fritz John 必要条件) 设 x^* 是问题 (1.21) 的可行解, $f,g_i(i\in I)$ 在 x^* 处可微, $g_i(i\notin I)$ 在 x^* 处连续, $h_j(j=1,\cdots,r)$ 在 x^* 处连续可微. 如果 x^* 是

问题的局部极小点, 则存在不全为零的 $u_0, u_i(i \in I)$ 和 $v_j(j = 1, \cdots, r)$, 使得

$$\begin{cases} u_0 \nabla f(x^*) + \sum_{i \in I} u_i \nabla g_i(x) + \sum_{j=1}^{r} v_j \nabla h_j(x^*) = 0 \\ u_0, u_i \geqslant 0, \quad i \in I \end{cases} \tag{1.27}$$

如果 $g_i(i \notin I)$ 在 x^* 处也可微, 则上述条件可写成: 存在不全为零的 $u_0, u_i(i = 1, \cdots, m)$ 和 $v_j(j = 1, \cdots, r)$, 使得

$$\begin{cases} u_0 \nabla f(x^*) + \sum_{i \in I} u_i \nabla g_i(x) + \sum_{j=1}^{r} v_j \nabla h_j(x^*) = 0 \\ u_i g_i(x^*) = 0, \quad i = 1, \cdots, m \\ u_0, u_i \geqslant 0, \quad i = 1, \cdots, m \end{cases} \tag{1.28}$$

定理 1.6 的式 (1.27) 或式 (1.28) 称为 Fritz John 条件, 满足 Fritz John 条件的点称为 Fritz John 点, 简称为 F-J 点. 定理 1.6 说明, 局部极小点必须是 Fritz John 点, 但反之却未必真.

1.2.3 KKT 条件

在 Fritz John 条件中, 当 $u_0 = 0$ 时, 目标函数梯度 $\nabla f(x^*)$ 在条件中消失, 而条件仅仅表明极小点处起作用约束的梯度与等式约束的梯度线性相关, 这对于寻找极小点没有什么意义. 因此, 当 $u_0 = 0$ 时 Fritz John 条件失效. 为了保证 $u_0 > 0$, 要对约束再增加一些限制条件, 这样的附加条件通常称为约束规格. 约束规格有多种形式, 下述定理所加的约束规格是起作用约束的梯度与等式约束的梯度线性无关. 这样便得到著名的 Kuhn-Kuhn-Tucker(KKT) 条件.

定理 1.7(KKT 必要条件) 设 x^* 是问题 (1.21) 的可行解, $f, g_i(i \in I)$ 在 x^* 处可微, $g_i(i \notin I)$ 在 x^* 处连续, $h_j(j = 1, \cdots, r)$ 在 x^* 处连续可微. 再假设 $\nabla g_i(x^*), (i \in I)$ 和 $\nabla h_j(x^*)(j = 1, \cdots, r)$ 线性无关, 如果 x^* 是问题 (1.21) 的局部极小点, 则存在不全为零的 $u_i(i \in I)$ 和 $v_j(j = 1, \cdots, r)$, 使得

$$\begin{cases} u_0 \nabla f(x^*) + \sum_{i \in I} u_i \nabla g_i(x) + \sum_{j=1}^{r} v_j \nabla h_j(x^*) = 0 \\ u_i \geqslant 0, \quad i \in I \end{cases} \tag{1.29}$$

如果 $g_i(i \notin I)$ 在 x^* 处也可微, 则上述条件可写成: 存在 $u_i(i = 1, \cdots, m)$ 和

$v_j(j=1,\cdots,r)$, 使得

$$\begin{cases} u_0\nabla f(x^*)+\sum\limits_{i\in I}u_i\nabla g_i(x)+\sum\limits_{j=1}^{r}v_j\nabla h_j(x^*)=0 \\ u_ig_i(x^*)=0, \quad i=1,\cdots,m \\ u_i\geqslant 0, \quad i=1,\cdots,m \end{cases} \tag{1.30}$$

定理 1.7 中的式 (1.29) 或式 (1.30) 通常称为 Kuhn-Kuhn-Tucker 条件, 简称 KKT 条件, 满足 KKT 条件的可行点称为 KKT 点.

式 (1.30) 中的第二式称为互补松弛条件. 互补松弛条件要求对应于不起作用约束的乘子为零, 即若 $g_i(x^*)<0$, 则取 $u_i=0$.

定义问题 (1.21) 的广义拉格朗日函数:

$$L(x,\boldsymbol{u},\boldsymbol{v})=f(x)+\sum_{i=1}^{m}u_ig_i(x)+\sum_{j=1}^{r}v_jh_j(x) \tag{1.31}$$

其中, $\boldsymbol{u}=(u_1,\cdots,u_m)^{\mathrm{T}}$ 和 $\boldsymbol{v}=(v_1,\cdots,v_r)^{\mathrm{T}}$ 称为拉格朗日乘子. 在定理 1.6 的假设条件下, 若 x^* 为问题 (1.21) 的局部极小点, 则存在 $u_i^*\geqslant 0$ 与 v^* 一起使得

$$\nabla_x L(x^*,u^*,v^*)=0 \tag{1.32}$$

即 (x^*,u^*,v^*) 是 $L(x,u,v)$ 的稳定点. 广义拉格朗日函数在最优化中起着重要的作用.

对于一般的非线性规划问题, KKT 条件只是局部极小点的必要条件, 而不是充分条件. 但对于凸规划问题, KKT 条件也是全局极小点的充分条件.

定理 1.8(KKT 充分条件) 设 x^* 是问题 (1.21) 的可行解, $f,g_i(i=1,\cdots,m)$ 是线性函数, 且在 x^* 处可微, $h_j(j=1,\cdots,r)$ 是线性函数, 如果存在 $u_i^*\geqslant 0\,(i=1,\cdots,m)$ 和 $v_j\,(j=1,\cdots,r)$, 使得

$$\begin{cases} u_0\nabla f(x^*)+\sum\limits_{i\in I}u_i\nabla g_i(x)+\sum\limits_{j=1}^{r}v_j\nabla h_j(x^*)=0 \\ u_i^*g_i(x^*)=0, \quad i=1,\cdots,m \\ u_i^*\geqslant 0, \quad i=1,\cdots,m \end{cases} \tag{1.33}$$

则 x^* 是问题 (1.21) 的全局极小点.

在与定理 1.8 的同样的假设条件下, 定理 1.6 中的 Fritz John 条件当 $u_0>0$ 时也是全局极小点的充分条件. 定理 1.8 可用来求解较简单的凸规划问题.

1.2.4 鞍点

拉格朗日函数 (1.31) 在求解约束最优化问题中起着重要的作用. 特别地, 如果约束规格成立, 则问题 (1.21) 的极小点连同其乘子是拉格朗日函数的稳定点. 这些稳定点既不是拉格朗日函数的极小点, 也不是极大点, 而是所谓的 "鞍点". 下面先给出拉格朗日函数的鞍点定义.

定义 1.8 一个点 $\bar{x} \in \mathbf{R}^n$, $u \in \mathbf{R}^m$, $u \geqslant 0$, $v \in \mathbf{R}^r$ 称为拉格朗日函数

$$L(x,u,v) = f(x) + \sum_{i=1}^{m} u_i g_i(x) + \sum_{j=1}^{r} v_j h_j(x) \tag{1.34}$$

的鞍点, 如果对每个 $x \in \mathbf{R}^n$, $u \in \mathbf{R}^m$, $u \geqslant 0$, $v \in \mathbf{R}^r$, 总有

$$L(\bar{x},u,v) \leqslant L(\bar{x},\bar{u},\bar{v}) \leqslant L(x,\bar{u},\bar{v}) \tag{1.35}$$

拉格朗日函数 (1.31) 的鞍点与问题 (1.21) 的全局极小点之间有下面的关系.

定理 1.9 若 (x^*,u^*,v^*) 是问题 (1.21) 的拉格朗日函数 $L(x,u,v)$ 的鞍点, 则 x^* 是问题 (1.21) 的全局极小点.

在上述定理中, 并没有用到 $f, g_i(i=1,\cdots,m)$ 和 $h_j(j=1,\cdots,r)$ 的可微性质, 因此, 这个定理的适用范围较广. 但是不能通过求拉格朗日函数的鞍点来得到有约束极小问题的全局极小点. 因为求鞍点的问题常常比直接求解有约束极小值问题更复杂, 而且存在全局极小点的约束最优化问题, 其拉格朗日函数并不一定存在鞍点.

定理 1.9 的逆定理一般不成立, 但对于强相容的凸规划问题, 可以证明有下列定理.

定理 1.10 对于最优化问题 (1.21), 假定 $f, g_i(i=1,\cdots,m)$ 为凸函数, $h_j(j=1,\cdots,r)$ 为线性函数, 即 $h_j(x)=\sum_{k=1}^{n} a_{jk}x_k - b_j(j=1,\cdots,r)$, 并且 $h_j(x)$ 的函数向量线性无关; 同时假定存在 $\tilde{x} \in \mathbf{R}^n$, 满足

$$\begin{cases} g_i(\tilde{x}) < 0, & i=1,\cdots,m \\ h_j(\tilde{x}) = 0, & j=1,\cdots,r \end{cases} \tag{1.36}$$

上面讨论了问题 (1.21) 的全局极小点与它的拉格朗日函数 $L(x,u,v)$ 的鞍点之间的关系. 同样, 也可以讨论问题 (1.21) 的 KKT 点与拉格朗日函数的鞍点之间的关系. 这里不再详述, 请读者参考相关文献.

1.2.5 对偶理论

从线性对偶问题中可知, 每一个线性规划, 都有其对偶规划. 对于一般非线性规划问题, 虽然可以定义对应的对偶规划问题, 但与线性规划有很大的不同. 目前

一些有意义的结果, 基本上都是考虑凸的原始规划. 近年来, Rockafellar 建立了一套比较完备且具有对称性质的对偶理论, 下面介绍的仅是 Rockafellar 对偶理论的一种特殊情形.

考虑非线性规划问题:

$$
(\mathrm{P})\begin{cases}\min f(x)\\ \text{s.t.}\quad g_i(x)\leqslant 0,\quad i=1,2,\cdots,m\\ h_j(x)=0,\quad j=1,2,\cdots,r\end{cases}
$$

其中, $f:\mathbf{R}^n\to\mathbf{R}^1$; $g_i:\mathbf{R}^n\to\mathbf{R}^1(i=1,2,\cdots,m)$; $h_j:\mathbf{R}^n\to\mathbf{R}^1(j=1,2,\cdots,r)$.

定义 1.9　对于问题 (P), 令

$$
\theta(u,v)=\min_{x\in\mathbf{R}^n}\left\{f(x)+\sum_{i=1}^{m}u_ig_i(x)+\sum_{j=1}^{r}v_ih_j(x)\right\} \tag{1.37}
$$

则称下面的非线性问题:

$$
(\mathrm{D})\ \max_{u\geqslant 0,v\in\mathbf{R}^r}\theta(u,v) \tag{1.38}
$$

为问题 (P) 的对偶问题, $\theta(u,v)$ 称为对偶目标函数, 而问题 (P) 称为原始问题.

定理 1.11(弱对偶定理)　若 x 为原始问题 (P) 的可行解, (u,v) 为对偶问题 (D) 的可行解, 则有

$$
f(x)\geqslant\theta(u,v) \tag{1.39}
$$

推论 1　设 $\mathbf{R}$ 为原始问题 (P) 的可行域, 有下式成立:

$$
\max_{u\geqslant 0,v\in\mathbf{R}^r}\theta(u,v)\leqslant\min_{x\in\mathbf{R}}f(x) \tag{1.40}
$$

推论 2　设 x^* 和 (u^*,v^*) 分别是原始问题 (P) 和对偶问题 (D) 的可行解. 如果

$$
f(x^*)=\theta(u^*,v^*) \tag{1.41}
$$

则 x^* 和 (u^*,v^*) 分别是原始问题 (P) 和对偶问题 (D) 的全局最优解.

定理 1.11 的推论 1 说明, 对偶问题 (D) 的目标函数极大值总不超过原始问题 (P) 的目标函数极小值. 如果式 (1.39) 的严格不等号成立时, 就说存在着 "对偶间隔". 那么, 在什么条件下才能保证式 (1.39) 的等号成立, 从而不存在对偶间隔呢? 因此有下面的定理.

定理 1.12 (强对偶定理)　对于问题 (P), 设 $f,g_i(i=1,\cdots,m)$ 为凸函数, $h_j(j=1,\cdots,r)$ 为线性函数, 即 $h_j(x)=\sum\limits_{k=1}^{n}a_{jk}x_k-b_j(j=1,\cdots,r)$, 并且 $h_j(x)$ 的

函数向量线性无关; 同时假定存在 $\tilde{x} \in \mathbf{R}^n$, 满足

$$g_i(\tilde{x}) < 0, \quad i = 1, \cdots, m \tag{1.42}$$

$$h_j(\tilde{x}) = 0, \quad j = 1, \cdots, r \tag{1.43}$$

如果原问题 (P) 的全局极小点存在, 则其对偶问题 (D) 的全局极大点存在, 且有

$$\max_{u \geqslant 0, v \in \mathbf{R}^r} \theta(u, v) = \min_{x \in \mathbf{R}} f(x) \tag{1.44}$$

其中, $\mathbf{R}$ 为问题 (P) 的可行域.

1.2.6 二次规划

二次规划问题是一种最简单的非线性规划问题, 它的目标函数为二次函数, 约束条件和线性规划问题的约束条件一样, 都是线性等式或线性不等式, 即

$$\begin{cases} \min \quad f(x) = \dfrac{1}{2}\boldsymbol{x}^{\mathrm{T}}\boldsymbol{A}\boldsymbol{x} + \boldsymbol{b}^{\mathrm{T}}\boldsymbol{x} + c \\ \text{s.t.} \quad \boldsymbol{Q}\boldsymbol{x} = \boldsymbol{p} \\ \qquad \boldsymbol{x} \geqslant 0. \end{cases} \tag{1.45}$$

其中, $\boldsymbol{A}$ 为 $n \times n$ 对称半正定矩阵; $\boldsymbol{Q}$ 为 $m \times n$ 矩阵; $\boldsymbol{b}$ 和 $\boldsymbol{p}$ 分别为 n 维和 m 维向量; c 为标量.

由于许多实际问题本身常常可用二次规划问题来描述, 而且即便是一般非线性规划问题, 在极小点附近也往往可用二次规划问题来对其进行逼近, 所以二次规划问题在非线性问题中占有较重要的地位. 它是人们研究得较早也研究得较成熟的一类问题. 目前, 求解二次规划问题的方法很多, 这里只介绍其中一种具有代表性的方法 ——Wolfe 方法. 这种方法和 KKT 条件有着密切的联系, 而且可看作求解线性规划问题的单纯形法的一种推广.

考虑二次规划问题 (1.45), 由于假定 $\boldsymbol{A}$ 为对称半正定矩阵, 所以由前面讨论可知, 问题 (1.45) 为凸规划问题, 且可等价于求解它的 KKT 问题, 即

$$\begin{cases} \boldsymbol{A}\boldsymbol{x} - \boldsymbol{u} + \boldsymbol{Q}^{\mathrm{T}}\boldsymbol{v} = -\boldsymbol{b} \\ \boldsymbol{Q}\boldsymbol{x} = \boldsymbol{p} \\ \boldsymbol{x} \geqslant 0, \boldsymbol{u} \geqslant 0, \boldsymbol{v} \geqslant 0 \\ \boldsymbol{u}^{\mathrm{T}}\boldsymbol{x} = 0 \end{cases} \tag{1.46}$$

其中, $\boldsymbol{u}$ 为 n 维向量; $\boldsymbol{v}$ 为 m 维向量.

设 $x^{(0)}$ 是 $\boldsymbol{Qx}=\boldsymbol{p},\boldsymbol{x}\geqslant 0$ 的一组基本可行解. 令 $\boldsymbol{u}^{(0)}=0,\boldsymbol{v}^{(0)}=0$, 且

$$z_i^{(0)}=\left|\sum_{j=1}^{n}a_{ij}x_j^{(0)}+b_i\right|,\quad i=1,2,\cdots,n \tag{1.47}$$

$$\boldsymbol{z}^{(0)}=\left(z_1^{(0)},z_2^{(0)},\cdots,z_n^{(0)}\right)^{\mathrm{T}}\geqslant 0 \tag{1.48}$$

构成线性规划问题

$$\begin{cases}\min & \mu=z_1+z_2+\cdots+z_n\\ \text{s.t.} & \boldsymbol{Ax}-\boldsymbol{u}+\boldsymbol{Q}^{\mathrm{T}}\boldsymbol{v}+\boldsymbol{Dz}=-b\\ & \boldsymbol{Qx}=\boldsymbol{p}\\ & \boldsymbol{x}\geqslant 0,\boldsymbol{u}\geqslant 0,\boldsymbol{z}\geqslant 0,\boldsymbol{v}\geqslant 0.\end{cases} \tag{1.49}$$

对于 $i=1,2,\cdots,n$, 有

$$a_i=\begin{cases}1, & \sum\limits_{j=1}^{n}a_{ij}x_j^{(0)}+b_i\leqslant 0\\ -1, & \sum\limits_{j=1}^{n}a_{ij}x_j^{(0)}+b_i>0\end{cases} \tag{1.50}$$

在线性规划问题 (1.49) 中, v 为自由变量, 为此, 只要令

$$v=\bar{v}-\tilde{v},\quad \bar{v}\geqslant 0,\tilde{v}\geqslant 0 \tag{1.51}$$

则可把线性规划问题 (1.49) 化成规范型.

由上面的假定不难看出, $(x^{(0)},u^{(0)},v^{(0)},z^{(0)})^{\mathrm{T}}$ 是线性规划问题 (1.49) 的一组基本可行解, 且满足

$$(u^{(0)})^{\mathrm{T}}x^{(0)}=0. \tag{1.52}$$

从初始基本可行解 $(x^{(0)},u^{(0)},v^{(0)},z^{(0)})^{\mathrm{T}}$ 出发, 用单纯形法求解线性规划 (1.49) 时, 为了保证在迭代过程中所得到的基本可行解 $(x^{(k)},u^{(k)},v^{(k)},z^{(k)})^{\mathrm{T}}$ 始终满足

$$(u^{(k)})^{\mathrm{T}}x^{(k)}=0 \tag{1.53}$$

必须规定以下换基规则: 若 x_j(或 u_j) 已经是第 k 次迭代的基变量, 则 u_j(或 x_j) 在第 $k+1$ 次迭代时不能选为基变量, 除非用 u_j(或 x_j) 去替换基变量 x_j(或 u_j).

显然, 按上述规定换基规则进行单纯形法迭代, 经有限步 (如第 l 步) 后必然停止. 设最后得到的线性规划问题 (1.49) 的基本可行解是 $(x^{(l)},u^{(l)},v^{(l)},z^{(l)})^{\mathrm{T}}$. 若此

时有 $\mu = z_1 + z_2 + \cdots + z_n = 0$, 则 $(x^{(l)}, u^{(l)}, v^{(l)}, z^{(l)})^{\mathrm{T}}$ 便是 KKT 问题 (1.46) 的解, 从而 $x^{(l)}$ 是二次规划问题 (1.45) 的最优解.

定理 1.13 在二次规划问题 (1.45) 中, 若 $\boldsymbol{A}$ 为半正定矩阵, 而 $b = 0$, 则由 Wolfe 方法所得到的线性规划问题 (1.49) 的基本可行解 $(x^{(l)}, u^{(l)}, v^{(l)}, z^{(l)})^{\mathrm{T}}$ 有

$$\mu = z_1 + z_2 + \cdots + z_n = 0 \tag{1.54}$$

1.3 最优化算法

1.3.1 线性逼近法

由于线性规划问题已有单纯形法这样行之有效的方法, 我们自然也会想到用线性问题去逼近非线性规划问题. 现按照问题的约束条件的不同类型, 分为两种情形进行讨论.

1.3.2 线性约束条件下的线性逼近法

考虑有约束最优化问题:

$$\begin{cases} \min & f(x) \\ \text{s.t.} & \boldsymbol{A}x \leqslant b \\ & \boldsymbol{Q}x = p \end{cases} \tag{1.55}$$

其中, $\boldsymbol{A}$ 和 $\boldsymbol{Q}$ 分别是 $m \times n$ 和 $r \times n$ 矩阵, 且 $\boldsymbol{Q}$ 是行满秩的, $b \in \mathbf{R}^m$, $p \in \mathbf{R}^r$, 可行域:

$$\mathbf{R} = \{x : \boldsymbol{A}x \leqslant b, \boldsymbol{Q}x = p, x \in \mathbf{R}^n\} \tag{1.56}$$

$f : \mathbf{R}^n \to \mathbf{R}^1$ 在开集 $D \subset \mathbf{R}$ 上连续可微.

由线性规划理论知道, 可行域 $\mathbf{R}$ 为凸多面体, 它有有限个多个极点.

任取一个初始可行点 $x^{(0)} \in \mathbf{R}$, 把 $f(x)$ 在 $x^{(0)}$ 处的泰勒展开式的前两项记为

$$f_{\mathrm{L}}(x) = f(x^{(0)}) + \nabla f(x^{(0)})^{\mathrm{T}}(x - x^{(0)}) \tag{1.57}$$

用 $f_{\mathrm{L}}(x)$ 作为 $f(x)$ 在 $x^{(0)}$ 处的线性逼近函数. 于是, 用线性规划问题

$$\min_{x \in \mathbf{R}} f_{\mathrm{L}}(x) \tag{1.58}$$

来逼近式 (1.57). 显示易见, 求解线性规划问题 (1.58) 等价于求解

$$\min_{x \in \mathbf{R}} \nabla f(x^{(0)})^{\mathrm{T}} x \tag{1.59}$$

为了保证线性规划问题 (1.59) 有有限个最优解, 假定对任何一可行点 $\bar{x} \in \mathbf{R}$, 线性目标函数 $\nabla f(\bar{x})^{\mathrm{T}} x$ 在可行域 $\mathbf{R}$ 上有下界. 设 $y^{(0)}$ 是问题 (1.59) 的一个最优基本可行解, 那么 $y^{(0)}$ 当然是 $\mathbf{R}$ 的一个极点. 下面分两种情形讨论.

(1) $\nabla f(x^{(0)})^{\mathrm{T}}(y^{(0)} - x^{(0)}) = 0$, 即 $x^{(0)}$ 也是线性规划问题 (1.58) 的最优解, 则停止迭代, 取 $x^* \approx x^{(0)}$.

(2) $\nabla f(x^{(0)})^{\mathrm{T}}(y^{(0)} - x^{(0)}) \neq 0$, 由于 $y^{(0)}$ 是问题 (1.58) 的最优解, 所以

$$\nabla f(x^{(0)})^{\mathrm{T}} y^{(0)} < \nabla f(x^{(0)})^{\mathrm{T}} x^{(0)} \tag{1.60}$$

从而

$$\nabla f(x^{(0)})^{\mathrm{T}}(y^{(0)} - x^{(0)}) < 0 \tag{1.61}$$

于是, 可知 $(y^{(0)} - x^{(0)})$ 是 $f(x)$ 在 $x^{(0)}$ 处的下降方向. 因此, 可从 $x^{(0)}$ 出发, 沿此方面作一维搜索

$$\min_{0 \leqslant \lambda \leqslant 1} f(x^{(0)} + \lambda(y^{(0)} - x^{(0)})) = f(x^{(0)} + \lambda_0(y^{(0)} - x^{(0)})) \tag{1.62}$$

这时必有 $0 < \lambda_0 \leqslant 1$, 令

$$x^{(1)} = x^{(0)} + \lambda_0(y^{(0)} - x^{(0)}) \tag{1.63}$$

显然, $x^{(1)} \in \mathbf{R}$, 并有

$$f(x^{(1)}) < f(x^{(0)}) \tag{1.64}$$

在得到 $x^{(1)}$ 后, 再用线性规划问题

$$\min_{x \in \mathbf{R}} \nabla f(x^{(1)})^{\mathrm{T}} x \tag{1.65}$$

来逼近问题 (1.55). 重复上述过程, 每次迭代必有上述两种情况之一发生. 若发生第一种情形, 则停止迭代; 若发生第二种情形, 则继续迭代下去. 在实际计算中, 为了节省计算时间, 通常预先给定允许误差 $\delta > 0$, 当满足

$$\left|\nabla f(x^{(k)})^{\mathrm{T}}(y^{(k)} - x^{(k)})\right| < \delta \tag{1.66}$$

时, 停止迭代, 取 $x^* \approx x^{(k)}$.

综上所述, 可得线性约束条件下的极小问题的线性逼近法的迭代步骤如下：

(1) 选取初始点 $x^{(0)} \in \mathbf{R}$, 允许误差 $\delta > 0$, 令 $k = 0$.

(2) 求线性规划问题：$\min\limits_{x \in \mathbf{R}} \nabla f(x^{(1)})^{\mathrm{T}} x$ 的最优解 $y^{(k)} \in \mathbf{R}$.

(3) 检验是否满足终止准则：$\left|\nabla f(x^{(k)})^{\mathrm{T}}(y^{(k)} - x^{(k)})\right| < \delta$, 若满足, 则停止迭代, 取 $x^* \approx x^{(k)}$; 否则, 转步骤 (4).

(4) 从 $x^{(k)}$ 出发, 沿方向 $(y^{(k)}-x^{(k)})$ 作一维搜索:

$$\min_{0\leqslant\lambda\leqslant 1} \quad f(x^{(k)}+\lambda(y^{(k)}-x^{(k)}))=f(x^{(k)}+\lambda_k(y^{(k)}-x^{(k)})) \tag{1.67}$$

令

$$x^{(k+1)}=x^{(k)}+\lambda_k(y^{(k)}-x^{(k)}) \tag{1.68}$$

$k=k+1$, 返回步骤 (2).

下面给出线性约束条件下极小问题的线性逼近法的收敛性定理, 为此又给出以下引理.

引理 1.1 若 $x^{(k)}$ 是线性规划问题

$$\min_{x\in\mathbf{R}} \nabla f(x^{(1)})^{\mathrm{T}}x \tag{1.69}$$

的最优解, 则它是问题 (1.55) 的 KKT 点.

定理 1.14 对于线性约束条件下的最优化问题 (1.55), 设 $f(x)$ 为定义在某一开集 $D\subset\mathbf{R}$ 上的连续可微函数. 若问题 (1.55) 的极小点存在, 由线性约束条件下极小问题的线性逼近法产生的任一迭代点 $x^{(k)}\in\mathbf{R}$, 且线性规划问题 (1.69) 的最优解 $y^{(k)}\in\mathbf{R}$ 存在. 则按此线性逼近法进行迭代时:

(1) 或有限步迭代到达问题 (1.55) 的 KKT 点.

(2) 或产生一无穷点列 $\{x^{(k)}\}$, 它的任一聚点都是问题 (1.55) 的 KKT 点.

1.3.3 非线性约束条件下的线性逼近法

考虑非线性约束条件下的最优化问题:

$$\begin{cases} \min & f(x) \\ \text{s.t.} & g_i(x)\leqslant 0, \quad i=1,2,\cdots,m \\ & h_i(x)=0, \quad j=1,2,\cdots,r \end{cases} \tag{1.70}$$

令 $\mathbf{R}=\{x:g_j(x)\leqslant 0, i=1,\cdots,m;\ h_j(x)=0, j=1,\cdots,r; x\in\mathbf{R}^n\}$, 表示可行域, $f:\mathbf{R}^n\to\mathbf{R}^1$, $g_i:\mathbf{R}^n\to\mathbf{R}^1(i=1,2,\cdots,m)$, $h_j:\mathbf{R}^n\to\mathbf{R}^1(j=1,2,\cdots,r)$ 在某一开集 $D\subset\mathbf{R}$ 上连续可微.

设 $x^{(k)}\in\mathbf{R}$ 为问题 (1.70) 的一个近似解, $k\geqslant 0$ 为整数. 在 $x^{(k)}$ 处把 $f(x)$ 及所有的 $g_i(x)$、$h_j(x)$ 作线性展开, 得到问题 (1.70) 的一个近似线性规划问题, 即

$$\begin{cases} \min & \bar{f}(x)=\nabla f(x^{(k)})+\nabla f(x^{(k)})^{\mathrm{T}}(x-x^{(k)}) \\ \text{s.t.} & \bar{g}_i(x)=g_i(x^{(k)})+\nabla g_i(x^{(k)})^{\mathrm{T}}(x-x^{(k)})\leqslant 0, \quad i=1,2,\cdots,m \\ & \bar{h}_j(x)=h_j(x^{(k)})+\nabla h_j(x^{(k)})^{\mathrm{T}}(x-x^{(k)})=0, \quad j=1,2,\cdots,r \\ & \left|x_s-x_s^{(k)}\right|\leqslant a_s^{(k)}, \quad s=1,2,\cdots,n \end{cases} \tag{1.71}$$

注意：由于线性近似一般只在 $x^{(k)}$ 点附近才有效, 因此需要对步长 $(x-x^{(k)})$ 加以限制, 线性规划问题中的最后一组约束条件就是为此而加的, 其中 $a_s^{(k)}>0$ 为常数.

求解线性规划问题 (1.71), 设其最优解为 $x^{(k+1)}$. 若 $x^{(k+1)}\in\mathbf{R}$, 则在 $x^{(k+1)}$ 处对问题 (1.70) 作新的线性近似, 并取用原来的步长限制 $a_s^{(k)}$; 若 $x^{(k)}\notin\mathbf{R}$, 则应缩短步长限制 $a_s^{(k)}$, 如取 $a_s^{(k)}/2$, 重解线性规划问题 (1.71). 如此不断进行下去, 直至满足给定的终止准则为止.

1.3.4　可行方向法

可行方向法是求解有约束极小值问题的一类基本方法.

定义 1.10　设 $\bar{x}$ 是问题 (1.70) 的一个可行点, 即 $\bar{x}\in\mathbf{R}$, $\boldsymbol{d}$ 为非零向量, 若存在数 $\varepsilon>0$, 使对于任意 $\lambda\in[0,\varepsilon]$, 有

$$\bar{x}+\lambda\boldsymbol{d}\in\mathbf{R} \tag{1.72}$$

则称向量 $\boldsymbol{d}$ 为在点 $\bar{x}$ 处的可行方向.

对于有约束最优化问题, 在点 $\bar{x}$ 处的所有可行方向中, 我们所关心的往往是使目标函数值下降的可行方向.

定义 1.11　设 $\bar{x}$ 是问题 (1.70) 的一个可行点, 若非零向量 $\boldsymbol{d}$ 既是 $\bar{x}$ 处的一个可行方向, 同时又是一个使目标函数值下降的方向, 则称 $\boldsymbol{d}$ 为 $\bar{x}$ 处的一个下降可行方向.

用迭代法求解有约束极小值问题, 一个办法是先找出给定迭代点 $x^{(k)}$ 处的下降可行方向 $\boldsymbol{d}$, 然后沿着方向 $\boldsymbol{d}$ 在可行域 $\mathbf{R}$ 内进行一维搜索而得到新的迭代点 $x^{(k+1)}$, 这样反复迭代便可产生一个下降可行点列, 即

$$x^{(0)},x^{(1)},\cdots,x^{(k)},\cdots \tag{1.73}$$

使

$$f(x^{(0)})>f(x^{(1)})>\cdots f(x^{(k)})>\cdots \tag{1.74}$$

这类使迭代点始终在可行域上移动且使目标函数逐次下降的方法, 叫做可行方向法.

1.3.5　投影梯度法

为了确定下降可行方向, 每迭代一次, 可行方向法需要求解一个线性规划问题, 计算量是很大的. 下面介绍由 Rosen 在 1960 年提出来的投影梯度法.

先考虑线性约束条件下的极小问题 (1.55). 投影梯度法的基本思想是, 当迭代点在可行域的内部时, 则以该点的负梯度方向为下降可行方向; 而当迭代点位于可行域的边界上且其梯度方向指向可行域外部时, 则取它的负梯度方向在边界上的投

影为下降可行方向, 若这个投影为零向量, 则停止迭代, 得到问题的极小点. 显然, 这种确定下降可行方向的方法要比上一节的可行方向法简便得多.

定义 1.12 $n \times n$ 矩阵 $\boldsymbol{P}$ 称为投影矩阵, 如果

$$\boldsymbol{P} = \boldsymbol{P}^{\mathrm{T}}, \quad \boldsymbol{P}\boldsymbol{P} = \boldsymbol{P} \tag{1.75}$$

投影矩阵具有以下性质:

定理 1.15 设 $\boldsymbol{P}$ 为 $n \times n$ 矩阵:

(1) 若 $\boldsymbol{P}$ 为投影矩阵, 则 $\boldsymbol{P}$ 为半正定的.

(2) $\boldsymbol{P}$ 为投影矩阵的充分必要条件是 $\boldsymbol{T} = \boldsymbol{I} - \boldsymbol{P}$ 为投影矩阵, 其中 $\boldsymbol{I}$ 为 n 阶单位矩阵.

(3) 若 $\boldsymbol{P}$ 为投影矩阵, 设 $\boldsymbol{T} = \boldsymbol{I} - \boldsymbol{P}$, 则

$$V = \{y : y = Px, x \in \mathbf{R}^n\} \tag{1.76}$$

与

$$V^{\perp} = \{z | z = Tx, x \in \mathbf{R}^n\} \tag{1.77}$$

为互相正交的线性子空间, 并且任意的 $x \in \mathbf{R}^n$ 可唯一地表为

$$x = y + z, \quad y \in \mathbf{R}, z \in V^{\perp} \tag{1.78}$$

利用投影矩阵, 来讨论有线性约束的极小问题 (1.55) 在可行点 x 处的下降可行方向.

定理 1.16 设 $\bar{x}$ 为问题 (1.55) 的一个可行点, 在 $\bar{x}$ 处分解 $\boldsymbol{A} = (A_1, A_2)^{\mathrm{T}}$, $\boldsymbol{b} = (b', b'')^{\mathrm{T}}$, 使得 $A_1\bar{x} = b', A_2\bar{x} < b''$, 若 $\boldsymbol{M} = (A_1, Q)^{\mathrm{T}}$ 满秩, $f(x)$ 在 $\bar{x}$ 点处可微, 则有

(1) $\boldsymbol{P} = \boldsymbol{I} - \boldsymbol{M}^{\mathrm{T}}(\boldsymbol{M}\boldsymbol{M}^{\mathrm{T}})^{-1}\boldsymbol{M}$ 为投影矩阵.

(2) $\boldsymbol{P}\nabla f(\bar{x}) \neq 0$, 则 $\boldsymbol{d} = -\boldsymbol{P}\nabla f(\bar{x})$ 为 $\bar{x}$ 的一个下降可行方向.

定理 1.17 设 $\bar{x}$ 为问题 (1.55) 的一个可行点, 在 $\bar{x}$ 处分解 $\boldsymbol{A} = (\boldsymbol{A}_1, \boldsymbol{A}_2)^{\mathrm{T}}$, $\boldsymbol{b} = (b', b'')^{\mathrm{T}}$, 使得 $\boldsymbol{A}_1\bar{x} = b', \boldsymbol{A}_2\bar{x} < b''$, 若 $\boldsymbol{M} = (\boldsymbol{A}_1, Q)^{\mathrm{T}}$ 满秩, $\boldsymbol{P} = \boldsymbol{I} - \boldsymbol{M}^{\mathrm{T}}(\boldsymbol{M}\boldsymbol{M}^{\mathrm{T}})^{-1}\boldsymbol{M}$, $f(x)$ 在 $\bar{x}$ 点处可微, $\boldsymbol{P}\nabla f(\bar{x}) \neq 0$, 并令

$$\boldsymbol{\omega} = -(\boldsymbol{M}\boldsymbol{M})^{-1}\boldsymbol{M}\nabla f(\bar{x}) = (u, v)^{\mathrm{T}} \tag{1.79}$$

其中, $(u, v)^{\mathrm{T}}$ 为 $\boldsymbol{\omega}$ 相应于 $(A_1, Q)^{\mathrm{T}}$ 的分解, 则

(1) 若 $u \geqslant 0$, 则 $\bar{x}$ 是问题的 KKT 点.

(2) 若 u 不大于等于零, 设 u_i 是 u 的负量, 令 $\bar{\boldsymbol{M}} = (\bar{\boldsymbol{A}}_1, Q)^{\mathrm{T}}$, 其中 $\bar{\boldsymbol{A}}_1$ 是由 $\boldsymbol{A}_1$ 删去其中对应于 u_i 的行 a_i 而得到的矩阵. 令 $\bar{\boldsymbol{P}} = \boldsymbol{I} - \bar{\boldsymbol{M}}^{\mathrm{T}}(\bar{\boldsymbol{M}}\boldsymbol{M}^{\mathrm{T}})^{-1}\bar{\boldsymbol{M}}$, 则 $\boldsymbol{d} = \bar{\boldsymbol{P}}\nabla f(\bar{x})$ 为 $\bar{x}$ 处的一个下降可行方向.

综合上述两个定理, 就可以得到线性约束条件下的最优化问题的迭代法.

投影梯度法是求解无约束极小问题的最速下降法 (梯度法). 对于有约束最优化问题的推广, 最速下降法的收敛速度是较慢的, 因此投影梯度法也不可能有很快的收敛速度.

投影梯度法和可行方向法一样, 也可以推广到具有非线性约束极小问题上, 但处理起来要比线性约束情形困难得多. 因此, 当问题的非线性约束条件个数较多时, 本节所介绍的可行方向法不是很有效的, 而采用下节所介绍的罚函数法可能更有效.

1.3.6 罚函数法

罚函数法的基本构想是, 根据问题的约束条件和目标函数构造一个带参数的新目标函数, 称为增广目标函数, 对那些违反约束条件的点给予惩罚 —— 取很大的目标函数值, 而对满足约束条件的点不给予惩罚 —— 取原目标函数值. 然后, 对选取的一系列参数值, 求增广目标函数在无约束条件下的极小点, 从而把求解有约束极小问题转化成求解一系统的无约束极小问题, 像这样一类方法称为序列无约束方法 (sequential unconstrained minimization technique), 简称为 SUMT 方法.

罚函数法可分为外部罚函数法 (也称为外点法)、内部罚函数法 (也称内点法) 和混合法.

第 2 章　不确定性数学基础

2.1　模 糊 数 学

2.1.1　模糊子集及其运算

1. 模糊子集的概念

定义 2.1　设 U 是论域, 称映射

$$\mu_{\underset{\sim}{A}}: U \to [0,1] \tag{2.1}$$

$$x| \to \mu_{\underset{\sim}{A}}(x) \in [0,1] \tag{2.2}$$

确定了一个 U 上的模糊函数子集 $\underset{\sim}{A}$. 映射 $\mu_{\underset{\sim}{A}}$ 称为 $\underset{\sim}{A}$ 的隶属函数, $\mu_{\underset{\sim}{A}}(x)$ 称为 x 对 $\underset{\sim}{A}$ 的隶属程度, 使 $\mu_{\underset{\sim}{A}}(x)=0.5$ 的点 x 称为 $\underset{\sim}{A}$ 的过渡点, 此时该点最具模糊性.

由定义可以看出, 模糊子集 $\underset{\sim}{A}$ 是由隶属函数 $\mu_{\underset{\sim}{A}}$ 唯一确定的, 以后总是把模糊子集 $\underset{\sim}{A}$ 与隶属函数 $\mu_{\underset{\sim}{A}}$ 看成是等同的, 还应指出, 隶属程度的思想是模糊数学的基本思想.

当 $\mu_{\underset{\sim}{A}}$ 的值域为 $\{0,1\}$ 时, 模糊子集 $\underset{\sim}{A}$ 就是经典子集, 而 $\mu_{\underset{\sim}{A}}$ 就是它的特征函数, 可见经典子集是模糊子集的特殊情形.

U 上所有模糊子集所组成的集合称为 U 的模糊幂集, 记为 $\mathcal{F}(U)$.

为简便计, 今后用 $\underset{\sim}{A}(x)$ 来代替 $\mu_{\underset{\sim}{A}}(x)$, 模糊子集简称为模糊集, 隶属程度简称为隶属度.

下面介绍模糊子集的表示法. 论域 U 是有限集, $U=\{x_1,x_2,\cdots,x_h\}$, U 上的任一模糊集 $\underset{\sim}{A}$, 其隶属函数为 $\{\underset{\sim}{A}(x_i)\}(i=1,2,\cdots,n)$.

(1)Zadeh 表示法:

$$\underset{\sim}{A}=\frac{\underset{\sim}{A}(x_1)}{x_1}+\frac{\underset{\sim}{A}(x_2)}{x_2}+\cdots+\frac{\underset{\sim}{A}(x_n)}{x_n} \tag{2.3}$$

这里 $\dfrac{\underset{\sim}{A}(x_i)}{x_i}$ 不是分数, "+" 也不表示求和, 只有符号意义, 它表示点 x_i 对模糊集 $\underset{\sim}{A}$ 的隶属度是 $\underset{\sim}{A}(x_i)$.

论域 U 是无限集, 此时 U 上的模糊集 $\underset{\sim}{A}$ 表示为

$$\underset{\sim}{A}=\int_{x\in U}\frac{\underset{\sim}{A}(x)}{x} \tag{2.4}$$

这里 "$\int$" 不是积分号, $\underset{\sim}{A}(x)/x$ 也不是分数.

(2) 序偶表示法:

$$\underset{\sim}{A}=\{(x_1,\underset{\sim}{A}(x_1)),(x_2,\underset{\sim}{A}(x_2)),\cdots,(x_n,\underset{\sim}{A}(x_n))\} \tag{2.5}$$

(3) 向量表示法:

$$\underset{\sim}{A}=(\underset{\sim}{A}(x_1),\underset{\sim}{A}(x_2),\cdots,\underset{\sim}{A}(x_n)) \tag{2.6}$$

2. 模糊集的运算

现将经典集合的运算推广到模糊集. 由于模糊集中没有点和集之间的绝对属于关系, 所以其运算的定义只能以隶属函数间的关系来确定.

定义 2.2 设 $\underset{\sim}{A},\underset{\sim}{B}\in\mathcal{F}(U)$, 则有

包含: $\underset{\sim}{A}\subseteq\underset{\sim}{B}\Leftrightarrow\underset{\sim}{A}(x)\leqslant\underset{\sim}{B}(x),\forall x\in U$.

相等: $\underset{\sim}{A}=\underset{\sim}{B}\Leftrightarrow\underset{\sim}{A}(x)=\underset{\sim}{B}(x),\forall x\in U$.

定义 2.3 设 $\underset{\sim}{A},\underset{\sim}{B}\in\mathcal{F}(U)$, 定义

并: $\underset{\sim}{A}\cup\underset{\sim}{B}$ 的隶属函数为

$$(\underset{\sim}{A}\cup\underset{\sim}{B})(x)=\underset{\sim}{A}(x)\vee\underset{\sim}{B}(x),\quad\forall x\in U \tag{2.7}$$

交: $\underset{\sim}{A}\cap\underset{\sim}{B}$ 的隶属函数为

$$(\underset{\sim}{A}\cap\underset{\sim}{B})(x)=\underset{\sim}{A}(x)\wedge\underset{\sim}{B}(x),\quad\forall x\in U \tag{2.8}$$

余: $\underset{\sim}{A}^c$ 的隶属函数为

$$\underset{\sim}{A}^c(x)=1-\underset{\sim}{A}(x),\quad\forall x\in U \tag{2.9}$$

模糊集 $\underset{\sim}{A}$ 与 $\underset{\sim}{B}$ 的并、交和余的计算公式如下:

(1) 论域 $U=\{x_1,x_2,\cdots,x_n\}$, 且

$$\underset{\sim}{A}=\sum_{i=1}^{n}\frac{\underset{\sim}{A}(x_i)}{x_i},\quad\underset{\sim}{B}=\sum_{i=1}^{n}\frac{\underset{\sim}{B}(x_i)}{x_i}$$

则

$$\underset{\sim}{A} \cup \underset{\sim}{B} = \sum_{i=1}^{n} \frac{\underset{\sim}{A}(x_i) \vee \underset{\sim}{B}(x_i)}{x_i} \tag{2.10}$$

$$\underset{\sim}{A} \cap \underset{\sim}{B} = \sum_{i=1}^{n} \frac{\underset{\sim}{A}(x_i) \wedge \underset{\sim}{B}(x_i)}{x_i} \tag{2.11}$$

$$\underset{\sim}{A}^c = \sum_{i=1}^{n} \frac{1 - \underset{\sim}{A}(x_i)}{x_i} \tag{2.12}$$

(2) 论域 U 为无限集, 且

$$\underset{\sim}{A} = \int_U \frac{\underset{\sim}{A}(x)}{x}, \quad \underset{\sim}{B} = \int_U \frac{\underset{\sim}{B}(x)}{x}$$

则

$$\underset{\sim}{A} \cup \underset{\sim}{B} = \int_U \frac{\underset{\sim}{A}(x) \vee \underset{\sim}{B}(x)}{x} \tag{2.13}$$

$$\underset{\sim}{A} \cap \underset{\sim}{B} = \int_U \frac{\underset{\sim}{A}(x) \wedge \underset{\sim}{B}(x)}{x} \tag{2.14}$$

$$\underset{\sim}{A}^c = \int_U \frac{1 - \underset{\sim}{A}(x)}{x} \tag{2.15}$$

模糊集的并、交、余运算的性质介绍如下.

定理 2.1 $(\mathcal{F}(U), \cup, \cap, {}^c)$ 具有以下性质:

(1) 幂等律: $\underset{\sim}{A} \cup \underset{\sim}{A} = \underset{\sim}{A}, \underset{\sim}{A} \cap \underset{\sim}{A} = \underset{\sim}{A}$.

(2) 交换律: $\underset{\sim}{A} \cup \underset{\sim}{B} = \underset{\sim}{B} \cup \underset{\sim}{A}, \underset{\sim}{A} \cap \underset{\sim}{B} = \underset{\sim}{B} \cap \underset{\sim}{A}$.

(3) 结合律: $(\underset{\sim}{A} \cup \underset{\sim}{B}) \cup \underset{\sim}{C} = \underset{\sim}{A} \cup (\underset{\sim}{B} \cup \underset{\sim}{C})$,
$(\underset{\sim}{A} \cap \underset{\sim}{B}) \cap \underset{\sim}{C} = \underset{\sim}{A} \cap (\underset{\sim}{B} \cap \underset{\sim}{C})$.

(4) 吸收律: $\underset{\sim}{A} \cap (\underset{\sim}{A} \cup \underset{\sim}{B}) = \underset{\sim}{A}, \underset{\sim}{A} \cup (\underset{\sim}{A} \cap \underset{\sim}{B}) = \underset{\sim}{A}$.

(5) 分配律: $(\underset{\sim}{A} \cup \underset{\sim}{B}) \cap \underset{\sim}{C} = (\underset{\sim}{A} \cap \underset{\sim}{C}) \cup (\underset{\sim}{B} \cap \underset{\sim}{C})$,
$(\underset{\sim}{A} \cap \underset{\sim}{B}) \cup \underset{\sim}{C} = (\underset{\sim}{A} \cup \underset{\sim}{C}) \cap (\underset{\sim}{B} \cup \underset{\sim}{C})$.

(6) 0-1 律: $\underset{\sim}{A} \cup \varnothing = \underset{\sim}{A}, \underset{\sim}{A} \cap \varnothing = \varnothing$,
$U \cup \underset{\sim}{A} = U, U \cap \underset{\sim}{A} = \underset{\sim}{A}$.

(7) 还原律: $(\underset{\sim}{A}^c)^c = \underset{\sim}{A}$.

(8) 对偶律: $(\underset{\sim}{A} \cup \underset{\sim}{B})^c = \underset{\sim}{A}^c \cap \underset{\sim}{B}^c, (\underset{\sim}{A} \cap \underset{\sim}{B})^c = \underset{\sim}{A}^c \cup \underset{\sim}{B}^c$.

2.1.2　模糊集的基本定理

模糊集的基本定理主要是指分解定理和扩张原理, 它们在模糊数学中起着重要作用.

1. λ–截集

分解定理是联系经典集合与模糊集合的桥梁, 而模糊集的截集正是建造这个桥梁的一种较理想的工具.

定义 2.4　设 $\underset{\sim}{A} \in \mathcal{F}(U)$, 对 $\forall \lambda \in [0,1]$, 记

$$(\underset{\sim}{A})_\lambda = A_\lambda \triangleq \{x | \underset{\sim}{A}(x) \geqslant \lambda\} \tag{2.16}$$

称 A_λ 为 $\underset{\sim}{A}$ 的 λ–截集, 其中 λ 称为阈值或置信水平.

由定义知, 模糊集的 λ–截集 A_λ 是一个经典集合, 由隶属度不小于 λ 的成员构成, 它的特征函数为

$$\chi_{A_\lambda}(x) = \begin{cases} 1, & \underset{\sim}{A}(x) \geqslant \lambda \\ 0, & \underset{\sim}{A}(x) < \lambda \end{cases} \tag{2.17}$$

λ–截集具有下列性质.

定理 2.2　设 $\underset{\sim}{A}, \underset{\sim}{B} \in \mathcal{F}(U)$, $\lambda, \mu \in [0,1]$, 于是有

(1) 若 $\underset{\sim}{A} \subseteq \underset{\sim}{B}$, 则 $A_\lambda \subseteq B_\lambda$.

(2) 若 $\lambda \leqslant \mu$, 则 $A_\lambda \supseteq A_\mu$.

(3) $(\underset{\sim}{A} \cup \underset{\sim}{B})_\lambda = A_\lambda \cup B_\lambda, (\underset{\sim}{A} \cap \underset{\sim}{B})_\lambda = A_\lambda \cap B_\lambda$.

性质 (2) 说明了 "λ 值越小, A_λ 包含的元素越多". 这种让 λ 由大到小取值, 而 A_λ 所含元素则由少到多的过程, 实际上是一种分类过程. λ 取值越大, A_λ 包含的元素就越少, 分出的类就越多, 分类越细；反之, λ 取值越小, A_λ 包含的元素就越多, 分类越粗. 这正是模糊聚类分析的基础.

定义 2.5　设 $\underset{\sim}{A} \in \mathcal{F}(U)$, 则有以下术语:

(1) 称集合 $\text{Supp}\underset{\sim}{A} = \{x | \underset{\sim}{A}(x) > 0\}$ 为 $\underset{\sim}{A}$ 的支集, 记为 $\text{Supp}\underset{\sim}{A} = A_0$.

(2) 称集合 $\text{Ker}\underset{\sim}{A} = \{x | \underset{\sim}{A}(x) = 1\}$ 为 $\underset{\sim}{A}$ 的核, 记为 $\text{Ker}\underset{\sim}{A} = A_1$.

(3) 称集合 $\text{Bd}\underset{\sim}{A} = \{x | 0 < \underset{\sim}{A}(x) < 1\}$ 为 $\underset{\sim}{A}$ 的边界, 即 $\text{Bd}\underset{\sim}{A}$=$\text{Supp}\underset{\sim}{A}$-$\text{Ker}\underset{\sim}{A}$.

所谓核 A_1 是由使 $\underset{\sim}{A}(x) = 1$ 的元素构成的, 即由完全属于 $\underset{\sim}{A}$ 的元素构成. 随着 λ 由 1 变到 0, A_λ 从 A_1 出发不断扩大, 收进越来越多的元素, 达到 $\text{Supp}\underset{\sim}{A}$.$\text{Supp}\underset{\sim}{A} = A_0 = \{x | \underset{\sim}{A}(x) > 0\}$ 是隶属度大于 0 元素的最大集合. $\underset{\sim}{A}$ 的边界 $\text{Bd}\underset{\sim}{A}$ 则是介于完全属于 $\underset{\sim}{A}$ 与完全不属于 $\underset{\sim}{A}$ 之间的元素的全体, 这正表明了 $\underset{\sim}{A}$ 的边界是不分明的.

2. 分解定理

为了叙述分解定理, 首先介绍一种新运算, 即数 $\lambda \in [0,1]$ 与模糊子集 $\underset{\sim}{A}$ 的乘积 $\lambda\underset{\sim}{A}$.

定义 2.6 设 $\lambda \in [0,1]$, $\underset{\sim}{A} \in \mathcal{F}(U)$, 规定 $\lambda\underset{\sim}{A} \in \mathcal{F}(U)$, 其隶属函数为

$$(\lambda\underset{\sim}{A})(x) = \lambda \wedge \underset{\sim}{A}(x) \tag{2.18}$$

并称 $\lambda\underset{\sim}{A}$ 为数 λ 与模糊集 $\underset{\sim}{A}$ 的乘积. 可见 $\lambda\underset{\sim}{A}$ 是一模糊子集.

特别地, 若 A 是 U 的一个经典集合, 则 λA 表示由 λ 和 A 所确定的一个模糊集, 其隶属函数为

$$(\lambda A)(x) = \lambda \wedge \chi_A(x) = \begin{cases} \lambda, & x \in A \\ 0, & x \notin A \end{cases} \tag{2.19}$$

这个模糊集 λA 称为 λ 和 A 的 "积". 由此可以看出, 当 $x \in A$ 时, x 对于 λA 的隶属度等于 λ.

数 λ 与模糊子集 $\underset{\sim}{A}$ 的乘积运算的性质如下:

(1) $\lambda_1 < \lambda_2 \Rightarrow \lambda_1\underset{\sim}{A} \subseteq \lambda_2\underset{\sim}{A}$.

(2) $\underset{\sim}{A} \subseteq \underset{\sim}{B} \Rightarrow \lambda\underset{\sim}{A} \subseteq \lambda\underset{\sim}{B}$.

定理 2.3(分解定理) 设 $\underset{\sim}{A} \in \mathcal{F}(U)$, 则

$$\underset{\sim}{A} = \bigcup_{\lambda\in[0,1]} \lambda A_\lambda \tag{2.20}$$

定理 2.3 表明, 模糊集可由经典集合表示, 这反映了模糊集和经典集合的密切关系.

推论 1 设 $\underset{\sim}{A} \in \mathcal{F}(U)$, 则有

$$\underset{\sim}{A}(x) = \bigvee_{\lambda\in[0,1]} (\lambda \wedge \chi_{A_\lambda}(x)) \tag{2.21}$$

由上述证明可知, x 对于 $\underset{\sim}{A}$ 的隶属度还可以用下列方式表示.

推论 2 设 $\underset{\sim}{A} \in \mathcal{F}(U)$, 对 $\forall x \in U$, 则

$$\underset{\sim}{A}(x) = \vee\{\lambda \in [0,1]; x \in A_\lambda\} \tag{2.22}$$

3. 扩张原理

定义 2.7(扩张原理) 设映射 $f: U \to V$, 称映射

$$f\text{:}\ \mathcal{F}(U) \to \mathcal{F}(V) \tag{2.23}$$

$$\underset{\sim}{A} \mapsto f(\underset{\sim}{A}) \tag{2.24}$$

为从映射 f 扩张的模糊变换, 其隶属函数为

$$f(\underset{\sim}{A})(v) = \bigvee_{f(u)=v} \underset{\sim}{A}(u) \tag{2.25}$$

称映射

$$f^{-1}: \mathcal{F}(V) \to \mathcal{F}(U) \tag{2.26}$$

$$\underset{\sim}{B} \mapsto f^{-1}(\underset{\sim}{B}) \tag{2.27}$$

为从映射 f 扩张的反向模糊变换, 其隶属函数为

$$f^{-1}(\underset{\sim}{B})(u) = \underset{\sim}{B}(f(u)) \tag{2.28}$$

并称 $f(\underset{\sim}{A})$ 为 $\underset{\sim}{A}$ 的像, 称 $f^{-1}(\underset{\sim}{B})$ 为 $\underset{\sim}{B}$ 的原像.

2.1.3　模糊矩阵

1. 模糊矩阵的概念

定义 2.8　如果对于任意 $i=1,2,\cdots,m, j=1,2,\cdots,n$, 都有 $r_{ij}\in[0,1]$, 则称矩阵 $\boldsymbol{R}=(r_{ij})_{m\times n}$ 为模糊矩阵.

为了方便, 用 $M_{m\times n}$ 表示 $m\times n$ 阶模糊矩阵全体, 若 $\boldsymbol{R}$ 是一个 $m\times n$ 阶模糊矩阵, 则记为 $\boldsymbol{R}\in M_{m\times n}$.

下面介绍几个特殊的模糊矩阵.

定义 2.9　分别称

$$\boldsymbol{0}=\begin{pmatrix} 0 & 0 & \cdots & 0 \\ 0 & 0 & \cdots & 0 \\ \vdots & \vdots & & \vdots \\ 0 & 0 & \cdots & 0 \end{pmatrix}_{m\times n}, I=\begin{pmatrix} 1 & 0 & \cdots & 0 \\ 0 & 1 & \cdots & 0 \\ \vdots & \vdots & & \vdots \\ 0 & 0 & \cdots & 1 \end{pmatrix}_{n\times n}, E=\begin{pmatrix} 1 & 1 & \cdots & 1 \\ 1 & 1 & \cdots & 1 \\ \vdots & \vdots & & \vdots \\ 1 & 1 & \cdots & 1 \end{pmatrix}_{m\times n}$$

为零矩阵、单位矩阵、全称矩阵.

2. 模糊矩阵的运算及其性质

1) 模糊矩阵间的关系

定义 2.10　设 $\boldsymbol{A},\boldsymbol{B}\in M_{m\times n}$, 记 $\boldsymbol{A}=(a_{ij}), \boldsymbol{B}=(b_{ij})$, 则

(1) 相等: $\boldsymbol{A}=\boldsymbol{B}\Leftrightarrow a_{ij}=b_{ij}, i=1,2,\cdots,m, j=1,2,\cdots,n$.

(2) 包含: $\boldsymbol{A}\leqslant\boldsymbol{B}\Leftrightarrow a_{ij}\leqslant b_{ij}, i=1,2,\cdots,m, j=1,2,\cdots,n$.

因此, 对任何 $\boldsymbol{R} \in M_{m\times n}$, 总有

$$\mathbf{0} \leqslant \boldsymbol{R} \leqslant \boldsymbol{E} \tag{2.29}$$

2) 模糊矩阵的并、交、余运算

定义 2.11 设 $\boldsymbol{A} = (a_{ij}), \boldsymbol{B} = (b_{ij}) \in M_{m\times n}$, 则

(1) 并: $\boldsymbol{A} \cup \boldsymbol{B} \triangleq (a_{ij} \vee b_{ij})_{m\times n}$.

(2) 交: $\boldsymbol{A} \cap \boldsymbol{B} \triangleq (a_{ij} \wedge b_{ij})_{m\times n}$.

(3) 余: $\boldsymbol{A}^c \triangleq (1 - a_{ij})_{m\times n}$.

模糊矩阵 $(\cup, \cap, {}^c)$ 的性质如下:

设 $\boldsymbol{A}, \boldsymbol{B}, \boldsymbol{C} \in M_{m\times n}$, 则有

性质 1 (幂等律) $\boldsymbol{A} \cup \boldsymbol{A} = \boldsymbol{A}, \boldsymbol{A} \cap \boldsymbol{A} = \boldsymbol{A}$.

性质 2(交换律) $\boldsymbol{A} \cup \boldsymbol{B} = \boldsymbol{B} \cup \boldsymbol{A}, \boldsymbol{A} \cap \boldsymbol{B} = \boldsymbol{B} \cap \boldsymbol{A}$.

性质 3(结合律) $(\boldsymbol{A} \cup \boldsymbol{B}) \cup \boldsymbol{C} = \boldsymbol{A} \cup (\boldsymbol{B} \cup \boldsymbol{C})$;

$(\boldsymbol{A} \cap \boldsymbol{B}) \cap \boldsymbol{C} = \boldsymbol{A} \cap (\boldsymbol{B} \cap \boldsymbol{C})$.

性质 4(吸收律) $\boldsymbol{A} \cap (\boldsymbol{A} \cup \boldsymbol{B}) = \boldsymbol{A}, \boldsymbol{A} \cup (\boldsymbol{A} \cap \boldsymbol{B}) = \boldsymbol{A}$.

性质 5(分配律) $(\boldsymbol{A} \cup \boldsymbol{B}) \cap \boldsymbol{C} = (\boldsymbol{A} \cap \boldsymbol{C}) \cup (\boldsymbol{B} \cap \boldsymbol{C})$;

$(\boldsymbol{A} \cap \boldsymbol{B}) \cup \boldsymbol{C} = (\boldsymbol{A} \cup \boldsymbol{C}) \cap (\boldsymbol{B} \cup \boldsymbol{C})$.

性质 6(0-1 律) $\boldsymbol{A} \cup \mathbf{0} = \boldsymbol{A}, \boldsymbol{A} \cap \mathbf{0} = \mathbf{0}$;

$\boldsymbol{A} \cup \boldsymbol{E} = \boldsymbol{E}, \boldsymbol{A} \cap \boldsymbol{E} = \boldsymbol{A}$.

性质 7(还原律) $(\boldsymbol{A}^c)^c = \boldsymbol{A}$.

性质 8(对偶律) $(\boldsymbol{A} \cup \boldsymbol{B})^c = \boldsymbol{A}^c \cap \boldsymbol{B}^c, (\boldsymbol{A} \cap \boldsymbol{B})^c = \boldsymbol{A}^c \cup \boldsymbol{B}^c$.

以下是包含性质: 设 $\boldsymbol{A}, \boldsymbol{B}, \boldsymbol{C}, \boldsymbol{D} \in M_{m\times n}$, 则有

性质 9 $\boldsymbol{A} \leqslant \boldsymbol{B} \Rightarrow \boldsymbol{A} \cup \boldsymbol{B} = \boldsymbol{B}; \boldsymbol{A} \cap \boldsymbol{B} = \boldsymbol{A}; \boldsymbol{A}^c \geqslant \boldsymbol{B}^c$.

性质 10 $\boldsymbol{A} \leqslant \boldsymbol{B}, \boldsymbol{C} \leqslant \boldsymbol{D} \Rightarrow \boldsymbol{A} \cup \boldsymbol{C} \leqslant \boldsymbol{B} \cup \boldsymbol{D}; \boldsymbol{A} \cap \boldsymbol{C} \leqslant \boldsymbol{B} \cap \boldsymbol{D}$.

3) 模糊矩阵的合成运算

模糊矩阵的合成运算相当于矩阵的乘法运算.

定义 2.12 设 $\boldsymbol{A} = (a_{ij})_{m\times s}, \boldsymbol{B} = (b_{ij})_{s\times n}$, 称模糊矩阵

$$\boldsymbol{A} \circ \boldsymbol{B} = (c_{ij})_{m\times n} \tag{2.30}$$

为 $\boldsymbol{A}$ 与 $\boldsymbol{B}$ 的合成, 其中 $c_{ij} = \bigvee_{k=1}^{s} (a_{ik} \wedge b_{kj})$, 即

$$\boldsymbol{C} = \boldsymbol{A} \circ \boldsymbol{B} \Leftrightarrow c_{ij} = \bigvee_{k=1}^{s} (a_{ik} \wedge b_{kj}) \tag{2.31}$$

合成运算不满足交换律: $\boldsymbol{A} \circ \boldsymbol{B} \neq \boldsymbol{B} \circ \boldsymbol{A}$. 还应注意, 同普通矩阵乘法一样, 只有 $\boldsymbol{A}$ 的列数等于 $\boldsymbol{B}$ 的行数时, 合成运算 $\boldsymbol{A} \circ \boldsymbol{B}$ 才有意义.

模糊方阵的幂:

定义 2.13 设 $\boldsymbol{A} \in M_{m\times n}$, 模糊方阵的幂定义为

$$\boldsymbol{A}^2 = \boldsymbol{A} \circ \boldsymbol{A}, \boldsymbol{A}^3 = \boldsymbol{A}^2 \circ \boldsymbol{A}, \cdots, \boldsymbol{A}^n = \boldsymbol{A}^{n-1} \circ \boldsymbol{A} \tag{2.32}$$

合成 ($\circ$) 运算的性质如下:

性质 1(结合律) $(\boldsymbol{A} \circ \boldsymbol{B}) \circ \boldsymbol{C} = \boldsymbol{A} \circ (\boldsymbol{B} \circ \boldsymbol{C})$.

性质 2 $\boldsymbol{A}^k \circ \boldsymbol{A}^l = \boldsymbol{A}^{k+l}; (\boldsymbol{A}^m)^n = \boldsymbol{A}^{m\cdot n}$.

性质 3(分配律) $\boldsymbol{A} \circ (\boldsymbol{B} \cup \boldsymbol{C}) = (\boldsymbol{A} \circ \boldsymbol{B}) \cup (\boldsymbol{A} \circ \boldsymbol{C})$;

$$(\boldsymbol{B} \cup \boldsymbol{C}) \circ \boldsymbol{A} = (\boldsymbol{B} \circ \boldsymbol{A}) \cup (\boldsymbol{C} \circ \boldsymbol{A}).$$

关于 $\cup$ 的分配律可以推广到无限多个并的运算中去, 即

$$\boldsymbol{A} \circ (\bigcup_{t\in T} \boldsymbol{B}^{(t)}) = \bigcup_{t\in T} (\boldsymbol{A} \circ \boldsymbol{B}^{(t)}) \tag{2.33}$$

$$(\bigcup_{t\in T} \boldsymbol{B}^{(t)}) \circ \boldsymbol{A} = \bigcup_{t\in T} (\boldsymbol{B}^{(t)} \circ \boldsymbol{A}) \tag{2.34}$$

性质 4(0-1 律) $\boldsymbol{0} \circ \boldsymbol{A} = \boldsymbol{A} \circ \boldsymbol{0} = \boldsymbol{0}$;

$$\boldsymbol{I} \circ \boldsymbol{A} = \boldsymbol{A} \circ \boldsymbol{I} = \boldsymbol{A}$$

以下是包含性质:

性质 5 $\boldsymbol{A} \leqslant \boldsymbol{B}, \boldsymbol{C} \leqslant \boldsymbol{D} \Rightarrow \boldsymbol{A} \circ \boldsymbol{C} \leqslant \boldsymbol{B} \circ \boldsymbol{D}$.

性质 6 $\boldsymbol{A} \leqslant \boldsymbol{B} \Rightarrow \boldsymbol{A} \circ \boldsymbol{C} \leqslant \boldsymbol{B} \circ \boldsymbol{C}; \boldsymbol{C} \circ \boldsymbol{A} \leqslant \boldsymbol{C} \circ \boldsymbol{B}; \boldsymbol{A}^n \leqslant \boldsymbol{B}^n$.

关于合成 ($\circ$) 运算要注意两点:

(1) 关于交 ($\cap$) 的分配律不成立, 即

$$(\boldsymbol{A} \cap \boldsymbol{B}) \circ \boldsymbol{C} \neq (\boldsymbol{A} \circ \boldsymbol{C}) \cap (\boldsymbol{B} \circ \boldsymbol{C}) \tag{2.35}$$

(2) $\boldsymbol{A} \circ \boldsymbol{A} \neq \boldsymbol{A}$, 而有 $\boldsymbol{A} \circ \boldsymbol{A} = \boldsymbol{A}^2$(幂的定义).

4) 模糊矩阵的转置

模糊矩阵的转置定义与线性代数中矩阵的转置定义是相同的.

定义 2.14 设 $\boldsymbol{A} = (a_{ij})_{m\times n}$, 称 $\boldsymbol{A}^{\mathrm{T}} = (a_{ij}^{\mathrm{T}})_{n\times m}$ 为 $\boldsymbol{A}$ 的转置矩阵, 其中 $a_{ij}^{\mathrm{T}} = a_{ji}$ $(i = 1, 2, \cdots, m; j = 1, 2, \cdots, n)$.

模糊矩阵的转置有以下性质:

性质 1 $(\boldsymbol{A}^{\mathrm{T}})^{\mathrm{T}} = \boldsymbol{A}$.

性质 2 $(\boldsymbol{A} \cup \boldsymbol{B})^{\mathrm{T}} = \boldsymbol{A}^{\mathrm{T}} \cup \boldsymbol{B}^{\mathrm{T}}; (\boldsymbol{A} \cap \boldsymbol{B})^{\mathrm{T}} = \boldsymbol{A}^{\mathrm{T}} \cap \boldsymbol{B}^{\mathrm{T}}$.

性质 3 $(\boldsymbol{A} \circ \boldsymbol{B})^{\mathrm{T}} = \boldsymbol{B}^{\mathrm{T}} \circ \boldsymbol{A}^{\mathrm{T}}; (\boldsymbol{A}^n)^{\mathrm{T}} = (\boldsymbol{A}^{\mathrm{T}})^n$.

性质 4 $(\boldsymbol{A}^c)^{\mathrm{T}} = (\boldsymbol{A}^{\mathrm{T}})^c$.

性质 5 $\boldsymbol{A} \leqslant \boldsymbol{B} \Leftrightarrow \boldsymbol{A}^{\mathrm{T}} \leqslant \boldsymbol{B}^{\mathrm{T}}$.

5) 模糊矩阵的 λ–截矩阵

定义 2.15 设 $\boldsymbol{A}=(a_{ij}) \in M_{m\times n}$, 对于任意的 $\forall\lambda \in [0,1]$, 称 $A_\lambda = (a_{ij}^{(\lambda)})$ 为模糊矩阵 $\boldsymbol{A}=(a_{ij})$ 的 λ–截矩阵, 其中

$$a_{ij}^{(\lambda)} = \begin{cases} 1, & a_{ij} \geqslant \lambda \\ 0, & a_{ij} < \lambda \end{cases} \tag{2.36}$$

显然, 截矩阵为 Boole 矩阵.

截矩阵的性质: $\forall\lambda \in [0,1]$, 有

性质 1 $\boldsymbol{A} \leqslant \boldsymbol{B} \Leftrightarrow \boldsymbol{A}_\lambda \leqslant \boldsymbol{B}_\lambda$.

性质 2 $(\boldsymbol{A}\cup\boldsymbol{B})_\lambda = \boldsymbol{A}_\lambda \cup \boldsymbol{B}_\lambda; (\boldsymbol{A}\cap\boldsymbol{B})_\lambda = \boldsymbol{A}_\lambda \cap \boldsymbol{B}_\lambda$.

性质 3 $(\boldsymbol{A}\circ\boldsymbol{B})_\lambda = \boldsymbol{A}_\lambda \circ \boldsymbol{B}_\lambda$.

性质 4 $(\boldsymbol{A}^{\mathrm{T}})_\lambda = (\boldsymbol{A}_\lambda)^{\mathrm{T}}$.

3. 模糊矩阵的基本定理

定义 2.16 设 $\boldsymbol{A} \in M_{n\times n}$, 若模糊矩阵 $\boldsymbol{A}$ 满足 $\boldsymbol{A} \geqslant \boldsymbol{I}$($\boldsymbol{A}$ 的主对角线元素 $a_{ii}=1$), 则称 $\boldsymbol{A}$ 为自反矩阵.

定义 2.17 设 $\boldsymbol{A} \in M_{n\times n}$, 若模糊矩阵 $\boldsymbol{A}$ 满足 $\boldsymbol{A}^{\mathrm{T}} = \boldsymbol{A}(\Leftrightarrow a_{ij}=a_{ji})$, 则称 $\boldsymbol{A}$ 为对称矩阵.

定义 2.18 设 $\boldsymbol{A} \in M_{n\times n}$, 若模糊矩阵 $\boldsymbol{A}$ 满足 $\boldsymbol{A}^2 \leqslant \boldsymbol{A}(\Leftrightarrow \bigvee\limits_{k=1}^{n}(a_{ik}\wedge a_{kj}) \leqslant a_{ij})$, 则称 $\boldsymbol{A}$ 为模糊传递矩阵.

定义 2.19 设 $\boldsymbol{Q},\boldsymbol{S},\boldsymbol{A} \in M_{n\times n}$, 满足

(1) $\boldsymbol{S} \geqslant \boldsymbol{A}(\boldsymbol{S}^2 \leqslant \boldsymbol{S})$.

(2) $\forall\boldsymbol{Q} \geqslant \boldsymbol{A}(\boldsymbol{Q}^2 \leqslant \boldsymbol{Q})$, 总有 $\boldsymbol{Q} \geqslant \boldsymbol{S}$.

则称 $\boldsymbol{S}$ 为 $\boldsymbol{A}$ 的传递闭包, 记为 $t(\boldsymbol{A})$, 即 $\boldsymbol{S}=t(\boldsymbol{A})$.

定义 2.19 是指包含 $\boldsymbol{A}$ 而且被任何包含 $\boldsymbol{A}$ 的传递矩阵所包含的传递矩阵, 称为 $\boldsymbol{A}$ 的传递闭包, 或者是包含 $\boldsymbol{A}$ 的最小的模糊传递矩阵称 $\boldsymbol{A}$ 的传递闭包. 显然, $\boldsymbol{A}$ 的传递闭包 $t(\boldsymbol{A})$ 满足

(1) $t(\boldsymbol{A})\circ t(\boldsymbol{A}) \leqslant t(\boldsymbol{A})$ (传递性).

(2) $t(\boldsymbol{A}) \geqslant \boldsymbol{A}$.

(3) $\forall\boldsymbol{Q} \geqslant \boldsymbol{A}(\boldsymbol{Q}\circ\boldsymbol{Q} \leqslant \boldsymbol{Q}) \Rightarrow Q \geqslant t(\boldsymbol{A})$(最小性).

定理 2.4 设 $\boldsymbol{A} \in M_{n\times n}$ 是自反矩阵, 则有

$$\boldsymbol{A} \leqslant \boldsymbol{A}^2 \leqslant \boldsymbol{A}^3 \leqslant \cdots \leqslant \boldsymbol{A}^{n-1} \leqslant \boldsymbol{A}^n \leqslant \cdots \tag{2.37}$$

定理 2.5　设 $\boldsymbol{A} \in M_{n\times n}$, 则传递闭包

$$t(\boldsymbol{A}) = \boldsymbol{A} \cup \boldsymbol{A}^2 \cup \cdots \cup \boldsymbol{A}^n \cup \cdots = \bigcup_{k=1}^{\infty} \boldsymbol{A}^k \tag{2.38}$$

定理 2.5 的重要性在于给出了任意模糊矩阵 $\boldsymbol{A}$ 的传递闭包的表达式. 但是, 实际操作是无法实现的, 因为这要求作无穷多次并运算. 因此, 人们设法改进了这一结论.

定理 2.6　设 $\boldsymbol{A} \in M_{n\times n}$, 则传递闭包

$$t(\boldsymbol{A}) = \bigcup_{k=1}^{n} \boldsymbol{A}^k \tag{2.39}$$

定理 2.6 表明, 当 $\boldsymbol{A}$ 是 n 阶方阵时, 至多用 n 次并运算便可表示出 $\boldsymbol{A}$ 的传递闭包. 以后将看到, 对所谓模糊相似矩阵, 其传递闭包的表达式会更简单些, 也便于操作.

2.1.4　模糊关系

1. 模糊关系

定义 2.20　设论域 U, V, 称 $U \times V$ 的一个模糊子集 $\underset{\sim}{R} \in \mathcal{F}(U \times V)$ 为从 U 到 V 的模糊关系, 记为 $U \xrightarrow{\underset{\sim}{R}} V$, 其隶属函数为映射

$$M_{\underset{\sim}{R}}: U \times V \to [0,1] \tag{2.40}$$

$$(x,y) \Big| \!\!\to M_{\underset{\sim}{R}}(x,y) \overset{\text{记为}}{=} \underset{\sim}{R}(x,y) \tag{2.41}$$

并称隶属度 $\underset{\sim}{R}(x,y)$ 为 (x,y) 关于模糊关系 $\underset{\sim}{R}$ 的相关程度.

由于模糊关系 $\underset{\sim}{R}$ 就是直积 $U \times V$ 的一个模糊子集, 因此, 模糊关系同样具有模糊子集的运算及性质.

定义 2.21　设 $\underset{\sim}{R}, \underset{\sim}{R}_1, \underset{\sim}{R}_2$ 为 U 到 V 的模糊关系.

(1) 相等: $\underset{\sim}{R}_1 = \underset{\sim}{R}_2 \Leftrightarrow \underset{\sim}{R}_1(x,y) = \underset{\sim}{R}_2(x,y)$.

(2) 包含: $\underset{\sim}{R}_1 \subseteq \underset{\sim}{R}_2 \Leftrightarrow \underset{\sim}{R}_1(x,y) \leqslant \underset{\sim}{R}_2(x,y)$.

(3) 并: $\underset{\sim}{R}_1 \cup \underset{\sim}{R}_2$, 其隶属函数为

$$(\underset{\sim}{R}_1 \cup \underset{\sim}{R}_2)(x,y) = \underset{\sim}{R}_1(x,y) \vee \underset{\sim}{R}_2(x,y) \tag{2.42}$$

(4) 交: $\underset{\sim}{R}_1 \cap \underset{\sim}{R}_2$, 其隶属函数为

$$(\underset{\sim}{R}_1 \cap \underset{\sim}{R}_2)(x,y) = \underset{\sim}{R}_1(x,y) \wedge \underset{\sim}{R}_2(x,y) \tag{2.43}$$

(5) 余: $\underset{\sim}{R}^c$, 其隶属函数为

$$\underset{\sim}{R}^c(x,y)=1-\underset{\sim}{R}(x,y) \tag{2.44}$$

$(\underset{\sim}{R}_1\cup\underset{\sim}{R}_2)(x,y)$ 表示 (x,y) 对模糊关系"$\underset{\sim}{R}_1$ 或者 $\underset{\sim}{R}_2$"的相关程度, $(\underset{\sim}{R}_1\cap\underset{\sim}{R}_2)(x,y)$ 表示 (x,y) 对"$\underset{\sim}{R}_1$ 且 $\underset{\sim}{R}_2$"的相关程度, $\underset{\sim}{R}^c(x,y)$ 表示 (x,y) 对"非 $\underset{\sim}{R}$"的相关程度.

对于有限论域 $U=\{x_1,x_2,\cdots,x_m\}$, $V=\{y_1,y_2,\cdots,y_n\}$, 则 U 到 V 的模糊关系 $\underset{\sim}{R}$ 可用 $m\times n$ 阶模糊矩阵表示, 即

$$\boldsymbol{R}=(r_{ij})_{m\times n} \tag{2.45}$$

其中, $r_{ij}=\underset{\sim}{R}(x_i,y_j)\in[0,1]$ 表示 (x_i,y_j) 对模糊关系 $\underset{\sim}{R}$ 的相关程度.

2. 模糊关系的合成

定义 2.22 设有三个论域 X、Y、Z, $\underset{\sim}{R_1}$ 是 X 到 Y 的模糊关系, $\underset{\sim}{R_2}$ 是 Y 到 Z 的模糊关系, 则 $\underset{\sim}{R_1}$ 与 $\underset{\sim}{R_2}$ 的合成 $(\underset{\sim}{R_1}\circ\underset{\sim}{R_2})$ 是 X 到 Z 的一个模糊关系, 其隶属函数为

$$(\underset{\sim}{R_1}\circ\underset{\sim}{R_2})(x,y)=\bigvee_{y\in Y}(\underset{\sim}{R_1}(x,y)\wedge\underset{\sim}{R_2}(y,z)) \tag{2.46}$$

若 $\underset{\sim}{R}\in\mathcal{F}(X\times X)$, 则 $\underset{\sim}{R}^2=\underset{\sim}{R}\circ\underset{\sim}{R}$, $\underset{\sim}{R}^n=\underset{\sim}{R}^{n-1}\circ\underset{\sim}{R}$.

当论域为有限时, 模糊关系的合成转化为模糊矩阵的合成.

设 $X=\{x_1,x_2,\cdots,x_m\}$, $Y=\{y_1,y_2,\cdots,y_s\}$, $Z=\{z_1,z_2,\cdots,z_n\}$ 为有限论域. $\boldsymbol{R}_1=(a_{ik})_{m\times s}\in\mathcal{F}(X\times Y)$, $\boldsymbol{R}_2=(b_{kj})_{s\times n}\in\mathcal{F}(Y\times Z)$, 则 $\boldsymbol{R}_1$ 与 $\boldsymbol{R}_2$ 的合成为

$$C=\boldsymbol{R}_1\circ\boldsymbol{R}_2=(c_{ij})_{m\times n}\in\mathcal{F}(X\times Z) \tag{2.47}$$

其中, $c_{ij}=\bigvee\limits_{k=1}^{s}(a_{ik}\wedge b_{kj})$.

模糊关系合成具有以下性质 (这些性质在有限论域情况下, 就是模糊矩阵合成运算的性质):

性质 1(结合律) $(\underset{\sim}{A}\circ\underset{\sim}{B})\circ\underset{\sim}{C}=\underset{\sim}{A}\circ(\underset{\sim}{B}\circ\underset{\sim}{C})$.

性质 2(分配律) $\underset{\sim}{A}\circ(\underset{\sim}{B}\cup\underset{\sim}{C})=(\underset{\sim}{A}\circ\underset{\sim}{B})\cup(\underset{\sim}{A}\circ\underset{\sim}{C})$;

$$(\underset{\sim}{B}\cup\underset{\sim}{C})\circ\underset{\sim}{A}=(\underset{\sim}{B}\circ\underset{\sim}{A})\cup(\underset{\sim}{C}\circ\underset{\sim}{A}).$$

性质 3 $(\underset{\sim}{A}\circ\underset{\sim}{B})^{\mathrm{T}}=\underset{\sim}{B}^{\mathrm{T}}\circ\underset{\sim}{A}^{\mathrm{T}}$.

性质 4 $\underset{\sim}{A}\subseteq\underset{\sim}{B},\underset{\sim}{C}\subseteq\underset{\sim}{D}\Rightarrow\underset{\sim}{A}\circ\underset{\sim}{C}\subseteq\underset{\sim}{B}\circ\underset{\sim}{D}$.

性质 5 $\underset{\sim}{A}\subseteq\underset{\sim}{B}\Rightarrow\underset{\sim}{A}\circ\underset{\sim}{C}\subseteq\underset{\sim}{B}\circ\underset{\sim}{C}$, $\underset{\sim}{C}\circ\underset{\sim}{A}\subseteq\underset{\sim}{C}\circ\underset{\sim}{B}$, $\underset{\sim}{A}^n\subseteq\underset{\sim}{B}^n$.

3. 模糊等价关系

定义 2.23 若模糊关系 $\underset{\sim}{R} \in \mathcal{F}(X \times X)$ 满足

(1) 自反性：$\underset{\sim}{R}(x,x) = 1$.

(2) 对称性：$\underset{\sim}{R}(x,y) = \underset{\sim}{R}(y,x)$.

(3) 传递性：$\underset{\sim}{R} \circ \underset{\sim}{R} \subseteq \underset{\sim}{R}$.

则称 $\underset{\sim}{R}$ 是 X 上的一个模糊等价关系, 其中隶属度 $\underset{\sim}{R}(x,y)$ 表示 (x,y) 的相关程度.

2.1.5 模糊等价矩阵

当论域 $U = \{x_1, x_2, \cdots, x_n\}$ 为有限论域时, U 的模糊等价关系可表示为 $n \times n$ 阶模糊等价矩阵.

1. 模糊等价矩阵及其性质

定义 2.24 设论域 $U = \{x_1, x_2, \cdots, x_n\}$, $\boldsymbol{R} \in M_{n\times n}$, $\boldsymbol{I}$ 为单位矩阵, 若 $\boldsymbol{R}$ 满足

(1) 自反性：$\boldsymbol{I} \leqslant \boldsymbol{R}(\Leftrightarrow r_{ii} = 1)$.

(2) 对称性：$\boldsymbol{R}^{\mathrm{T}} = \boldsymbol{R}(\Leftrightarrow r_{ij} = r_{ji})$.

(3) 传递性：$\boldsymbol{R} \circ \boldsymbol{R} \leqslant \boldsymbol{R}(\Leftrightarrow \bigvee\limits_{k=1}^{n}(r_{ik} \wedge r_{kj}) \leqslant r_{ij})$.

则称 $\boldsymbol{R}$ 为模糊等价矩阵.

模糊等价矩阵具有以下性质.

定理 2.7 $\boldsymbol{R}$ 是模糊等价矩阵 $\Leftrightarrow \forall\lambda \in [0,1]$, $\boldsymbol{R}_\lambda$ 是等价的 Boole 矩阵.

定理 2.8 设 $\boldsymbol{R} \in M_{n\times n}$ 是模糊等价矩阵, 则对 $\lambda, \mu \in [0,1]$, 且 $\lambda < \mu$, $\boldsymbol{R}_\mu$ 所决定的分类中的每一个类是 $\boldsymbol{R}_\lambda$ 决定的分类中的某个类的子类.

定理 2.8 表明, 当 $\lambda < \mu$ 时, $\boldsymbol{R}_\mu$ 的分类是 $\boldsymbol{R}_\lambda$ 分类的加细. 因此, 当 λ 由 1 变到 0 时, $\boldsymbol{R}_\lambda$ 的分类由细变粗, 形成一个动态的聚类图.

2. 模糊相似矩阵及其性质

定义 2.25 若模糊关系 $\underset{\sim}{R} \in \mathcal{F}(U \times U)$ 满足

(1) 自反性：$\underset{\sim}{R}(x,x) = 1$.

(2) 对称性：$\underset{\sim}{R}(x,y) = \underset{\sim}{R}(y,x)$.

则称 $\underset{\sim}{R}$ 是 U 上的模糊相似关系. 其中隶属度 $\underset{\sim}{R}(x,y)$ 表示 (x,y) 的相似程度.

当 U 为有限论域时, 模糊相似关系 $\underset{\sim}{R}$ 可用模糊相似矩阵 $\boldsymbol{R}$ 表示.

定义 2.26 设论域 $U = \{x_1, x_2, \cdots, x_n\}$, $\boldsymbol{R} \in M_{n\times n}$, $\boldsymbol{I}$ 为单位矩阵, 若 $\boldsymbol{R}$ 满足

(1) 自反性：$\boldsymbol{I} \leqslant \boldsymbol{R}(\Leftrightarrow r_{ii} = 1)$.

(2) 对称性：$\boldsymbol{R}^{\mathrm{T}} = \boldsymbol{R}(\Leftrightarrow r_{ij} = r_{ji})$.

则称 $\boldsymbol{R}$ 为模糊相似矩阵.

模糊相似矩阵具有以下性质.

定理 2.9 设 $\boldsymbol{R} \in M_{n\times n}$ 是模糊相似矩阵, 则对 $\forall k$(自然数), $\boldsymbol{R}^k$ 也是模糊相似矩阵.

定理 2.10 设 $\boldsymbol{R} \in M_{n\times n}$ 是模糊相似矩阵, 则存在一个最小自然数 $k(k \leqslant n)$, 使得传递闭包 $t(\boldsymbol{R}) = \boldsymbol{R}^k$, 对于一切大于 k 的自然数 l, 恒有 $\boldsymbol{R}^l = \boldsymbol{R}^k$, 此时, $t(\boldsymbol{R})$ 为模糊等价矩阵.

定理 2.10 表明, 通过求传递闭包 $t(\boldsymbol{R})$, 可将模糊相似矩阵改造成为模糊等价矩阵, 它具有传递性, 同时又保留了自反性与对称性. 下面介绍一个实用的简捷方法 —— 平方法, 求传递闭包 $t(\boldsymbol{R})$.

从模糊相似矩阵 $\boldsymbol{R}$ 出发, 依次求平方, 即

$$\boldsymbol{R} \to \boldsymbol{R}^2 \to \boldsymbol{R}^4 \to \cdots \to \boldsymbol{R}^{2^i} \to \cdots \tag{2.48}$$

当第一次出现 $\boldsymbol{R}^k \circ \boldsymbol{R}^k = \boldsymbol{R}^k$ 时 (表明 $\boldsymbol{R}^k$ 具有传递性), $\boldsymbol{R}^k$ 就是所求的传递闭包 $t(\boldsymbol{R})$.

2.2 粗 糙 集

2.2.1 粗糙集理论的基本思想

在自然科学、社会科学和工程技术的很多领域中, 都不同程度地涉及对不确定性因素和对不完备 (imperfect) 信息的处理. 从实际系统中采集到的数据常常包含着噪声, 不够精确甚至不完整. 采用纯数学上的假设来消除或回避这种不确定性, 效果往往不理想; 反之, 如果正视它, 对这些信息进行合适的处理, 常常有助于相关实际系统问题的解决. 多年来, 研究人员一直在努力寻找科学地处理不完整性和不确定性的有效途径. 模糊集和基于概率方法的证据理论是处理不确定信息的两种方法, 已应用于一些实际领域. 但这些方法有时需要一些数据的附加信息或先验知识, 如模糊隶属函数, 基本概率指派函数和有关统计概率分布等, 而这些信息有时并不容易得到. 1982 年, 波兰学者 Pawlak 提出了粗糙集理论, 它是一种刻画不完整性和不确定性的数学工具, 能有效地分析不精确、不一致 (inconsistent)、不完整 (incomplete) 等各种不完备的信息, 还可以对数据进行分析和推理, 从中发现隐含的知识, 揭示潜在的规律. 粗糙集理论是建立在分类机制的基础上的, 它将分类理解为在特定空间上的等价关系, 而等价关系构成了对该空间的划分. 在粗糙集理论中, 将知识理解为对数据的划分, 每一被划分的集合称为概念.

粗糙集理论的主要思想是利用已知的知识库, 将不精确或不确定的知识用已知的知识库中的知识来 (近似) 刻画. 该理论与其他处理不确定和不精确问题理论的

最显著区别是它无需提供问题所需处理的数据集合之外的任何先验信息, 所以对问题的不确定性的描述或处理可以说是比较客观的, 由于这个理论未能包含处理不精确或不确定原始数据的机制, 所以这个理论与概率论、模糊数学和证据理论等其他处理不确定或不精确问题的理论有很强的互补性. 本文简要介绍了粗糙集理论的基本概念和实际应用.

2.2.2 粗糙集理论的产生和发展

在 20 世纪 70 年代, 波兰学者 Pawlak 和一些波兰科学院、波兰华沙大学的逻辑学家们, 一起从事关于信息系统逻辑特性的研究. 粗糙集理论就是在这些研究的基础上产生的. 1982 年, Pawlak 发表了经典论文*Rough Sets*, 宣告了粗糙集理论的诞生. 此后, 粗糙集理论引起了许多数学家、逻辑学家和计算机研究人员的兴趣, 他们在粗糙集的理论和应用方面作了大量的研究工作. 1991 年 Pawlak 的专著和 1992 年其应用专集的出版, 对这一段时期理论和实践工作的成果作了较好的总结, 同时促进了粗糙集在各个领域的应用. 此后召开的与粗糙集有关的国际会议进一步推动了粗糙集的发展. 越来越多的科技人员开始了解并准备从事该领域的研究. 目前, 粗糙集已成为人工智能领域中一个较新的学术热点, 在机器学习、知识获取、决策分析、过程控制等许多领域得到了广泛的应用.

粗糙集能有效地处理下列问题:

(1) 不确定或不精确知识的表达.

(2) 经验学习并从经验中获取知识.

(3) 不一致信息的分析.

(4) 根据不确定、不完整的知识进行推理.

(5) 在保留信息的前提下进行数据化简.

(6) 近似模式分类.

(7) 识别并评估数据之间的依赖关系.

2.2.3 粗糙集理论的一些基本概念

1. 近似空间、知识与知识库

"知识" 这个概念在不同的范畴中有不同的含义, 很难给它下一个通用的定义. 在粗糙集理论中, "知识" 被认为是一种分类能力, 是基于对现实的或抽象的对象的分类能力. 同时, 粗糙集理论给 "知识" 做了形式化的定义.

近似空间是指一个二元序对 $\mathrm{apr}=(U,R)$, U 是一非空有限集, 称为论域, R 是 U 上的一个二元等价关系, $R\subseteq U\times U$, 也称为 U 上的一个不可分辨关系. $U/R=\{[u]_R:u\in U\}$, 表示 R 在 U 上的划分, 由 U 中每个对象 u 所在的 R – 等价类 $[u]_R$ 组成. 在粗糙集理论中, 拥有知识 R 的智能体 (人、机器人等) 不能将 $[u]_R$ 中的对

象与 u 分辨. 因此, $[u]_R$ 表达了智能体对 $u \in U$ 的认识程度, 智能体只能分辨、表达不同颗粒状的等价类.

知识库可以形式地定义为序对 $K = (U, \Re)$, 其中 $\Re$ 为一族等价关系. 对于 $\forall M \in \Re$, 由 M 产生的不可分辨关系 (也是等价关系) 记为 $\mathrm{IND}(M)$, 表示为 $\mathrm{IND}(M) = \bigcap_{R \in M} R$. 它表达了智能体利用知识库中的一部分知识 M 所能达到的最高的认识程度. 而 $\mathrm{IND}(M)$ 表达了知识库 $K = (U, \Re)$ 的最高分辨、表示程度.

$K = (U, R)(R \in \Re)$ 称为知识库 $K = (U, \Re)$ 中的一条知识, 可以看到, 此处用论域 U 上的一个等价关系 R 表达对论域 U 所拥有的知识, 显然是将知识等同于分类能力的一种观点. 但对此我们认为, 虽然一种清晰的、非此即彼式的划分表达分类能力即知识是可取的, 但是人类对对象的认识更多的情况是模糊的, 即有时很难对一个对象的属性值作出明确的判断, 常常出现一种亦此亦彼、分辨不清的情况, 如何对人类所拥有的这种知识形式化, 本书后面还要叙述.

2. 集合的上、下近似与边界

从外延的角度考察一个概念, 概念实际上等同于一个集合. 在粗糙集理论中, 近似空间 $\mathrm{apr} = (U, R)$ 提供了可分辨、可表达空间, 其中的等价类 $[u]_R$ 构成了最小的分辨、表达单位, 称为基本集或原子集. 用颗粒状的基本集去表达一个集合或概念, 便形成了在近似空间中集合的上、下近似与边界等概念, 关于这些概念的定义形式有许多, 但它们在本质上是一致的, 下面列举其中的一些.

在下面的定义中, $\bar{R}(X)$、$\underline{R}(X)$、$\mathrm{BN}_R(x)$ 分别表示集合 X 在近似空间 $\mathrm{apr} = (U, R)$ 中的上、下近似与边界, $[u]_R$ 表示对象 u 的 $\mathrm{IND}(\Re)$ 等价类.

$$\begin{cases} \bar{R}(X) = \bigcup \{[u]_R : [u]_R \cap X \neq \varnothing\} \\ \underline{R}(X) = \bigcup \{[u]_R : [u]_R \in X\} \\ \mathrm{BN}_R(X) = \bar{R}(X) - \underline{R}(X) \end{cases} \tag{2.49}$$

$$\begin{cases} \bar{R}(X) = \{u : [u]_R \cap X = \varnothing\} \\ \underline{R}(X) = \{u : [u]_R \in X\} \\ \mathrm{BN}_R(X) = \bar{R}(X) - \underline{R}(X) \end{cases} \tag{2.50}$$

$$\begin{cases} \bar{R}(X) = \{u : \exists \nu \in U, (u\mathrm{IND}(\Re)\nu \wedge \nu \in X)\} \\ \underline{R}(X) = \{u : \exists \nu \in U, (u\mathrm{IND}(\Re)\nu \rightarrow \nu \in X)\} \\ \mathrm{BN}_R(X) = \bar{R}(X) - \underline{R}(X) \end{cases} \tag{2.51}$$

关于上、下近似与边界的概念, 我们也从数学的角度给出了一个定义. 设 $\mathrm{apr} = (U, R)$ 是一近似空间, $U/\mathrm{IND}(\Re) = \{[u]_R : u \in U\}$ 是相应的划分, 则有从 U 到商

集 $U/\text{IND}(\Re)$ 的投影函数 $P: U \to U/\text{IND}(\mathcal{R}), u \mapsto [u]_{\Re}$, 而 P^{-1} 则是相应的从 $U/\text{IND}(\Re)$ 到 U 的柱面扩展函数, 从而有以下定义:

$$\begin{cases} \bar{R}(X) = P^{-1}(P(X)) = P^{-1} \circ P(X) \\ \underline{R}(X) = \neg\bar{A}(\neg X) \\ \text{BN}_R(X) = \bar{R}(X) - \underline{R}(X) = \bar{R}(X) \cap \bar{R}(\neg X) \end{cases} \tag{2.52}$$

上、下近似与边界的概念是粗糙集理论中最重要的概念, 它们定义形式的异同侧重于从不同的侧面去认识粗糙集, 如上述定义中, 有的从集合论的观点给这些概念下定义, 将它们定义为适合一定条件的基本集的并或适合一定条件的元素组成的集合, 如式 (2.48)~ 式 (2.50); 有的从逻辑的角度给它们下定义, 认为它们是满足一定逻辑条件的元素集合, 如式 (2.51), 这里的定义则侧重于从映射或算子的角度给其下定义. 在粗糙集理论中, 将基本集的并定义为精确集, 意味着这些集合可由基本集精确表示. 从拓扑的观点看, 一个集合的上近似是包含该集的最小精确集, 可认为是它的闭包, 而下近似则为包含于该集的最大精确集, 即为该集的开核. 上、下近似从两个不同的方向逼近一个集合, 下近似由必然属于该集的元素组成, 而上近似由可能属于该集的元素组成, 边界则由不能判断是否属于或不属于的元素组成, 它们可能属于 X 也可能属于 $\neg X$.

3. 上、下近似的一些性质

现在公认的研究粗糙集的方法有两种, 一种是集合论观点的构造性方法, 另一种是代数观点的公理化方法. 前者是从论域上的二元等价关系出发定义上、下近似等概念, 在此基础上发展粗糙集理论, 而后者是将上、下近似认为是满足一组公理的集合算子, 在此基础上构造粗糙代数系统, 并且通过适当的公理所刻画的上、下近似算子正好是某一二元等价关系所产生的上、下近似. 因此, 可以通过一些性质刻画上、下近似的本质, 这些性质罗列如下:

$$\begin{aligned} &\bar{R}(U) = \underline{R}(U) = U, \bar{R}(\varnothing) = \underline{R}(\varnothing) = \varnothing \\ &\bar{R}(X \cup Y) = \bar{R}(X) \cup \bar{R}(Y), \underline{R}(X \cap Y) = \underline{R}(X) \cap \underline{R}(Y) \\ &\bar{R}(X \cap Y) = \bar{R}(X) \cap \bar{R}(Y), \underline{R}(X \cup Y) = \underline{R}(X) \cup \underline{R}(Y) \end{aligned}$$

以上性质中, 正是由于最后两条性质, 使粗糙集理论多少显得有点扑朔迷离, 围绕这两条性质的解释或改进出现了许多关于粗糙集的观点, 特别值得一提的是, 基于最后两条性质, 粗糙集理论的创始人 Pawlak 得出了一个结论: “粗糙集是泛化的模糊集.”

4. 约简

约简是粗糙集用于数据分析的重要概念. 然而最小约简的计算是 NP-hard 的. 因此运用启发信息来简化计算是必要的. 事实上, 计算最小约简的问题有些类似于机器学习中的最小属性子集问题. 如前所述, 粗糙集中的约简计算可以转化成布尔函数化简问题. 因此, 可以使用许多布尔函数化简中的技巧及算法. 有许多作者讨论了计算约简的问题, 这里介绍一些典型算法.

算法 2.1 (基本算法) 基本算法首先构造区分矩阵. 在区分矩阵的基础上得出区分函数. 然后应用吸收律对区分函数进行化简, 使之成为析取范式. 则每个主蕴含式均为约简. 基本算法可以求出所有的约简, 但是只适合于非常小的数据集. 基本算法的时间复杂度为 $O(2^{|X|}|A||U|\lg|U|)$.

算法 2.2(属性的重要性) 由 Hu 提出. 该算法非常简单和直观. 它使用核作为计算约简的出发点, 计算一个最好的或者用户指定的最小约简. 算法将属性的重要性作为启发规则, 首先按照属性的重要程度从大到小逐个加入属性, 直至该集合是一个约简为止; 接着检查该集合中的每个属性, 看移走该属性是否会改变该集合对决策属性的依赖度, 如果不影响, 则将其删除. 此算法的最坏复杂度在 $O(|A|^2|U|\lg|U|)$. 因为循环的执行次数最多为 $|A|$, 而求属性间的依赖程度的复杂度和计算正区域相同.

算法 2.3 (遗传算法) 已经有不少用遗传算法计算约简的算法. 各种算法的不同之处主要为表示和适值函数的不同. 这里介绍具有代表性的 Bjorvand 和 Komorowski 提出的遗传算法, 该算法表示: 每个位串代表区分矩阵的一项, 即两个对象的区分属性集. 某位为 1 时表示该属性存在, 否则不存在. 这样每个位串是一个约简的候选. 定义适值函数如下:

$$F(\nu)=\frac{N-L_\nu}{N}+\frac{C_\nu}{(m^2-m)/2} \tag{2.53}$$

其中, N 是属性集合的长度; L_ν 是 ν 中 1 的个数; C_ν 是 ν 能区分的对象组合的个数; m 是对象的个数. 该函数由两部分组成, 前一部分是希望 L_ν 的长度尽可能小, 后一部分是希望区分的对象尽可能多. 在设计初始种群时, 可以考虑将核或专家认为必要的属性加入种群中, 以加快算法的收敛.

算法 2.4(复合系统的约简) Kryszkiewicz 和 Rybinski 研究了在复合信息系统中寻求约简的问题, 即怎样利用现有的子系统的约简求复合系统的约简. 其主要思想是将布尔函数的化简问题转化成集合空间中的边界搜索问题. 而在已知子系统的约简的情况下, 复合系统的搜索空间将得到简化. 设有信息系统 S_1, S_2, 它们的属性集合相同. 设 f_1 和 f_2 分别是它们的区分函数, 则整个信息系统 S 的区分函数 f 可表示为 $f=f_1\wedge f_2\wedge f_{12}$. 其中 f_{12} 代表 S_1, S_2 中的对象分别作为纵、横坐标组成的区分函数. 根据上面的讨论, 如果已知 S_1, S_2 的约简时, 则 S 的约简只需在空间 $[\min S(f_1 \wedge f_2), \{A\}]$ 上搜索而不必从头开始. 其中 $\min S(f_1 \wedge f_2)$ 是两个子系统的约简的并的最小值. 因而, 削减搜索空间大大减小.

算法 2.5(扩展法则)　Starzyk 等 1999 年提出一种新概念, 称为强等价 (strong equivalence), 进而发展为扩展法则, 用于快速简化区分函数. 两个属性称为局部强等价, 若它们在区分函数的所有项中同时出现或不出现, 当两个属性是局部强等价时, 它们就可以仅用一个属性代替. 实验表明, 该算法比基本算法快数十到数百倍, 因而能处理更大的数据集.

算法 2.6 (动态约简)　动态约简在某种意义上是给定决策表中最稳定的约简, 它们是从给定决策表中随机抽样形成的子表中最常出现的约简. 动态约简能够有效地增强约简的抗噪音能力. 动态约简的计算过程较为简明, 主要是对决策表进行采样, 然后对采样后的决策表计算所有约简. 在所有的子表中保持不变或近似保持不变的约简就是动态约简.

2.2.4　粗糙集的应用

可以说, 由于粗糙集理论在数据挖掘方面的应用而受到关注. 最近几年, 粗糙集理论的应用研究得到了长足发展. 这里从几个方面简述有代表性的应用.

1. 数据缩减与规则生成

实验证明, 数据库中最有用的子集并不一定是粗糙集中的相对核, 甚至可能不包括完全的核属性集. Shan 和 Ziarko 则讨论了基于 RS 的从数据中发现规则的增量自适应算法. Grzymala-Busse 和 Zou 比较了同时使用可能规则及确定规则和只使用确定规则的性能, 发现前者产生较小的错误率. Choubey 等的研究得出了同样的结论. 他们还在属性选择的题目下研究了近似约简问题, 并给出了几个启发式算法. Lenarcik 和 Piasta 研究了在每个对象的 Cost 不一样时的粗糙分类器. 他们的主要方法是对所有的对象定义一个新的 Cost 属性. Mollestad 和 Komorowski 提出了在粗糙集框架下默认规则生成的格搜索算法, 并给出一组启发式搜索策略.

2. 大数据集

由于粗糙集在数据挖掘中具有较大的计算复杂度, 受关联规则挖掘算法的启发, 有些作者提出了将关联规则挖掘技巧应用于粗糙集的确定和可能规则生成中来, 以减小粗糙集方法的计算复杂度. Nguyen 等描述了一种决策表分解方法. 他们首先使用遗传算法在决策表中寻找具有代表性的模板 (类似一条支持度最大的规则), 然后将决策表一分为二. 满足模板的为一个部分, 不满足的为另一部分. 将该过程递归进行, 直至决策表的大小满足要求为止. 然后再对小决策表生成规则. 当新对象到来时从顶部开始匹配, 直至叶子的规则.

3. 多方法融合

Jelonek 等研究了将 RS 理论用于神经网络训练数据的预处理. 上述处理有利于提高学习效率, 并且保持了较低的稳定的近似分类误分类差错率. 首先使用面向属性的概念树爬升技术对属性进行泛化, 然后使用 RS 方法计算缩减并生成规则. 由于在泛化过程中消除了不必要的属性值和在缩减过程中去掉了不相关的属性, 最后的规则是很一般的形式, 并且可用高层次抽象概念表达. Hu 提出了一种将基于属性的归纳概念方法与 RS 相结合的方法. Lingras 和 Davies 研究了粗糙集和遗传算法的集合, 提出了一种粗糙遗传算法. 在该算法中, 基因用粗糙数表示.

4. 信息检索

Beaubouef 等在 RS 理论基础上提出了一种 Rough 关系数据库模型, 并定义了各种 Rough 关系算子. 该模型将 RS 的重要性质引入到基本关系模型中, 从而使之具有更好的检索能力和适应性. 在此模型中, 查询结果返回的是基于属性的 Rough 关系, 它不仅包含一个查询的确定应答, 还包含可能的应答, 如上近似所包含的元组等.

5. 粗糙逻辑

Lin 等基于拓扑学观念定义了 Rough 下近似算子 L 和 Rough 上近似算子 H. 这两个算子的语法性质分别与模态逻辑中的必然算子$\Box$和可能算子 $\Diamond$十分相似, 因而带 L 和 H 算子的逻辑公式被称为 Rough 逻辑公式, 并且建立了与模态逻辑相似的公理化 Rough 集的逻辑演绎系统和相平行的演绎规则. 通过研究粗糙集和模态逻辑的关系, 并通过使用不同的二元关系作为粗糙集的基础, 可以导出不同的粗糙集代数模型, 相应为不同的模态逻辑.

6. 决策支持

决策分析不仅是分类任务, 它还要求对属性的评价是标准的. 为使经典粗糙集理论适用决策支持的要求, Greco 等给出了扩展经典粗糙集的方法. 主要是采用一种和评价准则有关的支配关系 (dominance, 自反和传递的) 代替等价关系的方法, 并提出以模糊属性评估方法代替粗糙集中的属性重要性方法.

7. 原型系统

典型系统有 KDD-R、LERS、RoughDAS & Rough CLASS、Rosetta、Rough Enough 及 Grobian 等. 这些系统一般对经典理论有所扩展.

8. 其他

其他应用有字符识别、医疗诊断、市场预测等, 这些主要是利用粗糙集及其扩展方法进行规则获取后在具体领域的应用.

2.3 未确知理论

2.3.1 未确知数的概念

1. 未确知数

定义 2.27 对任意闭区间 $[a,b]$, $a=x_1<x_2<\cdots<x_n=b$, 若函数 $\varphi(x)$ 满足

$$\varphi(x)=\begin{cases}\alpha_i, & x=x_i, \quad i=1,2,\cdots,n\\ 0, & \text{其他}\end{cases} \tag{2.54}$$

且 $\sum\limits_{i=1}^{n}\alpha_i=\alpha, 0<\alpha\leqslant 1$, 则称 $[a,b]$ 和 $\varphi(x)$ 构成一个 n 阶未确知数, 记为 $[[a,b],\varphi(x)]$, 称 α、$[a,b]$ 和 $\varphi(x)$ 分别为该未知数的总可信度、取值区间和可信度分布密度函数.

由分布密度函数 $\varphi(x)$ 可知, 真值取区间 $[a,b]$ 中的 x_i 的可信度为 α_i. 使 $\varphi(x)$ 非零的 x 的取值个数 n 为该未确知数的阶数. 当 $n=1$ 且 $\alpha=1$ 时, 就是实数, 是实数的另一种表现形式. 若 m 次测量, 得一个 n 阶未确知数 $(n\leqslant m)$, 那么, 阶数越大, 表示对某量的测量次数越多, 从而对该量的表示应该说越精细, 同时也表明该量的不确定程度越高. 用实数表示一个量, 就是用可信度 $\alpha=1$ 的一阶未确知数表示该量, 因 $\alpha=1$, 可理解为: 经无数次测量, 每次测量结果均是同一个实数. 显然, 该实数就是欲知量的真值, 说明该量为确知量. 阶数 n 越小, 不能说明测量次数越少, 但表明不确定程度越小; 由于实数简洁、好用, 有时把未确知程度较低的量用一个实数近似表示, 这时 $\alpha<1$, 这自然是一种粗糙的表示. 随着科学技术的发展, 对某些不确定性的量, 这种粗糙的表示方法可能导致很大的误差积累, 如改用未确知数表示, 就比较精细. 由可信度概念可以合理地描述该量不确定性的特点, 这就是未确知数产生的背景.

2. 未确知数的分布函数表示法

定义 2.28 设未确知数 $A=[(x_1,x_n),\varphi(x)]$, 其中

$$\varphi(x)=\begin{cases}\alpha_i, & x=x_i, i=1,2,\cdots,n\\ 0, & \text{其他}\end{cases} \tag{2.55}$$

$$0<\sum_{i=1}^{n}\alpha_i=\alpha\leqslant 1, \quad 0<\alpha_i\leqslant 1, i=1,\cdots,n$$

若函数 $F(x)$ 满足

$$F(x)=\begin{cases}0, & x<x_1\\ \alpha_1+\cdots+\alpha_i, & x_i\leqslant x\leqslant x_{i+1}\\ \alpha, & x>x_n\end{cases} \tag{2.56}$$

则称闭区间 $[x_1,x_n]$ 与函数 $F(x)$ 构成分布型未确知数, 记为 $\{[x_1,x_n],F(x)\}$. 称 α、$[x_1,x_n]$ 和 $F(x)$ 分别为该分布型未确知数的总可信度、分布区间和可信度分布函数. 可信度分布函数简称为分布函数.

由定义 2.27 知, 未确知数 $\{[x_1,x_n],\varphi(x)\}$ 的分布密度函数 $\varphi(x)$ 在 $(-\infty,+\infty)$ 上有有限个非零点, 其图像如图 2.1 所示, 由定义 2.28 知, 分布型未确知数 $\{[x_1,x_n],F(x)\}$ 的分布函数 $F(x)$ 在 $(-\infty,+\infty)$ 上是一个有有限个第一类间断点的右连续阶梯函数, 其图像如图 2.2 所示.

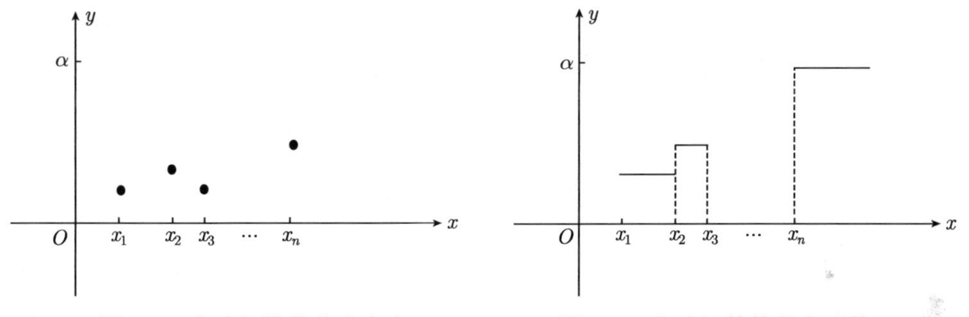

图 2.1 未确知数的分布密度　　图 2.2 未确知数的分布函数

由定义 2.27 知, 当已知某未确知数的密度表达式时, 它的分布型表示式易求出; 反之, 若给出了某未确知数的分布型表达式, 如何求出它的密度型表达式呢? 显然, 它们有相同的取值区间, 并且

$$\varphi(x_1)=F(x_1),\varphi(x_i)=F(x_i)-F(x_{i-1}),\quad i=2,3,\cdots,n$$

从而可求得 $\varphi(x_1),\varphi(x_2),\cdots,\varphi(x_n)$, 又知当 $x\in\{x_1,x_2,\cdots,x_n\}$ 时, $\varphi\equiv 0$, 这样就求出了分布密度函数 $\varphi(x)$.

2.3.2 未确知数的加、减运算

实数之所以应用广泛, 是因为用起来方便. 其方便有两方面的含义: 一是它能把所表示的量表示出来; 二是它的运算容易实现. 前面已经引进了未确知数, 它能精细地表示所要表示的量, 下面通过考察实例, 给出未确知数的加法、减法、乘法和除法运算.

为方便起见, 设未确知数 A, B, C:

$$A=\{[x_1,x_k],f(x)\}\text{其中}$$

$$f(x)=\begin{cases} f(x_i), & x=x_i(i=1,2,\cdots,k),0<\sum_{i=1}^{k}f(x_i)=\alpha\leqslant 1 \\ 0, & \text{其他} \end{cases} \tag{2.57}$$

$$B=\{[y_1,y_m],g(y)\},\text{其中}$$

$$g(y)=\begin{cases} g(y_i), & y=y_i(i=1,2,\cdots,m),0<\sum_{i=1}^{m}g(y_i)=\beta\leqslant 1 \\ 0, & \text{其他} \end{cases} \tag{2.58}$$

$$C=\{[z_1,z_m],h(z)\},\text{其中}$$

$$h(z)=\begin{cases} h(z_i), & z=z_i(i=1,2,\cdots,n),0<\sum_{i=1}^{n}h(z_i)=\gamma\leqslant 1 \\ 0, & \text{其他} \end{cases} \tag{2.59}$$

下面凡用到未确知数 A, B, C, 皆为此处所设的未确知数, 不再说明.

1. 未确知有理数的加法运算

定义 2.29　表 2.1 称为 A 与 B 的可能值带边和矩阵, 由小到大排列的实数列 $x_1,x_2,\cdots,x_k$ 和 $y_1,y_2,\cdots,y_m$ 分别称为 A 与 B 的可能值序列, 且分别称为带边和矩阵的纵边和横边, 互相垂直的两条直线分别称为带边和矩阵的纵轴和横轴.

表 2.1　A 与 B 的可能值带边和矩阵

x_1	x_1+y_1	x_1+y_2	$\cdots$	x_1+y_j	$\cdots$	x_1+y_m
x_2	x_2+y_1	x_2+y_2	$\cdots$	x_2+y_j	$\cdots$	x_2+y_m
$\vdots$	$\vdots$	$\vdots$		$\vdots$		$\vdots$
x_i	x_i+y_1	x_i+y_2	$\cdots$	x_i+y_j	$\cdots$	x_i+y_m
$\vdots$	$\vdots$	$\vdots$		$\vdots$		$\vdots$
x_k	x_k+y_1	x_k+y_2	$\cdots$	x_k+y_j	$\cdots$	x_k+y_m
$+$	y_1	y_2	$\cdots$	y_j	$\cdots$	y_m

定义 2.30　表 2.2 称为 A 与 B 的可信度带边积矩阵, $f(x_1),f(x_2),\cdots,f(x_k)$ 和 $g(y_1),g(y_2),\cdots,g(y_m)$ 分别称为 A 与 B 的可信度序列, 且分别称为带边积矩阵的纵边和横边, 互相垂直的两条线分别叫做带边积矩阵的纵轴和横轴.

表 2.2 A 与 B 的可信度带边积矩阵

$f(x_1)$	$f(x_1)g(y_1)$	$f(x_1)g(y_2)$	$\cdots$	$f(x_1)g(y_j)$	$\cdots$	$f(x_1)g(y_m)$
$f(x_2)$	$f(x_2)g(y_1)$	$f(x_2)g(y_2)$	$\cdots$	$f(x_2)g(y_j)$	$\cdots$	$f(x_2)g(y_m)$
$\vdots$	$\vdots$	$\vdots$		$\vdots$		$\vdots$
$f(x_i)$	$f(x_i)g(y_1)$	$f(x_i)g(y_2)$	$\cdots$	$f(x_i)g(y_j)$	$\cdots$	$f(x_i)g(y_m)$
$\vdots$	$\vdots$	$\vdots$		$\vdots$		$\vdots$
$f(x_k)$	$f(x_k)g(y_1)$	$f(x_k)g(y_2)$	$\cdots$	$f(x_k)g(y_j)$	$\cdots$	$f(x_k)g(y_m)$
$\cdot$	$g(y_1)$	$g(y_2)$	$\cdots$	$g(y_j)$	$\cdots$	$g(y_m)$

定义 2.31 A 与 B 可能值带边和矩阵中右上方数字组成的矩阵

$$\begin{pmatrix} a_{11} & a_{12} & \cdots & a_{1m} \\ \vdots & \vdots & & \vdots \\ a_{i1} & a_{i2} & \cdots & a_{im} \\ \vdots & \vdots & & \vdots \\ a_{k1} & a_{k2} & \cdots & a_{km} \end{pmatrix}$$

称为 A 与 B 的可能值和矩阵.

定义 2.32 A 与 B 可信度带边积矩阵中右上方数字组成的矩阵

$$\begin{pmatrix} b_{11} & b_{12} & \cdots & b_{1m} \\ \vdots & \vdots & & \vdots \\ b_{i1} & b_{i2} & \cdots & b_{im} \\ \vdots & \vdots & & \vdots \\ b_{k1} & b_{k2} & \cdots & b_{km} \end{pmatrix}$$

称为 A 与 B 的可信度积矩阵.

定义 2.33 A 与 B 可能值和矩阵中第 i 行第 j 列元素 a_{ij} 与它们可信度积矩阵中第 i 行第 j 列元素 b_{ij} 称为相应元素.

定义 2.34 将 A 与 B 可能值和矩阵中的元素按从小到大的顺序排成一列: $x_1, x_2, \cdots, \bar{x}_l$, 其中相同的元素算作一个. A 与 B 的可信度积矩阵中 $\bar{x}_1, \bar{x}_2, \cdots, \bar{x}_l$ 的相应元素排成一个序列: $\bar{k}_1, \bar{k}_2, \cdots, \bar{k}_l$, 其中若 $\bar{x}_i$ 表示 A 与 B 可能值和矩阵中 M 个相同元素时, $\bar{k}_i$ 表示这 M 个相同元素在 A 与 B 可信度积矩阵中的 M 个相应元素之和. 那么称未确知数 $[[\bar{x}_1, \bar{x}_l], \varphi(x)]$ 为 A 与 B 之和, 记为 $A+B$, 其中

$$\varphi(x) = \begin{cases} \bar{k}_i, & x = \bar{x}_i, i = 1, 2, \cdots, l \\ 0, & \text{其他} \end{cases} \tag{2.60}$$

$[\bar{x}_1, \bar{x}_l]$ 称为 $A+B$ 的可能值区间或分布区间, 称 $\varphi(x)$ 为其可信度分布密度函数或密度函数.

从概率论的观点来看, 上述关于未确知数和的定义是合理的.

2. 未确知数加法运算的性质

性质 1　未确知数 A, B 的加法满足交换律, 即

$$A+B=B+A$$

性质 2　未确知数 A, B, C 的加法满足结合律, 即

$$(A+B)+C=A+(B+C)$$

由于未确知有理数的加法满足交换律和结合律, 所以三个未确知有理数相加, 不论它们的先后顺序和结合顺序如何, 它们的和总是相同的, 因此可以简写为 $A+B+C$.

推广到任意有限个未确知数 $A_1, A_2, \cdots, A_k$ 相加, 就可以记为

$$A_1+A_2+\cdots+A_k$$

3. 未确知数的减法运算及其性质

定义 2.35　在定义 2.29 中, 把 x_i+y_i 用 x_i-y_i 代替, 相应的表 2. 2 中可信度积矩阵不变. 从定义 2. 30 至定义 2. 34 中只需把 "和" 改成 "差" 就得到 $A-B$.

定义 2.36　已知未确知数 A, 称未确知数 $[[-x_k, -x_l], f_-(x)]$, 其中

$$f_-(x)=\begin{cases} f(x_i), & x=-x_i, i=1,2,\cdots,k \\ 0, & \text{其他} \end{cases} \tag{2.61}$$

为未确知数 A 的相反未确知数, 记为 $-A$.

由定义 2.36 易知, 未确知数 A 与其相反未确知数 $-A$ 的分布区间是关于坐标原点对称的, 它们的分布密度函数的图像是关于 y 轴对称的; 相反, 未确知数是实数中相反数的推广, 实数中的相反数是以相反未确知数的特殊形式存在的.

定理 2.11　未确知数 A 与未确知数 B 的差等于未确知数 A 加上未确知数 B 的相反未确知数 $-B$, 即

$$A-B=A+(-B) \tag{2.62}$$

定理 2.11 说明, 利用相反未确知数, 可以把未确知数从减法运算转化为未确知数的加法运算.

2.3.3 未确知数的乘、除运算

1. 未确知数的乘法运算

对照未确知数的加法定义, 只需把和运算中的可能值带边和矩阵中的 “和” 改为 “积”, 从而把可能值带边和矩阵变为可能值带边积矩阵, 其他一切不变, 即可得到未确知数积的定义.

2. 未确知数乘法运算性质

性质 1 未确知数 A,B 的乘法满足交换律, 即 $A \cdot B = B \cdot A$.

性质 2 未确知数 A, B, C 的乘法满足结合律, 即 $(AB)C = A(BC)$.

由上可知, 未确知数的乘法运算保持了实数乘法运算的交换律和结合律的性质. 由于区间数不满足乘法对加法的分配律, 所以未确知有理数的乘法对加法的分配律不成立. 这是与实数运算性质的不同之处, 应引起注意.

3. 未确知数除法运算

对于未确知数 A, B, 限定 $y_i \neq 0(j = 1, 2, \cdots, m)$.

对照未确知数的加法定义, 只需把和运算中可能值带边和矩阵中的 “和” 改为 “商”, 从而把可能值带边和矩阵变为可能值带边商矩阵, 其他一切不变, 即可得到未确知数商的运算, 记为 $A \div B$.

2.3.4 确知数的大小关系

1. 可信度下未确知数的大小关系

实数是有序的, 所以可以作大小的比较. 任给实数 a, 有且仅有下面一种关系成立: $a > 0, a = 0, a < 0$.

从几何上看, a 落在原点左边, 或 a 落在原点上, 或 a 落在原点右边, 对任意两个实数 b, c, 令 $a = b - c$, 当 $a > 0, a = 0, a < 0$ 时, 分别称 $b < c, b = c, b > c$. 实数的顺序概念, 使我们得以研究不等式和线性规划.

把实数推广到未确知有理数后, 自然想到实数的顺序概念在未确知有理数中是否还被保持. 任给未确知有理数 $A = [[a, b], \varphi(x)]$, 如果

$$b < 0, a = b = 0, \text{或} a > 0,$$

显然, 可以规定

$$A < 0, \text{或} A = 0, \text{或} A > 0$$

因为当 $b < 0$ 时, A 的所有可信度非零的取值都是负数, 此时认为 $A < 0$ 是自然的. 当 $a = b = 0$ 时, 此时 A 的可信度不为零的值仅有一个, 就是实数零, 即

$A=0$; 当 $a>0$ 时, A 的可信度非零的取值全是正数, 故 $A>0$. 对任意两个未确知数 B, C, 令 $A=B-C=[[a,b],\varphi(x)]$, 则当 $A<0, A=0, A>0$ 时, 分别定义为

$$B<C, \quad B=C, \quad B>C$$

但是, 当 $a<0<b$ 时, A 的可信度非零的取值既有负数也有正数, 甚至还有实数零. 从应用角度考虑, 当 $a<0$ 且 $b<0$ 时, 不严格规定 A 的正与负, 既认为此时 A 是无序的, 也可按实际的某种应用, 在某种意义下规定其大小顺序. 从理论上讲, 如果此时给出一种定义方法来确定 $A>0$ 或 $A<0$, 那么这种 "大小" 已不是通常意义下的 "大小" 关系, 而是一种综合结果. 就是说, 虽然 A 取非零可信度的值有正、有负, 甚至有零. 但是, 总的来讲, $A>0$ 表示取正值多些, $A<0$ 表示取负值多些. 我们曾给出这种定义, 并且在理论上没有错误, 但却看不出为这种定义提供的任何实际背景和这种定义的任何应用价值. 所以, 从把应用放在首位的角度考虑, 在此不讨论一般未确知数的顺序问题, 为应用方便, 从可信度的角度, 给出以下定义.

定义 2.37 设 A, B 为未确知数, 令 $\mathrm{Cr}(A-B>0)=\sum\limits_{x_i-y_i>0} f(x_i)g(y_i)$.

(1) 若 $\mathrm{Cr}(A-B>0)=\alpha\cdot\beta$, 则称 $A>B$.

(2) 若 $\mathrm{Cr}(A-B>0)=0$, 则称 $A\leqslant B$.

(3) 若 $0<\mathrm{Cr}(A-B>0)<\alpha\cdot\beta$, 则称 $A>B$ 的可信度为 $\mathrm{Cr}(A-B>0)$.

其中, $\mathrm{Cr}\{A-B>0\}$ 为不等式 $A-B>0$ 的可信度 (credible degree).

此定义在未确知数的 UM 模型中有重要作用. 从具有某种直观意义或某种实际应用角度看, 仍可考虑未确知有理数的大小问题.

2. 在平面图形质心下的未确知数的大小关系

未确知数有两种表示法：分布密度型未确知数和分布函数型未确知数, 简称密度型和分布型两种表示法. 分别表示为 $[[a,b],\varphi(x)]$, $[[a,b],F(x)]$.

下面分析一个具体的梯形函数：

$$y=F(x)=\begin{cases}0, & x<1\\ \dfrac{1}{3}, & 1\leqslant x<2\\ \dfrac{5}{6}, & 2\leqslant x<3\\ 1, & x\geqslant 3\end{cases} \tag{2.63}$$

与 x 轴、$x=1$ 及 $x=3$ 所围成平面图形的质心.

设如图 2.3 所示的平面图形的质量均匀 (即面密度 ρ 是常数). 于是, 平面图形的总质量为

$$M=\rho\left[(2-1)\cdot\frac{1}{3}+(3-2)\cdot\frac{5}{6}\right]=\frac{7}{6}\rho$$

下面计算物质平面图形 (图 2.3) 对 x 轴和对 y 轴的静力矩.

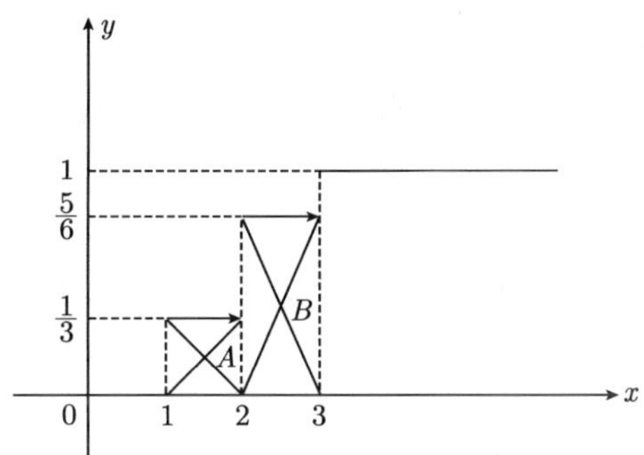

图 2.3 平面图形的质心

图 2.3 由两个长方形组成：第一个长方形的中心为 $A\left(\frac{3}{2},\frac{1}{6}\right)$, 第二个长方形的中心为 $B\left(\frac{5}{2},\frac{5}{12}\right)$, 于是, 如图 2.3 所示的平面图形对 x 轴和对 y 轴的静力矩分别为

$$M_x=\rho\left[\frac{1}{6}(2-1)\times\frac{1}{3}+\frac{5}{12}(3-2)\times\frac{5}{6}\right]=\frac{29}{72}\rho$$

$$M_y=\rho\left[\frac{3}{2}\times\frac{1}{3}+\frac{5}{2}\times\frac{5}{6}\right]=\frac{31}{12}\rho$$

于是, 平面图形图 2.3 所示的质量中心 $G(\bar{x},\bar{y})$ 的坐标分别为

$$\bar{y}=\frac{M_x}{M}=\frac{29}{72}\rho\frac{6}{7\rho}=\frac{29}{84}$$

$$\bar{x}=\frac{M_y}{M}=\frac{31}{12}\rho\frac{6}{7\rho}=\frac{31}{14}$$

根据上述实例, 抽象出以下定义.

定义 2.38 设分布型未确知数 $A=\{[x_1,x_k],F(x)\}$, 其中

$$F(x)=\begin{cases}0, & x<x_1\\ \alpha_1+\cdots+\alpha_i, & x_i\leqslant x<x_{i+1}, i=1,2,\cdots,k-1\\ \alpha, & x\geqslant x_k, 0<\sum\limits_{i=1}^{k}\alpha_i=\alpha\leqslant 1\end{cases}\tag{2.64}$$

则称有序实数对 $(\bar{x},\bar{y})$ 叫做未确知数 A 的心, 其中

$$\bar{x}=\frac{\sum_{i=1}^{k-1}\alpha_i(x_{i+1}^2-x_i^2)}{2\sum_{i=1}^{k-1}\alpha_i(x_{i+1}-x_i)},\quad \bar{y}=\frac{\sum_{i=1}^{k-1}(x_{i+1}-x_i)\alpha_i^2}{2\sum_{i=1}^{k-1}\alpha_i(x_{i+1}-x_i)} \tag{2.65}$$

$\bar{x}$ 和 $\bar{y}$ 分别叫做未确知数 A 心的第一坐标和第二坐标. 未确知数 A 的心记为 $C_A=(\bar{x}_A,\bar{y}_A)$.

由定义 2.37 可知, 未确知数 $A=\{[a,b],F(x)\}$, 其心 $(\bar{x}_A,\bar{y}_A)$ 的几何意义是分布函数 $F(x)$ 在 $[a,b]$ 上的图像与 $x=a$, $x=b$, $y=0$ 所围成平面图形 (物质平面图形) 的质心. 显然, $a\leqslant\bar{x}\leqslant b$, $0\leqslant\bar{y}\leqslant\alpha$.

定义 2.39 设未确知数 A 和 B 的心分别为 $(\bar{x}_A,\bar{y}_A)$ 和 $(\bar{x}_B,\bar{y}_B)$, 若 $(\bar{x}_A,\bar{y}_A)=(\bar{x}_B,\bar{y}_B)$ 即 $(\bar{x}_A=\bar{x}_B)$, $(\bar{y}_A=\bar{y}_B)$, 则称 A 与 B 同心, 记为 $C_A=C_B$.

定义 2.40 设未确知数 A, B 的心分别为 $C_A=(\bar{x}_A,\bar{y}_A)$, $C_B=(\bar{x}_B,\bar{y}_B)$.

(1) 若 $\bar{x}_A>\bar{x}_B$, 则称 A 大于 B, 记为 $A>B$.

(2) 若 $\bar{x}_A=\bar{x}_B,\bar{y}_A>\bar{y}_B$, 则称 A 大于 B.

(3) 若 $\bar{x}_A=\bar{x}_B,\bar{y}_A=\bar{y}_B$, 则称 A 与 B 同心.

2.3.5 未确知数的数学期望与方差

1. 未确知期望

未确知数 $A=[[x_1,x_k],\varphi_A(x)]$, 其中

$$\varphi_A(x)=\begin{cases}\alpha_i, & x=x_i,i=1,2,\cdots,k\\ 0, & \text{其他}\end{cases} \tag{2.66}$$

其中, $0<\alpha_i<1$, $\sum_{i=1}^{k}\alpha_i=\alpha\leqslant 1$.

当 $\alpha=1$ 时, A 可看作离散型随机变量 ξ, $\varphi_A(x)$ 是 ξ 的分布密度函数, 实数

$$E(\xi)=\sum_{i=1}^{k}x_i\alpha_i \tag{2.67}$$

是随机变量 ξ 的数学期望, 但此时随机变量 ξ 就是未确知数 A, 所以这时定义 A 的数学期望为

$$E(A)=\sum_{i=1}^{k}x_i\alpha_i \tag{2.68}$$

当 $\alpha=\sum_{i=1}^{k}\alpha_i<1$ 时, 上述定义不尽合理. 比如,

$$A=[[10,10],\varphi_A(x)] \tag{2.69}$$

$$\varphi_A(x)=\begin{cases}0.9, & x=10\\ 0, & \text{其他}\end{cases} \tag{2.70}$$

A 表示测量结果, 当 $x=10$ 时, 认为该测量结果有 90% 的把握.

按 $E(A)=\sum_{i=1}^{k}x_i\alpha_i$, 得 $E(A)=10\times0.9=9$, 即期望值为 9, 可实测结果为 10, 这与实际情况不符. 只测一次, 一次测量的结果自然就是期望值, 为了与 $\sum x_i\alpha_i$ 形式上一致, 改为

$$E(A)=\sum_{i=1}^{k}x_i\frac{\alpha_i}{\alpha}=10\times\frac{0.9}{0.9}=10$$

注意到 $\sum_{i=1}^{k}\frac{\alpha_i}{\alpha}=1$.

故上述做法相当于把未确知数 A(按可信度) 归一处理为 $A'=[[x_1,x_k],\varphi_{A'}(x)]$,

$$\varphi_{A'}(x)=\begin{cases}\dfrac{\alpha_i}{\alpha}, & x=x_i,i=1,2,\cdots,k\\ 0, & \text{其他}\end{cases} \tag{2.71}$$

当 $\sum_{i=1}^{k}\alpha_i=1$ 时, $E(A)=\sum_{i=1}^{k}x_i\alpha_i$ 作为期望值的可信度是百分之百; 当 $\sum_{i=1}^{k}\alpha_i=\alpha<1$ 时, 经 "归一" 处理后, $\sum_{i=1}^{k}x_i\frac{\alpha_i}{\alpha}$ 作为 A' 的期望值, 可信度自然是百分之百. 但是, 若把它看作 A 的期望值, 它的可信度就不是百分之百, 而是 $\sum_{i=1}^{k}\alpha_i=\alpha$, 故给出未确知数 A 数学期望定义如下.

定义 2.41 设未确知数 $A=[[x_1,x_k],\varphi_A(x)]$, 其中

$$\varphi_A(x)=\begin{cases}\alpha_i, & x=x_i,i=1,2,\cdots,k\\ 0, & \text{其他}\end{cases} \tag{2.72}$$

$$0<\alpha_i<1,\quad i=1,2,\cdots,k,\quad \alpha=\sum_{i=1}^{k}\alpha_i\leqslant 1$$

称一阶未确知数

$$E(A)=\left[\left[\frac{1}{\alpha}\sum_{i=1}^{k}x_i\alpha_i,\frac{1}{\alpha}\sum_{i=1}^{k}x_i\alpha_i\right],\varphi(x)\right] \tag{2.73}$$

$$\varphi(x)=\begin{cases}\alpha, & x=\dfrac{1}{\alpha}\displaystyle\sum_{i=1}^{k}x_i\alpha_i\\ 0, & \text{其他}\end{cases} \tag{2.74}$$

为未确知数 A 的数学期望, 也称 $E(A)$ 为未确知期望, 简称期望或均值.

显然, 当 $\alpha=1$ 时, $E(A)$ 为实数 $\sum\limits_{i=1}^{k}x_i\alpha_i$, 这时, 未确知数 A 就是随机变量, 所以 $E(A)$ 是随机变量的数学期望; 当 $\alpha<1$ 时, $E(A)$ 是一阶未确知数, 并非实数, 所以, $E(A)$ 不再是随机变量的数学期望, 它的实际意义是: 实数 $\dfrac{1}{\alpha}\sum\limits_{i=1}^{k}x_i\alpha_i$ 作为 A 的期望值有 α 的可信度; 并非指 A 取数值 $\dfrac{1}{\alpha}\sum\limits_{i=1}^{k}x_i\alpha_i$ 有 α 可信度, 这一点要特别注意.

未确知期望有以下性质:

性质 1　$E(A+B)=E(A)+E(B)$.

性质 2　a, b 为实数, $E(aA+b)=aE(A)+b$.

性质 3　当 A, B 独立取值时, $E(AB)=E(A)E(B)$.

2. *未确知方差*

k 阶未确知数 $A=[[x_1,x_k],\varphi_A(x)]$, 其中

$$\varphi_A(x)=\begin{cases}\alpha_i, & x=x_i, i=1,2,\cdots,k\\ 0, & \text{其他}\end{cases} \tag{2.75}$$

当 $\sum\limits_{i=1}^{k}\alpha_i=\alpha=1$ 时, 则 A 可看作一个随机变量 ξ, 并且此时 $E(A)=E(\xi)$, 由

$$D(\xi)=E(\xi^2)-(E(\xi))^2 \tag{2.76}$$

所以, 可定义 A 的方差为 $D(A)=E(A^2)-(E(A))^2$.

但是, 当 $\sum\limits_{i=1}^{k}\alpha_i=\alpha<1$ 时, 未确知期望 $E(A)$ 是一个非实数的一阶未确知数

$$E(A)=\left\{\left[\frac{1}{\alpha}\sum_{i=1}^{k}\alpha_i x_i,\frac{1}{\alpha}\sum_{i=1}^{k}\alpha_i x_i\right],\varphi(x)\right\} \tag{2.77}$$

$$\varphi(x)=\begin{cases}\alpha, & x=\dfrac{1}{\alpha}\displaystyle\sum_{i=1}^{k}\alpha_i x_i\\ 0, & \text{其他}\end{cases} \tag{2.78}$$

如果用量 $E(A-E(A))^2$ 描述未确知数 A 到 $E(A)$ 的离散程度, 则计算上比较繁杂, 考虑到方差的实际含义是画 A 与实数 $\dfrac{1}{\alpha}\displaystyle\sum_{i=1}^{k}\alpha_i x_i$ 的离散程度, 故此时不考虑 $\dfrac{1}{\alpha}\displaystyle\sum_{i=1}^{k}\alpha_i x_i$ 作为 A 的均值的可信度, 近似认为 $E(A)$ 为实数 $\dfrac{1}{\alpha}\displaystyle\sum_{i=1}^{k}\alpha_i x_i$, 即

$$E(A)=\left[\left[\frac{1}{\alpha}\sum_{i=1}^{k}\alpha_i x_i,\frac{1}{\alpha}\sum_{i=1}^{k}\alpha_i x_i\right],\varphi(x)\right] \tag{2.79}$$

$$\varphi(x)=\begin{cases}1, & x=\dfrac{1}{\alpha}\displaystyle\sum_{i=1}^{k}\alpha_i x_i\\ 0, & \text{其他}\end{cases} \tag{2.80}$$

或写成 $E(A)=\dfrac{1}{\alpha}\displaystyle\sum_{i=1}^{k}\alpha_i x_i$, 这样可给出未确知方差的下述定义.

定义 2.42 若 A 为未确知数, $\displaystyle\sum_{i=1}^{k}\alpha_i=\alpha<1$, 令

$$D(A)=\frac{1}{\alpha}\sum_{i=1}^{k}x_i^2\alpha_i-\frac{1}{\alpha^2}\left(\sum_{i=1}^{k}x_i\alpha_i\right)^2 \tag{2.81}$$

称 $D(A)$ 为 A 的未确知方差.

未确知方差显然有下列性质:

性质 1 若 a 为实数, 则 $D(aA)=a^2D(A)$.

性质 2 当 A, B 取值相互独立时, 有 $D(A\pm B)=D(A)+D(B)$.

2.3.6 高阶未确知数降阶方法

设 A_n 为 n 阶未确知数,

$$A_n=[[x_1,x_n],\varphi(x)] \tag{2.82}$$

$$\varphi(x)=\begin{cases}\alpha_i, & x=x_i, i=1,2,\cdots,n\\ 0, & \text{其他}\end{cases} \tag{2.83}$$

其中, $0 < \alpha_i \leqslant 1$, $i = 1, 2, \cdots, n$, $\sum\limits_{i=1}^{n} \alpha_i = \alpha \leqslant 1$.

设 * 表示四则运算之一, 对 $k+1$ 个未确知数 $A_{i_1}, A_{i_2}, \cdots, A_{i_{k+1}}$, 经 k 次 * 运算后, 作为结果的未确知数 $B(k)$ 的阶数为

$$n = i_1 \cdot i_2 \cdot \ldots \cdot i_{k+1} \tag{2.84}$$

取 $k = 3, i_1 = i_2 = i_3 = i_4 = 5$ 时, 得 $n = 5^3 = 125$, 并且经三次 * 运算后, $B(3)$ 的取值区间较 A_{i_1}, A_{i_2}, A_{i_3}, A_{i_4} 的取值区间增大很多. 试想, 在如此大的区间上, $B(3)$ 取 125 个非零可信度的值, 并且取每个值的可信度都非常之小, 从应用角度看, 作为结果的 $B(3)$ 已没有太多实际应用价值, 所以, 运算过程中, 合理降低未确知数的阶数是必要的.

定义 2.43 设 A_n 是式 (2.45) 表示的未确知数, 称 β_i 是区间 $[x_i, x_{i+1}]$ 上的可信度, 其中

$$\beta_i = \begin{cases} \dfrac{1}{2}(a_i + a_{i+1}), & 当 x_1 < x_i, x_{i+1} < x_n \\ a_1 + \dfrac{a_2}{2}, & 当 x_1 = x_i, x_{i+1} = x_2 < x_n \\ a_1 + a_2, & 当 x_1 = x_i, x_{i+1} = x_2 = x_n \\ \dfrac{a_{n-1}}{2} + a_n, & 当 x_1 < x_{n-1} = x_i, x_{i+1} = x_n \end{cases} \tag{2.85}$$

降阶没有统一、规范的方法, 总是具体问题具体分析. 下面给出几种可供借用的方法.

方法 1 合并小可信度点

若 $A_n = [[x_1, x_n], \varphi(x)]$ 是式 (2.45) 表示的未确知数, 令 $\bar{x} = \dfrac{1}{2}(x_1 + x_n)$, 则

$$x_1 < x_2 < \cdots < x_k \leqslant \bar{x} < x_{k+1} < \cdots < x_n \tag{2.86}$$

若 $\varphi(x_i) \leqslant r$(通常取 $r \leqslant 0.01$), 可认为点 x_i 的可信度很小, 可以去掉 x_i 并把该点的可信度 $\varphi(x_i) = \alpha_i$ 加到点 x_i 的左边或右边点上, 方法如下:

当 $2 \leqslant i \leqslant k-1$ 时, 令 $\varphi(x_{i+1}) = \alpha_{i+1} + \alpha_i$ 同时舍弃点 x_i.

当 $i = k$ 或 $i = k+1$ 时, 令 $\varphi(\bar{x}) = \alpha_k + \alpha_{k+1}$ 同时舍弃点 x_k 或 x_{k+1}.

当 $k+1 < i \leqslant n-1$ 时, 令 $\varphi(x_{i+1}) = \alpha_{i+1} + \alpha_i$ 同时舍弃点 x_i.

上述做法没有舍弃点 x_1, x_n, 所以未确知量 A 的取值区间没有改变, 但是, 除点 x_1, x_n 外, 其他非零可信度的点的可信度均大于 r. 归并后的未确知数记为 B_m, 其中 $m < n$. 按此方法降阶, 计算机可具有自动合并的功能.

方法 2 压缩取值区间对由式 (2.82) 表达的未确知数 A_n, 令

$$B_{n-1} = [[y_1, y_{n-1}], \varphi(x)], \tag{2.87}$$

$$\varphi(x)=\begin{cases} a_1+\dfrac{a_2}{2}, & x=y_1=\dfrac{x_1+x_2}{2} \\ \dfrac{1}{2}(a_i+a_{i+1}), & x=y_i=\dfrac{1}{2}(x_i+x_{i+1}), i=2,3,\cdots,n-2 \\ \dfrac{1}{2}a_{n-1}+a_n, & x=y_{n-1}=\dfrac{1}{2}(x_{n-1}+x_n) \\ 0, & \text{其他} \end{cases} \tag{2.88}$$

在此, B_{n-1} 比 A_n 少取一值即降低一阶, 取值区间缩短 $\dfrac{1}{2}(x_2-x_1+x_n-x_{n-1})$, 总可信度 $\alpha(B_{n-1})=\alpha(A_n)=\alpha$.

上述降阶方法规律性强, 可重复操作. 但是, 压缩未确知量 A 的取值区间, 可能引起失真, 也就是说, 去掉 A 的部分取值区间, 有可能丢掉 A 的真值, 丢掉真值的可能性可用下面失真率估计.

定义 2.44 称

$$\theta=\sum_{k=1}^{m}\varDelta_{i_k}\eta_{i_k}\Big/\sum_{i=1}^{n-1}\varDelta_i\eta_i \tag{2.89}$$

为失真率. 其中, $\varDelta_{i_k}$ 为去掉的第 i_k 个小区间长度; η_{i_k} 为第 i_k 个小区间上的可信度; m 为去掉的小区间的个数; $\varDelta_i$ 为第 i 个小区间长度.

由此可得, 上述降阶后的失真率为

$$\theta=\frac{\left(\alpha_1+\dfrac{\alpha_2}{2}\right)\dfrac{(x_2-x_1)}{2}+\left(a_n+\dfrac{a_{n-1}}{2}\right)\dfrac{(x_n-x_{n-1})}{2}}{\left[\left(\alpha_1+\dfrac{\alpha_2}{2}\right)(x_2-x_1)+\left(a_n+\dfrac{1}{2}a_{n-1}\right)(x_n-x_{n-1})\right]+\displaystyle\sum_{i=2}^{n-2}(a_i+a_{i+1})(x_{i+1}-x_i)} \tag{2.90}$$

上面算式表明, 当去掉的区间长度及该区间上的可信度相对较小时, 失真率较小. 通常失真率在 10%左右认为可行, 因为此时 A 的好点实际上并未丢掉.

实际降阶时, 合并小点与压缩区间结合进行, 顺序是 "先合后压"(这时方法 1 中的端点 x_1, x_n 也允许归并). 并且, 常根据不同情况构造合适、有效的具体降阶方法, 如工程造价预算中需按下面公式计算主要建筑材料的调差额:

$$\sum_{i=1}^{n}Q_i(p_i'-p_i) \tag{2.91}$$

其中, Q_i 为第 i 种主材用量, 可用实数表示; n 为主材种数; p_i 为第 i 种主材预算价, 是确定实数; p_i' 为第 i 种主材的实际价格, 是未确知数, 即

$$p_i'=[[\xi_i-\varepsilon_i,\xi_i+\varepsilon_i],\varphi_i(x)] \tag{2.92}$$

$$\varphi_i(x)=\begin{cases}\eta_{i1}, & x=\xi_i-\varepsilon_i\\ \eta_{i0}, & x=\xi_i\\ \eta_{i1}, & x=\xi_i+\varepsilon_i\\ 0, & \text{其他}\end{cases} \tag{2.93}$$

其中, $0<\eta_{i1}<\eta_{i0},\eta_{i0}+2\eta_{i1}=1$.

主材包括钢材若干种、水泥若干种、木材若干种等, 总共 20 种左右. 取 $n=19$ 时需对三阶未确知数作 18 次加法运算, 作为结果的未确知数的阶数为 3^{18}, 这近乎于天文数字的阶数要求每次加法运算后必须降阶. 在此, 可根据给定数据特点采用下列方式降阶.

方法 3 令 $\Delta_i=Q_i(P_i'-P_i)=[[Q_i(\xi_i-\varepsilon_i-P_i),Q_i(\xi_i+\varepsilon_i-P_i)],\varphi_i(x)]$

$$\varphi_i(x)=\begin{cases}\eta_{i1}, & x=Q_i(\xi_i-\varepsilon_i-P_i)\\ \eta_{i0}, & x=Q_i(\xi_i-P_i),i=1,2,\cdots,n\\ \eta_{i1}, & x=Q_i(\xi_i+\varepsilon_i-P_i)\end{cases} \tag{2.94}$$

其中, $\Sigma_1=\Delta_1$, $\Sigma_2=\Sigma_1+\Delta_2$, $\Sigma_{j+1}=\Sigma_j+\Delta_{j+1}\ (j=1,2,\cdots,n-1)$.

以计算 $\Sigma_2=\Sigma_1+\Delta_2=\Delta_1+\Delta_2$ 为例, 列出 Δ_1 与 Δ_2 的可能值带边和矩阵与可信度带边积矩阵, 如表 2.3 所示

表 2.3 $\boldsymbol{\Delta}_1$ 和 $\boldsymbol{\Delta}_2$ 的可能值带边和矩阵与可信度带边积矩阵

$Q_1(\xi_1-\varepsilon_1-P_1)$	$a_{11}=Q_1(\xi_1-\varepsilon_1-P_1)+Q_2(\xi_2-\varepsilon_2-P_2)$	$a_{12}=Q_1(\xi_1-\varepsilon_1-P_1)+Q_2(\xi_2-P_2)$	$a_{13}=Q_1(\xi_1-\varepsilon_1-P_1)+Q_2(\xi_2+\varepsilon_2-P_2)$
$Q_1(\xi_1-P_1)$	$a_{21}=Q_1(\xi_1-P_1)+Q_2(\xi_2-\varepsilon_2-P_2)$	$a_{22}=Q_1(\xi_1-P_1)+Q_2(\xi_2-P_2)$	$a_{23}=Q_1(\xi_1-P_1)+Q_2(\xi_2+\varepsilon_2-P_2)$
$Q_1(\xi_1+\varepsilon_1-P_1)$	$a_{31}=Q_1(\xi_1+\varepsilon_1-P_1)+Q_2(\xi_2-\varepsilon_2-P_2)$	$a_{32}=Q_1(\xi_1+\varepsilon_1-P_1)+Q_2(\xi_2-P_2)$	$a_{33}=Q_1(\xi_1+\varepsilon_1-P_1)+Q_2(\xi_2+\varepsilon_2-P_2)$
+	$Q_2(\xi_2-\varepsilon_2-P_2)$	$Q_2(\xi_2-P_2)$	$Q_2(\xi_2+\varepsilon_2-P_2)$
η_{11} η_{10} η_{11}	$\eta_{11}\eta_{21}$ $\eta_{10}\eta_{21}$ $\eta_{11}\eta_{21}$	$\eta_{11}\eta_{20}$ $\eta_{10}\eta_{20}$ $\eta_{11}\eta_{20}$	$\eta_{11}\eta_{21}$ $\eta_{10}\eta_{21}$ $\eta_{11}\eta_{21}$
·	η_{21}	η_{20}	η_{21}

注意到可能值和矩阵中, 自左至右每行元素递增, 自上而下每列元素递增. 在可信度积矩阵中对角线端点的元素相同且最小. 根据这种特点采用下面合并、压缩

方法.

把可能值和矩阵中元素 a_{11}, a_{12}, a_{21}, a_{23}, a_{32}, a_{33} 按大小标在数轴上 (不妨认为 $a_{12} < a_{21}$, $a_{23} < a_{32}$), 如图 2.4 所示

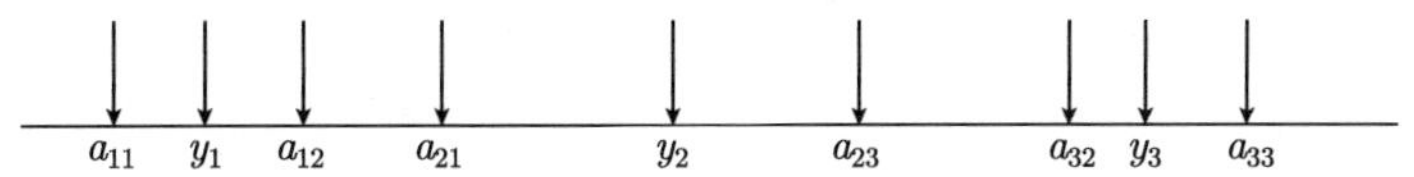

图 2.4 可能值和矩阵中元素排列

取 $y_1 = \frac{1}{2}a_{11} + \frac{1}{4}(a_{12} + a_{21})$, 并赋予可信度 $\frac{1}{2}(\eta_{11}\eta_{21} + \eta_{11}\eta_{20} + \eta_{10}\eta_{21}) = \delta_1$; 取 $y_3 = \frac{1}{2}a_{33} + \frac{1}{4}(a_{23} + a_{32})$, 并赋予可信度 $\frac{1}{2}(\eta_{11}\eta_{21} + \eta_{11}\eta_{20} + \eta_{10}\eta_{21}) = \delta_1$; 取 $y_2 = \frac{1}{2}(y_1 + y_3) = \frac{1}{4}[a_{11} + a_{33} + \frac{1}{2}(a_{12} + a_{21} + a_{23} + a_{32})]$, 并赋予可信度 $1 - (\eta_{11}\eta_{21} + \eta_{11}\eta_{20} + \eta_{10}\eta_{21}) = 1 - 2\delta_1$.

由此得三阶未确知数

$$\Sigma_2' = [[y_1, y_2], W_2(y)], W_2(y) = \begin{cases} \delta_1, & y = y_1 \\ 1 - 2\delta_1, & y = y_2 \\ \delta_1, & y = y_3 \end{cases} \tag{2.95}$$

并且以 Σ_2' 代替 $\Sigma_2 = \Sigma_1 + \Delta_2 = \Delta_1 + \Delta_2$, 仍记为 Σ_2, 那么 Σ_2 是与 Δ_1, Δ_2 形式上一样的三阶未确知数. 按上述方法求 $\Sigma_3 = \Sigma_2 + \Delta_3$, 经调整后仍记为 Σ_3, 类推可求 Σ_n, 并且 Σ_n 也是三阶未确知数.

用上述方法计算 Σ_2 时去掉的区间长度为

$$y_1 - a_{11} = \frac{1}{4}(a_{12} + a_{21} - 2a_{11}) \tag{2.96}$$

$$a_{33} - y_3 = \frac{1}{4}(2a_{33} - a_{23} - a_{32}) \tag{2.97}$$

去掉的区间上的可信度均是

$$\eta_{11}\eta_{21} + \frac{1}{2}\delta_1 = \eta_{11}\eta_{21} + \frac{1}{4}(\eta_{11}\eta_{21} + \eta_{11}\eta_{20} + \eta_{10}\eta_{21}) \tag{2.98}$$

由此, 可按定义 2.43 计算失真率.

上述方法可以递推, 易于编程制成软件. 工程造价预算人员只需估准主材的实际价格, 借助计算机可迅速、精细地求出主材调差额, 从而做出材料预算, 大大减轻了预算人员的负担, 并且提高了预算的准确度.

第 3 章　统计学习理论与支持向量机

3.1　统计学习理论

根据给定的训练样本, 机器学习的目的是求出对某系统输入/输出之间依赖关系的估计, 使它能够对未知输出尽可能准确地预测.

可以一般地表示为：变量 y 与 x 存在一定的未知依赖关系, 即遵循某一未知的联合概率 $F(x,y)$, 机器学习问题就是根据 l 个独立同分布观测样本

$$(x_1,y_1),(x_2,y_2),\cdots,(x_l,y_l) \tag{3.1}$$

在一组函数 $\{f(x,w)\}$ 中求一个最优的函数 $f(x,w_0)$, 对依赖关系进行估计, 使期望风险

$$R(w)=\int L(y,f(x,w))\mathrm{d}F(x,y) \tag{3.2}$$

最小. 其中, $\{f(x,w)\}$ 称为预测函数集; w 为广义参数; $L(y,f(x,w))$ 为损失函数. 不同类型的学习问题有不同形式的损失函数.

机器学习 [40] 问题有三类：模式识别、函数逼近和概率密度估计 [1,3,10].

对模式识别 [9,16,18,52,66,78] 问题, 输出 y 是类标签, 两类情况下 $y\in\{1,-1\}$, 其预测函数也称为指示函数, 其损失函数可以定义为

$$L(y,f(x,w))=\begin{cases}0, & y=f(x,w)\\ 1, & y\neq f(x,w)\end{cases} \tag{3.3}$$

在函数逼近问题中, y 是连续变量, 采用最小平方误差准则, 损失函数可定义为

$$L(y,f(x,w))=(y-f(x,w))^2 \tag{3.4}$$

而对概率密度估计问题, 学习的目的是根据训练样本确定 x 的概率密度. 记估计的密度函数为 $p(x,w)$, 则损失函数可以定义为

$$L(p(x,w))=-\ln p(x,w) \tag{3.5}$$

上面的问题表述中, 学习的目标在于使期望风险最小化. 但由于可以利用的信息只有样本数据, 因此式 (3.2) 的期望风险无法计算. 传统学习方法采用经验风险

最小化 (ERM) 准则, 即用经验风险作为对式 (3.1) 的估计. 经验风险

$$R_{\mathrm{emp}}(w)=\frac{1}{n}\sum_{i=1}^{n}L(y_i,f(x_i,w)) \tag{3.6}$$

对损失函数式 (3.3), 经验风险就是训练样本错误率; 对式 (3.4) 的损失函数, 经验风险就是平方训练误差; 而采用式 (3.5), ERM 准则就等价于最大似然方法.

最小化经验风险在多年的机器学习方法研究中占据了主要地位. 但 ERM 准则代替期望风险最小化没有经过充分的理论论证, 只是直观上合理的想当然做法. ERM 准则不成功的一个例子是神经网络的 "过学习" 问题. 训练误差小, 并不总能导致好的预测效果, 某些情况下, 训练误差过小反而会导致推广能力的下降, 即真实风险的增加.

可以看出, 在有限样本情况下, 经验风险最小并不一定意味着期望风险最小; 学习机器的复杂性不但应与所研究的系统有关, 而且要和有限数目的样本相适应. 我们需要一种能够指导在小样本情况下建立有效的学习和推广方法的理论, 这就是统计学习理论.

统计学习理论就是研究小样本统计估计和预测的理论, 核心内容包括：基于经验风险最小化准则的统计学习一致性条件; 统计学习方法推广性的界; 在推广界的基础上建立的小样本归纳推理准则; 实现新的准则的实际方法. 其中, 最有指导性的理论结果是推广界, 与此相关的一个核心概念是 VC 维 (vapnik–chervonenkis dimension).

VC 维的直观定义是：对一个指示函数集, 如果存在 h 个样本能够被函数集中的函数按所有可能的 $2h$ 种形式分开, 则称函数集能够把 h 个样本打散; 函数集的 VC 维就是它能打散的最大样本数目 h. 若对任意数目的样本都有函数能将它们打散, 则函数集的 VC 维是无穷大的. 有界实函数的 VC 维可以通过用一定的阈值将它转化成指示函数来定义. VC 维反映了函数集的学习能力, VC 维越大, 学习机器就越复杂. 目前尚没有通用的关于任意函数集 VC 维计算的理论, 只知道一些特殊函数集的 VC 维. 比如, 在 n 维实数空间中线性分类器和线性实函数的 VC 维是 $n+1$, 而函数

$$f(x,\alpha)=\sin(\alpha x) \tag{3.7}$$

的 VC 维为无穷大.

对两类问题, 经验风险和实际风险之间以至少 $1-\eta$ 的概率满足以下关系：

$$R(w)\leqslant R_{\mathrm{emp}}(w)+\sqrt{\frac{h(\ln(2l/h)+1)-\ln(\eta/4)}{l}} \tag{3.8}$$

其中, h 是函数集的 VC 维; l 是样本数. 这一结论从理论上说明了学习机器的实际风险是由两部分组成的：一部分是经验风险 (训练误差), 另一部分称为置信范围,

它和学习机器的 VC 维和样本数 l 有关, 可以简单地表示为

$$R(w) \leqslant R_{\text{emp}}(w) + \varPhi(l/h) \tag{3.9}$$

式 (3.9) 表明, 在有限样本条件下, 学习机器的 VC 维越高, 置信范围就越大, 导致真实风险与经验风险之间可能的差别也就越大, 从而出现过学习. 机器学习过程不但要使经验风险最小, 还应尽量缩小置信范围, 才能取得较小的实际风险, 即对未来样本有较好的推广性.

3.2　支持向量分类

支持向量机 [26,27,56,58,59] 是由 Vapnik 与其领导的贝尔实验室的研究小组一起开发出来的一种新的机器学习技术. 由于其出色的学习性能, 该技术已经成为当前国际机器学习界的研究热点.

3.2.1　基本概念

一个内积空间 H 中的任何一个超平面都可以表示为

$$\{(\boldsymbol{w} \cdot \boldsymbol{x}) + b = 0 | x \in H, \boldsymbol{w} \in H, b \in R\} \tag{3.10}$$

其中, $\boldsymbol{w}$ 是一个垂直于超平面的向量. 如果 $\boldsymbol{w}$ 为单位长度, 则 $(\boldsymbol{w} \cdot \boldsymbol{x})$ 是向量 $\boldsymbol{x}$ 沿 $\boldsymbol{w}$ 方向的长度; 而对于一般的 $\boldsymbol{w}$, 其长度要乘以 $\|\boldsymbol{w}\|$. 但不论哪种情况, 超平面集合包括所有的沿 $\boldsymbol{w}$ 方向的长度相等的向量.

一个超平面完全可以由其参数 (w, b) 决定, 所以可以简单地将超平面表示为 (w, b). 但是, 对参数 w, b 同时乘以任意的非零常数, 超平面 (w, b) 是不变的, 即同一个超平面可以用不同的参数来表示, 为了避免这种情况, 引入规范超平面.

超平面

$$\{(w \cdot x) + b = 0 | x \in H, (w, b) \in H \times R\} \tag{3.11}$$

称为关于点 $x_1, \cdots, x_l \in H$ 的规范超平面, 如果它满足

$$\min_{i=1,\cdots,l} |(w \cdot x_i) + b| = 1 \tag{3.12}$$

即这个规范超平面最近的点和它之间的距离为 $1/\|\boldsymbol{w}\|$. 超平面 (w, b) 和 $(-w, -b)$ 均满足规范超平面的条件, 而对于分类问题来说, 由于它们方向不同, 这两个超平面是不同的, 它们分别对应两个决策函数. 在模式 x_i 没有类别标号 $y_i \in \{+1, -1\}$ 的情况下, 是没有办法区别这两个超平面的; 而对于一个有标号的训练集, 则可以区分, 因为这两个超平面对应的类别正好相反.

间隔在支持向量学习算法中起着重要的作用. 对于一个超平面 (w,b), 称

$$\rho_{(w,b)}(x,y)=y((w\cdot x)+b)/||\boldsymbol{w}|| \tag{3.13}$$

为点 $(x,y)\in H\times\{\pm1\}$ 的几何间隔; 而称

$$\rho_{(w,b)}=\min_{i=1,\cdots,l}\rho_{(w,b)}(x_i,y_i) \tag{3.14}$$

为关于训练集

$$S=\{(x_i,y_i)|x_i\in H,y_i\in\{\pm1\},i=1,\cdots,l\} \tag{3.15}$$

的几何间隔, 如果没有特殊说明, 则几何间隔就是指对训练集而言的. 有时简称几何间隔为间隔.

如果一个点 (x,y) 被正确分开, 那么该点的间隔就是模式 x 到超平面的距离. 如果点在超平面上, 该点的间隔就是零. 当点不在超平面上时, 该点的间隔可以写成

$$y((\bar{\boldsymbol{w}}\cdot\boldsymbol{x})+\bar{b}) \tag{3.16}$$

其中

$$\bar{\boldsymbol{w}}=\boldsymbol{w}/\left\|\boldsymbol{w}\right\|,\quad \bar{b}=b/\left\|b\right\| \tag{3.17}$$

权向量 $\bar{\boldsymbol{w}}$ 为单位向量. 对于规范超平面而言, 关于训练集的间隔就是 $1/\left\|\boldsymbol{w}\right\|$.

下面来看看为什么要最大化间隔.

假定大部分的测试点至少距离其中一个训练点比较近, 所有的测试点可以认为是训练点进行一个较小的扰动得到的. 对于训练点 (x,y), 我们得到的测试点的形式为 $(x+\Delta x,y)$, 其中扰动 $\Delta x\in H$ 的范数以一个正数 r 为上界. 显然, 如果用一个间隔为 $\rho>r$ 的超平面来划分训练点几何, 那么就一定能正确地分开所有的测试点.

可以从另一个角度来讨论大间隔的鲁棒性. 由于所有的训练点离分类超平面的距离均至少为 ρ, 并且模式 $x_i(i=1,\cdots,l)$ 的长度是有界的, 那么超平面参数的微小扰动不会改变对训练点的划分.

3.2.2 线性支持向量机

支持向量机是从线性可分情况下的最优分类面发展而来的, 基本思想可用如图 3.1 所示的二维平面的情况来说明.

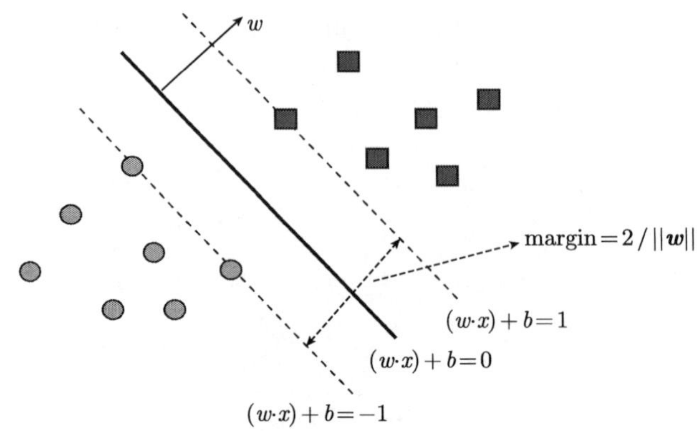

图 3.1　两类线性划分的最优超平面

在图 3.1 中, 方框点和圆点代表两类样本, 中间的粗实线为分类线, 其附近的两虚线分别为过各类中离分类线最近的样本且平行于分类线的直线, 它们之间的距离就是分类间隔 (margin). 所谓最优分类线就是要求分类线不但能将两类正确分开, 即训练错误率为 0, 而且使分类间隔最大. 对分类线 $(w \cdot x) + b = 0$ 进行标准化处理, 使得对线性可分的样本集 S, 满足下面的不等式:

$$y_i((w \cdot x_i) + b) \geqslant 1, \quad i = 1, 2, \cdots, l \tag{3.18}$$

此时分类间隔等于 $2/\|\boldsymbol{w}\|$, 使间隔最大等价于使 $\|\boldsymbol{w}\|/2$ 最小. 训练样本正确可分, 且使 $\|\boldsymbol{w}\|/2$ 最小的分类面就是最优分类面, 位于两虚线上的训练样本点就称为支持向量.

使分类间隔最大实际上就是对推广能力的控制, 这是 SVM 的核心思想之一. 根据统计学习理论, 一个规范超平面构成的指示函数集

$$h(x) = \mathrm{sgn}[(w \cdot x) + b] \tag{3.19}$$

的 VC 维 h 满足

$$h \leqslant \min([R^2 A^2], n) + 1 \tag{3.20}$$

其中, $\mathrm{sgn}[\cdot]$ 为符号函数; n 为向量空间的维数; R 为覆盖样本向量的超球半径; $\|\boldsymbol{w}\| \leqslant A$.

因此, 可以通过最小化 $\|\boldsymbol{w}\|$ 减少 VC 维, 从而实现 SRM 准则中的函数复杂性的选择; 固定经验风险, 最小化期望风险就转化为最小化 $\|\boldsymbol{w}\|$. 这就是 SVM 方法的出发点.

根据上面的分析, 在线性可分条件下构建最优超平面, 就转化为下面的二次规

划问题, 即

$$\begin{cases} \min \quad \Phi(w) = \dfrac{1}{2}(w \cdot w) \\ \text{s.t.} \quad y_i((w \cdot x_i) + b) \geqslant 1, i = 1, 2, \cdots, l \end{cases} \tag{3.21}$$

式 (3.21) 的最优解为下面的拉格朗日函数的鞍点:

$$L(w, b, \alpha) = \frac{1}{2}(w \cdot w) - \sum_{i=1}^{l} \alpha_i [y_i((w \cdot x_i) + b) - 1] \tag{3.22}$$

其中, $\alpha \geqslant 0$ 为拉格朗日乘数.

由于在鞍点处的 w 和 b 的梯度为零, 因此

$$\frac{\partial L}{\partial w} = w - \sum_{i=1}^{l} \alpha_i y_i x_i = 0 \Rightarrow w = \sum_{i=1}^{l} \alpha_i y_i x_i \tag{3.23}$$

$$\frac{\partial L}{\partial b} = \sum_{i=1}^{l} \alpha_i y_i = 0 \Rightarrow \sum_{i=1}^{l} \alpha_i y_i = 0 \tag{3.24}$$

根据 KKT 定理, 最优解还应满足

$$\alpha_i(y_i(w \cdot x_i + b) - 1) = 0, \quad \forall i \tag{3.25}$$

可以看出, 只有支持向量的系数 α_i 不为零, 所以 w 可以表示成

$$w = \sum_{SV} \alpha_i y_i x_i \tag{3.26}$$

把式 (3.23) 和式 (3.24) 代入到式 (3.21) 中, 构建最优超平面的问题就转化为一个较简单的对偶二次规划问题, 即

$$\begin{cases} \max \quad W(\alpha) = \displaystyle\sum_{i=1}^{l} \alpha_i - \frac{1}{2} \sum_{i,j} \alpha_i \alpha_j y_i y_j (x_i \cdot x_j) \\ \text{s.t.} \quad \displaystyle\sum_{i=1}^{l} \alpha_i y_i = 0, \quad \alpha_i \geqslant 0, i = 1, 2, \cdots, l \end{cases} \tag{3.27}$$

如果 α^* 为问题 (3.27) 的一个解, 则

$$(w \cdot w) = \sum_{SV} \alpha_i^* \alpha_j^* y_i y_j (x_i \cdot x_j) \tag{3.28}$$

通过选择不为零的 α_i, 代入式 (3.25) 中解出 b. 对于给定的未知样本 x, 只需计算

$$\text{sgn}[(w \cdot x) + b] \tag{3.29}$$

就可以判断 x 所属的类别.

但是在实际应用时, 大多数情况下并不能满足线性可分性. 即使问题是线性可分的, 但由于各种原因, 训练集中也可能会出现 "野点子", 比如一个标错的点, 可能会对最终的分类超平面产生严重影响. 事实上, 对于线性不可分的情况, 可以在条件中增加一个松弛项 $\xi_i \geqslant 0$, 将约束放宽为

$$y_i(w \cdot x_i + b) \geqslant 1 - \xi_i, \quad \xi_i \geqslant 0, i = 1, \cdots, l \tag{3.30}$$

此时目标函数变为

$$\varPhi(w, \xi) = \frac{1}{2}(w \cdot w) + C\sum_{i=1}^{l}\xi_i \tag{3.31}$$

其中, C 为可调参数, 表示对错误的惩罚程度, C 越大惩罚越重. "最大间隔" 支持向量机就转化为在式 (3.30) 的约束下, 最小化式 (3.31). 称上述模型为 "软间隔" 线性支持向量机. 这是一个二次规划问题, 其最优解为下面拉格朗日函数的鞍点:

$$L(w, b, \alpha) = \frac{1}{2}(w \cdot w) + C\sum_{i=1}^{l}\xi_i - \sum_{i=1}^{l}\alpha_i\left\{y_i(w \cdot x_i + b) + \xi_i - 1\right\} - \sum_{i=1}^{l}\beta_i\xi_i \tag{3.32}$$

根据 KKT 定理, 最优解满足

$$\begin{cases} \dfrac{\partial L}{\partial \xi_i} = C - \alpha_i - \beta_i = 0 \\ \alpha_i(y_i(w \cdot x_i + b) - 1 + \xi_i) = 0, & \forall i \\ \alpha_i, \beta_i, \xi_i \geqslant 0, & \forall i \\ \beta_i \cdot \xi_i = 0, & \forall i \end{cases} \tag{3.33}$$

构建最优超平面的问题可转化为下面的对偶二次规划问题:

$$\begin{cases} \max \quad L(\alpha) = \displaystyle\sum_{j=1}^{l}\alpha_i - \frac{1}{2}\sum_{i=1}^{l}\sum_{j=1}^{l}y_i y_j \alpha_i \alpha_j (x_i \cdot x_j) \\ \text{s.t.} \quad 0 \leqslant \alpha_i \leqslant C, \displaystyle\sum_{j=1}^{l} y_i \alpha_i = 0, i = 1, 2, \cdots, l \end{cases} \tag{3.34}$$

3.2.3　非线性支持向量机

N 维空间中的线性函数的 VC 维为 $N+1$. 但在 $\|\boldsymbol{w}\| \leqslant A$ 的条件下, 其 VC 维可能大大减小, 以保证有较好的推广性. 由 3.2.2 节的分析可知, 通过把原问题转化为对偶问题, 计算的复杂度不再取决于空间维数, 而是取决于样本中的支持向量数.

非线性 SVM 问题的基本思想是, 通过非线性变换, 将输入变量 x 转化到某个高维空间中, 然后再变换空间求最优分类面. 这种变换可能比较复杂, 因此这种思

路在一般情况下不易实现. 但是要注意到, 上面的对偶问题都只涉及训练样本之间的内积运算

$$(x_i \cdot x_j), \quad i,j = 1, \cdots, l \tag{3.35}$$

即在高维空间只需进行内积运算, 而这种内积运算是可以用原空间中的函数实现的, 甚至没有必要知道变换的形式. 根据泛函的有关理论, 只要一种核函数

$$K(x_i, x_j), \quad i,j = 1, \cdots, l \tag{3.36}$$

满足 Mercer 条件, 它就对应某一变换空间中的内积.

首先, 通过非线性映射

$$\Phi : R^n \to H \tag{3.37}$$

将输入变量映射到高维 Hilbert 空间 H 中.

如果定义

$$K(x,y) = \Phi(x) \cdot \Phi(y) \tag{3.38}$$

那么 "最大间隔" 非线性支持向量机的目标函数就变为

$$W(\alpha) = \sum_{j=1}^{l} \alpha_i - \frac{1}{2} \sum_{i=1}^{l} \sum_{j=1}^{l} y_i y_j \alpha_i \alpha_j K(x_i \cdot x_j) \tag{3.39}$$

相应的分类函数为

$$f(x) = \operatorname{sgn}[w \cdot \Phi(x) + b] = \operatorname{sgn}\left[\sum_{i=1}^{l} y_i \alpha_i K(x_i \cdot x) + b\right] \tag{3.40}$$

同样, "软间隔" 非线性支持向量机就是下面的最优化问题：

$$\begin{cases} \min \quad \Phi(w) = \dfrac{1}{2}(w \cdot w) + C \displaystyle\sum_{i=1}^{l} \xi_i \\ \text{s.t.} \quad y_i((w \cdot \Phi(x_i)) + b) \geqslant 1 - \xi_i, \xi_i \geqslant 0, 1 - \xi_i, \xi_i \geqslant 0, i = 1, \cdots, l \end{cases} \tag{3.41}$$

其对偶问题为

$$\begin{cases} \max \quad L(\alpha) = \displaystyle\sum_{j=1}^{l} \alpha_i - \frac{1}{2} \sum_{i=1}^{l} \sum_{j=1}^{l} y_i y_j \alpha_i \alpha_j K(x_i, x_j) \\ \text{s.t.} \quad 0 \leqslant \alpha_i \leqslant C, \displaystyle\sum_{j=1}^{l} y_i \alpha_i = 0, i = 1, 2, \cdots, l \end{cases} \tag{3.42}$$

选择不同的核函数就可以生产不同的支持向量机, 常用的方法有以下几种：

(1) 线性核, $K(x,y) = x \cdot y$;

(2) 多项式核, $K(x,y) = [(x \cdot y) + c]^d, c \geqslant 0$;

(3) 高斯 (径向基函数或 RBF) 核, $K(x,y) = \exp\left\{\dfrac{-\|x-y\|^2}{2\sigma^2}\right\}$;

(4) 二层神经网络核, $K(x,y) = \tanh[k(x \cdot y) - \delta], k > 0$

3.2.4　支持向量分类算法

由于支持向量机坚实的理论基础和它在很多领域表现出的良好的推广性能, 目前国际上正在广泛开展对支持向量机的研究. 许多关于 SVM 方法的研究, 包括算法本身的改进和算法的实际应用, 都陆续被提了出来. 以下是其中主要的研究热点.

由于 SVM 对偶问题的求解过程相当于解一个线性约束的二次规划问题 (QP), 需要计算和存储核函数矩阵, 其大小与训练样本数的平方相关, 因此, 随着样本数目的增多, 所需要的内存也就增大. 比如, 当样本数目超过 4000 时, 存储核函数矩阵需要多达 128MB 的内存; SVM 在二次型寻优过程中要进行大量的矩阵运算, 多数情况下, 寻优算法是占用算法时间的主要部分. 通常, 训练算法改进的思路是把要求解的问题分成许多子问题, 然后通过反复求解子问题来求得最终的解, 方法有以下几种.

1995 年, Cortes 和 Vapnik 提出了 Chunking 算法, 其出发点是删除矩阵中对应拉格朗日乘数为零的行和列将不会影响最终的结果. 因此, 可将一个大型二次规划 (QP) 问题分解为一系列较小规模的 QP 问题, 然后找到所有的非零拉格朗日乘数并删除所有为零的乘数. 在算法的每步中都解决一个 QP 问题, 其样本为上一步所剩的具有非零拉格朗日乘数的样本及 M 个不满足 KKT 条件的最差样本. 如果在某一步中, 不满足 KKT 条件的样本数不足 M 个, 则这些样本全部加入到新的 QP 问题中. 每个 QP 子问题都采用上一个 QP 子问题的结果作为初始值. 在算法进行到最后一步时, 所有非零拉格朗日乘数都被找到, 从而解决可初始的大型 QP 问题. 可以看出, Chunking 算法的思想是将样本集分成工作样本集和测试样本集, 每次对工作样本集利用二次规划求得最优解, 剔除其中的非支持向量, 并用训练结果对剩余样本进行检验, 将不符合训练结果的样本与本次结果的支持向量合并, 成为一个新的工作样本集, 然后重新训练. 如此重复下去, 直到获得最优结果. 但是此算法的一个前提是：支持向量的数目比较少, 如果支持向量的数目本身就比较多, 那么随着训练迭代次数的增加, 工作样本数也越来越大, 就会导致算法无法实施.

其次, 是固定工作样本集算法. 它使样本数目固定为足以包含所有的支持向量, 且算法速度在计算机可以容忍的限度内. 迭代过程中只是将剩余样本中部分 "情况最糟的样本”与工作样本集中的样本进行等量交换, 即使支持向量的个数超过工作样本集的大小, 也不改变工作样本集的规模.

Osuna 针对 SVM 训练速度慢且复杂度高的问题, 提出了分解算法, 并将之应用于人脸检测中. 主要思想是将训练样本分为工作集 B 和非工作集 N, B 中的样本个数为 q 个, q 远小于总样本个数. 每次只针对工作集 B 中的 q 个样本训练, 而固定 N 中的训练样本.

针对大训练样本问题, Platt 提出了序贯最小优化 (sequential minimal optimization, SMO) 算法. SMO 算法与以往的一些 SVM 改进算法的相同点, 是把整个二次规划问题分解为很多易于处理的小问题; 所不同的是, SMO 算法把问题分解到可能达到的最小规模, 具体操作是每次优化只能处理两个样本的优化问题, 并且用解析的方法进行处理.

SMO 在实际应用中取得了较好的效果, 但它也存在着一些问题. SMO 算法每次迭代都要更新 b 值, 但是该值有可能是无法确定的, 这时 SMO 采用的方法是确定出 b 的上、下界, 然后取平均值; 另外, 每一次迭代过程中的 b 值仅取决于上次迭代结果的两个变量的最优值, 用这个 b 值判断样本是否满足迭代结果, 这就可能存在某些达到最优值的样本却不满足 KKT 条件的情况, 从而影响算法的效率.

1998 年, Joachims 提出了 SVM-light 算法. 该算法实际上是 Osuna 方法的推广. 其基本思想是, 如果存在不满足 KKT 条件的样本, 则以某种方式选择 q 个样本作为工作集, 其他样本保持不变, 在这个工作集上解决 QP 问题. 重复这一过程, 直至所有样本都满足 KKT 条件, 并在软件包 SVM-light 中实现了这一算法. 其主要贡献在于工作集的选择和实现的细节上.

SVM 方法的训练运算速度是限制它的应用的主要方面, 近年来人们针对方法本身的特点提出了许多算法来解决对偶问题. 大多数算法的一个共同思想就是循环迭代, 即将原问题分解成为若干子问题, 按照某种迭代策略, 通过反复求解子问题, 最终使结果收敛到原问题的最优解.

解决算法速度问题的另一个途径是采用序列优化的思想. 这种方法的主要目的是研究当出现新的单个样本时, 它与原有样本集或其子集, 或是原有样本集训练结果的关系. 例如, 它的加入对原有样本集的支持向量集有什么样的影响, 怎样迅速地确定它对新的分类器函数的贡献等.

Hsu Chihwei 通过改变 SVM 的提法提出了一种类似的简单训练算法 BSVM. 主要是针对 SVM 得到一种不同的数学提法, 从而使算法简单易行. Hsu Chihwei 和 Lin Chihjen 综合 Keerthi 修改过的 SMO 和 SVM-light 中的工作集选择算法, 用 C++ 实现一个库 LIBSVM, 可以说是使用最方便的 SVM 训练工具. LIBSVM 供用户选择的参数少, 在训练特大训练集时, 还是使用灵活的 SVM-light 或 SMO.

Keerthi 等提出了修改的算法 —— 最近点算法, 其基本思想是将 SVM 原问题的惩罚项由线性累加改为二次累加, 从而使优化问题转化为两个凸集间的最大间隔, 缺点是只能用于分类问题, 不适用于函数估计问题.

Scholkopf 提出了一个新的 SVM 分类器 ν–SVM, 将优化问题变为

$$\begin{cases} \min \quad \left[\frac{1}{2}(w \cdot w) - v\rho + \frac{1}{l}\sum_{i=1}^{l}\xi_i\right] \\ \text{s.t.} \quad y_i(w \cdot \varphi(x_i) + b) \geqslant \rho - \xi_i \\ \qquad \xi_i \geqslant 0, \rho \geqslant 0, i = 1, \cdots, l \end{cases} \tag{3.43}$$

Chang 和 Lin Chihjen 分析了 ν–SVM, 将它变为带有上、下界约束和一个简单的等式约束的二次规划问题, 从而可以用已有的 SVM 算法来解决.

其主要优点如下:

(1) 使用一个参数 ν 来控制支持向量的个数及误差; 没有 C, 从而避免了数值计算的麻烦.

(2) ν 表示支持向量的下界与间隙误差的上界.

(3) 和常规 SVM 相比, 算法一样. SVM 中 C 的增加导致支持向量的减少, 而 ν–SVM 中 ν 的减少导致支持向量的减少.

Yang Minghsuan 提出了训练支持向量机的几何方法. 主要是利用了训练集中的集合信息, 提出了 "卫向量"(guard-vector) 的概念. 所谓 "卫向量" 就是通过该向量能使输入空间线性可分的向量. 当训练集合较大时, 可以先找出 "卫向量", 再以 "卫向量" 构成传统的 QP 问题, 求出 "支持向量". "卫向量" 的求解是通过判断其对偶空间中的线性规划问题的可行性而不是求其最优解, 从而使问题大大简化. 试验表明, 该算法求得的最优分类面和传统 QP 问题一样, 但速度要快 30 倍, 内存只需要传统的 1/4. 主要原因是 "卫向量" 只是 "支持向量" 的 20 倍左右.

Suykens 提出了最小二乘法支持向量机 (LS-SVM), 主要是优化问题的目标函数不同, 从而推出一系列不同的等式约束.

3.2.5 模型参数选择

在 SVM 中有许多参数需要事先给定, 比如惩罚系数 C、核参数等. 核函数的形式及涉及参数的确定将直接影响分类器的类型和复杂程度.

最常用的模型选择方法是最小化 "留一法 (leave-one-out, LOO)" 错误率. 但是 "留一法" 过程需要的训练量很大, 因此有些学者提出用估计 LOO 错误率上界的方法来调整 SVM 参数, 实现模型参数的自动选择.

为了介绍参数选择的 LOO 方法, 首先回忆一下支持向量分类的基本思想.

将输入样本 $x_i \in \mathbf{R}^n (i=1,\cdots,l)$ 映射到高维空间中, 在这个空间中构建最优超平面. 不同的映射 $x \mapsto \phi_\sigma(x) \in H$ 产生不同的支持向量机. 映射 $\phi_\sigma(\cdot)$ 可以通过核函数 $K_\sigma(\cdot,\cdot)$ 来完成, SVC 的决策函数为

$$f(x) = w \cdot \phi_\sigma(x) + b = \sum_i \alpha_i^0 y_i K_\sigma(x_i, x) + b \tag{3.44}$$

最优超平面就是 H 空间中间隔最大的超平面, SVM 可转化为下面的最优化问题:

$$\begin{cases} \min & \dfrac{1}{2}\boldsymbol{\alpha}^{\mathrm{T}}\boldsymbol{Q}\boldsymbol{\alpha} - \boldsymbol{e}^{\mathrm{T}}\boldsymbol{\alpha} \\ \text{s.t.} & \boldsymbol{y}^{\mathrm{T}}\boldsymbol{\alpha} = 0, \alpha_i \geqslant 0, i = 1, \cdots, l \end{cases} \tag{3.45}$$

其中, $\boldsymbol{e}$ 为各分量均为 1 的向量; $\boldsymbol{Q}$ 为 $l \times l$ 阶矩阵, 其中 $Q_{ij} \equiv y_i y_j K_\sigma(x_i, x_j)$, $K_\sigma(x_i, x_j) = \phi_\sigma(x_i) \cdot \phi_\sigma(x_j) = \phi(\Sigma x_i) \cdot \phi(\Sigma x_j)$, $\Sigma = \mathrm{diag}(\sigma)$, $\sigma \in \{0,1\}^n$ 是预先给定的向量.

参数选择问题可以描述为: 给定一个函数类 $y = f(x, \alpha)$, 预警参数选择就是求映射 $x \mapsto \tilde{x} = \Sigma x$ 和参数 α, 使实际风险 $\tau(\alpha,\sigma) = \displaystyle\int V(y, f(\Sigma x, \alpha))\mathrm{d}P(x,y)$ 的值最小, 约束条件为 $\displaystyle\sum_{i=1}^{n} \sigma_i \leqslant m$. 其中 $P(x, y)$ 是未知的, $V(\cdot,\cdot)$ 是一个损失函数. 理想的 σ 的取值应该使 SVM 预警分类器的实际风险 $\tau(\alpha,\sigma)$ 最小, 但由于 $P(x,y)$ 未知, 实际风险是不可能得到的, 因此考虑 "留一法" 推广界.

对于 $j = 1, \cdots, l$, 求解下面的最优化问题:

$$\begin{cases} \max & \displaystyle\sum_{j=1}^{l-1} \alpha_i^j - \frac{1}{2}(\boldsymbol{\alpha}^j)^{\mathrm{T}}\boldsymbol{Q}^j\boldsymbol{\alpha}^j \\ \text{s.t.} & (\boldsymbol{y}^j)^{\mathrm{T}}\boldsymbol{\alpha}^j = 0, \alpha_i^j \geqslant 0, i = 1, \cdots, l-1 \end{cases} \tag{3.46}$$

其中, $\boldsymbol{\alpha}^j$ 为 $l-1$ 维向量; $\boldsymbol{Q}^j$ 为矩阵 $\boldsymbol{Q}$ 划掉第 j 行和第 j 列的矩阵; $\boldsymbol{y}^j$ 为向量 $\boldsymbol{y}$ 去掉第 j 个分量后的 $l-1$ 维向量. 即利用 $l-1$ 个样本来训练分类器, 然后根据

$$\mathrm{sgn}\left[\sum_{i=1}^{l-1} \alpha_i^j y_i^j K_\sigma(x_i, x_j) + b^j\right] \tag{3.47}$$

测试留下的第 j 个样本. 这里 b^j 为拉格朗日乘子. 定义

$$L(x_1, y_1, \cdots, x_l, y_l) = \sum_{j=1}^{l} \left| \mathrm{sgn}\left[\sum_{i=1}^{l-1} \alpha_i^j y_i^j K_\sigma(x_i, x_j) + b^j\right] - y_i \right| \Big/ 2l \tag{3.48}$$

显然, 选择 σ 的标准应该是 $L(x_1, y_1, \cdots, x_l, y_l)$ 越小越好, 这就是 LOO 交叉确认.

可以看出, 对不同的 σ, “留一法” 交叉确认均需要进行 l 次学习, 当样本数 $l \to \infty$ 时, 算法就很难实施. 下面考虑 $L(x_1, y_1, \cdots, x_l, y_l)$ 的一个上界 T.

设训练样本集 $z = \{(x_1, y_1), \cdots, (x_l, y_l)\}$, 支持向量机以间隔 γ 可分, $\phi_\sigma(x_i)(i = 1, \cdots, l)$ 在一个半径为 R 的超球内, Vapnic 给出了一个 $L(x_1, y_1, \cdots, x_l, y_l)$ 的上界, 即

$$T = \frac{1}{l}(R^2/\gamma^2) \tag{3.49}$$

其中

$$\gamma(w, b, z) = \min_{(x_i, y_i) \in z} \frac{y_i(w \cdot \phi_\sigma(x_i) + b)}{||w||} \tag{3.50}$$

$$R(z) = \min_{a, x_i} ||\phi_\sigma(x_i) + a|| \tag{3.51}$$

参数选择问题就可以转化为求最优 $\sigma \in \{0, 1\}^n$, 使

$$T = \frac{1}{l}(R^2/\gamma^2) = \frac{1}{l}R^2W^2 \tag{3.52}$$

最小, 约束条件为

$$\sum_{i=1}^{n} \sigma_i \leqslant m \tag{3.53}$$

这是一个组合优化问题, 当指标个数 n 很大时, 穷尽各种组合进行计算是很费时的. 因此, 这里把 $\sigma \in \{0, 1\}^n$ 改为 $\sigma \in \mathbf{R}^n$, 就可以用牛顿法来搜索最优解, 即

$$\delta\sigma_k = -(\varDelta_\sigma T)^{-1} \frac{\partial T(\alpha^0, \sigma)}{\partial \sigma_k} \tag{3.54}$$

$$(\varDelta_\sigma T)_{ij} = \frac{\partial^2 T(\alpha^0, \sigma)}{\partial \sigma_i \partial \sigma_j} \tag{3.55}$$

参数选择算法步骤描述如下：

(1) 初始化参数 $\sigma = (1, 1, \cdots, 1)$.

(2) 解标准 SVM 问题 (3.2), 得 $\alpha^0(\sigma)$, 并计算 $w^0 = \sum_{i,j} \alpha_i^0 y_i K_\sigma(x_i, x_j)$ 和 $\gamma = 1/||w^0||$.

(3) 求 $R(z) = \min_{a, x_i} ||\phi_\sigma(x_i) + a||$.

(4) 用牛顿法更新 $\sigma \in \mathbf{R}^n$, 使 $T = \frac{1}{l}(R^2/\gamma^2)$ 最小.

(5) 剔除 σ 中为最小的分量和相应的预警指标, 返回 (2), 直至 σ 剩余分量的个数满足要求.

3.2.6　其他分类模型

在 C–SVC 中, 参数 C 是一个对两个相互矛盾的目标 (最大化间隔和最小化训练错误) 起调和作用的常数. C 的确定是一个比较困难的问题, 因为其意义很难直

观理解. 有些学者提出了一个改进的方法 —— ν–SVC, 用参数 ν 来代替参数 C, 以控制间隔错误点和支持向量的个数. ν–SVC 的原问题为

$$\begin{cases} \min\limits_{w,b,\rho,\xi} & \dfrac{1}{2}(w\cdot w)-\nu\rho+\dfrac{1}{l}\sum\limits_{i=1}^{l}\xi_i \\ \text{s.t.} & y_i(w\cdot\phi_\sigma(x_i)+b)\geqslant\rho-\xi_i \\ & \xi_i\geqslant 0, i=1,\cdots,l,\rho\geqslant 0 \end{cases} \tag{3.56}$$

其中, ν 为参数. 如果 p 表示分类错误的样本数, q 为支持向量的个数, 则 $p/l\leqslant\nu\leqslant q/l$.

类同于 C–SVC, 问题 (3.56) 的对偶问题为

$$\begin{cases} \max\limits_{\alpha} & \sum\limits_{j=1}^{l}\alpha_i-\dfrac{1}{2}\sum\limits_{i=1}^{l}\sum\limits_{j=1}^{l}y_iy_j\alpha_i\alpha_jK_\sigma(x_i,x_j) \\ \text{s.t.} & \sum\limits_{j=1}^{l}y_i\alpha_i=0,\sum\limits_{j=1}^{l}\alpha_i\geqslant\nu \\ & 0\leqslant\alpha_i\leqslant\dfrac{1}{l}, i=1,\cdots,l \end{cases} \tag{3.57}$$

标准的 SVM 算法都是针对两类问题的, 如何将两类分类问题推广到多类问题上, 是目前研究的一个热点. 对于多类问题, SVM 的算法有以下几种. 标准的算法是, 对于 N 类问题构造 N 个两类分类器, 第 i 个 SVM 用第 i 类中的训练样本作为正的训练样本, 而将其他的样本作为负的训练样本. 这个算法称为 L-A-R(l-aginst-rest). 最后的输出是两类分类器输出为最大的那一类. 此时, 两类分类器的判决函数不用取符号函数 sgn, 其缺点是它的推广误差无界.

另一个算法是由 Knerr 提出的, 该算法在 N 类训练样本中构造所有可能的两类分类器, 每类仅仅在 N 类中的二类训练样本上训练, 结果共构造 $N(N–1)/2$ 个分类器, 称该算法为 L-A-L(l-aginst-l). 组合这些两类分类器很自然地用到了投票法, 得票最多 (Max–Wins) 的类为新点所属的类. U. Kree 用该方法训练多类 SVM 取得了很好的结果. L-A-L 算法的缺点是: 如果单个两类分类器不规范化, 则整个 N 类分类器将趋向于过学习; 推广误差无界; 分类器的数目 $N(N–1)/2$ 随类数 N 急剧增加, 导致在决策时速度很慢.

Weston 提出了两种新的多类 SVM 算法. 其一为 QP-MC-SV 算法, 它很自然地在构造决策函数时, 同时考虑所有的类; 其二是线性规划的方法 LP-MCSV. 以上两种方法的缺点是计算量都比较大, 优点是得到的决策分类面的支持向量机的数量均比常规方法少.

关于多类的 LS-SVM 分类器, Suykens 使用了类似 Weston 中的第一种方法. Platt 等提出了一个新的学习架构：决策导向的循环图 (decision directed acyclic graph, DDAG), 将多个两类分类器组合成多类分类器. 对于 N 类问题, DDAG 含有 $N(N\text{–}1)/2$ 个分类器, 每个分类器对应两类. 其优点是推广误差只取决于类数 N 和节点上的类间间隔 (margin), 而与输入空间的维数无关, 根据 DDAG 提出算法 DAGSVM, DDAG 的每个节点和一个 L-A-L 分类器相关, 其速度显著比标准算法或取最大算法 (Man-Wins) 快.

3.3　支持向量回归

3.3.1　ε- 支持向量回归

假定根据某种概率分布 $P(x,y)(x \in \mathbf{R}^n, y \in \mathbf{R})$ 生成的样本为

$$(x_1, y_1), \cdots, (x_l, y_l) \in (X \times R) \tag{3.58}$$

支持向量回归 (support vector regression, SVR) 问题就是希望找到适当的实值函数 $f(x) = w \cdot \phi(x_i) + b$ 来拟合这些训练点, 使得

$$R[f] = \int c(x, y, f)\mathrm{d}P(x, y) \tag{3.59}$$

最小. 其中, c 为损失函数.

观测值 y 与函数预测值 $f(x)$ 之间的误差用 ε–不敏感损失函数

$$|y_i - f(x_i, x)|_\varepsilon = \max\{0, |y_i - f(x_i)| - \varepsilon\} \tag{3.60}$$

来度量, 即当 x 点的观测值 y 与预测值 $f(x)$ 之间的误差不超过事先给定的小正数 ε 时, 认为该函数对这些样本点的拟合是无差错的. 在图 3.2 中, 当样本点位于两条虚线之间的带子里时, 认为在该点没有损失, 称两条虚线构成的带子为 ε–带.

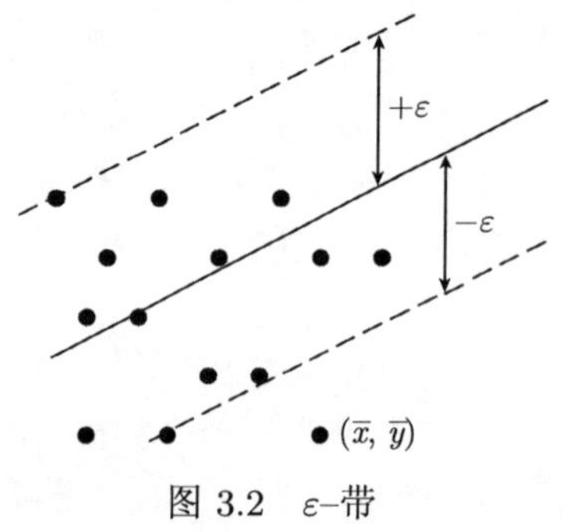

图 3.2　ε–带

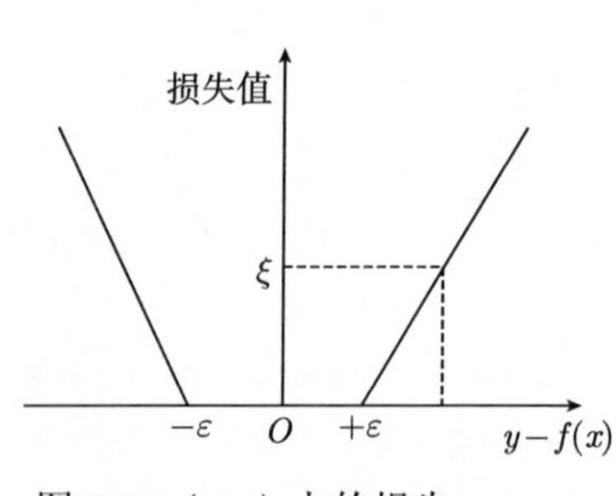

图 3.3　$(\bar{x}, \bar{y})$ 上的损失

在图 3.2 中, $(\bar{x}, \bar{y})$ 上的损失对应于图 3.3 所示的 ξ 值, 即 $\xi = \bar{y} - f(\bar{x}) - \varepsilon$.

在回归分析中, 选择 ε–带是合理的. 模式识别中, 如果样本 x 被正确划分并且在间隔以外时, 该样本点不提供任何损失值. 相应地, 回归估计中也应该存在不为目标函数提供任何损失的区域, 即 ε–带.

类似 SVC, 由于 $P(x, y)$ 未知, 不能直接最小化 $R[f]$, 因此考虑最小化

$$E(w) = \frac{1}{2}(w \cdot w) + C \cdot \frac{1}{l}\sum_{i=1}^{l}|y_i - f(x_i)|_\varepsilon \tag{3.61}$$

其中, $|y_i - f(x_i, x)|_\varepsilon = \max\{0, |y_i - f(x_i)| - \varepsilon\}$ 为 ε–不敏感损失函数. 等式 (3.61) 右边的前一项 $(w \cdot w)$ 表示函数 $f(x)$ 的复杂性, 后一项则表示训练集上的平均损失. 常数 C 则体现了函数类的复杂性和训练集上的平均损失之间的折中关系.

最小化式 (3.61) 等价于最优化问题, 即

$$\begin{cases} \min\limits_{w, \xi_i, \xi_i^*, b} & \frac{1}{2}(w \cdot w) + C \cdot \frac{1}{l}\sum\limits_{i=1}^{l}(\xi_i + \xi_i^*) \\ \text{s.t.} & (w \cdot \phi(x_i) + b) - y_i \leqslant \varepsilon + \xi_i \\ & y_i - (w \cdot \phi(x_i) + b) \leqslant \varepsilon + \xi_i^* \\ & \xi_i, \xi_i^* \geqslant 0 \end{cases} \tag{3.62}$$

问题 (3.62) 的对偶形式为

$$\begin{cases} \max\limits_{\alpha, \alpha^*} & \sum\limits_{i=1}^{l}[\alpha_i^*(y_i - \varepsilon) - \alpha_i(y_i + \varepsilon)] \\ & -\frac{1}{2}\sum\limits_{i=1}^{l}\sum\limits_{j=1}^{l}(\alpha_i - \alpha_i^*)(\alpha_j - \alpha_i^*)K(x_i, x_j) \\ \text{s.t.} & \sum\limits_{i=1}^{l}(\alpha_i - \alpha_i^*) = 0, 0 \leqslant \alpha_i, \alpha_i^* \leqslant C/l, i = 1, \cdots, l \end{cases} \tag{3.63}$$

这里 $K(x_i, x_j) = \phi(x_i) \cdot \phi(x_j)$ 为核函数.

问题 (3.63) 的解为 $(\bar{\alpha}, \bar{\alpha}^*)$, 从而

$$f(x) = w \cdot \phi(x) + b = \sum_{\text{SV}}(\bar{\alpha} - \bar{\alpha}^*)K(x_i, x) + \bar{b} \tag{3.64}$$

计算 $\bar{b}$ 的公式为

$$\bar{b} = y_i - \sum_{j}(\bar{\alpha} - \bar{\alpha}^*)K(x_i, x_j) - \varepsilon, \quad \alpha_i \in (0, C/l) \tag{3.65}$$

$$\bar{b} = y_i - \sum_j (\bar{\alpha} - \bar{\alpha}^*) K(x_i, x_j) + \varepsilon, \quad \alpha_i^* \in (0, C/l) \tag{3.66}$$

可以证明, 普通最小二乘和岭回归都是 ε–SVR 的一种特殊情况, 从这个意义上 ε–SVR 是前者的一个推广. SVR 是基于结构风险最小化, 而不是传统意义上的经验风险最小化, 可以保证好的预测能力.

3.3.2　ν–支持向量回归

在 ε–SVR 中, 需要事先确定损失函数中的参数 ε. 本节引进能自动计算 ε 的 ν–SVR.

考虑下面的最优化问题:

$$\begin{cases} \min\limits_{w,\xi_i,\xi_i^*,b,\varepsilon} & \dfrac{1}{2}(w \cdot w) + C(\nu\varepsilon + \dfrac{1}{l}\sum\limits_{i=1}^{l}(\xi_i + \xi_i^*)) \\ \text{s.t.} & (w \cdot \phi(x_i) + b) - y_i \leqslant \varepsilon + \xi_i \\ & y_i - (w \cdot \phi(x_i) + b) \leqslant \varepsilon + \xi_i^* \\ & \xi_i, \xi_i^* \geqslant 0, \varepsilon \geqslant 0 \end{cases} \tag{3.67}$$

其中, ν 为一个非负的常数.

问题 (3.67) 的对偶问题为

$$\begin{cases} \max\limits_{\alpha,\alpha^*} & \sum\limits_{i=1}^{l}[\alpha_i^*(y_i - \varepsilon) - \alpha_i(y_i + \varepsilon)] \\ & -\dfrac{1}{2}\sum\limits_{i=1}^{l}\sum\limits_{j=1}^{l}(\alpha_i - \alpha_i^*)(\alpha_j - \alpha_j^*)K(x_i, x_j) \\ \text{s.t.} & \sum\limits_{i=1}^{l}(\alpha_i - \alpha_i^*) = 0, \quad 0 \leqslant \alpha_i, \alpha_i^* \leqslant C/l \\ & \sum\limits_{i=1}^{l}(\alpha_i + \alpha_i^*) \leqslant C \cdot \nu, \quad i = 1, \cdots, l \end{cases} \tag{3.68}$$

其中, ν 和 C 为常数. 估计式为

$$f(x) = \sum_{\text{SV}} (\alpha - \alpha^*) K(x_i, x) + b \tag{3.69}$$

ν–SVR 具有以下性质:

如果问题 (3.69) 得到的 ε 不为零, 则 $\nu \in [p/l, q/l]$, 其中 p 为错误样本的个数, q 为支持向量的个数.

可以证明, 如果 ν–SVR 的解为 $(\bar{\varepsilon}, \bar{w}, \bar{b})$, 而 ε–SVR 事先取 ε 为 $\bar{\varepsilon}$ 和与 ν–SVR 相同的 C 值, 那么 ε–SVR 得到的解为 $(\bar{w}, \bar{b})$.

3.3.3 其他回归模型

可以考虑把 SVR 的目标函数简化成 l_1 范数的形式, 以便于应用线性规划的技巧. 其关键在于把原来的目标函数改写为下面的式子:

$$\frac{1}{l}||\alpha||_1 + C \cdot \frac{1}{l}\sum_{i=1}^{l} c(x_i, y_i, f(x_i)) \tag{3.70}$$

其中, c 为损失函数; $||\alpha||_1 = \sum_{i=1}^{l} |\alpha_i|$; $f(x) = \sum_{i=1}^{l} \alpha_i k(x_i, x) + b$.

对 ε–不敏感损失函数, ε– LP 回归的优化问题为

$$\begin{cases} \min\limits_{w,\xi_i,\xi_i^*,b} & \dfrac{1}{l}\sum\limits_{i=1}^{l}(\alpha_i + \alpha_i^*) + C \cdot \dfrac{1}{l}\sum\limits_{i=1}^{l}(\xi_i + \xi_i^*) \\ \text{s.t.} & \sum\limits_{j=1}^{l}(\alpha_j - \alpha_j^*)k(x_j, x_i) + b - y_i \leqslant \varepsilon + \xi_i \\ & y_i - \sum\limits_{j=1}^{l}(\alpha_j - \alpha_j^*)k(x_j, x_i) - b \leqslant \varepsilon + \xi_i^* \\ & \xi_i, \xi_i^*, \alpha_i, \alpha_i^* \geqslant 0 \end{cases} \tag{3.71}$$

若把上述想法与 ν–SVR 相结合, 可以得到 ν–LP 回归算法, 即

$$\begin{cases} \min\limits_{w,\xi_i,\xi_i^*,b,\varepsilon} & \dfrac{1}{l}\sum\limits_{i=1}^{l}(\alpha_i + \alpha_i^*) + C \cdot \dfrac{1}{l}\sum\limits_{i=1}^{l}(\xi_i + \xi_i^*) + C\nu\varepsilon \\ \text{s.t.} & \sum\limits_{j=1}^{l}(\alpha_j - \alpha_j^*)k(x_j, x_i) + b - y_i \leqslant \varepsilon + \xi_i \\ & y_i - \sum\limits_{j=1}^{l}(\alpha_j - \alpha_j^*)k(x_j, x_i) - b \leqslant \varepsilon + \xi_i^* \\ & \xi_i, \xi_i^*, \alpha_i, \alpha_i^*, \varepsilon \geqslant 0 \end{cases} \tag{3.72}$$

可以看出, 无论是 ε–SVR 还是 ν–SVR, 均假设 ε–带是一个带状的. 实际上可以打破这一限制, 讨论任意形状的参数模型.

设 $\zeta_q, \zeta_q^*(q = 1, \cdots, p)$ 是定义在 $X \to \mathbf{R}^+$ 上的 $2p$ 个函数. 考虑下面的二次规划:

$$\begin{cases} \min\limits_{w,\xi_i,\xi_i^*,b,\varepsilon,\varepsilon^*} & \dfrac{1}{2}(w\cdot w)+C\left[\dfrac{1}{l}\sum\limits_{i=1}^{l}(\xi_i+\xi_i^*)+\sum\limits_{q=1}^{p}(\nu_q\varepsilon_q+\nu_q^*\varepsilon_q^*)\right] \\ \text{s.t.} & (w\cdot\phi(x_i)+b)-y_i\leqslant\sum\limits_{q=1}^{p}\varepsilon_q\zeta_q(x_i)+\xi_i \\ & y_i-(w\cdot\phi(x_i)+b)\leqslant\sum\limits_{q=1}^{p}\varepsilon_q^*\zeta_q^*(x_i)+\xi_i^* \\ & \xi_i,\xi_i^*,\varepsilon_i,\varepsilon_i^*,\geqslant 0 \end{cases} \tag{3.73}$$

其中, $\nu_i,\nu_i^*\geqslant 0(i=1,\cdots,p)$. 类似上节的分析, 式 (3.73) 的对偶问题是问题 (3.70) 及下面的约束所形成的优化问题, 即

$$\sum_{i=1}^{l}\alpha_i\zeta_q\leqslant C\cdot\nu_q,\quad \sum_{i=1}^{l}\alpha_i^*\zeta_q^*\leqslant C\cdot\nu_q^* \tag{3.74}$$

若式 (3.73) 的目标函数中去掉 $\nu_q^*\varepsilon_q^*$ 项, 并用 $\varepsilon_q\zeta_q$ 来代替式 (3.73) 的第二个约束中的 $\varepsilon_q^*\zeta_q^*$, 就把原问题修改成为一个关于带的两边缘对称的问题. 若再令 $p=1$, 则同样可以得到式 (3.70) 和下面这个约束条件所形成的优化问题, 即

$$\sum_{i=1}^{l}(\alpha_i+\alpha_i^*)\zeta(x_i)\leqslant C\cdot\nu \tag{3.75}$$

而且当 $\zeta\equiv 1$ 时, 这个对偶问题就是问题式 (3.70).

最后需要指出的是, 除了上面的 ε–不敏感函数外, 损失函数还有平方函数、Huber 函数, 不同的损失函数对应不同的 SVR 模型.

平方损失函数定义为

$$L_{\text{sqad}}(f(x)-y)=(f(x)-y)^2 \tag{3.76}$$

SVR 转化为下面的最优化问题:

$$\begin{aligned}\max_{\alpha,\alpha^*}\quad & \sum_{i=1}^{l}(\alpha_i-\alpha_i^*)y_i-\frac{1}{2}\sum_{i=1}^{l}\sum_{j=1}^{l}(\alpha_i-\alpha_i^*)(\alpha_j-\alpha_j^*)K(x_i,x_j) \\ & -\frac{1}{2C}\sum_{i=1}^{l}(\alpha_i^2+(\alpha_i^*)^2)\end{aligned} \tag{3.77}$$

由 KKT 条件, 上述问题可以简化为

$$\max_{\beta}\quad \sum_{i=1}^{l}\beta_i y_i-\frac{1}{2}\sum_{i=1}^{l}\sum_{j=1}^{l}\beta_i\beta_j K(x_i,x_j)-\frac{1}{2C}\sum_{i=1}^{l}\beta_i^2 \tag{3.78}$$

约束条件为

$$\sum_{i=1}^{l}\beta_i = 0, \quad i = 1,\cdots,l$$

Huber 损失函数定义为

$$L_{\text{Huber}}(f(x)-y) = \begin{cases} \dfrac{1}{2}(f(x)-y)^2, & |f(x)-y| < \mu \\ \mu|f(x)-y| - \mu^2/2, & \text{其他} \end{cases} \tag{3.79}$$

SVR 转化为下面的最优化问题：

$$\max_{\alpha,\alpha^*} \quad \sum_{i=1}^{l}(\alpha_i-\alpha_i^*)y_i - \frac{1}{2}\sum_{i=1}^{l}\sum_{j=1}^{l}(\alpha_i-\alpha_i^*)(\alpha_j-\alpha_j^*)K(x_i,x_j)$$

$$-\frac{1}{2C}\sum_{i=1}^{l}(\alpha_i^2+(\alpha_i^*)^2)\mu \tag{3.80}$$

上述问题可以简化为

$$\max_{\beta} \quad \sum_{i=1}^{l}\beta_i y_i - \frac{1}{2}\sum_{i=1}^{l}\sum_{j=1}^{l}\beta_i\beta_j K(x_i,x_j) - \frac{1}{2C}\sum_{i=1}^{l}\beta_i^2\mu \tag{3.81}$$

约束条件为

$$\sum_{i=1}^{l}\beta_i = 0, \beta_i \in [-C,C], \quad i = 1,\cdots,l \tag{3.82}$$

3.3.4 时间序列分析

基于 ε–SVR 的时间序列预测问题的数学描述如下：

$$x_1, x_2, \cdots, x_N \tag{3.83}$$

为时间序列数据及周期为 k 的输入

$$x = (x_{T-1},\cdots,x_{T-k}) \tag{3.84}$$

定义预测函数

$$f:\mathbf{R}^k \to \mathbf{R}, x_T = f(x_{T-1},\cdots,x_{T-k}) = \sum_{t=1}^{k} w_t\cdot\phi(x_{T-t}) + b \tag{3.85}$$

支持向量时间序列预测模型的最优化问题为

$$\min E(w) = \frac{1}{2}(w\cdot w) + C\sum_{T=k+1}^{N}|x_T - f(x_{T-1},\cdots,x_{T-k})|_\varepsilon \tag{3.86}$$

其中, 函数

$$|x_T - f(x_{T-1},\cdots,x_{T-k})|_\varepsilon = \max\{0, |x_T - f(x_{T-1},\cdots,x_{T-k})| - \varepsilon\} \tag{3.87}$$

为 ε–不敏感损失函数.

问题 (3.87) 的对偶形式为

$$\begin{cases} \max\limits_{\alpha,\alpha^*} & \sum\limits_{i=1}^{N}[\alpha_i^*(y_i-\varepsilon)-\alpha_i(y_i+\varepsilon)] \\ & -\dfrac{1}{2}\sum\limits_{i=k+1}^{N}\sum\limits_{j=k+1}^{N}(\alpha_i-\alpha_i^*)(\alpha_j-\alpha_j^*)K(x_i,x_j) \\ \text{s.t.} & 0 \leqslant \alpha_i,\alpha_i^* \leqslant C \\ & \sum\limits_{i=k+1}^{N}(\alpha_i-\alpha_i^*)=0, i=1,\cdots,l \end{cases} \tag{3.88}$$

其中, $K(x_i,x_j)$ 为核函数, 可以解释为输入样本 x_i, x_j 的相似度.

问题 (3.88) 是凸二次规划, 有唯一的全局最优解. 如果采用线性核函数, 基于 SVR 的时间序列预测问题的决策函数就是

$$x_T = f(x_{T-1},\cdots,x_{T-k}) = \sum_{t=1}^{k} w_t x_{T-t} + b \tag{3.89}$$

即统计学上的 k 阶自回归模型 (AR $[K]$).

3.4 核函数及其应用

3.4.1 核理论基础

20 世纪 60 年代, Minsky 和 Papert 已指出线性学习器 (包括感知器) 的计算能力是十分有限的. 一般说来, 真实世界中一些复杂的应用需要比线性函数更富表达能力的假设空间, 即目标概念通常不能由给定属性的简单线性函数组合产生, 而是需要利用数据的更抽象的特征. 解决该问题的一个办法是采用多层域值线性函数, 从而导致了多层神经网络及训练该系统的反向传播学习算法的发展. 该方法提供了解决上述问题的另一种途径, 即通过把数据映射到高维特征空间来增加传统的线性学习器的计算能力.

1. 核的基本概念

定义 3.1(特征空间) 假定模式 x 属于输入空间 X, 即 $x \in X$, 通过映射 $\varPhi$ 将输入空间 X 映射到一个新的空间 $F = \{\varPhi(x) : x \in X\}$ 上, F 称为特征空间.

定义 3.2(Gram 矩阵) 给定一个函数 $k: X^2 \to K$(其中 $K = C$ 或 $K = R$, C, R 分别表示复数集和实数集) 和模式 $x_1, \cdots, x_m \in X$, 则 $m \times m$ 矩阵 $K_{ij} = k(x_i, x_j)$ 称为关于 $x_1, \cdots, x_m$ 的 Gram 矩阵 (或核矩阵).

定义 3.3(正定矩阵) 一个 $m \times m$ 矩阵 $\boldsymbol{K}$ 是正定矩阵, 当且仅当对于 $\forall c_i \in C$ 均有 $\sum\limits_{i,j} c_i \bar{c}_j K_{ij} \geqslant 0$.

定义 3.4(正定核) 令 X 为一非空集合, K 是定义在 $X \times X$ 上的函数, 如果 K 满足对所有的 $m \in N$ 和 $x_1, \cdots, x_m \in X$ 都产生一个正定 Gram 矩阵, 则称其为正定核, 简称核.

将数据映射到特征空间以便更有效地处理原空间中的任务, 这一技术在模式识别领域又称为特征选择. 特征选择是模式识别的一个关键问题, 特征选择的好坏, 往往对整个系统产生决定性的作用. 但如何获得针对特定问题的最合适的特征, 目前仍然是模式识别领域中的一个难点. 一般地, 由特征选择得到的特征空间的维数小于输入空间的维数, 这就是通常所说的降维. 因为传统的方法在处理高维问题时容易导致维数灾难, 即随着特征空间维数的升高, 计算复杂性呈指数增长. 一个复杂的模式分类问题在高维空间会比在低维空间更容易线性可分. 如果问题可以仅仅由特征空间中的内积来表示, 则高维空间中特征向量的内积可以通过核函数用低维空间中的输入向量直接计算得到, 从而使得计算量不会呈指数增长, 避免了一般扩维方法中的维数灾难, 这就是核方法的实质. 使用核函数不需要事先知道映射的具体形式. 事实上, 给定一个核函数, 总能构建一个与这个核相联系的特征空间, 使得该空间中的内积可以用核函数来表示.

2. 再生核理论及 Mercer 定理

支持向量机的学习算法是将输入向量经过某个核函数映射到某个高维空间中, 在线性分开原输入向量的映象的同时考虑到使间隔达到最大. 上述这些高维空间都可以认为是一个 RKHS(reproducing kernel hilbert space). RKHS 中的向量是一个泛函, 而此函数通常是一个非线性函数, 同时 RKHS 又是一个线性空间. 所以如果将输入向量映射到 RKHS, 就能够利用线性空间中的方法解决非线性的问题.

给定某个核函数 $K(x, y)$, 就定义了一个相应的 RKHS, 该空间中的基本元素是一些连续函数. 这些连续函数具有以下形式:

$$H = \left\{ f(x) : f(x) = \sum_{i=1}^{m} \alpha_i K(x_i, x) \right\} \tag{3.90}$$

在这个空间里, 两个元素的内积定义为

$$\langle f, g \rangle = \sum_i \sum_j \alpha_i \beta_j K(x_i, x_j) \tag{3.91}$$

所谓再生 (reproducing) 是指该空间中的内积具有以下性质：

(1) $\langle K(\cdot,x),f\rangle=f(x)$.

(2) $\langle K(\cdot,x),K(\cdot,x')\rangle=K(x,x')$.

同一个核函数可以对应很多非线性变换, 下面的变换是其中之一：

$$\varPhi:x\rightarrow K(\cdot,x) \tag{3.92}$$

该变换是将输入空间中的一个元素映射到核函数导出的 RKHS 中的一个连续函数. 于是根据 RKHS 的重投影性质, 有

$$\langle\varPhi(x),\varPhi(y)\rangle=\langle K(\cdot,x),K(\cdot,y)\rangle=K(x,y) \tag{3.93}$$

核函数方法的实质就是通过定义特征变换后样本在特征空间中的内积来实现的一种特征变换. 它关心的是结果, 而不是实现结果所采用的具体方式. 支持向量机正是通过引入核函数, 有效地解决了模式分类中的线性不可分问题.

根据 Hilbert-Schmidt 理论, 核函数必须是满足下面 Mercer 条件的对称函数.

定理 3.1(Mercer 定理) 设 (X,μ) 是一个有限测度空间. 如果 $K\in L_\infty(X^2)$ 是一个对称实值函数, 使得由它构造出来的 χ 上的平方可积函数的积分算子

$$T_K:L_2(X)\rightarrow L_2(X)$$
$$(T_Kf)(x):=\int_\chi K(x,y)f(y)\mathrm{d}\mu(y) \tag{3.94}$$

是正定的, 即 $\forall f\in L_2(X),\int_\chi K(x,y)f(x)f(y)\mathrm{d}\mu(x)\mu(y)\geqslant 0$.

令 $\varphi_j\in L_2(X)$ 为 T_K 的标准特征函数, 对应的特征值为 $\lambda_j>0$, 并以递减的顺序排列, 那么：

(1) $(\lambda_j)_j\in l_1$.

(2) $\varphi_j\in L_\infty(X^2),\sup\|\varphi_j\|_{L_\infty}<\infty$.

(3) $K(x,y)=\sum_{j=1}^{N_F}\lambda_j\varphi_j(x)\varphi_j(y)$ 在 X^2 上几乎处处成立, $N_F\in\mathbf{N}$ 或 $N_F=\infty$; 且 $N_F=\infty$ 时, 上式右边的级数以在 X^2 上几乎处处成立的方式绝对且一致收敛于点 (x,y).

由 (3) 可知, $K(x,y)$ 对应于 $l_2^{N_F}$ 中向量的内积, 即 $K(x,y)=\langle\varPhi(x),\varPhi(y)\rangle$, 其中

$$\varPhi:X\rightarrow l_2^{N_F}$$
$$x\mapsto(\sqrt{\lambda_j}\varphi_j(x))_j \tag{3.95}$$

在 X 上几乎处处成立.

事实上, 级数 $\sum_{j=1}^{N_F}\lambda_j\varphi_j(x)\varphi_j(y)$ 一致收敛意味着: $\forall\varepsilon>0,\exists n\in\mathbf{N}$ 使得 $\forall x,y\in X^2$, 都有 $|K(x,y)-\langle\varphi^n(x),\varphi^n(y)\rangle|<\varepsilon$, 其中 $\varPhi^n:x\mapsto(\sqrt{\lambda_1}\varphi_1(x),\cdots,\sqrt{\lambda_n}\varphi_n(x))$.

称定理 3.1 中的 $K\in L_\infty(X^2)$ 为 $l_2^{N_F}$ 上的 Mercer 核, 称映射 $\varPhi$ 为从 X 到 $l_2^{N_F}$ 的 Mercer 映射, $\varPhi^n$ 为 $\varPhi$ 的 ε–逼近.

定理 3.2 对于有限可测空间 (X,μ) 上 Mercer 核 K, 存在一个 RKHS $H(X)$, 使得 K 就是 H 的再生核, 即存在一个映射

$$\tilde{\varPhi}:X\to H(X)$$

$$x\mapsto K(x,\cdot) \tag{3.96}$$

使得 $\forall x,y\in X$, 有 $K(x,y)=\left\langle\tilde{\varPhi}(x),\tilde{\varPhi}(y)\right\rangle$.

定义 3.5 给定训练样本 D. 如果在核函数 $K(x,y)$ 导出的特征空间中, D 能够被线性分开, 那么称核函数对 D 是可分的, 简称为 D 的可分核函数.

设所给核函数为 $K(x,y)$, 由训练样本得到的相应的 Gram 矩阵为 $\boldsymbol{K}=(K_{ij})_{n\times n}$, 其中, $K_{ij}=K(x_i,y_j)$ $(i,j=1,2,\cdots,n)$. 有以下几个结论成立:

(1) 正定矩阵 $\boldsymbol{K}$ 满秩, 则矩阵 $\boldsymbol{K}+1=(K_{ij}+1)_{n\times n}$ 满秩.

(2) 当矩阵 $\boldsymbol{K}$ 的秩为 n 时, 样本线性可分.

(3) 对任意给定的训练样本, 如果选用 RBF 核函数, 则当参数 σ 充分小时, 训练样本总能够被线性分开. 因此, 对任意给定的一个核函数, 都可以通过对原核函数的适当修正, 实现对任意训练样本的线性可分.

定理 3.3 对任意核函数 $K(x,y)$ 核训练样本集 D, 令

$$\tilde{K}(x,y)=\begin{cases}K(x,y)+c\cdot\delta(x,y), & x,y\in D\\ K(x,y)+c\cdot e\dfrac{-\|x-y\|^2}{\sigma}, & \text{其他}\end{cases} \tag{3.97}$$

则 $\tilde{K}$ 能把所给的样本集线性分开. 其中

$$\delta(x,y)=\begin{cases}1, & x=y\\ 0, & \text{其他}\end{cases} \tag{3.98}$$

(3.97) 式中的 σ 是一个充分小的常数.

3. 核函数的构造

核函数是作为一种非线性映射的隐式表达方法而提出的. 这种隐式表达方法给分析映射的性质带来了不少困难. 但是反过来, 在知道非线性映射的情况下, 构

造与之对应的核函数, 则是一个非常容易的事情. 存在的最大问题是：核函数性能的好坏, 直接取决于特征变换的好坏. 但是对很多实际问题, 找到合适的特征变换往往很困难. 它要求我们对事物的本质了解得非常清楚. 话又说回来, 如果揭示事物本质特征的变换被找到, 不论是做分类也好, 还是做函数逼近也好, 应该都不会存在什么问题. 事实上, 特征变换是比构造核函数更为困难的事情.

另一个方法就是利用 Mercer 核函数的性质构造核函数, 即利用核函数集合在某些运算下封闭的性质, 组合现有的一些核函数而构造出新的核函数.

如果 $K_1(x,y), K_2(x,y)$ 是两个 Mercer 核函数, 则下面这些核函数也是 Mercer 核函数：

(1) $K_3(x,y)=aK_1(x,y)+bK_2(x,y), \forall a,b\in\mathbf{R}^+$.

(2) $K_4(x,y)=K_1(x,y)\cdot K_2(x,y)$.

(3) $K_5(x,y)=K_1(\phi(x),\phi(y))$, 即先进行初步的特征变换, 再用核函数作用.

(4) $K_6(x,y)=\text{Polynomial}(K_1(x,y))$.

(5) $K_7(x,y)=\exp(K_1(x,y))$.

3.4.2　核主成分分析

线性 PCA 主要解决两个问题：一是综合指标的建立, 采用原始指标的线性组合形式, 其中各项权数反映原始指标对综合指标的重要程度; 二是综合指标应有显著的差异, 并且互不相关.

设有 l 个评价对象, 每个对象测定 p 项指标, 构成指标向量 $\boldsymbol{X}=(x_1,\cdots,x_p)$. 通过线性变换将它们变换为$p$个新的综合指标, 构成新指标向量$\boldsymbol{Y}$=$(y_1,\cdots,y_p)^{\mathrm{T}}$, 记为 $\boldsymbol{Y}=\boldsymbol{AX}$.

线性变换矩阵 $\boldsymbol{A}$ 应满足以下几点;

(1) 变换矩阵 $\boldsymbol{A}=(a_{ij})(i,j=1,\cdots,p)$ 为正交矩阵.

(2) y_i 与 $y_j(i\neq j;i,j=1,\cdots,p)$ 相互独立.

(3) 设 y_i 的方差为 $\lambda_i(i=1,\cdots,p)$, 则应有 $\lambda_1>\lambda_2>\cdots>\lambda_p\geqslant 0$.

这样产生的综合指标 y_i 就称为第 i 个主成分, 它们的方差依次递减.

假设 x 已经过零均值标准化, 根据线性变换的上述性质, 应有

$$\boldsymbol{YY}^{\mathrm{T}}=(\boldsymbol{AX})(\boldsymbol{AX})^{\mathrm{T}}=\boldsymbol{AXX}^{\mathrm{T}}\boldsymbol{A}^{\mathrm{T}}=\boldsymbol{\varLambda}=\begin{pmatrix}\lambda_1 & & 0\\ & \ddots & \\ 0 & & \lambda_p\end{pmatrix}. \tag{3.99}$$

记 $\boldsymbol{R}=\boldsymbol{XX}^{\mathrm{T}}$ 为原始指标的相关矩阵, 式 (3.99) 可表示为

$$\boldsymbol{RA}^{\mathrm{T}}=\boldsymbol{A}^{\mathrm{T}}\boldsymbol{\varLambda} \tag{3.100}$$

或

$$\boldsymbol{R}(A_1,\cdots,A_p)=(A_1,\cdots,A_p)\boldsymbol{\Lambda} \tag{3.101}$$

从而得到

$$\boldsymbol{R}A_i=\lambda_i A_i,\quad i=1,\cdots,p \tag{3.102}$$

即综合指标 y_i 的方差就是相关矩阵 $\boldsymbol{R}$ 的特征值 λ_i, 而正交矩阵 $\boldsymbol{A}$ 由 $\boldsymbol{R}$ 的特征向量所构成.

设样本数据向量为 $\boldsymbol{x}_k\in\boldsymbol{R}^p(k=1,\cdots,l,\sum\limits_{k=1}^{l}\boldsymbol{x}_k=0)$, 定义

$$\boldsymbol{C}=\frac{1}{l}\sum_{j=1}^{l}\boldsymbol{x}_j\boldsymbol{x}_j^{\mathrm{T}} \tag{3.103}$$

线性 PCA 就是对矩阵 $\boldsymbol{C}$ 求特征值和特征向量, 现在把线性 PCA 推广到非线性情况.

首先把数据通过非线性变换 $\varPhi$ 投影到特征空间 F, 即

$$\boldsymbol{\varPhi}:\mathbf{R}^N\rightarrow F,x\mapsto X \tag{3.104}$$

假定特征空间的

$$\boldsymbol{\varPhi}(x_1),\boldsymbol{\varPhi}(x_2),\cdots,\boldsymbol{\varPhi}(x_l) \tag{3.105}$$

满足

$$\sum_{k=1}^{l}\boldsymbol{\varPhi}(x_k)=0 \tag{3.106}$$

非线性 PCA 就可以看作在特征空间中对下面的矩阵进行线性 PCA 过程, 即

$$\overline{\boldsymbol{C}}=\frac{1}{l}\sum_{j=1}^{l}\boldsymbol{\varPhi}(x_j)\boldsymbol{\varPhi}(x_j)^{\mathrm{T}} \tag{3.107}$$

显然 $\overline{\boldsymbol{C}}$ 的所有特征值 $\lambda(\lambda\geqslant 0)$ 和特征向量 $\boldsymbol{V}(\boldsymbol{V}\in F\backslash\{0\})$ 均满足

$$\lambda\boldsymbol{V}=\overline{\boldsymbol{C}}\boldsymbol{V} \tag{3.108}$$

由于式 (3.107) 的所有解均在 $\boldsymbol{\varPhi}(x_1),\boldsymbol{\varPhi}(x_2),\cdots,\boldsymbol{\varPhi}(x_l)$ 张成的子空间内, 因此,

$$\lambda(\boldsymbol{\varPhi}(x_k)\cdot\boldsymbol{V})=(\boldsymbol{\varPhi}(x_k)\cdot\overline{\boldsymbol{C}}\boldsymbol{V}),\quad k=1,2,\cdots,l \tag{3.109}$$

并且存在系数 $\alpha_1,\alpha_2,\cdots,\alpha_l$, 使得 $\boldsymbol{V}=\sum\limits_{i=1}^{l}\alpha_i\boldsymbol{\varPhi}(x_i)$.

下面定义 $l \times l$ 阶矩阵 $\boldsymbol{K}$, 其中 $\boldsymbol{K}_{ij} = \boldsymbol{\Phi}(x_i) \cdot \boldsymbol{\Phi}(x_j)$, 可以得到 $l\lambda \boldsymbol{K}\boldsymbol{\alpha} = \boldsymbol{K}^2\boldsymbol{\alpha}$, 其中 $\boldsymbol{\alpha} = (\alpha_1, \cdots, \alpha_l)^{\mathrm{T}}$. 可以证明, 只需求解 $l\lambda\boldsymbol{\alpha} = \boldsymbol{K}\boldsymbol{\alpha}$ 即可.

由于

$$1 = \sum_{i,j=1}^{l} \alpha_i^k \alpha_j^k (\boldsymbol{\Phi}(x_j) \cdot \boldsymbol{\Phi}(x_j)) = (\boldsymbol{\alpha}^k \cdot \boldsymbol{K}\boldsymbol{\alpha}^k) = \lambda_k(\boldsymbol{\alpha}^k \cdot \boldsymbol{\alpha}^k) \tag{3.110}$$

因此可以通过标准化 $\boldsymbol{\alpha}^k$ 来使特征空间中的相应特征向量标准化, 即 $(\boldsymbol{V}^k \cdot \boldsymbol{V}^k) = 1$. 对于主成分抽取, 只需计算一个测试点 $\boldsymbol{\Phi}(x)$ 在 F 上的特征向量 $\boldsymbol{V}^k$ 上的投影, 即

$$(\boldsymbol{V}^k \cdot \boldsymbol{\Phi}(x)) = \sum_{i=1}^{l} \alpha_i^k (\boldsymbol{\Phi}(x_i) \cdot \boldsymbol{\Phi}(x)) \tag{3.111}$$

最后需要指出的是, 假设 $\sum\limits_{k=1}^{l} \boldsymbol{\Phi}(x_k) = 0$ 一般情况下是不成立的, 但可以证明只需将矩阵 $\boldsymbol{K}$ 用

$$\tilde{\boldsymbol{K}} = \boldsymbol{K} - 1_l\boldsymbol{K} - \boldsymbol{K}1_l + 1_l\boldsymbol{K}1_l \left((1_l)_{ij} := \frac{1}{l}\right) \tag{3.112}$$

来代替, 就可以保证上述假设是成立的.

通过上面的分析, KPCA 综合评价算法的步骤如下:

(1) 初始化输入样本 X, 根据式 (3.110) 求出矩阵 $\boldsymbol{K}$.

(2) 求矩阵 $\tilde{\boldsymbol{K}} = \boldsymbol{K} - 1_l\boldsymbol{K} - \boldsymbol{K}1_l + 1_l\boldsymbol{K}1_l$, 其中 $(1_l)_{ij} := \dfrac{1}{l}$.

(3) 求矩阵 $\boldsymbol{K}/l$ 的特征值 $\lambda_i(i = 1, \cdots, l)$ 和特征向量 $\boldsymbol{v}_i(i = 1, \cdots, l)$.

(4) 找出最大的特征值 λ_m 和相应的特征向量 $\boldsymbol{v}_m$.

(5) 根据式 (3.111), 对每个评价样本求出评价系数, 进行综合评价.

3.4.3 预警指标选择

考虑经济预警问题. 假设类标签为 $y_i \in \{+1, -1\}$ 的训练样本点 $x_i \in \mathbf{R}^n(i = 1, \cdots, l)$ 独立地服从相同的概率分布 $P(x, y)$, 指标选择的目标就是找一个预警指标子集; 然后基于该子集进行 SVC 预警, 并能保证预警分类器的推广能力最小的损失.

经济预警的思想是: 将输入样本 $x_i \in \mathbf{R}^n(i = 1, \cdots, l)$ 映射到高维 (可能是无限维) 空间中, 在这个空间中构建最优超平面. 不同的映射 $x \mapsto \boldsymbol{\Phi}_\sigma(x) \in H$ 产生不同的预警方法. 映射 $\boldsymbol{\Phi}_\sigma(\cdot)$ 可以通过核函数 $K_\sigma(\cdot, \cdot)$ 来完成, 预警问题的决策函数为

$$f(x) = w \cdot \boldsymbol{\Phi}_\sigma(x) + b = \sum_i \alpha_i^0 y_i K_\sigma(x_i, x) + b \tag{3.113}$$

最优超平面就是 H 空间中间隔最大的超平面, 预警问题可转化为

$$\begin{cases} \min & \dfrac{1}{2}\boldsymbol{\alpha}^{\mathrm{T}}\boldsymbol{Q}\boldsymbol{\alpha}-\boldsymbol{e}^{\mathrm{T}}\boldsymbol{\alpha} \\ \text{s.t.} & \boldsymbol{y}^{\mathrm{T}}\boldsymbol{\alpha}=0, \boldsymbol{\alpha}_i \geqslant 0, i=1,\cdots,l \end{cases} \tag{3.114}$$

其中, $\boldsymbol{e}$ 为各分量均为 1 的向量; $\boldsymbol{Q}$ 为 $l\times l$ 阶矩阵, 其中 $Q_{ij}\equiv y_iy_jK_\sigma(x_i,x_j)$, $K_\sigma(x_i,x_j)=\boldsymbol{\Phi}_\sigma(x_i)\cdot\boldsymbol{\Phi}_\sigma(x_j)=\boldsymbol{\Phi}(\Sigma x_i)\cdot\boldsymbol{\Phi}(\Sigma x_j)$, $\Sigma=\mathrm{diag}(\sigma)$, $\sigma\in\{0,1\}^n$ 是预先给定的向量.

给定一个函数类 $y=f(x,\alpha)$, 预警指标选择问题就是求映射 $x\mapsto\tilde{x}=\Sigma x$ 和参数 α, 使实际风险

$$\tau(\alpha,\sigma)=\int V(y,f(\Sigma x,\alpha))\mathrm{d}P(x,y) \tag{3.115}$$

的值最小, 约束条件为 $\sum\limits_{i=1}^{n}\sigma_i\leqslant m$. 其中, $P(x,y)$ 是未知的; $V(\cdot,\cdot)$ 是一个损失函数.

显然, 理想的 σ 的取值应该是 SVM 预警分类器的实际风险 $\tau(\alpha,\sigma)$ 最小. 但由于 $P(x,y)$ 未知, 实际风险是不可能得到的, 因此考虑 LOO 过程及其推广界.

对于 $j=1,\cdots,l$, 求解下面的最优化问题:

$$\begin{cases} \max & \sum\limits_{j=1}^{l-1}\alpha_i^j-\dfrac{1}{2}(\boldsymbol{\alpha}^j)^{\mathrm{T}}\boldsymbol{Q}^j\boldsymbol{\alpha}^j \\ \text{s.t.} & (\boldsymbol{y}^j)^{\mathrm{T}}\boldsymbol{\alpha}^j=0, \boldsymbol{\alpha}_i^j\geqslant 0, i=1,\cdots,l-1 \end{cases} \tag{3.116}$$

其中, $\boldsymbol{\alpha}^j$ 为 $l-1$ 维向量; $\boldsymbol{Q}^j$ 为矩阵 $\boldsymbol{Q}$ 划掉第 j 行和第 j 列的矩阵; $\boldsymbol{y}^j$ 为向量 $\boldsymbol{y}$ 去掉第 j 个分量后的 $l-1$ 维向量. 即利用 $l-1$ 个样本来训练分类器, 然后根据

$$\mathrm{sgn}\left[\sum_{i=1}^{l-1}\alpha_i^jy_i^jK_\sigma(x_i,x_j)+b^j\right] \tag{3.117}$$

测试留下的第 j 个样本. 其中, b^j 为拉格朗日乘子. 定义

$$L(x_1,y_1,\cdots,x_l,y_l)=\sum_{j=1}^{l}\left|\mathrm{sgn}\left[\sum_{i=1}^{l-1}\alpha_i^jy_i^jK_\sigma(x_i,x_j)+b^j\right]-y_i\right|\Big/2l \tag{3.118}$$

显然, 选择 σ 的标准应该是 $L(x_1,y_1,\cdots,x_l,y_l)$ 越小越好. 上述过程就是 LOO 交叉确认.

可以看出, 对不同的 σ, LOO 交叉确认均需要进行 l 次学习, 当样本数 $l\to\infty$ 时, 算法就很难实施. 考虑 $L(x_1,y_1,\cdots,x_l,y_l)$ 的一个上界 $T=\dfrac{1}{l}(R^2/\gamma^2)$, 其中

$$\gamma(w,b,z)=\min_{(x_i,y_i)\in z}\frac{y_i(w\cdot\boldsymbol{\Phi}_\sigma(x_i)+b)}{||w||},\quad R(z)=\min_{a,x_i}||\boldsymbol{\Phi}_\sigma(x_i)+a||$$

下面给出其他的一些 LOO 界.

令 f^0 表示根据所有的样本点所得到的分类函数, f^i 表示当移走样本 i 后剩下的样本为训练集所得到的分类函数, 那么

$$\begin{aligned} L(x_1,y_1,\cdots,x_l,y_l) &= \sum_{p=1}^{l} \Psi[-y_p f^p(x_p)] \\ &= \sum_{p=1}^{l} \Psi[-y_p f^0(x_p) + y_p(f^0(x_p) - f^p(x_p))] \end{aligned} \tag{3.119}$$

在硬间隔 SVM 中, 由于 $y_p f^0(x_p) \geqslant 1$, 而且函数 Ψ 是单调递增的, 因此, 如果 $y_p(f^0(x_p) - f^p(x_p))$ 的上界为 U_p, 就可以得到 LOO 的错误上界

$$L(x_1,y_1,\cdots,x_l,y_l) \leqslant \sum_{p=1}^{l} \Psi[U_p - 1] \tag{3.120}$$

首先, 移走非支持向量的样本不会影响问题的解 $(U_p = y_p(f^0(x_p) - f^p(x_p)) = 0)$, 因此一个 LOO 错误上界为 $T = N_{\mathrm{SV}}/l$, 其中 N_{SV} 表示支持向量的个数.

其次, 对于 $b=0$ 的 SVM, 可以证明下面的等式成立:

$$y_p(f^0(x_p) - f^p(x_p)) \leqslant \alpha_p^0 K(x_p, x_p) = U_p \tag{3.121}$$

从而给出了 LOO 错误的一个上界 ——Jaakkola-Haussler 界, 即

$$\boldsymbol{T} = \sum_{p=1}^{l} \Psi[\alpha_p^0 \boldsymbol{K}(x_p, x_p) - 1] \tag{3.122}$$

在硬间隔条件下, Jaakkola-Haussler 界就退化为 $\boldsymbol{T} = \sum \alpha_p^0 \boldsymbol{K}(x_p, x_p)$.

第三, Opper 和 Winther 给出了 LOO 错误的 Opper-Winther 界, 即

$$\boldsymbol{T} = \frac{1}{l} \sum_{p=1}^{l} \Psi \left[\frac{\alpha_p^0}{(\boldsymbol{K}_{\mathrm{SV}}^{-1})_{pp}} - 1 \right] \tag{3.123}$$

其中, $\boldsymbol{K}_{\mathrm{SV}}$ 表示支持向量的点积矩阵.

最后, Vapnic 和 Chaplle 用 “Span” 这个概念导出了一个 LOO 的错误估计. 令 S_p 表示点 $\boldsymbol{\Phi}(x_p)$ 和集合 Λ_p 的距离, 这里

$$\Lambda_p = \left\{ \sum_{i \neq p, \alpha_i^0 > 0} \lambda_i \boldsymbol{\Phi}(x_i), \sum_{i \neq p} \lambda_i = 1 \right\} \tag{3.124}$$

则等式 $y_p(f^0(x_p) - f^p(x_p)) = \alpha_p^0 S_p^2$ 成立, 从而 LOO 过程的精确错误率为

$$T = \frac{1}{l}\sum_{p=1}^{l} \Psi[\alpha_p^0 S_p^2 - 1] \tag{3.125}$$

LOO 的 Span 估计与其他的错误上界的关系如下:

如果 SVM 中 $b = 0$, 约束 $\sum \lambda_i = 1$ 就可以删除, 那么有 $S_p^2 \leqslant K(x_p, x_p)$, 因此有 Jaakkola-Haussler 界成立.

下面来看看与 $T = \frac{1}{l}(R^2/\gamma^2)$ 的关系.

对于任意的支持向量 $\boldsymbol{x}_p$, 有 $y_p f^0(\boldsymbol{x}_p) = 1$. 对于 $x \geqslant 0$, $\phi(x) \leqslant x$, LOO 过程的错误上界为 $\sum \alpha_p^0 S_p^2$. 可以证明, $\forall p, S_p \leqslant 2R$, 因为 $\sum \alpha_p^0 = \gamma^{-2}$, 最后得到 $T \leqslant 4(R^2/\gamma^2)$.

硬间隔情况中, 由于 $\boldsymbol{S}_p^2 = \frac{1}{(\boldsymbol{K}_{\mathrm{SV}}^{-1})_{pp}}$, Span 估计就退化为 Opper-Winther 界.

下面给出推广的预警指标选择算法步骤:

(1) 初始化参数 $\sigma = (1, \cdots, 1)$.

(2) 解 SVC 问题 (包括 C–SVC、ν–SVC、FSVM、USVM 等), 得 $\alpha^0(\sigma)$, 并计算 $w^0 = \sum_{i,j} \alpha_i^0 y_i K_\sigma(x_i, x_j)$ 和 $\gamma = 1/||w^0||$.

(3) 求 $R(z) = \min_{a, x_i} ||\phi_\sigma(x_i) + a||$.

(4) 对于 $\sigma \in \mathbf{R}^n$, 用牛顿法最小化 LOO 错误上界 T.

(5) 如果没有找到 T 的局部极小点, 返回 (2).

(6) 剔除 $\sigma \in \mathbf{R}^n$ 中元素相对较小的维度, 返回 (2) 或停止.

3.4.4 核聚类

设数据空间 $X \subseteq \mathbf{R}^d$, 数据集 $\{x_i\} \subseteq X (i = 1, \cdots, n)$, 运用非线性变换 $\varPhi$ 将数据从 X 映射到高维特征空间 H, 在 H 空间寻找最小包络超球体半径 R 为

$$\|\varPhi(x_i) - a\|^2 \leqslant R^2 + \xi_i, \forall i, \xi_i \geqslant 0 \tag{3.126}$$

其中, a 为超球体球心; ξ_i 为松弛变量, ξ_i 缩小了超球体半径, 允许软边界的存在. 引入拉格朗日函数, 即

$$\begin{aligned}\min_{R, a, \xi_i} \max_{\beta_i, \mu_i} L = R^2 - \sum_i \beta_i (R^2 + \xi_i - \|\varPhi(x_i) - a\|^2) \\ - \sum \xi_i \mu_i + C \sum \xi_i\end{aligned} \tag{3.127}$$

其中, $\beta_i \geqslant 0, \mu_i \geqslant 0$ 为拉格朗日乘子; C 为常数; $C\sum \xi_i$ 为惩罚项.

根据 KKT 条件, 将式 (3.127) 转化为 Wolfe 对偶形式, 即

$$\left\{\begin{array}{ll}\max\limits_{\beta_i} & W=\sum\limits_i \beta_i K(x_i,x_i)-\sum\limits_{i,j}\beta_i\beta_j K(x_i,x_j)\\ \text{s.t.} & 0\leqslant\beta_i\leqslant C,\sum\limits_i\beta_i=1,i=1,\cdots,n\end{array}\right. \tag{3.128}$$

其中 $K(x_i,x_j)=\langle\varPhi(x_i),\varPhi(x_j)\rangle$ 是 Mercer 核.

求解式 (3.128) 得到 β_i. 任一点在特征空间中的像到球心的距离可表示为

$$R^2(\boldsymbol{x})=K(\boldsymbol{x}_i,\boldsymbol{x}_j)-2\sum_i\beta_i K(\boldsymbol{x},\boldsymbol{x}_i)-\sum_{i,j}\beta_i\beta_j K(\boldsymbol{x}_i,\boldsymbol{x}_j) \tag{3.129}$$

球半径 $R=R(\boldsymbol{x}_i)$, 其中 $\boldsymbol{x}_i$ 为支持向量. 因此聚类边界可由数据空间中满足 $\{x:R(x)=R\}$ 条件点的包络线来构建.

对于两个属于不同聚类的数据点, H 空间中连接它们的任意路径上必然存在点 x, 使得 $R(x)>R$. 为此, 定义 $n\times n$ 阶矩阵 $\boldsymbol{A}$, 给定一对数据点 (x_i,x_j), 则对应矩阵 $\boldsymbol{A}$ 有

$$A_{ij}=\left\{\begin{array}{ll}1, & \forall\lambda\in[0,1],R(x_i+\lambda(x_j-x_i))\leqslant R\\ 0, & \text{其他}\end{array}\right. \tag{3.130}$$

聚类可以是由 $\boldsymbol{A}$ 中邻近元素构成的集合. 其中, 关联矩阵的标示是聚类标示中计算量最大的部分.

第 4 章　基于可能性理论的模糊支持向量分类机

在本书中研究当训练集中含有完整模糊信息时, 模糊支持向量分类机的构建问题. 完整模糊信息的定义为: 若样本点属于正类的隶属度为 $a(0.5 \leqslant a \leqslant 1)$, 则它属于负类的隶属度为 $1-a$.

4.1　可能性测度与模糊机会约束规划

定义 4.1　设 U 为一个集合, $P(U)$ 为 U 的幂集, 映射 $\Pi: P(U) \to [0,1]$, 若满足:

(1) $\Pi(\Phi)=0$.

(2) $\Pi(U)=1$.

(3) $\Pi(\bigcup\limits_{t\in T} A_t)=\sup\limits_{t\in T}\Pi(A_t)$.

则称 $\Pi(A)$ 为事件 A 的可能性测度[50,68,69], 记为 $\mathrm{Pos}\{A\}$. 三元组 $(U,P(U),\Pi)$ 称为可能性空间. 以后研究的问题都是在给定的可能性空间中进行.

定义 4.2　设 $\tilde{A}$ 为论域 U 上的模糊子集, 若对 $\forall u_1,\ u_2 \in U$ 且对 $\forall \beta \in [0,1]$ 有

$$\mu_{\tilde{A}}(\beta u_1+(1-\beta)u_2) \geqslant \mu_{\tilde{A}}(u_1) \wedge \mu_{\tilde{A}}(u_2) \tag{4.1}$$

则称 $\tilde{A}$ 是凸模糊集.

定义 4.3　设 $\tilde{A}$ 为论域 U 上的模糊子集, 若对 $\forall \alpha \in [0,1]$, $\tilde{A}(\alpha)$(模糊子集 $\tilde{A}$ 的 α-截集) 都为闭集, 则称 $\tilde{A}$ 是闭模糊集.

定义 4.4　设 $\tilde{A}$ 为论域 U 上的模糊子集, 若 $\exists u \in U$, 使得 $\mu_{\tilde{A}}(u)=1$, 则称 $\tilde{A}$ 是正规模糊集.

定义 4.5　设 $\tilde{A}$ 为论域 U 上的模糊子集, 若 $U=\mathbf{R}$(实数集) 且 $\tilde{A}$ 为正规闭凸模糊集, 则称 $\tilde{A}$ 为模糊数, 记为 $\tilde{a}$.

定义 4.6　设 $\tilde{a}$ 为一模糊数, 若 $\tilde{a}$ 的隶属函数

$$\mu_{\tilde{a}}(x)=\begin{cases}\dfrac{x-r_1}{r_2-r_1}, & r_1 \leqslant x < r_2\\ 1, & x=r_2\\ \dfrac{x-r_3}{r_2-r_3}, & r_2 < x \leqslant r_3\end{cases} \tag{4.2}$$

其中, $r_1 \leqslant r_2 \leqslant r_3$, $r_j \in \mathbf{R}(j=1,2,3)$, 则称 $\tilde{a}$ 为三角模糊数, 记为 $\tilde{a}=(r_1,r_2,r_3)$. 实数 r_2 和 r_1, r_3 分别称为三角模糊数 $\tilde{a}$ 的中心和左、右端点. 中心反映三角模糊数的主要位置.

实数 a 可表示为特殊的三角模糊数 $a=(a,a,a)$.

定义 4.7 设 $\tilde{a}$ 为一模糊数, b 为一实数, 则模糊事件 $\tilde{a} \leqslant b$ 的可能性测度定义为 $\mathrm{Pos}\{\tilde{a} \leqslant b\}=\sup\{\mu_{\tilde{a}}(x)\,|x \in R, x \leqslant b\}$. 同理, 模糊事件 $\tilde{a}<b$ 和 $\tilde{a}=b$ 的可能性测度定义为

$$\mathrm{Pos}\{\tilde{a}<b\}=\sup\{\mu_{\tilde{a}}(x)\,|x \in R, x<b\}, \quad \mathrm{Pos}\{\tilde{a}=b\}=\mu_{\tilde{a}}(b)$$

定义 4.8 设 $f: R \times R \rightarrow \mathbf{R}$ 为实数域上的二元函数, $\tilde{a}$, $\tilde{b}$ 为两个模糊数, 则模糊数 $\tilde{c}=f(\tilde{a},\ \tilde{b})$ 的隶属函数定义为

$$\mu_{\tilde{c}}(z)=\sup\{\min(\mu_{\tilde{a}}(x),\mu_{\tilde{b}}(y))|x,y \in \mathbf{R},\ z=f(x,y)\}, \quad z \in \mathbf{R} \tag{4.3}$$

定理 4.1 $\tilde{a}=(r_1,r_2,r_3)$ 和 $\tilde{b}=(t_1,t_2,t_3)$ 为三角模糊数, ρ 为一实数, 则

(1) $\tilde{a}+\tilde{b}=(r_1+t_1,r_2+t_2,r_3+t_3)$.

(2) $\rho\tilde{a}=\begin{cases}(\rho r_1,\rho r_2,\rho r_3), & \rho \geqslant 0\\ (\rho r_3,\rho r_2,\rho r_1), & \rho<0\end{cases}$.

证明 由定义 4.8 可直接得出结论. ▌

定理 4.2 设 $\tilde{a}=(r_1,r_2,r_3)$ 为三角模糊数, 则

$$\mathrm{Pos}\{\tilde{a} \leqslant 0\}=\begin{cases}1, & r_2 \leqslant 0\\ \dfrac{r_1}{r_1-r_2}, & r_1 \leqslant 0,\ r_2>0\\ 0, & r_1>0\end{cases} \tag{4.4}$$

证明 由定义 4.6 和定义 4.7 可直接得出结论. ▌

定理 4.3 设 $\tilde{a}=(r_1,r_2,r_3)$ 为三角模糊数, 则对任意给定的置信水平 $\lambda(0<\lambda \leqslant 1)$ 有

$$\mathrm{Pos}\{\tilde{a} \leqslant 0\} \geqslant \lambda \Leftrightarrow (1-\lambda)r_1+\lambda r_2 \leqslant 0 \tag{4.5}$$

证明 如果$\mathrm{Pos}\{\tilde{a} \leqslant 0\} \geqslant \lambda$, 那么 $r_2 \leqslant 0$ 和 $\dfrac{r_1}{r_1-r_2} \geqslant \lambda$ 二者之中必有一个成立. 若 $r_2 \leqslant 0$, 则 $r_1<r_2 \leqslant 0$, 所以 $(1-\lambda)r_1+\lambda r_2 \leqslant 0$. 若 $\dfrac{r_1}{r_1-r_2} \geqslant \lambda$, 则由 $r_1<r_2$ 可得 $r_1 \leqslant \lambda(r_1-r_2)$, 即 $(1-\lambda)r_1+\lambda r_2 \leqslant 0$.

反之, 如果 $(1-\lambda)r_1+\lambda r_2 \leqslant 0$, 则分两种情况讨论：当 $r_2 \leqslant 0$ 时, 有 $\mathrm{Pos}\{\tilde{a} \leqslant 0\}=1$, 即 $\mathrm{Pos}\{\tilde{a} \leqslant 0\} \geqslant \lambda$; 当 $r_2>0$ 时, 有 $r_1-r_2<0$, 由 $(1-\lambda)r_1+\lambda r_2 \leqslant 0$ 得

到 $\dfrac{r_1}{r_1-r_2}\geqslant\lambda$, 即 $\mathrm{Pos}\{\tilde{a}\leqslant 0\}\geqslant\lambda$. ▌

定义 4.9 称规划

$$\begin{cases}\min & \overline{f}\\ \text{s.t.} & \mathrm{Pos}\left\{f(x,\boldsymbol{\xi})\leqslant\overline{f}\right\}\geqslant\beta\\ & \mathrm{Pos}\left\{g_j(x,\boldsymbol{\xi}')\leqslant 0,\ j=1,2,\cdots,p\right\}\geqslant\alpha\end{cases}\tag{4.6}$$

为模糊机会约束规划[12,23,68,69]. 其中, x 为决策变量; $\boldsymbol{\xi}$, $\boldsymbol{\xi}'$ 为模糊参数向量; $f(x,\boldsymbol{\xi})$ 为目标函数; $g_j(x,\boldsymbol{\xi}')\leqslant 0(j=1,\cdots,p)$ 为约束条件, α, $\beta(0<\alpha,\beta\leqslant 1)$ 为事先给定的对约束条件和目标函数的置信水平, $\mathrm{Pos}\{\cdot\}$ 为模糊事件 $\{\cdot\}$ 的可能性测度.

常见的模糊机会约束规划为

$$\begin{cases}\min & f(x)\\ \text{s.t.} & \mathrm{Pos}\{h(x)\xi+c\leqslant 0\}\geqslant\lambda\end{cases}\tag{4.7}$$

其中, $f(x)$ 为决策变量 x 的函数, 为目标函数, 它不含模糊参数; $h(x)$ 为决策变量 x 的函数; ξ 为模糊数; c 为实数; $h(x)\xi+c\leqslant 0$ 为约束条件; $\lambda(0<\lambda\leqslant 1)$ 为事先给定的置信水平.

下面讨论模糊机会约束规划式 (4.7) 的解法.

在后面模糊规划文献中给出了一般情况下, 模糊机会约束规划的一种解法 —— 将模糊机会约束规划化为清晰等价规划的方法. 但对于后面要用到的形如式 (4.7) 的模糊机会约束规划则不易直接应用, 因此给出针对形如式 (4.7) 的模糊机会约束规划解法.

定理 4.4 若模糊机会约束规划式 (4.7) 中的 ξ 为三角模糊数, 即 $\xi=(r_1,r_2,r_3)$, 则式 (4.7) 的清晰等价规划 [与模糊机会约束规划式 (4.7) 等价] 的普通规划为

$$\begin{cases}\min & f(x)\\ \text{s.t.} & (1-\lambda)[r_1h^+(x)-r_3h^-(x)]+\lambda r_2h(x)+c\leqslant 0\end{cases}\tag{4.8}$$

其中

$$h^+(x)=\begin{cases}h(x), & h(x)\geqslant 0\\ 0, & h(x)<0\end{cases},\quad h^-(x)=\begin{cases}0, & h(x)\geqslant 0\\ -h(x), & h(x)<0\end{cases}$$

证明 首先证明 $\mathrm{Pos}\{h(x)\xi+c\leqslant 0\}\geqslant\lambda$ 的清晰等价类 (与其等价的实不等式) 为

$$(1-\lambda)[r_1h^+(x)-r_3h^-(x)]+\lambda r_2h(x)+c\leqslant 0$$

由三角模糊数的运算, 得 $h(x)\xi+c$ 仍为一个三角模糊数. 令

$$h^+(x)=\begin{cases}h(x), & h(x)\geqslant 0\\ 0, & h(x)<0\end{cases},\quad h^-(x)=\begin{cases}0, & h(x)\geqslant 0\\ -h(x), & h(x)<0\end{cases}$$

则 $h^+(x), h^-(x)$ 非负, 且 $h(x) = h^+(x) - h^-(x)$. 因此

$$\begin{aligned} h(x)\xi + c &= (h^+(x) - h^-(x))\xi + c = h^+(x)\xi - h^-(x)\xi + c \\ &= (h^+(x)r_1, h^+(x)r_2, h^+(x)r_3) + (h^-(x)r_1, h^-(x)r_2, h^-(x)r_3) + c \\ &= (h^+(x)r_1 - h^-(x)r_3 + c, h^+(x)r_2 - h^-(x)r_2 + c, h^+(x)r_3 - h^-(x)r_1 + c) \\ &= (h^+(x)r_1 - h^-(x)r_3 + c, (h^+(x) - h^-(x))r_2 + c, h^+(x)r_3 - h^-(x)r_1 + c) \\ &= (h^+(x)r_1 - h^-(x)r_3 + c, h(x)r_2 + c, h^+(x)r_3 - h^-(x)r_1 + c) \end{aligned}$$

由定理 4.3 可得 $\text{Pos}\{h(x)\xi + c \leqslant 0\} \geqslant \lambda(0 < \lambda \leqslant 1)$ 的清晰等价类为

$$(1-\lambda)[r_1 h^+(x) - r_3 h^-(x)] + \lambda r_2 h(x) + c \leqslant 0$$

又因为模糊机会约束规划式 (4.7) 与普通规划式 (4.8) 的目标函数相同, 并且约束条件等价, 所以模糊机会约束规划式 (4.7) 与普通规划式 (4.8) 等价. ▌

4.2　模糊特征及其表示

首先给出分类问题的定义.

定义 4.10　根据给定的训练集 $S = \{(x_1, y_1), \cdots, (x_l, y_l)\} \in (X \times Y)^l$, 其中 $x_j \in X = \mathbf{R}^n$, $y_j \in Y = \{-1, 1\}(j = 1, \cdots, l)$, 寻找 $X = \mathbf{R}^n$ 上的一个实值函数 $g(x)$, 以便用决策函数 $f(x) = \text{sgn}(g(x))$ 推断与任一模式 x 相对应的 y 值, 则称为分类 (两类) 问题.

由此可见, 经典分类 (两类) 问题可用确定的正类 (1) 或负类 (−1) 表示. 显然训练集中的训练点的输出为正类 (1) 或负类 (−1) 是由领域专家根据历史资料和自己的经验、知识得出的判决. 然而有时由于历史资料不完整或专家的经验、知识不全面, 对某些训练点只能得出模糊判决. 例如, 某样本点 80%属于正类, 而 20%属于负类, 这就涉及模糊分类问题.

定义 4.11　根据给定的训练点的输出为模糊数的训练集 $S = \{(x_1, \tilde{y}_1), \cdots, (x_l, \tilde{y}_l)\}$(其中 $x_j \in \mathbf{R}^n, \tilde{y}_j$ 为反映其模糊类别模糊数, $j = 1, \cdots, l$), 寻找一种规则, 以便用此规则推断与任一模式 x 相对应的模糊数 $\tilde{y}$(反映其模糊类别), 则称该问题为模糊分类问题.

对于本书研究的完整模糊信息, 其模糊特征一般有三种.

模糊正类：样本点属于正类的隶属度大于属于负类的隶属度; 模糊负类：样本点属于负类的隶属度大于属于正类的隶属度; 居中：样本点属于正类的隶属度等于属于负类的隶属度.

设样本点属于正类 (用 1 表示) 或负类 (用 -1 表示) 的隶属度为 δ^+ 或 $\delta^-(\delta^+, \delta^- \in [0.5,1])$. 为表示方便, 引进 $\delta \in [-1,-0.5]\bigcup[0.5,1]$, 使得 $\delta^+ = \delta$, $\delta^- = -\delta$. 因此, 三种模糊特征可用特殊的三角模糊数

$$\tilde{y} = (r_1, r_2, r_3) = \begin{cases} \left(\dfrac{2\delta^2+\delta-2}{\delta}, 2\delta-1, \dfrac{2\delta^2-3\delta+2}{\delta}\right), & 0.5 \leqslant \delta \leqslant 1 \\ \left(\dfrac{2\delta^2+3\delta+2}{\delta}, 2\delta+1, \dfrac{2\delta^2-\delta-2}{\delta}\right), & -1 \leqslant \delta \leqslant -0.5 \end{cases} \tag{4.9}$$

表示.

(1) 模糊正类. 例如, 样本点属于正类的隶属度为 0.9, 而属于负类的隶属度为 0.1. 此模糊特征可用三角模糊数 $\tilde{a} = (0.58, 0.8, 1.02)$ 表示, 其中 0.8 为 $\tilde{a}$ 的中心.

(2) 模糊负类. 例如, 样本点属于负类的隶属度为 0.8, 而属于正类的隶属度为 0.2. 此模糊特征可用三角模糊数 $\tilde{b} = (-1.1, -0.6, -0.1)$ 表示, 其中 -0.6 为 $\tilde{b}$ 的中心.

(3) 居中. 例如, 样本点属于正类的隶属度为 0.5, 而属于负类的隶属度为 0.5, 此模糊特征可用三角模糊数 $\tilde{c} = (-2, 0, 2)$ 表示, 其中 0 为 $\tilde{c}$ 的中心.

4.3 模糊支持向量分类机

设训练集为

$$S = \{(x_1, \tilde{y}_1), (x_2, \tilde{y}_2), \cdots, (x_l, \tilde{y}_l)\} \tag{4.10}$$

其中, $x_j \in \mathbf{R}^n$, $\tilde{y}_j$ 为形如式 (4.9) 中的三角模糊数, $j = 1, \cdots, l$.

定义 4.12 式 (4.10) 中的 $(x_j, \tilde{y}_j)(j = 1, \cdots, l)$ 称为模糊训练点, 而 S 称为模糊训练集.

定义 4.13 在式 (4.9) 中, 若 $\delta \in (0.5, 1]$, 则所对应的模糊训练点称为模糊正类点; 若 $\delta \in [-1, -0.5)$, 则所对应的模糊训练点称为模糊负类点.

注: 为简单起见, 在此不考虑 $\delta = 0.5$ 或 $\delta = -0.5$ 的情形, 因为此时对于三角模糊数 $\tilde{y} = (-2, 0, 2)$ 不提供正、负类信息.

为研究问题方便, 将模糊训练集式 (4.10) 中的模糊训练点重新排序, 即将模糊正类点排在前面, 将模糊负类点排在后面, 从而得到以下形式的模糊训练集:

$$S = \{(x_1, \tilde{y}_1), \cdots, (x_p, \tilde{y}_p), (x_{p+1}, \tilde{y}_{p+1}), \cdots, (x_l, \tilde{y}_l)\} \tag{4.11}$$

其中, $(x_t, \tilde{y}_t)$ 为模糊正类点 $t = 1, \cdots, p$; $(x_i, \tilde{y}_i)$ 为模糊负类点, $i = p+1, \cdots, l$.

定义 4.14 设模糊训练集如式 (4.11) 所示, 对于给定的置信水平 $\lambda(0 < \lambda \leqslant 1)$, 若存在 $w \in \mathbf{R}^n$, $b \in \mathbf{R}$ 使得

$$\mathrm{Pos}\{\tilde{y}_j((w \cdot x_j) + b) \geqslant 1\} \geqslant \lambda, \quad j = 1, \cdots, l \tag{4.12}$$

则称模糊训练集式 (4.11) 在置信水平 λ 下模糊线性可分, 此时也称模糊分类问题在置信水平 λ 下是模糊线性可分的.

注: (1) 模糊线性可分的直观条件为模糊正类点的输入与模糊负类点的输入至少以 $\lambda(0<\lambda\leqslant 1)$ 的可能性分开.

(2) 若模糊训练集中的所有模糊训练点的输出全为实数 1 或 -1, 则模糊训练集退化为普通训练集. 因此, 模糊训练集的模糊线性可分即为普通训练集的线性可分.

(3) 模糊训练集的模糊线性可分是普通训练集的线性可分的推广, 即在模糊训练集中有些隶属度比较小的训练点虽然被分错, 但只要选择适当的置信水平, 模糊训练集仍然可以模糊线性可分, 如图 4.1 所示.

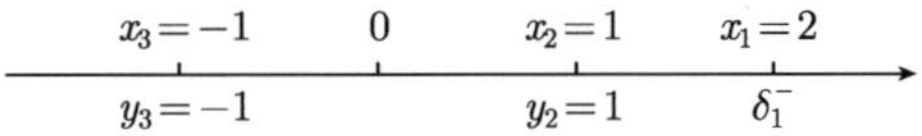

$x_3=-1$ 0 $x_2=1$ $x_1=2$

$y_3=-1$ $y_2=1$ δ_1^-

图 4.1 模糊线性可分图例

设有三个模糊训练点, 每个模糊训练点的输入是一维的. 其中模糊训练点 (x_2,y_2) 和 (x_3,y_3) 的输出为确定性的 $y_2=1$ 和 $y_3=-1$. 而第一个模糊训练点属于负类的隶属度为 δ_1^-. 设 $\delta_1^-=0.51,0.6,0.7$.

(i) 当 $\delta_1^-=0.51$ 时, 根据转换规则式 (4.9), 对应的三角模糊数 $\tilde{y}_1=(-1.94,-0.02,1.9)$. 因此模糊训练集为 $S=\{(x_1,\tilde{y}_1),(x_2,y_2),(x_3,y_3)\}$.

取 $\lambda=0.72$. 若用分类超平面 $x=0$ 划分, 则 $(w\cdot x_1)+b=2$, 因

$$\mathrm{Pos}\{\tilde{y}_1((w\cdot x_1)+b)\geqslant 1\}=0.722>0.72$$

$$\mathrm{Pos}\{y_2((w\cdot x_2)+b)\geqslant 1\}=1>0.72$$

$$\mathrm{Pos}\{\tilde{y}_3((w\cdot x_3)+b)\geqslant 1\}=1>0.72$$

所以模糊训练集 S 在置信水平 $\lambda=0.72$ 下模糊线性可分.

(ii) 当 $\delta_1^-=0.6$ 时, 则对应的三角模糊数 $\tilde{y}_1=(-1.53,-0.2,1.13)$. 取 $\lambda=0.47$, 同理可得, 模糊训练集 S 在置信水平 $\lambda=0.47$ 下模糊线性可分.

(iii) 当 $\delta_1^-=0.7$ 时, 则对应的三角模糊数 $\tilde{y}_1=(-1.26,-0.4,0.46)$. 取 $\lambda=0.08$, 同理可得, 模糊训练集 S 在置信水平 $\lambda=0.08$ 下模糊线性可分.

(4) 模糊分类问题大体有三种类型: 模糊线性可分 (所有的模糊训练点满足定义 4.14 中的条件); 近似模糊线性可分 (大多数模糊训练点满足定义 4.14 中的条件, 只有个别模糊训练点不满足); 模糊非线性 (多数模糊训练点不满足定义 4.14 中的条件).

定理 4.5 在置信水平 $\lambda(0<\lambda\leqslant 1)$ 下, 定义 4.14 中式 (4.12) 的清晰等价类

为

$$\begin{cases} ((1-\lambda)r_{t3}+\lambda r_{t2})((w\cdot x_t)+b)\geqslant 1, & t=1,\cdots,p \\ ((1-\lambda)r_{i1}+\lambda r_{i2})((w\cdot x_i)+b)\geqslant 1, & i=p+1,\cdots,l \end{cases} \tag{4.13}$$

证明 对于任意的 $j=1,\cdots,l$, 令 $h_j(w,b)=-((w\cdot x_j)+b)$,

$$h_j^+(w,b)=\begin{cases} 0, & (w\cdot x_j)+b>0 \\ -((w\cdot x_j)+b), & (w\cdot x_j)+b\leqslant 0 \end{cases}$$

$$h_j^-(w,b)=\begin{cases} (w\cdot x_j)+b, & (w\cdot x_j)+b>0 \\ 0, & (w\cdot x_j)+b\leqslant 0 \end{cases}$$

根据定理 4.4 得到:

$$\text{Pos}\{\tilde{y}_j((w\cdot x_j)+b)\geqslant 1, j=1,\cdots,l\}=\text{Pos}\{1-\tilde{y}_j((w\cdot x_j)+b)\leqslant 0, j=1,2,\cdots,l\}\geqslant\lambda$$

的清晰等价类为

$$(1-\lambda)[r_{j1}h_j^+(w,b)-r_{j3}h_j^-(w,b)]+\lambda r_{j2}h_j(w,b)+1\leqslant 0, \quad j=1,\cdots,l \tag{4.14}$$

在置信水平 $\lambda(0<\lambda\leqslant 1)$ 下, 式 (4.14) 可表示为

$$\begin{cases} ((1-\lambda)r_{t3}+\lambda r_{t2})((w\cdot x_t)+b)\geqslant 1, & t=1,\cdots,p \\ ((1-\lambda)r_{i1}+\lambda r_{i2})((w\cdot x_i)+b)\geqslant 1, & i=p+1,\cdots,l \end{cases}$$

即在置信水平 $\lambda(0<\lambda\leqslant 1)$ 下, 式 (4.12) 的清晰等价类为式 (4.13).

在式 (4.13) 中, 令

$$k_t=\frac{1}{(1-\lambda)r_{t3}+\lambda r_{t2}},\ t=1,\cdots,p;\quad l_i=\frac{1}{(1-\lambda)r_{i1}+\lambda r_{i2}},\ i=p+1,\cdots,l \tag{4.15}$$

则式 (4.13) 可表示为

$$\begin{cases} (w\cdot x_t)+b\geqslant k_t, & t=1,\cdots,p \\ (w\cdot x_i)+b\leqslant l_i, & i=p+1,\cdots,l \end{cases}$$

定义 4.15 考虑由模糊训练集式 (4.11) 给出的模糊线性可分问题. 称两平行超平面 $(w\cdot x)+b=k^+$ 和 $(w\cdot x)+b=l^-$ 为关于模糊训练集式 (4.11) 的支撑超平面, 如果

$$\begin{cases} (w\cdot x_t)+b\geqslant k_t, \quad t=1,\cdots,p \\ \min\limits_{t=1,\cdots,p}\{(w\cdot x_t)+b\}=k^+ \\ (w\cdot x_i)+b\leqslant l_i, \quad i=p+1,\cdots,l \\ \max\limits_{i=p+1,\cdots,l}\{(w\cdot x_i)+b\}=l^- \end{cases}$$

其中, $k_t(t=1,\cdots,p)$, $l_i(i=p+1,\cdots,l)$, 如式 (4.13) 中所示; $k^+=\min\limits_{t=1,\cdots,p}\{k_t\}$, $l^-=\max\limits_{i=p+1,\cdots,l}\{l_i\}$.

两个支撑超平面 $(w\cdot x)+b=k^+$ 和 $(w\cdot x)+b=l^-$ 之间的距离为

$$\frac{|k^+-l^-|}{\|w\|}$$

则称其为间隔 (其中 $k^+>0$ 和 $l^-<0$ 为常数). 目的是极大化间隔.

4.3.1 模糊线性可分模糊支持向量分类机

本小节考虑模糊训练集式 (4.11) 对应模糊线性可分问题, 此时在置信水平 $\lambda(0<\lambda\leqslant 1)$ 下, 模糊分类问题转化为求解以下以 $(w,b)^{\mathrm{T}}$ 为决策变量的模糊机会约束规划问题, 即

$$\begin{cases}\min\limits_{w,b} & \dfrac{1}{2}\|w\|^2\\ \text{s.t.} & \mathrm{Pos}\{\tilde{y}_j((w\cdot x_j)+b)\geqslant 1\}\geqslant\lambda,\quad j=1,\cdots,l\end{cases}\tag{4.16}$$

其中, $\tilde{y}_j(j=1,\cdots,l)$ 为模糊训练集式 (4.10) 中的三角模糊数; $\mathrm{Pos}\{\cdot\}$ 为模糊事件 $\{\cdot\}$ 的可能性测度.

定理 4.6 在置信水平 $\lambda(0<\lambda\leqslant 1)$ 下, 模糊机会约束规划式 (4.16) 的清晰等价规划 [与式 (4.16) 等价的普通规划] 为以下二次规划, 即

$$\begin{cases}\min\limits_{w,b} & \dfrac{1}{2}\|w\|^2\\ \text{s.t.} & ((1-\lambda)r_{t3}+\lambda r_{t2})((w\cdot x_t)+b)\geqslant 1,\quad t=1,\cdots,p\\ & ((1-\lambda)r_{i1}+\lambda r_{i2})((w\cdot x_i)+b)\geqslant 1,\quad i=p+1,\cdots,l\end{cases}\tag{4.17}$$

证明 由定理 4.5 的结论直接可得. ▮

定理 4.7 二次规划式 (4.17) 的最优解存在.

下面求二次规划式 (4.17) 的对偶规划.

定理 4.8 二次规划式 (4.17) 的对偶规划为

$$\begin{cases}\min\limits_{\beta,\alpha} & \dfrac{1}{2}(A+2B+D)-\left(\displaystyle\sum_{t=1}^{p}\beta_t+\sum_{i=p+1}^{l}\alpha_i\right)\\ \text{s.t.} & \displaystyle\sum_{t=1}^{p}\beta_t((1-\lambda)r_{t3}+\lambda r_{t2})+\sum_{i=p+1}^{l}\alpha_i((1-\lambda)r_{i1}+\lambda r_{i2})=0\\ & \beta_t\geqslant 0,t=1,\cdots,p;\quad \alpha_i\geqslant 0,i=p+1,\cdots,l\end{cases}\tag{4.18}$$

其中

$$A=\sum_{t=1}^{p}\sum_{s=1}^{p}\beta_t\beta_s((1-\lambda)r_{t3}+\lambda r_{t2})((1-\lambda)r_{s3}+\lambda r_{s2})(x_t\cdot x_s)$$

$$B=\sum_{t=1}^{p}\sum_{i=p+1}^{l}\beta_t\alpha_i((1-\lambda)r_{t3}+\lambda r_{t2})((1-\lambda)r_{i1}+\lambda r_{i2})(x_t\cdot x_i)$$

$$D=\sum_{i=p+1}^{l}\sum_{q=p+1}^{l}\alpha_i\alpha_q((1-\lambda)r_{i1}+\lambda r_{i2})((1-\lambda)r_{q1}+\lambda r_{i2})(x_i\cdot x_q)$$

$\boldsymbol{\beta}=(\beta_1,\cdots,\beta_p)^{\mathrm{T}}$, $\boldsymbol{\alpha}=(\alpha_{p+1},\cdots,\alpha_l)^{\mathrm{T}}$, $(\boldsymbol{\beta},\boldsymbol{\alpha})^{\mathrm{T}}$ 为决策变量.

证明 首先引入拉格朗日函数

$$\begin{aligned}L(w,b,\beta,\alpha)=&\frac{1}{2}\|w\|^2-\sum_{t=1}^{p}\beta_t(((1-\lambda)r_{t3}+\lambda r_{t2})((w\cdot x_t)+b)-1)\\&-\sum_{i=p+1}^{l}\alpha_i(((1-\lambda)r_{i1}+\lambda r_{i2})((w\cdot x_i)+b)-1)\end{aligned}\tag{4.19}$$

其中, $\boldsymbol{\beta}=(\beta_1,\cdots,\beta_p)^{\mathrm{T}}\in\mathbf{R}_+^p$, $\boldsymbol{\alpha}=(\alpha_{p+1},\cdots,\alpha_l)^{\mathrm{T}}\in\mathbf{R}_+^{l-p}$, β_t, α_i 为拉格朗日乘子.

根据 Wolfe 对偶定义, 即先求拉格朗日函数关于 w, b 的极小. 由极值条件: $\nabla_b L(w,b,\beta,\alpha)=0$, $\nabla_w L(w,b,\beta,\alpha)=0$, 得到

$$\sum_{t=1}^{p}\beta_t((1-\lambda)r_{t3}+\lambda r_{t2})+\sum_{i=p+1}^{l}\alpha_i((1-\lambda)r_{i1}+\lambda r_{i2})=0\tag{4.20}$$

$$w=\sum_{t=1}^{p}\beta_t((1-\lambda)r_{t3}+\lambda r_{t2})x_t+\sum_{i=p+1}^{l}\alpha_i((1-\lambda)r_{i1}+\lambda r_{i2})x_i\tag{4.21}$$

将式 (4.21) 代入拉格朗日函数式 (4.19), 并且利用式 (4.20) 得到二次规划式 (4.17) 的对偶规划为

$$\left\{\begin{array}{ll}\max\limits_{\beta,\alpha} & \left(\displaystyle\sum_{t=1}^{p}\beta_t+\sum_{i=p+1}^{l}\alpha_i\right)-\dfrac{1}{2}(A+2B+D)\\ \text{s.t.} & \displaystyle\sum_{t=1}^{p}\beta_t((1-\lambda)r_{t3}+\lambda r_{t2})+\sum_{i=p+1}^{l}\alpha_i((1-\lambda)r_{i1}+\lambda r_{i2})=0\\ & \beta_t\geqslant 0,t=1,\cdots,p;\quad \alpha_i\geqslant 0,i=p+1,\cdots,l\end{array}\right.\tag{4.22}$$

其中

$$A=\sum_{t=1}^{p}\sum_{s=1}^{p}\beta_t\beta_s((1-\lambda)r_{t3}+\lambda r_{t2})((1-\lambda)r_{s3}+\lambda r_{s2})(x_t\cdot x_s)$$

$$B=\sum_{t=1}^{p}\sum_{i=p+1}^{l}\beta_t\alpha_i((1-\lambda)r_{t3}+\lambda r_{t2})((1-\lambda)r_{i1}+\lambda r_{i2})(x_t\cdot x_i)$$

$$D=\sum_{i=p+1}^{l}\sum_{q=p+1}^{l}\alpha_i\alpha_q((1-\lambda)r_{i1}+\lambda r_{i2})((1-\lambda)r_{q1}+\lambda r_{i2})(x_i\cdot x_q)$$

$\boldsymbol{\beta}=(\beta_1,\cdots,\beta_p)^{\mathrm{T}}$, $\boldsymbol{\alpha}=(\alpha_{p+1},\cdots,\alpha_l)^{\mathrm{T}}$, $(\boldsymbol{\beta},\boldsymbol{\alpha})^{\mathrm{T}}$ 为决策变量.

把二次规划式 (4.22) 的目标函数转换为极小, 即得到式 (4.18). ▌

规划式 (4.18) 为一个凸二次规划, 解得其最优解为

$$(\boldsymbol{\beta}^*,\boldsymbol{\alpha}^*)^{\mathrm{T}}=(\beta_1^*,\cdots,\beta_p^*,\alpha_{p+1}^*,\cdots,\alpha_l^*)^{\mathrm{T}}$$

则令

$$w^*=\sum_{t=1}^{p}\beta_t^*((1-\lambda)r_{t3}+\lambda r_{t2})x_t+\sum_{i=p+1}^{l}\alpha_i^*((1-\lambda)r_{i1}+\lambda r_{i2})x_i$$

$$\begin{aligned}b^*=&((1-\lambda)r_{s3}+\lambda r_{s2})-\left(\sum_{t=1}^{p}\beta_t^*((1-\lambda)r_{t3}+\lambda r_{t2})(x_t\cdot x_s)\right.\\&\left.+\sum_{i=p+1}^{l}\alpha_i^*((1-\lambda)r_{i1}+\lambda r_{i2})(x_i\cdot x_s)\right),\quad s\in\{s|\beta_s^*>0\}\end{aligned}$$

或者

$$\begin{aligned}b^*=&((1-\lambda)r_{q1}+\lambda r_{q2})-\left(\sum_{t=1}^{p}\beta_t^*((1-\lambda)r_{t3}+\lambda r_{t2})(x_t\cdot x_q)\right.\\&\left.+\sum_{i=p+1}^{l}\alpha_i^*((1-\lambda)r_{i1}+\lambda r_{i2})(x_i\cdot x_q)\right),\quad q\in\{q|\alpha_q^*>0\}\end{aligned}$$

并且令 $g(x)=(w^*\cdot x)+b^*$, 可以证明最优分类函数为

$$f(x)=\mathrm{sgn}(g(x))=\mathrm{sgn}((w^*\cdot x)+b^*),\quad x\in\mathbf{R}^n \tag{4.23}$$

而最优分类超平面为 $(w^*\cdot x)+b^*=0$.

最优分类函数的隶属函数为

$$\mu(u)=\begin{cases}\varphi_+(u), & 0<u\leqslant\varphi_+^{-1}(1)\\ \varphi_-(u), & \varphi_-^{-1}(1)\leqslant u<0\\ 1, & u>\varphi_+^{-1}(1)\text{ 或 }u<\varphi_-^{-1}(1)\end{cases} \tag{4.24}$$

其中, $\varphi_+(u)$ 为由 ε-支持向量回归机得到的回归函数 (关于 u 的单调增函数). 此 ε-支持向量回归机构造方法如下：

(1) 构造回归问题的训练集为

$$\{(g(x_1),\delta_1^+),\cdots,(g(x_p),\delta_p^+)\} \tag{4.25}$$

(2) 以式 (4.25) 为训练集, 选择适当的 $\varepsilon>0$, 惩罚参数 $C>0$, 选择核函数为线性核, 构造 ε-支持向量回归机.

同理, $\varphi_-(u)$ 为由 ε-支持向量回归机得到的回归函数 (关于 u 的单调减函数). 此 ε-支持向量回归机构造方法如下：

(1) 构造回归问题的训练集

$$\{(g(x_{p+1}),\delta_{p+1}^-),\cdots,(g(x_l),\delta_l^-)\} \tag{4.26}$$

(2) 以式 (4.26) 为训练集, 选择与上面相同的 ε, C, 选择核函数为线性核, 构造 ε-支持向量回归机.

$\varphi_+^{-1}(1)$ 为函数 $\varphi_+(u)$ 的反函数在 1 处的函数值. $\varphi_-^{-1}(1)$ 为函数 $\varphi_-(u)$ 的反函数在 1 处的函数值.

任给一个测试点的输入 $\bar{x}$, 代入式 (4.23) 和式 (4.24) 中得 $f(\bar{x})=1$(或 -1) 以及其隶属度 $\mu(g(\bar{x}))$. 将它们转化为三角模糊数 $\tilde{y}$ 即为测试点的输出. 它可客观地反映测试点 $(\bar{x},\tilde{y})$ 的模糊分类情况 (显示测试点属于正类和属于负类的隶属度).

通过以上讨论可以得出：

算法 4.1(模糊线性可分模糊支持向量分类机)

(1) 给定模糊线性可分问题的模糊训练集式 (4.11), 选择适当的置信水平 $\lambda(0<\lambda\leqslant 1)$ 构造二次规划式 (4.18).

(2) 求解二次规划式 (4.18) 得最优解 $(\boldsymbol{\beta}^*,\boldsymbol{\alpha}^*)^{\mathrm{T}}=(\beta_1^*,\cdots,\beta_p^*,\alpha_{p+1}^*,\cdots,\alpha_l^*)^{\mathrm{T}}$.

(3) 计算 $w^*=\sum\limits_{t=1}^{p}\beta_t^*((1-\lambda)r_{t3}+\lambda r_{t2})x_t+\sum\limits_{i=p+1}^{l}\alpha_i^*((1-\lambda)r_{i1}+\lambda r_{i2})x_i$; 选择 $\boldsymbol{\beta}^*$ 的正分量 β_s^* 或 $\boldsymbol{\alpha}^*$ 的正分量 α_q^*, 据此计算

$$\begin{aligned}b^*=&((1-\lambda)r_{s3}+\lambda r_{s2})-\left(\sum_{t=1}^{p}\beta_t^*((1-\lambda)r_{t3}+\lambda r_{t2})(x_t\cdot x_s)\right.\\&\left.+\sum_{i=p+1}^{l}\alpha_i^*((1-\lambda)r_{i1}+\lambda r_{i2})(x_i\cdot x_s)\right)\end{aligned}$$

或者

$$b^*=((1-\lambda)r_{q1}+\lambda r_{q2})-\left(\sum_{t=1}^{p}\beta_t^*((1-\lambda)r_{t3}+\lambda r_{t2})(x_t\cdot x_q)\right.$$

$$+\sum_{i=p+1}^{l}\alpha_i^*((1-\lambda)r_{i1}+\lambda r_{i2})(x_i\cdot x_q)\Bigg)$$

(4) 构造最优分类超平面 $(w^*\cdot x)+b^*=0$, 由此求得最优分类函数式 (4.23).

(5) 分别以式 (4.25) 和式 (4.26) 为训练集构造 ε-支持向量回归机 (选择适当的 ε、惩罚参数 C, 选择核函数为线性核), 得到回归函数 $\varphi^+(u)$ 和 $\varphi^-(u)$, 由此建立最优分类函数的隶属函数式 (4.24).

注: (1) 二次规划式 (4.18) 的最优解 $(\beta_1^*,\cdots,\beta_p^*,\alpha_{p+1}^*,\cdots,\alpha_l^*)^{\mathrm{T}}$ 中只有一部分 (通常是少部分)β_t^* 和 α_i^* 不为零, 而它们所对应的模糊训练点的输入 x_t 和 x_i 称为模糊支持向量. 所以最优分类函数可表示为

$$f(x)=\mathrm{sgn}\left\{\left(\sum_{(\mathrm{FSV})^+}\beta_t^*((1-\lambda)r_{t3}+\lambda r_{t2})(x_t\cdot x)\right.\right.$$
$$\left.\left.+\sum_{(\mathrm{FSV})^-}\alpha_i^*((1-\lambda)r_{i1}+\lambda r_{i2})(x_i\cdot x)\right)+b^*\right\}$$

其中, $(\mathrm{FSV})^+$ 为模糊正类点中所有模糊支持向量组成的集合; $(\mathrm{FSV})^-$ 为模糊负类点中所有模糊支持向量组成的集合.

(2) 若模糊训练集中所有模糊训练点输出全为实数 1 或 -1, 则模糊训练集退化为普通训练集. 因此, 模糊线性可分模糊支持向量分类机变为线性可分支持向量分类机.

4.3.2 近似模糊线性可分模糊支持向量分类机

本小节考虑模糊训练集式 (4.11) 对应近似模糊线性可分问题, 此时在置信水平 $\lambda(0<\lambda\leqslant 1)$ 下, 模糊分类问题转化为求解以下以 $(w,b,\xi)^{\mathrm{T}}$ 为决策变量的模糊机会约束规划问题:

$$\begin{cases}\min\limits_{w,b,\xi} & \dfrac{1}{2}\|w\|^2+C\sum\limits_{j=1}^{l}\xi_j\\ \text{s.t.} & \mathrm{Pos}\{\tilde{y}_j((w\cdot x_j)+b)+\xi_j\geqslant 1\}\geqslant\lambda\\ & \xi_j\geqslant 0,j=1,\cdots,l.\end{cases}\tag{4.27}$$

其中, $C>0$ 是惩罚参数; $\boldsymbol{\xi}=(\xi_1,\cdots,\xi_l)^{\mathrm{T}}$.

定理 4.9 在置信水平 $\lambda(0<\lambda\leqslant 1)$ 下, 模糊机会约束规划式 (4.27) 的清晰等价规划为

$$
\begin{cases}
\min\limits_{w,b} & \dfrac{1}{2}\|w\|^2 + C\sum\limits_{j=1}^{l}\xi_j \\
\text{s.t.} & ((1-\lambda)r_{t3}+\lambda r_{t2})((w\cdot x_t)+b)+\xi_t \geqslant 1 \\
& ((1-\lambda)r_{i1}+\lambda r_{i2})((w\cdot x_i)+b)+\xi_i \geqslant 1, \\
& t=1,\cdots,p;\quad i=p+1,\cdots,l;\quad \xi_j \geqslant 0, j=1,\cdots,l
\end{cases}
\tag{4.28}
$$

证明 方法与定理 4.6 的证明方法类似. ▌

定理 4.10 二次规划式 (4.28) 的最优解存在.

下面求二次规划式 (4.28) 的对偶规划.

定理 4.11 二次规划式 (4.28) 的对偶规划为

$$
\begin{cases}
\min\limits_{\beta,\alpha} & \dfrac{1}{2}(A+2B+D) - \left(\sum\limits_{t=1}^{p}\beta_t + \sum\limits_{i=p+1}^{l}\alpha_i\right) \\
\text{s.t.} & \sum\limits_{t=1}^{p}\beta_t((1-\lambda)r_{t3}+\lambda r_{t2}) + \sum\limits_{i=p+1}^{l}\alpha_i((1-\lambda)r_{i1}+\lambda r_{i2}) = 0 \\
& 0 \leqslant \beta_t \leqslant C, t=1,\cdots,p;\quad 0 \leqslant \alpha_i \leqslant C, i=p+1,\cdots,l
\end{cases}
\tag{4.29}
$$

其中

$$
A = \sum_{t=1}^{p}\sum_{s=1}^{p}\beta_t\beta_s((1-\lambda)r_{t3}+\lambda r_{t2})((1-\lambda)r_{s3}+\lambda r_{s2})(x_t\cdot x_s)
$$

$$
B = \sum_{t=1}^{p}\sum_{i=p+1}^{l}\beta_t\alpha_i((1-\lambda)r_{t3}+\lambda r_{t2})((1-\lambda)r_{i1}+\lambda r_{i2})(x_t\cdot x_i)
$$

$$
D = \sum_{i=p+1}^{l}\sum_{q=p+1}^{l}\alpha_i\alpha_q((1-\lambda)r_{i1}+\lambda r_{i2})((1-\lambda)r_{q1}+\lambda r_{i2})(x_i\cdot x_q)
$$

$\boldsymbol{\beta}=(\beta_1,\cdots,\beta_p)^{\mathrm{T}}$, $\boldsymbol{\alpha}=(\alpha_{p+1},\cdots,\alpha_l)^{\mathrm{T}}$, $(\boldsymbol{\beta},\boldsymbol{\alpha})^{\mathrm{T}}$ 为决策变量.

证明 引入拉格朗日函数

$$
\begin{aligned}
L(w,b,\xi,\beta,\alpha,\eta) = {} & \frac{1}{2}\|w\|^2 + C\sum_{j=1}^{l}\xi_j \\
& - \sum_{t=1}^{p}\beta_t(((1-\lambda)r_{t3}+\lambda r_{t2})((w\cdot x_t)+b)+\xi_t-1) \\
& - \sum_{i=p+1}^{l}\alpha_i(((1-\lambda)r_{i1}+\lambda r_{i2})((w\cdot x_i)+b)+\xi_i-1) - \sum_{j=1}^{l}\eta_j\xi_j
\end{aligned}
\tag{4.30}
$$

其中, $\boldsymbol{\beta}=(\beta_1,\cdots,\beta_p)^{\mathrm{T}}\in\mathbf{R}_+^p$, $\boldsymbol{\alpha}=(\alpha_{p+1},\cdots,\alpha_l)^{\mathrm{T}}\in\mathbf{R}_+^{l-p}$, β_t,α_i,η_j 为拉格朗日乘子. 根据 Wolfe 对偶定义, 对拉格朗日函数关于 w, b, ξ 求极小, 即 $\nabla_b L(w,b,\xi,\alpha,\beta,\eta)=0$, $\nabla_w L(w,b,\xi,\alpha,\beta,\eta)=0$, $\nabla_\xi L(w,b,\xi,\alpha,\beta,\eta)=0$, 得到

$$\sum_{t=1}^{p}\beta_t((1-\lambda)r_{t3}+\lambda r_{t2})+\sum_{i=p+1}^{l}\alpha_i((1-\lambda)r_{i1}+\lambda r_{i2})=0 \tag{4.31}$$

$$w=\sum_{t=1}^{p}\beta_t((1-\lambda)r_{t3}+\lambda r_{t2})x_t+\sum_{i=p+1}^{l}\alpha_i((1-\lambda)r_{i1}+\lambda r_{i2})x_i \tag{4.32}$$

$$C-\beta_t-\eta_t=0,\quad C-\alpha_i-\eta_i=0 \tag{4.33}$$

将式 (4.31)、式 (4.32) 和式 (4.33) 代入拉格朗日函数式 (4.30), 得到二次规划式 (4.28) 的对偶规划为

$$\begin{cases}\max\limits_{\beta,\alpha} & \left(\sum\limits_{t=1}^{p}\beta_t+\sum\limits_{i=p+1}^{l}\alpha_i\right)-\dfrac{1}{2}(A+2B+D)\\ \text{s.t.} & \sum\limits_{t=1}^{p}\beta_t((1-\lambda)r_{t3}+\lambda r_{t2})+\sum\limits_{i=p+1}^{l}\alpha_i((1-\lambda)r_{i1}+\lambda r_{i2})=0\\ & 0\leqslant\beta_t\leqslant C,t=1,\cdots,p;\quad 0\leqslant\alpha_i\leqslant C,i=p+1,\cdots,l\end{cases} \tag{4.34}$$

其中

$$A=\sum_{t=1}^{p}\sum_{s=1}^{p}\beta_t\beta_s((1-\lambda)r_{t3}+\lambda r_{t2})((1-\lambda)r_{s3}+\lambda r_{s2})(x_t\cdot x_s)$$

$$B=\sum_{t=1}^{p}\sum_{i=p+1}^{l}\beta_t\alpha_i((1-\lambda)r_{t3}+\lambda r_{t2})((1-\lambda)r_{i1}+\lambda r_{i2})(x_t\cdot x_i)$$

$$D=\sum_{i=p+1}^{l}\sum_{q=p+1}^{l}\alpha_i\alpha_q((1-\lambda)r_{i1}+\lambda r_{i2})((1-\lambda)r_{q1}+\lambda r_{i2})(x_i\cdot x_q)$$

$\boldsymbol{\beta}=(\beta_1,\cdots,\beta_p)^{\mathrm{T}}$, $\boldsymbol{\alpha}=(\alpha_{p+1},\cdots,\alpha_l)^{\mathrm{T}}$, $(\boldsymbol{\beta},\boldsymbol{\alpha})^{\mathrm{T}}$ 为决策变量.

将二次规划式 (4.34) 的目标函数转换为极小, 即得到二次规划式 (4.29). ∎

规划式 (4.29) 为一个凸二次规划, 解得其最优解

$$(\boldsymbol{\beta}^*,\boldsymbol{\alpha}^*)^{\mathrm{T}}=(\beta_1^*,\cdots,\beta_p^*,\alpha_{p+1}^*,\cdots,\alpha_l^*)^{\mathrm{T}}$$

可以证明最优分类函数为

$$f(x)=\mathrm{sgn}\{(w^*\cdot x)+b^*\},\quad x\in\mathbf{R}^n$$

其中 $w^*=\sum_{t=1}^{p}\beta_t^*((1-\lambda)r_{t3}+\lambda r_{t2})x_t+\sum_{i=p+1}^{l}\alpha_i^*((1-\lambda)r_{i1}+\lambda r_{i2})x_i$.

下面讨论 b^* 的确定：

(1) 若存在 $\boldsymbol{\beta}^*$ 的正分量 β_s^* 使得 $\beta_s^*\in(0,C)$ 或 $\boldsymbol{\alpha}^*$ 的正分量 α_q^* 使得 $\alpha_q^*\in(0,C)$, 则

$$\begin{aligned}b^*=&((1-\lambda)r_{s3}+\lambda r_{s2})-\left(\sum_{t=1}^{p}\beta_t^*((1-\lambda)r_{t3}+\lambda r_{t2})(x_t\cdot x_s),\right.\\&\left.+\sum_{i=p+1}^{l}\alpha_i^*((1-\lambda)r_{i1}+\lambda r_{i2})(x_i\cdot x_s)\right),\quad s\in\{s|0<\beta_s^*<C\}\end{aligned}$$

或者

$$\begin{aligned}b^*=&((1-\lambda)r_{q1}+\lambda r_{q2})-\left(\sum_{t=1}^{p}\beta_t^*((1-\lambda)r_{t3}+\lambda r_{t2})(x_t\cdot x_q)\right.\\&\left.+\sum_{i=p+1}^{l}\alpha_i^*((1-\lambda)r_{i1}+\lambda r_{i2})(x_i\cdot x_q)\right),\quad q\in\{q|0<\alpha_q^*<C\}\end{aligned}$$

(2) 若不存在 $\boldsymbol{\beta}^*$ 的正分量 β_s^* 使得 $\beta_s^*\in(0,C)$ 或 $\boldsymbol{\alpha}^*$ 的正分量 α_q^* 使得 $\alpha_q^*\in(0,C)$, 则 b^* 不唯一且按以下公式得到：$b^*\in[\underline{b},\bar{b}]$, 其中

$$\bar{b}=\min\{\min_{t\in S_+}(((1-\lambda)r_{t3}+\lambda r_{t2})-(w\cdot x_t)),\min_{i\in V_-}(((1-\lambda)r_{i1}+\lambda r_{i2})-(w\cdot x_i))\}$$

$$\underline{b}=\max\{\max_{i\in S_-}(((1-\lambda)r_{i1}+\lambda r_{i2})-(w\cdot x_i)),\max_{t\in V_+}(((1-\lambda)r_{t3}+\lambda r_{t2})-(w\cdot x_t))\}$$

S_+ 为对应 $\boldsymbol{\beta}^*=C$ 的模糊正类点的下标集合, V_+ 为对应 $\boldsymbol{\beta}^*=0$ 的模糊正类点的下标集合, S_- 为对应 $\boldsymbol{\alpha}^*=C$ 的模糊负类点的下标集合, V_- 为对应 $\boldsymbol{\alpha}^*=0$ 的模糊负类点的下标集合.

最优分类超平面为 $(w^*\cdot x)+b^*=0$.

最优分类函数的隶属函数为

$$\mu(u)=\begin{cases}\varphi_+(u), & 0<u\leqslant\varphi_+^{-1}(1)\\ \varphi_-(u), & \varphi_-^{-1}(1)\leqslant u<0\\ 1, & u>\varphi_+^{-1}(1)\text{ 或 }u<\varphi_-^{-1}(1)\end{cases}\tag{4.35}$$

其中, $\varphi_+(u)$ 为由 ε-支持向量回归机得到的回归函数 (关于 u 的单调增函数). 此 ε-支持向量回归机构造方法如下：

(1) 构造回归问题的训练集

$$\{(g(x_1),\delta_1^+),\cdots,(g(x_p),\delta_p^+)\}\tag{4.36}$$

(2) 以式 (4.36) 为训练集, 选择适当的 $\varepsilon > 0$, 惩罚参数 $C > 0$, 选择核函数为线性核, 构造 ε-支持向量回归机.

同理, $\varphi_-(u)$ 为由 ε-支持向量回归机得到的回归函数 (关于 u 的单调减函数). 此 ε-支持向量回归机构造方法如下:

(1) 构造回归问题的训练集为

$$\{(g(x_{p+1}), \delta_{p+1}^-), \cdots, (g(x_l), \delta_l^-)\} \tag{4.37}$$

(2) 以式 (4.37) 为训练集, 选择与上面相同的 ε, C, 选择核函数为线性核, 构造 ε-支持向量回归机.

$\varphi_+^{-1}(1)$ 为函数 $\varphi_+(u)$ 的反函数在 1 处的函数值. $\varphi_-^{-1}(1)$ 为函数 $\varphi_-(u)$ 的反函数在 1 处的函数值.

因此可以得出以下算法.

算法 4.2(近似模糊线性可分模糊支持向量分类机)

(1) 给定近似模糊线性可分问题的模糊训练集式 (4.11), 选择适当的置信水平 $\lambda(0 < \lambda \leqslant 1)$ 和适当的参数惩罚 $C > 0$, 构造二次规划式 (4.29).

(2) 求解规划式 (4.29), 得最优解 $(\boldsymbol{\beta}^*, \boldsymbol{\alpha}^*)^{\mathrm{T}} = (\beta_1^*, \cdots, \beta_p^*, \alpha_{p+1}^*, \cdots, \alpha_l^*)^{\mathrm{T}}$.

(3) 计算 $w^* = \sum\limits_{t=1}^{p} \beta_t^*((1-\lambda)r_{t3} + \lambda r_{t2})x_t + \sum\limits_{i=p+1}^{l} \alpha_i^*((1-\lambda)r_{i1} + \lambda r_{i2})x_i$.

选择 $\boldsymbol{\beta}^*$ 的正分量 $0 < \beta_s^* < C$ 或 $\boldsymbol{\alpha}^*$ 的正分量 $0 < \alpha_q^* < C$, 据此计算

$$\begin{aligned} b^* =&((1-\lambda)r_{s3} + \lambda r_{s2}) - \left(\sum_{t=1}^{p} \beta_t^*((1-\lambda)r_{t3} + \lambda r_{t2})(x_t \cdot x_s)\right. \\ &\left. + \sum_{i=p+1}^{l} \alpha_i^*((1-\lambda)r_{i1} + \lambda r_{i2})(x_i \cdot x_s)\right) \end{aligned}$$

或者

$$\begin{aligned} b^* =&((1-\lambda)r_{q1} + \lambda r_{q2}) - \left(\sum_{t=1}^{p} \beta_t^*((1-\lambda)r_{t3} + \lambda r_{t2})(x_t \cdot x_q)\right. \\ &\left. + \sum_{i=p+1}^{l} \alpha_i^*((1-\lambda)r_{i1} + \lambda r_{i2})(x_i \cdot x_q)\right) \end{aligned}$$

(4) 构造最优分类超平面 $(w^* \cdot x) + b^* = 0$, 由此求得最优分类函数.

(5) 分别以式 (4.36) 和式 (4.37) 为训练集构造 ε-支持向量回归机 (选择适当的 ε, 惩罚参数 C, 选择核函数为线性核), 得到回归函数 $\varphi^+(u)$ 和 $\varphi^-(u)$, 由此建立最优分类函数的隶属函数式 (4.35).

注：(1) 二次规划式 (4.29) 的最优解 $(\beta_1^*,\cdots,\beta_p^*,\alpha_{p+1}^*,\cdots,\alpha_l^*)^{\mathrm{T}}$ 中只有一部分(通常是少部分)β_t^* 和 α_i^* 不为零, 而它们所对应的模糊训练点的输入 x_t 和 x_i 称为模糊支持向量. 所以最优分类函数可表示为

$$
\begin{aligned}
f(x) =& \operatorname{sgn}\left\{\left(\sum_{(\mathrm{FSV})^+}\beta_t^*((1-\lambda)r_{t3}+\lambda r_{t2})(x_t\cdot x)\right.\right.\\
&\left.\left.+\sum_{(\mathrm{FSV})^-}\alpha_i^*((1-\lambda)r_{i1}+\lambda r_{i2})(x_i\cdot x)\right)+b^*\right\}
\end{aligned}
$$

其中, $(\mathrm{FSV})^+$ 为模糊正类点中所有模糊支持向量组成的集合; $(\mathrm{FSV})^-$ 为模糊负类点中所有模糊支持向量组成的集合.

(2) 近似模糊线性可分模糊支持向量分类机以模糊线性可分模糊支持向量分类机为特例 (当惩罚参数 $C\to\infty$).

(3) 若模糊训练集中的所有模糊训练点的输出全为实数 1 或 -1, 则模糊训练集退化为普通训练集. 因此近似模糊线性可分模糊支持向量分类机变为近似线性可分支持向量分类机.

4.3.3 模糊非线性模糊支持向量分类机

对于模糊非线性问题, 引入从输入空间 $\mathbf{R}^n$ 到一个高维特征空间 H 的变换 $\varPhi:\mathrm{X}\subseteq\mathbf{R}^n\to X\subseteq H$, $x\mapsto x=\varPhi(x)$. 那么对应的模糊非线性模糊训练集式 (4.11) 变为

$$
\bar{S}=\{(\varPhi(x_1),\tilde{y}_1),\cdots,(\varPhi(x_p),\tilde{y}_p),(\varPhi(x_{p+1}),\tilde{y}_{p+1}),\cdots,(\varPhi(x_l),\tilde{y}_l)\}
$$

因此, 原空间 $\mathbf{R}^n$ 上的模糊非线性问题转化为特征空间 H 上的模糊线性问题. 所以, 在置信水平 $\lambda(0<\lambda\leqslant 1)$ 下, 模糊分类问题转化为求解以下以 $(W,b,\xi)^{\mathrm{T}}$ 为决策变量的模糊机会约束规划问题：

$$
\left\{\begin{array}{ll}
\min\limits_{w\in H,b\in R,\xi\in R^l} & \dfrac{1}{2}\|W\cdot\varPhi(x_i)\|^2+C\sum\limits_{j=1}^{l}\xi_i\\
\text{s.t.} & \operatorname{Pos}\{\tilde{y}_i((W\cdot\varPhi(x_j))+b)+\xi_j\geqslant 1\}\geqslant\lambda\\
 & \xi_j\geqslant 0, j=1,\cdots,l
\end{array}\right. \tag{4.38}
$$

其中, $C>0$ 是惩罚参数; $\boldsymbol{\xi}=(\xi_1,\cdots,\xi_l)^{\mathrm{T}}$.

定理 4.12 在置信水平 $\lambda(0<\lambda\leqslant 1)$ 下, 模糊机会约束规划式 (4.38) 的清晰

等价规划为

$$\begin{cases} \min\limits_{w\in H,b\in R,\xi\in R^l} & \dfrac{1}{2}\|W\cdot\Phi(x_i)\|^2+C\sum\limits_{j=1}^{l}\xi_i \\ \text{s.t.} & ((1-\lambda)r_{t3}+\lambda r_{t2})((W\cdot\Phi(x_t))+b)+\xi_t\geqslant 1 \\ & ((1-\lambda)r_{i1}+\lambda r_{i2})((W\cdot\Phi(x_i))+b)+\xi_i\geqslant 1 \\ & t=1,\cdots,p;\quad i=p+1,\cdots,l;\quad \xi_j\geqslant 0, j=1,\cdots,l \end{cases} \tag{4.39}$$

证明 方法与定理 4.6 的证明方法类似. ▮

定理 4.13 二次规划式 (4.39) 的最优解存在.

下面求二次规划式 (4.39) 的对偶规划.

定理 4.14 二次规划式 (4.39) 的对偶规划为以下二次规划:

$$\begin{cases} \min\limits_{\beta,\alpha} & \dfrac{1}{2}(A_\Phi+2B_\Phi+D_\Phi)-\left(\sum\limits_{t=1}^{p}\beta_t+\sum\limits_{i=p+1}^{l}\alpha_i\right) \\ \text{s.t.} & \sum\limits_{t=1}^{p}\beta_t((1-\lambda)r_{t3}+\lambda r_{t2})+\sum\limits_{i=p+1}^{l}\alpha_i((1-\lambda)r_{i1}+\lambda r_{i2})=0 \\ & 0\leqslant\beta_t\leqslant C, t=1,\cdots,p;\quad 0\leqslant\alpha_i\leqslant C, i=p+1,\cdots,l \end{cases} \tag{4.40}$$

其中

$$A_\Phi=\sum_{t=1}^{p}\sum_{s=1}^{p}\beta_t\beta_s((1-\lambda)r_{t3}+\lambda r_{t2})((1-\lambda)r_{s3}+\lambda r_{s2})(\Phi(x_t)\cdot\Phi(x_s))$$

$$B_\Phi=\sum_{t=1}^{p}\sum_{i=p+1}^{l}\beta_t\alpha_i((1-\lambda)r_{t3}+\lambda r_{t2})((1-\lambda)r_{i1}+\lambda r_{i2})(\Phi(x_t)\cdot\Phi(x_i))$$

$$D_\Phi=\sum_{i=p+1}^{l}\sum_{q=p+1}^{l}\alpha_i\alpha_q((1-\lambda)r_{i1}+\lambda r_{i2})((1-\lambda)r_{q1}+\lambda r_{i2})(\Phi(x_i)\cdot\Phi(x_q))$$

$\boldsymbol{\beta}=(\beta_1,\cdots,\beta_p)^{\mathrm{T}}$, $\boldsymbol{\alpha}=(\alpha_{p+1},\cdots,\alpha_l)^{\mathrm{T}}$, $(\boldsymbol{\beta},\boldsymbol{\alpha})^{\mathrm{T}}$ 为决策变量.

证明 方法与定理 4.11 的证明方法类似. ▮

引入核函数 $K(x_j,x_k)=\Phi(x_j)\cdot\Phi(x_k)$(其中 $j=t,s,i,q;\ k=t,s,i,q$), 则高维空间上的内积运算只需在原空间上进行, 因此规划式 (4.40) 变为

$$\begin{cases} \min\limits_{\beta,\alpha} & \dfrac{1}{2}(A_K+2B_K+D_K)-\left(\sum\limits_{t=1}^{p}\beta_t+\sum\limits_{i=p+1}^{l}\alpha_i\right) \\ \text{s.t.} & \sum\limits_{t=1}^{p}\beta_t((1-\lambda)r_{t3}+\lambda r_{t2})+\sum\limits_{i=p+1}^{l}\alpha_i((1-\lambda)r_{i1}+\lambda r_{i2})=0 \\ & 0\leqslant\beta_t\leqslant C, t=1,\cdots,p;\quad 0\leqslant\alpha_i\leqslant C, i=p+1,\cdots,l \end{cases} \tag{4.41}$$

其中

$$A_K = \sum_{t=1}^{p}\sum_{s=1}^{p}\beta_t\beta_s((1-\lambda)r_{t3}+\lambda r_{t2})((1-\lambda)r_{s3}+\lambda r_{s2})K(x_t,x_s)$$

$$B_K = \sum_{t=1}^{p}\sum_{i=p+1}^{l}\beta_t\alpha_i((1-\lambda)r_{t3}+\lambda r_{t2})((1-\lambda)r_{i1}+\lambda r_{i2})K(x_t,x_i)$$

$$D_K = \sum_{i=p+1}^{l}\sum_{q=p+1}^{l}\alpha_i\alpha_q((1-\lambda)r_{i1}+\lambda r_{i2})((1-\lambda)r_{q1}+\lambda r_{i2})K(x_i,x_q)$$

规划式 (4.41) 为一个凸二次规划, 解得其最优解为

$$(\boldsymbol{\beta}^*,\boldsymbol{\alpha}^*)^{\mathrm{T}} = (\beta_1^*,\cdots,\beta_p^*,\alpha_{p+1}^*,\cdots,\alpha_l^*)^{\mathrm{T}}$$

可以证明最优分类函数为

$$\begin{aligned} f(x) =&\mathrm{sgn}(g(x)) = \mathrm{sgn}\Bigg(\sum_{t=1}^{p}\beta_t^*((1-\lambda)r_{t3}+\lambda r_{t2})K(x,x_t) \\ &+ \sum_{i=p+1}^{l}\alpha_i^*((1-\lambda)r_{i1}+\lambda r_{i2})K(x,x_i)+b^*\Bigg) \end{aligned} \tag{4.42}$$

式 (4.42) 中 b^* 的确定:

(1) 若存在 $\boldsymbol{\beta}^*$ 的正分量 β_s^* 使得 $\beta_s^* \in (0,C)$ 或 $\boldsymbol{\alpha}^*$ 的正分量 α_q^* 使得 $\alpha_q^* \in (0,C)$, 则

$$\begin{aligned} b^* =&((1-\lambda)r_{s3}+\lambda r_{s2}) - \Bigg(\sum_{t=1}^{p}\beta_t^*((1-\lambda)r_{t3}+\lambda r_{t2})K(x_t,x_s) \\ &+ \sum_{i=p+1}^{l}\alpha_i^*((1-\lambda)r_{i1}+\lambda r_{i2})K(x_i,x_s)\Bigg), \quad s\in\{s|0<\beta_s^*<C\} \end{aligned}$$

或者

$$\begin{aligned} b^* =&((1-\lambda)r_{q1}+\lambda r_{q2}) - \Bigg(\sum_{t=1}^{p}\beta_t^*((1-\lambda)r_{t3}+\lambda r_{t2})K(x_t,x_q) \\ &+ \sum_{i=p+1}^{l}\alpha_i^*((1-\lambda)r_{i1}+\lambda r_{i2})K(x_i,x_q)\Bigg), \quad q\in\{q|0<\alpha_q^*<C\} \end{aligned}$$

(2) 若不存在 $\boldsymbol{\beta}^*$ 的正分量 β_s^* 使得 $\beta_s^* \in (0,C)$ 或 $\boldsymbol{\alpha}^*$ 的正分量 α_q^* 使得 $\alpha_q^* \in (0,C)$, 则 b^* 不唯一, 且按以下公式得到: $b^* \in [\underline{b},\overline{b}]$, 其中

$$\overline{b} = \min\left\{\min_{t\in S_+}(((1-\lambda)r_{t3}+\lambda r_{t2}) - \sum_{t=1}^{p}\boldsymbol{\beta}^*(((1-\lambda)r_{t3}+\lambda r_{t2})K(x_s,x_t))\right.$$

$$\min_{i\in V_-}((1-\lambda)r_{i1}+\lambda r_{i2})-\sum_{i=p+1}^{l}\boldsymbol{\alpha}^*(((1-\lambda)r_{i1}+\lambda r_{i2})K(x_q,x_i))\Bigg\}$$

$$\underline{b}=\max\Bigg\{\max_{t\in V_+}((1-\lambda)r_{t3}+\lambda r_{t2})-\sum_{t=1}^{p}\boldsymbol{\beta}^*(((1-\lambda)r_{t3}+\lambda r_{t2})K(x_s,x_t))$$

$$\max_{i\in S_-}((1-\lambda)r_{i1}+\lambda_{i2})-\sum_{i=p+1}^{l}\boldsymbol{\alpha}^*(((1-\lambda)r_{i1}+\lambda r_{i2})K(x_q,x_i))\Bigg\}$$

S_+ 为对应 $\boldsymbol{\beta}^*=C$ 的模糊正类点的下标集合, V_+ 为对应 $\boldsymbol{\beta}^*=0$ 的模糊正类点的下标集合, S_- 为对应 $\boldsymbol{\alpha}^*=C$ 的模糊负类点的下标集合, V_- 为对应 $\boldsymbol{\alpha}^*=0$ 的模糊负类点的下标集合.

最优分类函数的隶属函数为

$$\mu(u)=\begin{cases}\varphi_+(u), & 0<u\leqslant\varphi_+^{-1}(1)\\ \varphi_-(u), & \varphi_-^{-1}(1)\leqslant u<0\\ 1, & u>\varphi_+^{-1}(1)\text{ 或 }u<\varphi_-^{-1}(1)\end{cases}\tag{4.43}$$

其中, $\varphi_+(u)$ 为由 ε-支持向量回归机得到的回归函数 (关于 u 的单调增函数). 此 ε-支持向量回归机构造方法如下:

(1) 构造回归问题的训练集

$$\{(g(x_1),\delta_1^+),\cdots,(g(x_p),\delta_p^+)\}\tag{4.44}$$

(2) 以式 (4.44) 为训练集, 选择适当的 $\varepsilon>0$, 惩罚参数 $C>0$, 选择核函数为线性核, 构造 ε-支持向量回归机.

同理, $\varphi_-(u)$ 为由 ε-支持向量回归机得到的回归函数 (关于 u 的单调减函数). 此 ε-支持向量回归机构造方法如下:

(1) 构造回归问题的训练集

$$\{(g(x_{p+1}),\delta_{p+1}^-),\cdots,(g(x_l),\delta_l^-)\}\tag{4.45}$$

(2) 以式 (4.45) 为训练集, 选择与上面相同的 ε, C, 选择核函数为线性核, 构造 ε-支持向量回归机.

$\varphi_+^{-1}(1)$ 为函数 $\varphi_+(u)$ 的反函数在 1 处的函数值. $\varphi_-^{-1}(1)$ 为函数 $\varphi_-(u)$ 的反函数在 1 处的函数值.

根据以上分析可以得到以下算法.

算法 4.3(模糊非线性模糊支持向量分类机)

(1) 给定模糊非线性问题模糊训练集式 (4.11), 选择适当的置信水平 $\lambda(0<\lambda\leqslant 1)$, 适当的惩罚参数 C, 以及适当的核函数 (正定核) 构造二次规划式 (4.41).

(2) 求解规划式 (4.41), 得最优解 $(\boldsymbol{\beta}^*, \boldsymbol{\alpha}^*)^{\mathrm{T}} = (\beta_1^*, \cdots, \beta_p^*, \alpha_{p+1}^*, \cdots, \alpha_l^*)^{\mathrm{T}}$.

(3) 选择 $\boldsymbol{\beta}^*$ 的正分量 $0 < \beta_s^* < C$ 或 $\boldsymbol{\alpha}^*$ 的正分量 $0 < \alpha_q^* < C$, 据此计算

$$\begin{aligned} b^* =& ((1-\lambda)r_{s3} + \lambda r_{s2}) - \left(\sum_{t=1}^{p} \beta_t^*((1-\lambda)r_{t3} + \lambda r_{t2})K(x_t, x_s) \right. \\ & \left. + \sum_{i=p+1}^{l} \alpha_i^*((1-\lambda)r_{i1} + \lambda r_{i2})K(x_i, x_s) \right) \end{aligned}$$

或者

$$\begin{aligned} b^* =& ((1-\lambda)r_{qi} + \lambda r_{q2}) - \left(\sum_{t=1}^{p} \beta_t^*((1-\lambda)r_{t3} + \lambda r_{t2})K(x_t, x_q) \right. \\ & \left. + \sum_{i=p+1}^{l} \alpha_i^*((1-\lambda)r_{i1} + \lambda r_{i2})K(x_i, x_q) \right) \end{aligned}$$

(4) 构造最优分类函数式 (4.42).

(5) 分别以式 (4.44) 和式 (4.45) 为训练集构造 ε-支持向量回归机 (选择适当的 ε、惩罚参数 C, 选择核函数为线性核), 得到回归函数 $\varphi^+(u)$ 和 $\varphi^-(u)$, 由此建立最优分类函数的隶属函数式 (4.43).

注：(1) 若模糊训练集中的所有模糊训练点的输出全为实数 1 或 -1, 则模糊训练集退化为普通训练集. 因此, 非线性模糊支持向量分类机变为非线性支持向量分类机.

(2) 选择不同的核函数, 可以生成不同的模糊支持向量分类机, 常用的有以下的几种：

(i) 线性模糊支持向量分类机：$K(x, x') = x \cdot x'$.

(ii) 多项式模糊支持向量分类机：$K(x, x') = [(x \cdot x') + c]^d, c \geqslant 0$.

(iii) 径向基函数模糊支持向量分类机：$K(x, x') = \exp\left\{\dfrac{-\|x - x'\|^2}{2\sigma^2}\right\}$.

(iv) 二层神经网络模糊支持向量分类机：$K(x, x') = \tanh(k(x \cdot x') - \delta)$, $k > 0$, $\delta > 0$.

4.4 数据试验

模糊支持向量分类机是以经典支持向量机和模糊数学为基础而建立的, 因此具有较大的合理性. 为了说明算法的合理性, 给出具体数据进行数值试验.

设 6 个训练点的输入和属于正类 (或负类) 的隶属度分别如下：

$\boldsymbol{x}_1 = (2,2)^{\mathrm{T}}$, 属于正类的隶属度 1(属于负类的隶属度 0); $\boldsymbol{x}_2 = (1.7,2)^{\mathrm{T}}$, 属于正类的隶属度 0.95(属于负类的隶属度 0.05); $\boldsymbol{x}_3 = (1.5,1)^{\mathrm{T}}$, 属于正类的隶属度 0.8(属于负类的隶属度 0.2); $\boldsymbol{x}_4 = (0,0)^{\mathrm{T}}$, 属于负类的隶属度为 1(属于正类的隶属度 0); $\boldsymbol{x}_5 = (0.8,0.5)^{\mathrm{T}}$, 属于负类的隶属度 0.85(属于正类的隶属度 0.15); $\boldsymbol{x}_6 = (1,0.5)^{\mathrm{T}}$, 属于负类的隶属度 0.8(属于正类的隶属度 0.2).

根据 4.2 节的模糊分类中的模糊特征及其表示方法, 将以上隶属度化为三角模糊数, 得到以下模糊训练集：

$$S = \{(x_1,\tilde{y}_1),(x_2,\tilde{y}_2),(x_3,\tilde{y}_3),(x_4,\tilde{y}_4),(x_5,\tilde{y}_5),(x_6,\tilde{y}_6)\}$$

其中, 训练点的输出为三角模糊数

$$\tilde{y}_1 = 1 = (1,1,1),\ \tilde{y}_2 = (0.755,0.9,1),\ \tilde{y}_3 = (0.1,0.6,1.1)$$

$$\tilde{y}_4 = -1 = (-1,-1,-1),\ \tilde{y}_5 = (-1.05,-0.7,-0.34)$$

$$\tilde{y}_6 = (-1.1,-0.6,-0.1)$$

取置信水平 $\lambda = 0.8$, 由定义 4.12 可以验证模糊训练集 S 模糊线性可分. 因此, 根据算法 4.1(模糊线性可分模糊支持向量机) 可得：最优分类超平面为 $2[x]_1 + [2x]_2 - 4 = 0$, 如图 4.2 所示.

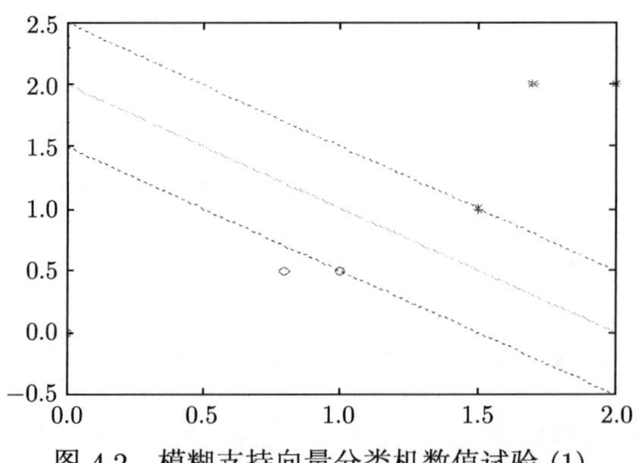

图 4.2　模糊支持向量分类机数值试验 (1)

最优分类函数为：$f(x) = \mathrm{sgn}(g(x)) = \mathrm{sgn}(2[x]_1 + 2[x]_2 - 4)$.

下面建立最优分类函数的隶属函数.

以 $S_1 = \{(4,1),(3.4,0.95),(1,0.8)\}$ 为模糊训练集, 选择 $\varepsilon = 0.1$, $C = 10$ 并且选择线性核, 构造支持向量回归机, 得到回归函数 $\varphi_+(u) = 0.10u + 0.6$.

同理, 以$S_2=\{(-4,1),(-1.4,0.85),(-1,0.8)\}$ 为模糊训练集, 选择$\varepsilon=0.1$, $C=10$ 并且选择线性核, 构造支持向量回归机, 得到回归函数 $\varphi_-(u) = -0.11u + 0.6$.

因此, 最优分类函数的隶属函数为

$$\mu(g(x))=\begin{cases}0.10g(x)+0.6, & 0<g(x)\leqslant 4\\ -0.11g(x)+0.6, & -3.64\leqslant g(x)<0\\ 1, & g(x)>4 \text{ 或 } g(x)<-3.64\end{cases}$$

设有测试点输入 $\boldsymbol{x}_7=(1,2)^{\mathrm{T}}$, $\boldsymbol{x}_8=(1,0)^{\mathrm{T}}$. 将其代入 $f(x)$ 和 $\mu(g(x))$ 中得 $f(x_7)=1$(模糊正类), 属于正类的隶属度为 0.8, 属于负类的隶属度为 0.2, 因此 $\tilde{y}_7=(0.1,0.6,1.1)$(三角模糊数); $f(x_8)=-1$(模糊负类), 属于负类的隶属度为 0.82, 属于正类的隶属度为 0.18, 因此 $\tilde{y}_8=(-1.08,-0.64,-0.2)$(三角模糊数).

下面将模糊支持向量机与支持向量机进行比较. 首先设模糊训练集为

$$S_1=\{((0,0),-1),((0.8,0.5),-1),((1,0.5),-1),((2,2),1),((1.7,2),1),((1.5,1),1)\}$$

然后让训练点 $((1.5,1),1)$ 输出进行变化

$$1=(1,1,1)\to(0.1,0.6,1.1)\to(-1.1,-0.6,-0.1)\to(-1,-1,-1)=-1$$

则模糊训练集分别为

$$\begin{aligned}S_2=\{&((0,0),-1),((0.8,0.5),-1),((1,0.5),-1),\\&((2,2),1),((1.7,2),1),((1.5,1),(-1.4,0.6,2.6))\}\\S_3=\{&((0,0),-1),((0.8,0.5),-1),((1,0.5),-1),\\&((2,2),1),((1.7,2),1),((1.5,1),(-2.6,-0.6,1.4))\}\\S_4=\{&((0,0),-1),((0.8,0.5),-1),((1,0.5),-1),\\&((2,2),1),((1.7,2),1),((1.5,1),-1)\}\end{aligned}$$

取 $\lambda=0.8$, 由定义 4.12 可以验证模糊训练集 S_1, S_2, S_3, S_4 模糊线性可分. 因此, 根据算法 4.1(当模糊训练集中所有训练点输出为 1 或 -1 时, 模糊训练集退化为普通训练集, 如 S_1, S_4. 此时的模糊线性可分模糊支持向量分类机变为经典线性可分支持向量分类机), 得出最优分类超平面分别为 4 条直线

$$\begin{aligned}&l_1:[x_1]+[x_2]=2\\&l_2:[x_1]+[x_2]=2.4\\&l_3:0.385[x_1]+1.923[x_2]=1.4\\&l_4:0.385[x_1]+1.923[x_2]=1.76\end{aligned}$$

如图 4.3 所示.

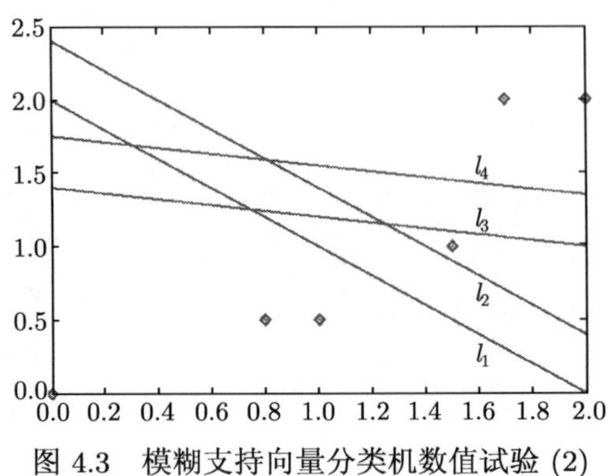

图 4.3 模糊支持向量分类机数值试验 (2)

模糊训练点的输出变化：$(1,1,1) \to (0.1,0.6,1.1) \to (-1.1,-0.6,-0.1) \to (-1, -1,-1)$, 而直线移动变化：$l_1 \to l_2 \to l_3 \to l_4$. 事实上, 以上变化说明此模糊训练点属于负类的隶属度增大, 而属于正类的隶属度减少. 由此可见, 所得的结果与直观判断相吻合.

4.5 最佳置信水平

在模糊支持向量分类机中置信水平 (精度)$\lambda(0 < \lambda \leqslant 1)$ 是事先给定的. 选择不同的 λ, 就得到不同的最优分类函数及其隶属函数. 而在模糊支持向量分类机中, 需要选取一个最优分类函数和其隶属函数. 如何选取 λ, 属于决策判决问题, 不同的应用背景和不同的决策者有着不同的精度要求和决策方法, 在此研究一般决策方法.

设模糊训练集如式 (4.11) 所示, 则确定最佳置信水平 λ 具体方法如下：

在 l 个模糊训练点中取定一个 $(x_k,\tilde{y}_k)$ 作为测试点, 其余 $l-1$ 个作为训练点.

(1) 将区间 $[0,1]$ 进行 a 等分, 得分点 $a_j=\dfrac{j}{a}$, $j=1,\cdots,a$.

(2) 取置信水平 $\lambda=a_j$, 构造模糊支持向量分类机, 得最优分类函数 $f_{a_j}(x)=\mathrm{sgn}(g_{a_j}(x))$ 及其隶属函数 $\mu_{f_{a_j}(x)}(g_{a_j}(x))$. 将测试点输入 x_k 代入 $f_{a_j}(x)$ 和 $\mu_{f_{a_j}(x)}$ 中得：测试点 $(x_k,\tilde{y}_k)$ 属于正类 (或负类) 的隶属度 $\hat{\delta}_k^+=\hat{\delta}_k$(或 $\hat{\delta}_k^-=-\hat{\delta}_k$). 将其转化为三角模糊数

$$\tilde{y}_k=(r_{k1},r_{k2},r_{k3})=\begin{cases}(2\hat{\delta}_k-3,2\hat{\delta}_k-1,2\hat{\delta}_k+1), & 0.5\leqslant\hat{\delta}_k<1\\(2\hat{\delta}_k-1,2\hat{\delta}_k+1,2\hat{\delta}_k+3), & -1<\hat{\delta}_k\leqslant-0.5\\(\hat{\delta}_k,\hat{\delta}_k,\hat{\delta}_k), & \hat{\delta}_k=\pm1\end{cases}$$

令 $\delta^k_{f_{a_j}(x)} = |\delta_k - \hat{\delta}_k|$, 称 $\delta^k_{f_{a_j}(x)}$ 为 $\lambda = a_j (j = 1, 2, \cdots, a)$ 时模糊支持向量分类机在 $(x_k, \tilde{y}_k)$ 处误差.

(3) 当 k 取遍集合 $\{1, 2, \cdots, l\}$ 时, 对于置信水平 $\lambda = a_j (j = 1, 2, \cdots, a)$ 得到 l 个误差 $\delta^1_{f_{a_j}(x)}, \cdots, \delta^l_{f_{a_j}(x)}$. 令 $\delta_{f_{a_j}(x)} = \sum\limits_{k=1}^{l} \delta^k_{f_{a_j}(x)}$, 称 $\delta_{f_{a_j}(x)}$ 为模糊支持向量分类机的总误差.

(4) 选择 ρ, 使得 $\delta_{f_\rho(x)} = \min\limits_{j=1,\cdots,a} \{\delta_{f_{a_j}(x)}\}$, 则取 $\lambda = \rho$ 为置信水平. ρ 称为最佳置信水平, $f_\rho(x) = \mathrm{sgn}(g_\rho(x))$ 称为最佳分类函数, $\mu_{f_\rho(x)}(g_\rho(x))$ 称为最佳分类函数的隶属函数.

4.6 模糊加权支持向量分类机

在模糊支持向量分类机的一些应用领域, 由于实际问题的需要, 往往要求算法中对正类、负类的惩罚参数不同. 为了适应此类问题, 建立模糊加权支持向量分类机.

设模糊训练集

$$S = \{(x_1, \tilde{y}_1), \cdots, (x_p, \tilde{y}_p), (x_{p+1}, \tilde{y}_{p+1}), \cdots, (x_l, \tilde{y}_l)\} \tag{4.46}$$

其中, $x_j \in \mathbf{R}^n$; $\tilde{y}_j = (r_1, r_2, r_3)$ 为三角模糊数 $(j = 1, \cdots, l)$; $(x_t, \tilde{y}_t)$ 称为模糊正类点 $t = 1, \cdots, p$; $(x_i, \tilde{y}_i)$ 称为模糊负类点 $i = p+1, \cdots, l$.

对于模糊线性问题, 在给定的置信水平 $\lambda\,(0 < \lambda \leqslant 1)$ 下, 模糊分类问题转化为求解以 $(\omega, b, \xi)^{\mathrm{T}}$ 为决策变量的模糊加权机会约束规划问题, 即

$$\begin{cases} \min\limits_{\omega,b,\xi} & \dfrac{1}{2}\|w\|^2 + C^+ \sum\limits_{t=1}^{p} \xi_t + C^- \sum\limits_{i=p+1}^{l} \xi_i \\ \text{s.t.} & \mathrm{Pos}\{\tilde{y}_j [(w \cdot x_j) + b] + \xi_j \geqslant 1\} \geqslant \lambda \\ & \xi_j \geqslant 0,\ j = 1, \cdots p, p+1, \cdots, l \end{cases} \tag{4.47}$$

其中, $\mathrm{Pos}\{\cdot\}$ 为模糊事件 $\{\cdot\}$ 的可能性测度; C^+, C^- 分别表示正类、负类的惩罚参数, 且都大于 0.

模糊加权机会约束规划式 (4.47) 可等价为以下的二次规划, 即

$$\begin{cases} \min\limits_{\omega,b,\xi} & \dfrac{1}{2}\|\omega\|^2 + C^+ \sum\limits_{t=1}^{p} \xi_t + C^- \sum\limits_{i=p+1}^{l} \xi_i \\ \text{s.t.} & [(1-\lambda) r_{t3} + \lambda r_{t2}] [(\omega \cdot x_t) + b] + \xi_t \geqslant 1, \quad t = 1, \cdots, p \\ & [(1-\lambda) r_{i1} + \lambda r_{i2}] [(\omega \cdot x_i) + b] + \xi_i \geqslant 1, \quad i = p+1, \cdots l \\ & \xi_j \geqslant 0, j = 1, \cdots, p, p+1, \cdots, l \end{cases} \tag{4.48}$$

由 Karush-Kuhn-Tucker 条件可得, 二次规划式 (4.48) 的对偶规划是以 $(\boldsymbol{\alpha},\boldsymbol{\beta})^{\mathrm{T}}$ 为决策变量的以下二次规划, 即

$$\begin{cases}\min\limits_{\omega,b,\xi} & \dfrac{1}{2}(A+2B+D)-\left(\displaystyle\sum_{t=1}^{p}\alpha_t+\sum_{i=p+1}^{l}\beta_i\right)\\ \text{s.t.} & \displaystyle\sum_{t=1}^{p}\alpha_t\left[(1-\lambda)r_{t3}+\lambda r_{t2}\right]+\sum_{i=p+1}^{l}\beta_i\left[(1-\lambda)r_{i1}+\lambda r_{i2}\right]=0\\ & 0\leqslant\alpha_t\leqslant C^{+},t=1,\cdots,p\\ & 0\leqslant\beta_i\leqslant C^{-},i=p+1,\cdots,l\end{cases}\tag{4.49}$$

其中, $\boldsymbol{\alpha}=(\alpha_1,\cdots,\alpha_p)$, $\boldsymbol{\beta}=(\beta_{p+1},\cdots,\beta_l)$, $(\boldsymbol{\alpha},\boldsymbol{\beta})^{\mathrm{T}}$ 为决策变量.

$$A=\sum_{t=1}^{p}\sum_{s=1}^{p}\alpha_t\alpha_s\left[(1-\lambda)r_{t3}+\lambda r_{t2}\right]\left[(1-\lambda)r_{s3}+\lambda r_{s2}\right](x_t\cdot x_s)$$

$$B=\sum_{t=1}^{p}\sum_{i=p+1}^{l}\alpha_t\beta_i\left[(1-\lambda)r_{t3}+\lambda r_{t2}\right]\left[(1-\lambda)r_{i1}+\lambda r_{i2}\right](x_t\cdot x_i)$$

$$D=\sum_{i=p+1}^{l}\sum_{q=p+1}^{l}\beta_i\beta_q\left[(1-\lambda)r_{i1}+\lambda r_{i2}\right]\left[(1-\lambda)r_{q1}+\lambda r_{q2}\right](x_i\cdot x_q)$$

由解凸二次规划式 (4.49) 得其最优解为

$$(\boldsymbol{\alpha}^*,\boldsymbol{\beta}^*)^{\mathrm{T}}=\left(\alpha_1^*,\cdots,\alpha_p^*,\beta_{p+1}^*,\cdots,\beta_l^*\right)^{\mathrm{T}}$$

因此, 最优分类函数为

$$f(x)=\operatorname{sgn}\{(w^*\cdot x)+b^*\},\quad x\in\mathbf{R}^n\tag{4.50}$$

其中

$$w^*=\sum_{t=1}^{p}\alpha_t\left[(1-\lambda)r_{t3}+\lambda r_{t2}\right]x_t+\sum_{i=p+1}^{l}\beta_i\left[(1-\lambda)r_{i1}+\lambda r_{i2}\right]x_i$$

$$\begin{aligned}b^*=&(1-\lambda)r_{s3}+\lambda r_{s2}-\{\sum_{t=1}^{p}\alpha_i^*\left[(1-\lambda)r_{t3}+\lambda r_{t2}\right](x_t\cdot x_s)\\&+\sum_{i=p+1}^{l}\beta_i^*\left[(1-\lambda)r_{i1}+\lambda r_{i2}\right](x_i\cdot x_s)\},\quad s\in\left\{s|\,0<\beta_s^*<C^{+}\right\}\end{aligned}$$

或者

$$b^*=(1-\lambda)r_{q3}+\lambda r_{q2}-\{\sum_{t=1}^{p}\alpha_t^*\left[(1-\lambda)r_{t3}+\lambda r_{t2}\right](x_t\cdot x_q)$$

$$+\sum_{i=p+1}^{l}\beta_i^*\left[(1-\lambda)\,r_{i1}+\lambda r_{i2}\right](x_i\cdot x_q)\},\quad q\in\{q|\,0<\beta_q^*<C^-\}$$

最优分类函数的隶属函数为

$$\mu(u)=\begin{cases}\varphi_+(u), & 0<u\leqslant\varphi_+^{-1}(1)\\ \varphi_-(u), & \varphi_-^{-1}(1)\leqslant u<0\\ 1, & u>\varphi_+^{-1}(1)\text{ 或 }u<\varphi_-^{-1}(1)\end{cases}\tag{4.51}$$

其中, $\varphi_+(u)$ 为由 ε-支持向量回归机得到的回归函数 (关于 u 的单调增函数). 此 ε-支持向量回归机构造方法如下:

(1) 构造回归问题的训练集为

$$\{(g(x_1),\delta_1^+),\cdots,(g(x_p),\delta_p^+)\}\tag{4.52}$$

(2) 以式 (4.52) 为训练集, 选择适当的 $\varepsilon>0$、惩罚参数 $C>0$, 选择核函数为线性核, 构造 ε-支持向量回归机.

同理, $\varphi_-(u)$ 为由 ε-支持向量回归机得到的回归函数 (关于 u 的单调减函数). 此 ε-支持向量回归机构造方法如下:

(1) 构造回归问题的训练集为

$$\{(g(x_{p+1}),\delta_{p+1}^-),\cdots,(g(x_l),\delta_l^-)\}\tag{4.53}$$

(2) 以式 (4.53) 为训练集, 选择与上面相同的 ε, C, 选择核函数为线性核, 构造 ε-支持向量回归机.

$\varphi_+^{-1}(1)$ 为函数 $\varphi_+(u)$ 的反函数在 1 处的函数值. $\varphi_-^{-1}(1)$ 为函数 $\varphi_-(u)$ 的反函数在 1 处的函数值.

由以上讨论可以得到以下算法.

算法 4.4(模糊线性模糊加权支持向量分类机)

(1) 给定模糊线性问题的模糊训练集式 (4.46), 选择适当的置信水平 $\lambda(0<\lambda\leqslant 1)$ 构造二次规划式 (4.49).

(2) 求解二次规划式 (4.49) 得最优解 $(\boldsymbol{\beta}^*,\boldsymbol{\alpha}^*)^{\mathrm{T}}=(\beta_1^*,\cdots,\beta_p^*,\alpha_{p+1}^*,\cdots,\alpha_l^*)^{\mathrm{T}}$.

(3) 计算 $w^*=\sum\limits_{t=1}^{p}\beta_t^*((1-\lambda)r_{t3}+\lambda r_{t2})x_t+\sum\limits_{i=p+1}^{l}\alpha_i^*((1-\lambda)r_{i1}+\lambda r_{i2})x_i$; 选择 $\boldsymbol{\beta}^*$ 的正分量 β_s^* 或 $\boldsymbol{\alpha}^*$ 的正分量 α_q^*, 据此计算

$$b^*=((1-\lambda)r_{s3}+\lambda r_{s2})-\left(\sum_{t=1}^{p}\beta_t^*((1-\lambda)r_{t3}+\lambda r_{t2})(x_t\cdot x_s)\right.$$

$$+\sum_{i=p+1}^{l}\alpha_i^*((1-\lambda)r_{i1}+\lambda r_{i2})(x_i\cdot x_s)\Bigg)$$

或者

$$b^* =((1-\lambda)r_{q1}+\lambda r_{q2})-\Bigg(\sum_{t=1}^{p}\beta_t^*((1-\lambda)r_{t3}+\lambda r_{t2})(x_t\cdot x_q)$$
$$+\sum_{i=p+1}^{l}\alpha_i^*((1-\lambda)r_{i1}+\lambda r_{i2})(x_i\cdot x_q)\Bigg)$$

(4) 构造最优分类超平面 $(w^*\cdot x)+b^*=0$, 由此求得最优分类函数式 (4.50).

(5) 分别以式 (4.52) 和式 (4.53) 为训练集构造 ε-支持向量回归机 (选择适当的 ε、惩罚参数 C, 选择核函数为线性核), 得到回归函数 $\varphi^+(u)$ 和 $\varphi^-(u)$, 由此建立最优分类函数的隶属函数式 (4.51).

注: (1) 对于模糊非线性问题, 同理可建立模糊加权支持向量分类机.

(2) 在式 (4.47) 中, 若 $C^+=C^-$, 则模糊加权支持向量分类机变为模糊支持向量分类机.

第 5 章　基于可信性理论的强模糊支持向量分类机

在第 4 章中研究了基于可能性理论的模糊支持向量分类机，但是在处理模糊信息时，利用可能性测度作为理论基础有一定的缺陷. 例如，可能性测度为 1 的模糊事件未必一定成立，因此利用可能性测度建立模糊支持向量机，并且考虑极端情况 (可能性测度为 1) 时容易出现误差. 而且在模糊环境下，可信性测度[68,69] 能够准确表达模糊事件的状态，因此本章研究基于可信性理论的强模糊支持向量分类机.

5.1　可信性测度与模糊机会约束规划

定义 5.1　设 $(U, P(U), \Pi)$ 为可能性空间 (定理 4.1)，$A \in P(U)$ 为模糊事件，则称

$$\mathrm{Nec}\{A\} = 1 - \mathrm{Pos}(A^c)$$

为 A 的必要性测度. 其中，A^c 为 A 的余集.

定义 5.2　设 $(U, P(U), \Pi)$ 为可能性空间，$A \in P(U)$ 为模糊事件，则称

$$\mathrm{Cr}\{A\} = \frac{1}{2}(\mathrm{Pos}\{A\} + \mathrm{Nec}\{A\})$$

为模糊事件的可信性测度.

定理 5.1　设 $(U, P(U), \Pi)$ 为可能性空间，$A \in P(U)$ 为模糊事件，则有

$$\mathrm{Pos}\{A\} \leqslant \mathrm{Cr}\{A\} \leqslant \mathrm{Nec}\{A\}$$

证明　略 (参见文献 [68]). ▌

定理 5.2　设 $(U, P(U), \Pi)$ 为可能性空间，则

(1) $\mathrm{Cr}\{U\} = 1$.

(2) $\mathrm{Cr}\{\Phi\} = 0$.

(3) 若 $A, B \in P(U)$，且 $A \subset B$，则 $\mathrm{Cr}\{A\} \leqslant \mathrm{Cr}\{B\}$.

(4) 对于 $\forall A \in P(U)$，有 $\mathrm{Cr}\{A\} + \mathrm{Cr}\{A^c\} = 1$.

(5) 对于 $\forall A, B \in P(U)$，有 $\mathrm{Cr}\{A \bigcup B\} \leqslant \mathrm{Cr}\{A\} + \mathrm{Cr}\{B\}$.

证明　略 (参见文献 [68]). ▌

注：(1) 可能性测度为 1 的模糊事件未必一定成立，必要性测度为 0 的模糊事件未必一定不成立.

(2) 可信性测度为 1 的模糊事件一定成立, 而可信性测度为 0 的模糊事件一定不成立.

定义 5.3 称规划

$$\begin{cases} \min & \overline{f} \\ \text{s.t.} & \text{Cr}\left\{f(x,\boldsymbol{\xi}) \leqslant \overline{f}\right\} \geqslant \beta \\ & \text{Cr}\left\{g_j(x,\boldsymbol{\xi}') \leqslant 0,\ j=1,2,\cdots,p\right\} \geqslant \alpha \end{cases} \tag{5.1}$$

为模糊机会约束规划. 其中, x 为决策变量; $\boldsymbol{\xi}$, $\boldsymbol{\xi}'$ 为模糊参数向量; $f(x,\boldsymbol{\xi})$ 为目标函数; $g_j(x,\boldsymbol{\xi}') \leqslant 0 (j=1,\cdots,p)$ 为约束条件, $\alpha,\beta (0<\alpha,\beta\leqslant 1)$ 为事先给定的对约束条件和目标函数的置信水平; $\text{Cr}\{\cdot\}$ 为模糊事件 $\{\cdot\}$ 的可信性测度.

常见的模糊机会约束规划为

$$\begin{cases} \min & f(x) \\ \text{s.t.} & \text{Cr}\{h(x)\xi + c \leqslant 0\} \geqslant \lambda \end{cases} \tag{5.2}$$

其中, $f(x)$ 为决策变量 x 的函数, 为目标函数, 它不含模糊参数; $h(x)$ 为决策变量 x 的函数; ξ 为模糊数; c 为实数; $h(x)\xi + c \leqslant 0$ 为约束条件; $\lambda(0<\lambda\leqslant 1)$ 为事先给定的置信水平.

5.2 强模糊支持向量分类机

设训练集为

$$S = \{(x_1,\tilde{y}_1),(x_2,\tilde{y}_2),\cdots,(x_l,\tilde{y}_l)\} \tag{5.3}$$

其中, $x_j \in \mathbf{R}^n$, $\tilde{y}_j$ 为形如式 (4.9) 中的三角模糊数, $j=1,\cdots,l$.

定义 5.4 式 (5.3) 中的 $(x_j,\tilde{y}_j)(j=1,\cdots,l)$ 称为模糊训练点, 而 S 称为模糊训练集.

为研究问题方便, 将模糊训练集式 (4.10) 中的模糊训练点重新排序, 即将模糊正类点排在前面, 将模糊负类点排在后面, 从而得到以下形式的模糊训练集:

$$S = \{(x_1,\tilde{y}_1),\cdots,(x_p,\tilde{y}_p),(x_{p+1},\tilde{y}_{p+1}),\cdots,(x_l,\tilde{y}_l)\} \tag{5.4}$$

其中, $(x_t,\tilde{y}_t)$ 为模糊正类点, $t=1,\cdots,p$; $(x_i,\tilde{y}_i)$ 为模糊负类点, $i=p+1,\cdots,l$.

定义 5.5 设模糊训练集如式 (5.4) 所示, 若对于给定的置信水平 $\lambda(0.5<\lambda\leqslant 1)$, 存在 $w\in\mathbf{R}^n$, $b\in\mathbf{R}$, 使得

$$\text{Cr}\{\tilde{y}_j((w\cdot x_j)+b)\geqslant 1\}\geqslant\lambda, \quad j=1,\cdots,l \tag{5.5}$$

则称模糊训练集式 (5.4) 强模糊线性可分, 也称模糊分类问题是强模糊线性可分的.

若对于给定的置信水平 $\lambda(0<\lambda\leqslant 0.5)$, 存在 $w\in\mathbf{R}^n$, $b\in\mathbf{R}$, 使得

$$\mathrm{Cr}\{\tilde{y}_j((w\cdot x_j)+b)\geqslant 1\}\geqslant\lambda,\quad j=1,\cdots,l \tag{5.6}$$

则称模糊训练集式 (5.4) 弱模糊线性可分, 也称模糊分类问题是弱模糊线性可分的.

注：本书中仅研究以强模糊线性可分为基础的模糊支持向量机, 称为强模糊支持向量机. 至于以弱模糊线性可分为基础的模糊支持向量机 (称为弱模糊支持向量机) 则另文讨论.

文献 [68]、[69] 中给出了一般情况下将关于模糊事件的可信性测度不等式化为与其等价实不等式组的方法. 在此给出将定义 5.5 中式 (5.5) 化为与其等价实不等式组的方法.

定理 5.3 定义 5.5 中的式 (5.5) 与以下的实不等式组等价, 即

$$\begin{cases}((2-2\lambda)r_{t2}+(2\lambda-1)r_{t1})((w\cdot x_t)+b)\geqslant 1, & t=1,\cdots,p\\ ((2-2\lambda)r_{i2}+(2\lambda-1)r_{i3})((w\cdot x_i)+b)\geqslant 1, & i=p+1,\cdots,l\end{cases} \tag{5.7}$$

证明 因为 $\tilde{y}_j=(r_{j1},r_{j2},r_{j3})$ 为三角模糊数, 所以由三角模糊数运算可得 $1-\tilde{y}_j((w\cdot x_j)+b)$ 仍为三角模糊数. 即当 $(w\cdot x_t)+b>0$ 时, 有

$$\begin{aligned}1-\tilde{y}_t((w\cdot x_t)+b)=&(1-r_{t3}((w\cdot x_t)+b),1-r_{t2}((w\cdot x_t)+b),\\ &1-r_{t1}((w\cdot x_t)+b)),\quad t=1,\cdots,p\end{aligned}$$

然而对于三角模糊数 $\tilde{a}=(r_1,r_2,r_3)$ 及给定的置信水平 $\lambda(0.5<\lambda\leqslant 1)$ 有

$$\mathrm{Cr}\{\tilde{a}\leqslant 0\}\geqslant\lambda\Leftrightarrow(2-2\lambda)r_2+(2\lambda-1)r_3\leqslant 0$$

见文献 [69]. 所以当 $(w\cdot x_t)+b>0$ 时, 有

$$\begin{aligned}\mathrm{Cr}\{1-\tilde{y}((w\cdot x_t)+b)\leqslant 0\}\geqslant\lambda\Leftrightarrow&1-(2-2\lambda)(1-r_{t2}((w\cdot x_t)+b))\\ &+(2\lambda-1)(1-r_{t1}((w\cdot x_t)+b))\leqslant 0,\quad t=1,\cdots,p\end{aligned}$$

亦即

$$\begin{aligned}\mathrm{Cr}\{\tilde{y}_t((w\cdot x_t)+b)\geqslant 1\}\geqslant\lambda\Leftrightarrow&((2-2\lambda)r_{t2}\\ &+(2\lambda-1)r_{t1})((w\cdot x_t)+b)\geqslant 1,\quad t=1,\cdots,p\end{aligned}$$

同理, 可得当 $(w\cdot x_i)+b<0$ 时, 有

$$\begin{aligned}\mathrm{Cr}\{\tilde{y}_i((w\cdot x_i)+b)\geqslant 1\}\geqslant\lambda\Leftrightarrow&((2-2\lambda)r_{i2}\\ &+(2\lambda-1)r_{i3})((w\cdot x_i)+b)\geqslant 1,\quad i=p+1,\cdots,l\end{aligned}$$

所以定义 5.5 中的式 (5.5) 与式 (5.7) 等价. ∎

在式 (5.7) 中, 令

$$k_t = \frac{1}{(2-2\lambda)r_{t2}+(2\lambda-1)r_{t1}}, \quad t=1,\cdots,p$$

$$l_i = \frac{1}{(2-2\lambda)r_{i2}+(2\lambda-1)r_{i3}}, \quad i=p+1,\cdots,l \tag{5.8}$$

则式 (5.7) 可表示为

$$\begin{cases} (w\cdot x_t)+b \geqslant k_t, & t=1,\cdots,p \\ (w\cdot x_i)+b \leqslant l_i, & i=p+1,\cdots,l \end{cases}$$

定义 5.6 考虑由模糊训练集式 (5.4) 给出的模糊线性可分问题, 称两平行超平面 $(w\cdot x)+b=k^+$ 和 $(w\cdot x)+b=l^-$ 为关于模糊训练集式 (5.4) 的支撑超平面, 如果

$$\begin{cases} (w\cdot x_t)+b \geqslant k_t, \quad t=1,\cdots,p \\ \min\limits_{t=1,\cdots,p}\{(w\cdot x_t)+b\}=k^+ \\ (w\cdot x_i)+b \leqslant l_i, \quad i=p+1,\cdots,l \\ \max\limits_{i=p+1,\cdots,l}\{(w\cdot x_i)+b\}=l^- \end{cases}$$

其中, $k_t(t=1,\cdots,p)$, $l_i(i=p+1,\cdots,l)$ 如式 (4.13) 中所示, $k^+=\min\limits_{t=1,\cdots,p}\{k_t\}$, $l^-=\max\limits_{i=p+1,\cdots,l}\{l_i\}$.

两个支撑超平面 $(w\cdot x)+b=k^+$ 和 $(w\cdot x)+b=l^-$ 之间的距离为

$$\frac{|k^+-l^-|}{\|w\|}$$

则称其为间隔 (其中 $k^+>0$ 和 $l^-<0$ 为常数), 目的是极大化间隔.

5.2.1 强模糊线性可分强模糊支持向量分类机

本小节考虑模糊训练集式 (5.4) 对应强模糊线性可分问题, 此时在置信水平 $\lambda(0.5<\lambda\leqslant 1)$ 下, 模糊分类问题转化为求解以下以 $(w,b)^{\mathrm{T}}$ 为决策变量的模糊机会约束规划问题, 即

$$\begin{cases} \min\limits_{w,b} & \dfrac{1}{2}\|w\|^2 \\ \text{s.t.} & \mathrm{Cr}\{\tilde{y}_j((w\cdot x_j)+b)\geqslant 1\}\geqslant\lambda, j=1,\cdots,l \end{cases} \tag{5.9}$$

其中, $\tilde{y}_j(j=1,\cdots,l)$ 为模糊训练集式 (5.4) 中的三角模糊数; $\mathrm{Cr}\{\cdot\}$ 为模糊事件 $\{\cdot\}$ 的可信性测度.

定理 5.4 在置信水平 $\lambda(0.5 < \lambda \leqslant 1)$ 下, 模糊机会约束规划式 (5.9) 的清晰等价规划 [与式 (5.9) 等价的普通规划] 为以下二次规划

$$\begin{cases} \min\limits_{w,b} & \dfrac{1}{2}\|w\|^2 \\ \text{s.t.} & ((2-2\lambda)r_{t2}+(2\lambda-1)r_{t1})((w\cdot x_t)+b)\geqslant 1, t=1,\cdots,p \\ & ((2-2\lambda)\mathrm{r_{i2}}+(2\lambda-1)r_{i3})((w\cdot x_i)+b)\geqslant 1, i=p+1,\cdots,l \end{cases} \tag{5.10}$$

证明 由定理 5.3 的结论直接可得. ▌

定理 5.5 二次规划式 (5.10) 的最优解存在.

下面求二次规划式 (5.10) 的对偶规划.

定理 5.6 二次规划式 (5.10) 的对偶规划为

$$\begin{cases} \min\limits_{\beta,\alpha} & \dfrac{1}{2}(A+2B+D)-\left(\displaystyle\sum_{t=1}^{p}\beta_t+\sum_{i=p+1}^{l}\alpha_i\right) \\ \text{s.t.} & \displaystyle\sum_{t=1}^{p}\beta_t(2(1-\lambda)r_{t3}+(2\lambda-1)r_{t2})+\sum_{i=p+1}^{l}\alpha_i(2(1-\lambda)r_{i1}+(2\lambda-1)r_{i2})=0 \\ & \beta_t\geqslant 0, t=1,\cdots,p;\quad \alpha_i\geqslant 0, i=p+1,\cdots,l \end{cases} \tag{5.11}$$

其中

$$A=\sum_{t=1}^{p}\sum_{s=1}^{p}\beta_t\beta_s(2(1-\lambda)r_{t3}+(2\lambda-1)r_{t2})(2(1-\lambda)r_{s3}+(2\lambda-1)r_{s2})(x_t\cdot x_s)$$

$$B=\sum_{t=1}^{p}\sum_{i=p+1}^{l}\beta_t\alpha_i(2(1-\lambda)r_{t3}+(2\lambda-1)r_{t2})(2(1-\lambda)r_{i1}+(2\lambda-1)r_{i2})(x_t\cdot x_i)$$

$$D=\sum_{i=p+1}^{l}\sum_{q=p+1}^{l}\alpha_i\alpha_q(2(1-\lambda)r_{i1}+(2\lambda-1)r_{i2})(2(1-\lambda)r_{q1}+(2\lambda-1)r_{i2})(x_i\cdot x_q)$$

$\boldsymbol{\beta}=(\beta_1,\cdots,\beta_p)^{\mathrm{T}}$, $\boldsymbol{\alpha}=(\alpha_{p+1},\cdots,\alpha_l)^{\mathrm{T}}$, $(\boldsymbol{\beta},\boldsymbol{\alpha})^{\mathrm{T}}$ 为决策变量.

证明 首先引入拉格朗日函数

$$\begin{aligned} L(w,b,\beta,\alpha)=&\frac{1}{2}\|w\|^2-\sum_{t=1}^{p}\beta_t((2(1-\lambda)r_{t3}+(2\lambda-1)r_{t2})((w\cdot x_t)+b)-1) \\ &-\sum_{i=p+1}^{l}\alpha_i((2(1-\lambda)r_{i1}+(2\lambda-1)r_{i2})((w\cdot x_i)+b)-1) \end{aligned} \tag{5.12}$$

其中, $\boldsymbol{\beta}=(\beta_1,\cdots,\beta_p)^{\mathrm{T}}\in\mathbf{R}_+^p$; $\boldsymbol{\alpha}=(\alpha_{p+1},\cdots,\alpha_l)^{\mathrm{T}}\in\mathbf{R}_+^{l-p}$; β_t, α_i 为拉格朗日乘子.

根据 Wolfe 对偶定义, 即先求拉格朗日函数关于 w, b 的极小. 由极值条件: $\nabla_b L(w,b,\beta,\alpha)=0$, $\nabla_w L(w,b,\beta,\alpha)=0$, 得到

$$\sum_{t=1}^{p}\beta_t(2(1-\lambda)r_{t3}+(2\lambda-1)r_{t2})+\sum_{i=p+1}^{l}\alpha_i(2(1-\lambda)r_{i1}+(2\lambda-1)r_{i2})=0 \quad (5.13)$$

$$w=\sum_{t=1}^{p}\beta_t(2(1-\lambda)r_{t3}+(2\lambda-1)r_{t2})x_t+\sum_{i=p+1}^{l}\alpha_i(2(1-\lambda)r_{i1}+(2\lambda-1)r_{i2})x_i \quad (5.14)$$

将式 (5.14) 代入拉格朗日函数式 (5.12), 并且利用式 (5.13) 得到二次规划式 (5.10) 的对偶规划为

$$\begin{cases}\max\limits_{\beta,\alpha} & \left(\sum\limits_{t=1}^{p}\beta_t+\sum\limits_{i=p+1}^{l}\alpha_i\right)-\dfrac{1}{2}(A+2B+D)\\ \text{s.t.} & \sum\limits_{t=1}^{p}\beta_t(2(1-\lambda)r_{t3}+(2\lambda-1)r_{t2})+\sum\limits_{i=p+1}^{l}\alpha_i(2(1-\lambda)r_{i1}+(2\lambda-1)r_{i2})=0\\ & \beta_t\geqslant 0, t=1,\cdots,p;\quad \alpha_i\geqslant 0, i=p+1,\cdots,l\end{cases} \quad (5.15)$$

其中

$$A=\sum_{t=1}^{p}\sum_{s=1}^{p}\beta_t\beta_s(2(1-\lambda)r_{t3}+(2\lambda-1)r_{t2})(2(1-\lambda)r_{s3}+(2\lambda-1)r_{s2})(x_t\cdot x_s)$$

$$B=\sum_{t=1}^{p}\sum_{i=p+1}^{l}\beta_t\alpha_i(2(1-\lambda)r_{t3}+(2\lambda-1)r_{t2})(2(1-\lambda)r_{i1}+(2\lambda-1)r_{i2})(x_t\cdot x_i)$$

$$D=\sum_{i=p+1}^{l}\sum_{q=p+1}^{l}\alpha_i\alpha_q(2(1-\lambda)r_{i1}+(2\lambda-1)r_{i2})(2(1-\lambda)r_{q1}+(2\lambda-1)r_{i2})(x_i\cdot x_q)$$

$\boldsymbol{\beta}=(\beta_1,\cdots,\beta_p)^{\mathrm{T}}$, $\boldsymbol{\alpha}=(\alpha_{p+1},\cdots,\alpha_l)^{\mathrm{T}}$, $(\boldsymbol{\beta},\boldsymbol{\alpha})^{\mathrm{T}}$ 为决策变量.

把二次规划式 (5.15) 的目标函数转换为极小, 即得到式 (5.11). ▌

规划式 (5.11) 为一个凸二次规划, 解得其最优解为

$$(\boldsymbol{\beta}^*,\boldsymbol{\alpha}^*)^{\mathrm{T}}=(\beta_1^*,\cdots,\beta_p^*,\alpha_{p+1}^*,\cdots,\alpha_l^*)^{\mathrm{T}}$$

则令

$$w^*=\sum_{t=1}^{p}\beta_t^*(2(1-\lambda)r_{t3}+(2\lambda-1)r_{t2})x_t+\sum_{i=p+1}^{l}\alpha_i^*(2(1-\lambda)r_{i1}+(2\lambda-1)r_{i2})x_i$$

$$
\begin{aligned}
b^* =&(2(1-\lambda)r_{s3}+(2\lambda-1)r_{s2})-\left(\sum_{t=1}^{p}\beta_t^*(2(1-\lambda)r_{t3}+(2\lambda-1)r_{t2})(x_t\cdot x_s)\right.\\
&\left.+\sum_{i=p+1}^{l}\alpha_i^*(2(1-\lambda)r_{i1}+(2\lambda-1)r_{i2})(x_i\cdot x_s)\right),\quad s\in\{s|\beta_s^*>0\}
\end{aligned}
$$

或者

$$
\begin{aligned}
b^* =&(2(1-\lambda)r_{q1}+(2\lambda-1)r_{q2})-\left(\sum_{t=1}^{p}\beta_t^*(2(1-\lambda)r_{t3}+(2\lambda-1)r_{t2})(x_t\cdot x_q)\right.\\
&\left.+\sum_{i=p+1}^{l}\alpha_i^*(2(1-\lambda)r_{i1}+(2\lambda-1)r_{i2})(x_i\cdot x_q)\right),\quad q\in\{q|\alpha_q^*>0\}
\end{aligned}
$$

并且令 $g(x)=(w^*\cdot x)+b^*$, 可以证明最优分类函数为

$$
f(x)=\operatorname{sgn}(g(x))=\operatorname{sgn}((w^*\cdot x)+b^*),\quad x\in\mathbf{R}^n \tag{5.16}
$$

而最优分类超平面为：$(w^*\cdot x)+b^*=0$.

最优分类函数的隶属函数为

$$
\mu(u)=\begin{cases}\varphi_+(u), & 0<u\leqslant\varphi_+^{-1}(1)\\ \varphi_-(u), & \varphi_-^{-1}(1)\leqslant u<0\\ 1, & u>\varphi_+^{-1}(1)\text{ 或 }u<\varphi_-^{-1}(1)\end{cases} \tag{5.17}
$$

其中, $\varphi_+(u)$ 为由 ε-支持向量回归机得到的回归函数 (关于 u 的单调增函数). 此 ε-支持向量回归机构造方法如下：

(1) 构造回归问题的训练集为

$$
\{(g(x_1),\delta_1^+),\cdots,(g(x_p),\delta_p^+)\} \tag{5.18}
$$

(2) 以式 (5.18) 为训练集, 选择适当的 $\varepsilon>0$, 惩罚参数 $C>0$, 选择核函数为线性核, 构造 ε-支持向量回归机.

同理, $\varphi_-(u)$ 为由 ε-支持向量回归机得到的回归函数 (关于 u 的单调减函数). 此 ε-支持向量回归机构造方法如下：

(1) 构造回归问题的训练集为

$$
\{(g(x_{p+1}),\delta_{p+1}^-),\cdots,(g(x_l),\delta_l^-)\} \tag{5.19}
$$

(2) 以式 (5.19) 为训练集, 选择与上面相同的 ε, C, 选择核函数为线性核, 构造 ε-支持向量回归机.

$\varphi_+^{-1}(1)$ 为函数 $\varphi_+(u)$ 的反函数在 1 处的函数值. $\varphi_-^{-1}(1)$ 为函数 $\varphi_-(u)$ 的反函数在 1 处的函数值.

任给一个测试点的输入 $\bar{x}$, 代入式 (5.16) 和式 (5.17) 中得 $f(\bar{x})=1$(或 -1) 及其隶属度 $\mu(g(\bar{x}))$. 将它们转化为三角模糊数 $\tilde{y}$[由隶属度转化为三角模糊数的方法如 4.2 节中的式 (4.9)], 即为测试点的输出. 它可客观地反映测试点 $(\bar{x},\tilde{y})$ 的模糊分类情况 (显示测试点属于正类和属于负类的隶属度).

通过以上讨论可以得出以下算法.

算法 5.1(强模糊线性可分强模糊支持向量分类机)

(1) 给定模糊线性可分问题的模糊训练集式 (5.4), 选择适当的置信水平 $\lambda(0.5<\lambda\leqslant 1)$ 构造二次规划式 (5.11).

(2) 求解二次规划式 (5.11) 得最优解 $(\boldsymbol{\beta}^*,\boldsymbol{\alpha}^*)^{\mathrm{T}}=(\beta_1^*,\cdots,\beta_p^*,\alpha_{p+1}^*,\cdots,\alpha_l^*)^{\mathrm{T}}$.

(3) 计算

$$w^*=\sum_{t=1}^{p}\beta_t^*(2(1-\lambda)r_{t3}+(2\lambda-1)r_{t2})x_t+\sum_{i=p+1}^{l}\alpha_i^*(2(1-\lambda)r_{i1}+(2\lambda-1)r_{i2})x_i$$

选择 $\boldsymbol{\beta}^*$ 的正分量 β_s^* 或 $\boldsymbol{\alpha}^*$ 的正分量 α_q^*, 据此计算

$$\begin{aligned}b^*=&(2(1-\lambda)r_{s3}+(2\lambda-1)r_{s2})-\left(\sum_{t=1}^{p}\beta_t^*(2(1-\lambda)r_{t3}+(2\lambda-1)r_{t2})(x_t\cdot x_s)\right.\\&\left.+\sum_{i=p+1}^{l}\alpha_i^*(2(1-\lambda)r_{i1}+(2\lambda-1)r_{i2})(x_i\cdot x_s)\right)\end{aligned}$$

或者

$$\begin{aligned}b^*=&(2(1-\lambda)r_{q1}+(2\lambda-1)r_{q2})-\left(\sum_{t=1}^{p}\beta_t^*(2(1-\lambda)r_{t3}+(2\lambda-1)r_{t2})(x_t\cdot x_q)\right.\\&\left.+\sum_{i=p+1}^{l}\alpha_i^*(2(1-\lambda)r_{i1}+(2\lambda-1)r_{i2})(x_i\cdot x_q)\right)\end{aligned}$$

(4) 构造最优分类超平面 $(w^*\cdot x)+b^*=0$, 由此求得最优分类函数式 (5.16).

(5) 分别以式 (5.18) 和式 (5.19) 为训练集构造 ε-支持向量回归机 (选择适当的 ε、惩罚参数 C, 选择核函数为线性核), 得到回归函数 $\varphi^+(u)$ 和 $\varphi^-(u)$, 由此建立最优分类函数的隶属函数式 (5.17).

注: (1) 二次规划式 (5.11) 的最优解 $(\beta_1^*,\cdots,\beta_p^*,\alpha_{p+1}^*,\cdots,\alpha_l^*)^{\mathrm{T}}$ 中只有一部分 (通常是少部分)β_t^* 和 α_i^* 不为零, 而它们所对应的模糊训练点的输入 x_t 和 x_i 称为强模糊支持向量. 所以最优分类函数可表示为

$$f(x) = \text{sgn}\left\{\left(\sum_{(\text{FSV})^+}\beta_t^*(2(1-\lambda)r_{t3}+(2\lambda-1)r_{t2})(x_t\cdot x)\right.\right.$$
$$\left.\left.+\sum_{(\text{FSV})^-}\alpha_i^*(2(1-\lambda)r_{i1}+(2\lambda-1)r_{i2})(x_i\cdot x)\right)+b^*\right\}$$

其中, $(\text{FSV})^+$ 为模糊正类点中所有强模糊支持向量组成的集合; $(\text{FSV})^-$ 为模糊负类点中所有强模糊支持向量组成的集合.

(2) 若模糊训练集中所有模糊训练点输出全为实数 1 或 -1, 则模糊训练集退化为普通训练集. 因此, 强模糊线性可分强模糊支持向量分类机变为线性可分支持向量分类机.

5.2.2 近似强模糊线性可分强模糊支持向量分类机

本小节考虑模糊训练集式 (5.4) 对应近似强模糊线性可分问题, 此时在置信水平 $\lambda(0.5<\lambda\leqslant 1)$ 下, 模糊分类问题转化为求解以下以 $(w,b,\xi)^{\mathrm{T}}$ 为决策变量的模糊机会约束规划问题：

$$\begin{cases}\min\limits_{w,b,\xi} & \dfrac{1}{2}\|w\|^2+C\sum\limits_{j=1}^{l}\xi_j\\ \text{s.t.} & \text{Cr}\{\tilde{y}_j((w\cdot x_j)+b)+\xi_j\geqslant 1\}\geqslant\lambda\\ & \xi_j\geqslant 0, j=1,\cdots,l\end{cases}\tag{5.20}$$

其中, $C>0$ 是惩罚参数; $\boldsymbol{\xi}=(\xi_1,\cdots,\xi_l)^{\mathrm{T}}$.

定理 5.7 在置信水平 $\lambda(0.5<\lambda\leqslant 1)$ 下, 模糊机会约束规划式 (5.20) 的清晰等价规划为

$$\begin{cases}\min\limits_{w,b} & \dfrac{1}{2}\|w\|^2+C\sum\limits_{j=1}^{l}\xi_j\\ \text{s.t.} & (2(1-\lambda)r_{t3}+(2\lambda-1)r_{t2})((w\cdot x_t)+b)+\xi_t\geqslant 1\\ & (2(1-\lambda)r_{i1}+(2\lambda-1)r_{i2})((w\cdot x_i)+b)+\xi_i\geqslant 1\\ & t=1,\cdots,p;\quad i=p+1,\cdots,l;\quad \xi_j\geqslant 0, j=1,\cdots,l\end{cases}\tag{5.21}$$

证明 方法与定理 5.4 的证明方法类似. ▌

定理 5.8 二次规划式 (5.21) 的最优解存在.

下面求二次规划式 (5.21) 的对偶规划.

定理 5.9　二次规划式 (5.21) 的对偶规划为

$$\begin{cases} \min\limits_{\beta,\alpha} & \dfrac{1}{2}(A+2B+D)-\left(\sum\limits_{t=1}^{p}\beta_t+\sum\limits_{i=p+1}^{l}\alpha_i\right) \\ \text{s.t.} & \sum\limits_{t=1}^{p}\beta_t(2(1-\lambda)r_{t3}+(2\lambda-1)r_{t2})+\sum\limits_{i=p+1}^{l}\alpha_i(2(1-\lambda)r_{i1}+(2\lambda-1)r_{i2})=0 \\ & 0\leqslant\beta_t\leqslant C, t=1,\cdots,p;\quad 0\leqslant\alpha_i\leqslant C, i=p+1,\cdots,l \end{cases} \tag{5.22}$$

其中

$$A=\sum_{t=1}^{p}\sum_{s=1}^{p}\beta_t\beta_s(2(1-\lambda)r_{t3}+(2\lambda-1)r_{t2})(2(1-\lambda)r_{s3}+(2\lambda-1)r_{s2})(x_t\cdot x_s)$$

$$B=\sum_{t=1}^{p}\sum_{i=p+1}^{l}\beta_t\alpha_i(2(1-\lambda)r_{t3}+(2\lambda-1)r_{t2})(2(1-\lambda)r_{i1}+(2\lambda-1)r_{i2})(x_t\cdot x_i)$$

$$D=\sum_{i=p+1}^{l}\sum_{q=p+1}^{l}\alpha_i\alpha_q(2(1-\lambda)r_{i1}+(2\lambda-1)r_{i2})(2(1-\lambda)r_{q1}+(2\lambda-1)r_{i2})(x_i\cdot x_q)$$

$\boldsymbol{\beta}=(\beta_1,\cdots,\beta_p)^{\mathrm{T}}$, $\boldsymbol{\alpha}=(\alpha_{p+1},\cdots,\alpha_l)^{\mathrm{T}}$, $(\boldsymbol{\beta},\boldsymbol{\alpha})^{\mathrm{T}}$ 为决策变量.

证明　引入拉格朗日函数

$$\begin{aligned} &L(w,b,\xi,\beta,\alpha,\eta) \\ =&\frac{1}{2}\|w\|^2+C\sum_{j=1}^{l}\xi_j-\sum_{t=1}^{p}\beta_t((2(1-\lambda)r_{t3}+(2\lambda-1)r_{t2})((w\cdot x_t)+b)+\xi_t-1) \\ &-\sum_{i=p+1}^{l}\alpha_i((2(1-\lambda)r_{i1}+(2\lambda-1)r_{i2})((w\cdot x_i)+b)+\xi_i-1)-\sum_{j=1}^{l}\eta_j\xi_j \end{aligned} \tag{5.23}$$

其中, $\boldsymbol{\beta}=(\beta_1,\cdots,\beta_p)^{\mathrm{T}}\in\mathbf{R}_+^p$; $\boldsymbol{\alpha}=(\alpha_{p+1},\cdots,\alpha_l)^{\mathrm{T}}\in\mathbf{R}_+^{l-p}$; β_t,α_i,η_j 为拉格朗日乘子. 根据 Wolfe 对偶定义, 对拉格朗日函数关于 w,b,ξ 求极小, 即 $\nabla_b L(w,b,\xi,\alpha,\beta,\eta)=0$, $\nabla_w L(w,b,\xi,\alpha,\beta,\eta)=0$, $\nabla_\xi L(w,b,\xi,\alpha,\beta,\eta)=0$, 得到

$$\sum_{t=1}^{p}\beta_t(2(1-\lambda)r_{t3}+(2\lambda-1)r_{t2})+\sum_{i=p+1}^{l}\alpha_i(2(1-\lambda)r_{i1}+(2\lambda-1)r_{i2})=0 \tag{5.24}$$

$$w=\sum_{t=1}^{p}\beta_t(2(1-\lambda)r_{t3}+(2\lambda-1)r_{t2})x_t+\sum_{i=p+1}^{l}\alpha_i(2(1-\lambda)r_{i1}+(2\lambda-1)r_{i2})x_i \tag{5.25}$$

$$C-\beta_t-\eta_t=0,\quad C-\alpha_i-\eta_i=0 \tag{5.26}$$

将式 (5.24)、式 (5.25) 和式 (5.26) 代入拉格朗日函数式 (5.23), 得到二次规划式 (5.21) 的对偶规划为

$$\begin{cases}\max\limits_{\beta,\alpha} & \left(\sum\limits_{t=1}^{p}\beta_t+\sum\limits_{i=p+1}^{l}\alpha_i\right)-\dfrac{1}{2}(A+2B+D)\\ \text{s.t.} & \sum\limits_{t=1}^{p}\beta_t(2(1-\lambda)r_{t3}+(2\lambda-1)r_{t2})+\sum\limits_{i=p+1}^{l}\alpha_i(2(1-\lambda)r_{i1}+(2\lambda-1)r_{i2})=0\\ & 0\leqslant\beta_t\leqslant C,t=1,\cdots,p;\quad 0\leqslant\alpha_i\leqslant C,i=p+1,\cdots,l\end{cases} \tag{5.27}$$

其中

$$A=\sum_{t=1}^{p}\sum_{s=1}^{p}\beta_t\beta_s(2(1-\lambda)r_{t3}+(2\lambda-1)r_{t2})(2(1-\lambda)r_{s3}+(2\lambda-1)r_{s2})(x_t\cdot x_s)$$

$$B=\sum_{t=1}^{p}\sum_{i=p+1}^{l}\beta_t\alpha_i(2(1-\lambda)r_{t3}+(2\lambda-1)r_{t2})(2(1-\lambda)r_{i1}+(2\lambda-1)r_{i2})(x_t\cdot x_i)$$

$$D=\sum_{i=p+1}^{l}\sum_{q=p+1}^{l}\alpha_i\alpha_q(2(1-\lambda)r_{i1}+(2\lambda-1)r_{i2})(2(1-\lambda)r_{q1}+(2\lambda-1)r_{i2})(x_i\cdot x_q)$$

$\boldsymbol{\beta}=(\beta_1,\cdots,\beta_p)^{\mathrm{T}}$, $\boldsymbol{\alpha}=(\alpha_{p+1},\cdots,\alpha_l)^{\mathrm{T}}$, $(\boldsymbol{\beta},\boldsymbol{\alpha})^{\mathrm{T}}$ 为决策变量.

将二次规划式 (5.27) 的目标函数转换为极小, 即得到二次规划式 (5.22). ▌

规划式 (5.21) 为一个凸二次规划, 解得其最优解为

$$(\boldsymbol{\beta}^*,\boldsymbol{\alpha}^*)^{\mathrm{T}}=(\beta_1^*,\cdots,\beta_p^*,\alpha_{p+1}^*,\cdots,\alpha_l^*)^{\mathrm{T}}$$

可以证明最优分类函数为

$$f(x)=\mathrm{sgn}\{(w^*\cdot x)+b^*\}\quad x\in\mathbf{R}^n$$

其中

$$w^*=\sum_{t=1}^{p}\beta_t^*(2(1-\lambda)r_{t3}+(2\lambda-1)r_{t2})x_t+\sum_{i=p+1}^{l}\alpha_i^*(2(1-\lambda)r_{i1}+(2\lambda-1)r_{i2})x_i.$$

下面讨论 b^* 的确定:

(1) 若存在 $\boldsymbol{\beta}^*$ 的正分量 β_s^* 使得 $\beta_s^*\in(0,C)$ 或 $\boldsymbol{\alpha}^*$ 的正分量 α_q^* 使得 $\alpha_q^*\in(0,C)$, 则

$$b^*=(2(1-\lambda)r_{s3}+(2\lambda-1)r_{s2})-\left(\sum_{t=1}^{p}\beta_t^*(2(1-\lambda)r_{t3}+(2\lambda-1)r_{t2})(x_t\cdot x_s)\right.$$

$$+\sum_{i=p+1}^{l}\alpha_i^*(2(1-\lambda)r_{i1}+(2\lambda-1)r_{i2})(x_i\cdot x_s)\Bigg),\quad s\in\{s|0<\beta_s^*<C\}$$

或者

$$\begin{aligned}b^* =&(2(1-\lambda)r_{q1}+(2\lambda-1)r_{q2})-\left(\sum_{t=1}^{p}\beta_t^*(2(1-\lambda)r_{t3}+(2\lambda-1)r_{t2})(x_t\cdot x_q)\right.\\&\left.+\sum_{i=p+1}^{l}\alpha_i^*(2(1-\lambda)r_{i1}+(2\lambda-1)r_{i2})(x_i\cdot x_q)\right),\quad q\in\{q|0<\alpha_q^*<C\}\end{aligned}$$

(2) 若不存在 $\boldsymbol{\beta}^*$ 的正分量 β_s^* 使得 $\beta_s^*\in(0,C)$ 或 $\boldsymbol{\alpha}^*$ 的正分量 α_q^* 使得 $\alpha_q^*\in(0,C)$, 则 b^* 不唯一且按以下公式得到 $b^*\in[\underline{b},\bar{b}]$, 其中

$$\begin{aligned}\bar{b}=&\min\{\min_{t\in S_+}((2(1-\lambda)r_{t3}+(2\lambda-1)r_{t2})-(w\cdot x_t)),\\&\min_{i\in V_-}((2(1-\lambda)r_{i1}+(2\lambda-1)r_{i2})-(w\cdot x_i))\}\\\underline{b}=&\max\{\max_{i\in S_-}((2(1-\lambda)r_{i1}+(2\lambda-1)r_{i2})-(w\cdot x_i)),\\&\max_{t\in V_+}((2(1-\lambda)r_{t3}+(2\lambda-1)r_{t2})-(w\cdot x_t))\}\end{aligned}$$

S_+ 为对应 $\boldsymbol{\beta}^*=C$ 的模糊正类点的下标集合, V_+ 为对应 $\boldsymbol{\beta}^*=0$ 的模糊正类点的下标集合, S_- 为对应 $\boldsymbol{\alpha}^*=C$ 的模糊负类点的下标集合, V_- 为对应 $\boldsymbol{\alpha}^*=0$ 的模糊负类点的下标集合.

最优分类超平面为 $(w^*\cdot x)+b^*=0$.

最优分类函数的隶属函数为

$$\mu(u)=\begin{cases}\varphi_+(u), & 0<u\leqslant\varphi_+^{-1}(1)\\\varphi_-(u), & \varphi_-^{-1}(1)\leqslant u<0\\1, & u>\varphi_+^{-1}(1)\text{ 或 }u<\varphi_-^{-1}(1)\end{cases}\tag{5.28}$$

其中, $\varphi_+(u)$ 为由 ε-支持向量回归机得到的回归函数 (关于 u 的单调增函数). 此 ε-支持向量回归机构造方法如下:

(1) 构造回归问题的训练集为

$$\{(g(x_1),\delta_1^+),\cdots,(g(x_p),\delta_p^+)\}\tag{5.29}$$

(2) 以式 (5.29) 为训练集, 选择适当的 $\varepsilon>0$、惩罚参数 $C>0$, 选择核函数为线性核, 构造 ε-支持向量回归机.

同理, $\varphi_-(u)$ 为由 ε-支持向量回归机得到的回归函数 (关于 u 的单调减函数). 此 ε-支持向量回归机构造方法如下:

(1) 构造回归问题的训练集为

$$\{(g(x_{p+1}),\delta_{p+1}^{-}),\cdots,(g(x_l),\delta_l^{-})\} \tag{5.30}$$

(2) 以式 (5.30) 为训练集, 选择与上面相同的 ε 和 C, 选择核函数为线性核, 构造 ε-支持向量回归机.

$\varphi_+^{-1}(1)$ 为函数 $\varphi_+(u)$ 的反函数在 1 处的函数值, $\varphi_-^{-1}(1)$ 为函数 $\varphi_-(u)$ 的反函数在 1 处的函数值.

因此, 可以得出以下算法.

算法 5.2(近似强模糊线性可分强模糊支持向量分类机)

(1) 给定近似强模糊线性可分问题的模糊训练集式 (5.4), 选择适当的置信水平 $\lambda(0.5<\lambda\leqslant 1)$ 和适当的参数惩罚 $C>0$, 构造二次规划式 (5.22).

(2) 求解规划式 (5.22), 得最优解 $(\boldsymbol{\beta}^*,\boldsymbol{\alpha}^*)^{\mathrm{T}}=(\beta_1^*,\cdots,\beta_p^*,\alpha_{p+1}^*,\cdots,\alpha_l^*)^{\mathrm{T}}$.

(3) 计算

$$w^*=\sum_{t=1}^{p}\beta_t^*(2(1-\lambda)r_{t3}+(2\lambda-1)r_{t2})x_t+\sum_{i=p+1}^{l}\alpha_i^*(2(1-\lambda)r_{i1}+(2\lambda-1)r_{i2})x_i$$

选择 $\boldsymbol{\beta}^*$ 的正分量 $0<\beta_s^*<C$ 或 $\boldsymbol{\alpha}^*$ 的正分量 $0<\alpha_q^*<C$, 据此计算

$$\begin{aligned}b^*=&(2(1-\lambda)r_{q1}+(2\lambda-1)r_{q2})-\left(\sum_{t=1}^{p}\beta_t^*(2(1-\lambda)r_{t3}+(2\lambda-1)r_{t2})(x_t\cdot x_q)\right.\\&\left.+\sum_{i=p+1}^{l}\alpha_i^*(2(1-\lambda)r_{i1}+(2\lambda-1)r_{i2})(x_i\cdot x_q)\right)\end{aligned}$$

或者

$$\begin{aligned}b^*=&(2(1-\lambda)r_{q1}+(2\lambda-1)r_{q2})-\left(\sum_{t=1}^{p}\beta_t^*(2(1-\lambda)r_{t3}+(2\lambda-1)r_{t2})(x_t\cdot x_q)\right.\\&\left.+\sum_{i-p+1}^{l}\alpha_i^*(2(1-\lambda)r_{i1}+(2\lambda-1)r_{i2})(x_i\cdot x_q)\right)\end{aligned}$$

(4) 构造最优分类超平面 $(w^*\cdot x)+b^*=0$, 由此求得最优分类函数.

(5) 分别以式 (5.29) 和式 (5.30) 为训练集构造 ε-支持向量回归机 (选择适当的 ε、惩罚参数 C, 选择核函数为线性核), 得到回归函数 $\varphi^+(u)$ 和 $\varphi^-(u)$, 由此建立最优分类函数的隶属函数式 (5.28).

注: (1) 二次规划式 (5.22) 的最优解 $(\beta_1^*,\cdots,\beta_p^*,\alpha_{p+1}^*,\cdots,\alpha_l^*)^{\mathrm{T}}$ 中只有一部分 (通常是少部分)β_t^* 和 α_i^* 不为零, 而它们所对应的模糊训练点的输入 $\boldsymbol{x}_t$ 和 $\boldsymbol{x}_i$ 称为

强模糊支持向量. 所以最优分类函数可表示为

$$f(x)=\operatorname{sgn}\left\{\left(\sum_{(\mathrm{FSV})^+}\beta_t^*(2(1-\lambda)r_{t3}+(2\lambda-1)r_{t2})(x_t\cdot x)\right.\right.$$
$$\left.\left.+\sum_{(\mathrm{FSV})^-}\alpha_i^*(2(1-\lambda)r_{i1}+(2\lambda-1)r_{i2})(x_i\cdot x)\right)+b^*\right\}$$

其中, $(\mathrm{FSV})^+$ 为模糊正类点中所有强模糊支持向量组成的集合; $(\mathrm{FSV})^-$ 为模糊负类点中所有强模糊支持向量组成的集合.

(2) 近似强模糊线性可分强模糊支持向量分类机以强模糊线性可分强模糊支持向量分类机为特例 (当惩罚参数 $C\to\infty$).

(3) 若模糊训练集中的所有模糊训练点的输出全为实数 1 或 -1, 则模糊训练集退化为普通训练集. 因此, 近似强模糊线性可分强模糊支持向量分类机变为近似线性可分支持向量分类机.

5.2.3 强模糊非线性强模糊支持向量分类机

对于模糊非线性问题, 引入从输入空间 $\mathbf{R}^n$ 到一个高维特征空间 H 的变换 $\Phi:X\subseteq\mathbf{R}^n\to X\subseteq H$, $x\mapsto x=\Phi(x)$, 那么对应的模糊非线性模糊训练集式 (4.11) 变为

$$\bar{S}=\{(\Phi(x_1),\tilde{y}_1),\cdots,(\Phi(x_p),\tilde{y}_p),(\Phi(x_{p+1}),\tilde{y}_{p+1}),\cdots,(\Phi(x_l),\tilde{y}_l)\}$$

因此, 原空间 $\mathbf{R}^n$ 上的模糊非线性问题转化为特征空间 H 上的模糊线性问题. 所以, 在置信水平 $\lambda(0.5<\lambda\leqslant1)$ 下, 模糊分类问题转化为求解以下以 $(W,b,\xi)^{\mathrm{T}}$ 为决策变量的模糊机会约束规划问题, 即

$$\begin{cases}\displaystyle\min_{w\in H,b\in R,\xi\in R^l} & \displaystyle\frac{1}{2}\|W\cdot\Phi(x_i)\|^2+C\sum_{j=1}^{l}\xi_i\\ \text{s.t.} & \mathrm{Cr}\{\tilde{y}_i((W\cdot\Phi(x_j))+b)+\xi_j\geqslant1\}\geqslant\lambda\\ & \xi_j\geqslant0,j=1,\cdots,l\end{cases}\tag{5.31}$$

其中, $C>0$ 是惩罚参数; $\boldsymbol{\xi}=(\boldsymbol{\xi}_1,\cdots,\boldsymbol{\xi}_l)^{\mathrm{T}}$.

定理 5.10 在置信水平 $\lambda(0.5<\lambda\leqslant1)$ 下, 模糊机会约束规划式 (5.31) 的清晰等价规划为

$$\begin{cases} \min\limits_{w\in H,b\in R,\xi\in R^l} & \frac{1}{2}\|W\cdot\Phi(x_i)\|^2+C\sum\limits_{j=1}^{l}\xi_i \\ \text{s.t.} & (2(1-\lambda)r_{t3}+(2\lambda-1)r_{t2})((W\cdot\Phi(x_t))+b)+\xi_t\geqslant 1 \\ & (2(1-\lambda)r_{i1}+(2\lambda-1)r_{i2})((W\cdot\Phi(x_i))+b)+\xi_i\geqslant 1 \\ & t=1,\cdots,p;\quad i=p+1,\cdots,l;\quad \xi_j\geqslant 0, j=1,\cdots,l \end{cases} \tag{5.32}$$

证明 方法与定理 5.4 的证明方法类似. ▌

定理 5.11 二次规划式 (5.32) 的最优解存在.

证明 略. ▌

下面求二次规划式 (5.32) 的对偶规划.

定理 5.12 二次规划式 (5.32) 的对偶规划为以下二次规划:

$$\begin{cases} \min\limits_{\beta,\alpha} & \frac{1}{2}(A_\Phi+2B_\Phi+D_\Phi)-\left(\sum\limits_{t=1}^{p}\beta_t+\sum\limits_{i=p+1}^{l}\alpha_i\right) \\ \text{s.t.} & \sum\limits_{t=1}^{p}\beta_t(2(1-\lambda)r_{t3}+(2\lambda-1)r_{t2})+\sum\limits_{i=p+1}^{l}\alpha_i(2(1-\lambda)r_{i1}+(2\lambda-1)r_{i2})=0 \\ & 0\leqslant\beta_t\leqslant C, t=1,\cdots,p;\quad 0\leqslant\alpha_i\leqslant C, i=p+1,\cdots,l \end{cases} \tag{5.33}$$

其中

$$\begin{aligned} A_\Phi=&\sum_{t=1}^{p}\sum_{s=1}^{p}\beta_t\beta_s(2(1-\lambda)r_{t3}+(2\lambda-1)r_{t2})(2(1-\lambda)r_{s3}\\ &+(2\lambda-1)r_{s2})(\Phi(x_t)\cdot\Phi(x_s)) \\ B_\Phi=&\sum_{t=1}^{p}\sum_{i=p+1}^{l}\beta_t\alpha_i(2(1-\lambda)r_{t3}+(2\lambda-1)r_{t2})(2(1-\lambda)r_{i1}\\ &+(2\lambda-1)r_{i2})(\Phi(x_t)\cdot\Phi(x_i)) \\ D_\Phi=&\sum_{i=p+1}^{l}\sum_{q=p+1}^{l}\alpha_i\alpha_q(2(1-\lambda)r_{i1}+(2\lambda-1)r_{i2})(2(1-\lambda)r_{q1}\\ &+(2\lambda-1)r_{i2})(\Phi(x_i)\cdot\Phi(x_q)) \end{aligned}$$

$\boldsymbol{\beta}=(\beta_1,\cdots,\beta_p)^{\mathrm{T}}$, $\boldsymbol{\alpha}=(\alpha_{p+1},\cdots,\alpha_l)^{\mathrm{T}}$. $(\boldsymbol{\beta},\boldsymbol{\alpha})^{\mathrm{T}}$ 为决策变量.

证明 方法与定理 5.9 的证明方法类似. ▌

引入核函数 $K(x_j,x_k)=\Phi(x_j)\cdot\Phi(x_k)$(其中 $j=t,s,i,q$; $k=t,s,i,q$), 则高维

空间上的内积运算只需在原空间上进行, 因此规划式 (5.33) 变为

$$\begin{cases} \min\limits_{\beta,\alpha} & \dfrac{1}{2}(A_K+2B_K+D_K)-\left(\sum\limits_{t=1}^{p}\beta_t+\sum\limits_{i=p+1}^{l}\alpha_i\right) \\ \text{s.t.} & \sum\limits_{t=1}^{p}\beta_t(2(1-\lambda)r_{t3}+(2\lambda-1)r_{t2})+\sum\limits_{i=p+1}^{l}\alpha_i(2(1-\lambda)r_{i1}+(2\lambda-1)r_{i2})=0 \\ & 0\leqslant\beta_t\leqslant C, t=1,\cdots,p;\quad 0\leqslant\alpha_i\leqslant C, i=p+1,\cdots,l \end{cases} \tag{5.34}$$

其中

$$\begin{aligned} A_K=&\sum_{t=1}^{p}\sum_{s=1}^{p}\beta_t\beta_s(2(1-\lambda)r_{t3}+(2-1)\lambda r_{t2})(2(1-\lambda)r_{s3}\\ &+(2\lambda-1)r_{s2})K(x_t,x_s)\\ B_K=&\sum_{t=1}^{p}\sum_{i=p+1}^{l}\beta_t\alpha_i(2(1-\lambda)r_{t3}+(2\lambda-1)r_{t2})(2(1-\lambda)r_{i1}\\ &+(2\lambda-1)r_{i2})K(x_t,x_i)\\ D_K=&\sum_{i=p+1}^{l}\sum_{q=p+1}^{l}\alpha_i\alpha_q(2(1-\lambda)r_{i1}+(2\lambda-1)r_{i2})(2(1-\lambda)r_{q1}\\ &+(2\lambda-1)r_{i2})K(x_i,x_q) \end{aligned}$$

规划式 (5.34) 为一个凸二次规划, 解得其最优解为

$$(\boldsymbol{\beta}^*,\boldsymbol{\alpha}^*)^{\mathrm{T}}=(\beta_1^*,\cdots,\beta_p^*,\alpha_{p+1}^*,\cdots,\alpha_l^*)^{\mathrm{T}}$$

可以证明最优分类函数为

$$\begin{aligned} f(x)=\operatorname{sgn}(g(x))=&\operatorname{sgn}\left(\sum_{t=1}^{p}\beta_t^*(2(1-\lambda)r_{t3}+(2\lambda-1)r_{t2})K(x,x_t)\right.\\ &\left.+\sum_{i=p+1}^{l}\alpha_i^*(2(1-\lambda)r_{i1}+(2\lambda-1)r_{i2})K(x,x_i)+b^*\right) \end{aligned} \tag{5.35}$$

式 (5.35) 中 b^* 的确定:

(1) 若存在 $\boldsymbol{\beta}^*$ 的正分量 β_s^* 使得 $\beta_s^*\in(0,C)$ 或 $\boldsymbol{\alpha}^*$ 的正分量 α_q^* 使得 $\alpha_q^*\in(0,C)$, 则

$$b^*=(2(1-\lambda)r_{s3}+(2\lambda-1)r_{s2})-\left(\sum_{t=1}^{p}\beta_t^*(2(1-\lambda)r_{t3}+(2\lambda-1)r_{t2})K(x_t,x_s)\right.$$

$$+\sum_{i=p+1}^{l}\alpha_i^*(2(1-\lambda)r_{i1}+(2\lambda-1)r_{i2})K(x_i,x_s)\Bigg),\quad s\in\{s|0<\beta_s^*<C\}$$

或者

$$\begin{aligned}b^*=&(2(1-\lambda)r_{q1}+(2\lambda-1)r_{q2})-\Bigg(\sum_{t=1}^{p}\beta_t^*(2(1-\lambda)r_{t3}+(2\lambda-1)r_{t2})K(x_t,x_q)\\&+\sum_{i=p+1}^{l}\alpha_i^*(2(1-\lambda)r_{i1}+(2\lambda-1)r_{i2})K(x_i,x_q)\Bigg),\quad q\in\{q|0<\alpha_q^*<C\}\end{aligned}$$

(2) 若不存在 $\boldsymbol{\beta}^*$ 的正分量 β_s^* 使得 $\beta_s^*\in(0,C)$ 或 $\boldsymbol{\alpha}^*$ 的正分量 α_q^* 使得 $\alpha_q^*\in(0,C)$, 则 b^* 不唯一, 且按以下公式得到: $b^*\in[\underline{b},\bar{b}]$, 其中

$$\begin{aligned}\bar{b}=\min\Bigg\{&\min_{t\in S_+}(2(1-\lambda)r_{t3}+(2\lambda-1)r_{t2})-\sum_{t=1}^{p}\beta^*((2(1-\lambda)r_{t3}+(2\lambda-1)r_{t2})K(x_s,x_t)),\\&\min_{i\in V_-}(2(1-\lambda)r_{i1}+(2\lambda-1)r_{i2})-\sum_{i=p+1}^{l}\alpha^*((2(1-\lambda)r_{i1}+(2\lambda-1)r_{i2})K(x_q,x_i))\Bigg\}\end{aligned}$$

$$\begin{aligned}\underline{b}=\max\Bigg\{&\max_{t\in V_+}(2(1-\lambda)r_{t3}+(2\lambda-1)r_{t2})-\sum_{t=1}^{p}\beta^*((2(1-\lambda)r_{t3}+(2\lambda-1)r_{t2})K(x_s,x_t)),\\&\max_{i\in S_-}(2(1-\lambda)r_{i1}+(2\lambda-1)r_{i2})-\sum_{i=p+1}^{l}\alpha^*((2(1-\lambda)r_{i1}+(2\lambda-1)r_{i2})K(x_q,x_i))\Bigg\}\end{aligned}$$

S_+ 为对应 $\boldsymbol{\beta}^*=C$ 的模糊正类点的下标集合, V_+ 为对应 $\boldsymbol{\beta}^*=0$ 的模糊正类点的下标集合, S_- 为对应 $\boldsymbol{\alpha}^*=C$ 的模糊负类点的下标集合, V_- 为对应 $\boldsymbol{\alpha}^*=0$ 的模糊负类点的下标集合.

最优分类函数的隶属函数为

$$\mu(u)=\begin{cases}\varphi_+(u), & 0<u\leqslant\varphi_+^{-1}(1)\\ \varphi_-(u), & \varphi_-^{-1}(1)\leqslant u<0\\ 1, & u>\varphi_+^{-1}(1)\text{ 或 }u<\varphi_-^{-1}(1)\end{cases}\tag{5.36}$$

其中, $\varphi_+(u)$ 为由 ε-支持向量回归机得到的回归函数 (关于 u 的单调增函数). 此 ε-支持向量回归机构造方法如下:

(1) 构造回归问题的训练集为

$$\{(g(x_1),\delta_1^+),\cdots,(g(x_p),\delta_p^+)\}\tag{5.37}$$

(2) 以式 (5.37) 为训练集, 选择适当的 $\varepsilon > 0$、惩罚参数 $C > 0$, 选择核函数为线性核, 构造 ε-支持向量回归机.

同理, $\varphi_-(u)$ 为由 ε-支持向量回归机得到的回归函数 (关于 u 的单调减函数). 此 ε-支持向量回归机构造方法如下:

(1) 构造回归问题的训练集为

$$\{(g(x_{p+1}), \delta_{p+1}^-), \cdots, (g(x_l), \delta_l^-)\} \tag{5.38}$$

(2) 以式 (5.38) 为训练集, 选择与上面相同的 ε, C, 选择核函数为线性核, 构造 ε-支持向量回归机.

$\varphi_+^{-1}(1)$ 为函数 $\varphi_+(u)$ 的反函数在 1 处的函数值. $\varphi_-^{-1}(1)$ 为函数 $\varphi_-(u)$ 的反函数在 1 处的函数值.

根据以上分析可以得到以下算法.

算法 5.3(强模糊非线性强模糊支持向量分类机)

(1) 给定模糊非线性问题模糊训练集式 (5.4), 选择适当的置信水平 $\lambda(0.5 < \lambda \leqslant 1)$、适当的惩罚参数 C 及适当的核函数 (正定核) 构造二次规划式 (5.34).

(2) 求解规划式 (5.34), 得最优解 $(\boldsymbol{\beta}^*, \boldsymbol{\alpha}^*)^{\mathrm{T}} = (\beta_1^*, \cdots, \beta_p^*, \alpha_{p+1}^*, \cdots, \alpha_l^*)^{\mathrm{T}}$.

(3) 选择 $\boldsymbol{\beta}^*$ 的正分量 $0 < \beta_s^* < C$ 或 $\boldsymbol{\alpha}^*$ 的正分量 $0 < \alpha_q^* < C$, 据此计算

$$\begin{aligned} b^* =& (2(1-\lambda)r_{s3} + (2\lambda-1)r_{s2}) - \left(\sum_{t=1}^{p} \beta_t^*(2(1-\lambda)r_{t3} + (2\lambda-1)r_{t2})K(x_t, x_s)\right. \\ & \left. + \sum_{i=p+1}^{l} \alpha_i^*(2(1-\lambda)r_{i1} + (2\lambda-1)r_{i2})K(x_i, x_s)\right) \end{aligned}$$

或者

$$\begin{aligned} b^* =& (2(1-\lambda)r_{qi} + (2\lambda-1)r_{q2}) - \left(\sum_{t=1}^{p} \beta_t^*(2(1-\lambda)r_{t3} + (2\lambda-1)r_{t2})K(x_t, x_q)\right. \\ & \left. + \sum_{i=p+1}^{l} \alpha_i^*(2(1-\lambda)r_{i1} + (2\lambda-1)r_{i2})K(x_i, x_q)\right) \end{aligned}$$

(4) 构造最优分类函数式 (5.35).

(5) 分别以式 (5.37) 和式 (5.38) 为训练集构造 ε-支持向量回归机 (选择适当的 ε、惩罚参数 C, 选择核函数为线性核), 得到回归函数 $\varphi^+(u)$ 和 $\varphi^-(u)$, 由此建立最优分类函数的隶属函数式 (5.36).

注: (1) 若模糊训练集中的所有模糊训练点的输出全为实数 1 或 -1, 则模糊训练集退化为普通训练集. 因此, 模糊非线性强模糊支持向量分类机变为非线性支持向量分类机.

(2) 选择不同的核函数, 可以生成不同的强模糊支持向量分类机, 常用的方法有以下的几种:

(i) 强线性模糊支持向量分类机: $K(x,x')=x\cdot x'$.

(ii) 多项式强模糊支持向量分类机: $K(x,x')=[(x\cdot x')+c]^d$, $c\geqslant 0$.

(iii) 径向基函数强模糊支持向量分类机: $K(x,x')=\exp\left\{\dfrac{-\|x-x'\|^2}{2\sigma^2}\right\}$.

(iv) 二层神经网络强模糊支持向量分类机: $K(x,x')=\tanh(k(x\cdot x')-\delta)$, $k>0$, $\delta>0$.

5.3 最佳置信水平

在强模糊支持向量分类机中置信水平 (精度)$\lambda(0.5<\lambda\leqslant 1)$ 是事先给定的. 选择不同的 λ, 就得到不同的最优分类函数及其隶属函数. 而在强模糊支持向量分类机中, 需要选取一个最优分类函数和其隶属函数. 如何选取 λ, 属于决策判决问题, 不同的应用背景和不同的决策者有着不同的精度要求和决策方法, 在此研究一般的决策方法.

设模糊训练集如式 (5.4) 所示, 则确定最佳置信水平 λ 具体方法如下:

在 l 个模糊训练点中取定一个 $(x_k,\tilde{y}_k)$ 作为测试点, 其余 $l-1$ 个作为训练点.

(1) 将区间 $(0,1]$ 进行 a 等分, 得分点 $a_j=\dfrac{j}{a}$, $j=1,\cdots,a$.

(2) 取置信水平 $\lambda=a_j$, 构造强模糊支持向量分类机, 得最优分类函数 $f_{a_j}(x)=\mathrm{sgn}(g_{a_j}(x))$ 及其隶属函数 $\mu_{f_{a_j}(x)}(g_{a_j}(x))$. 将测试点输入 x_k 代入 $f_{a_j}(x)$ 和 $\mu_{f_{a_j}(x)}$ 中得: 测试点 $(x_k,\tilde{y}_k)$ 属于正类 (或负类) 的隶属度 $\hat{\delta}_k^+=\hat{\delta}_k$(或 $\hat{\delta}_k^-=-\hat{\delta}_k$). 将其转化为三角模糊数

$$\tilde{y}_k=(r_{k1},r_{k2},r_{k3})=\begin{cases}(2\hat{\delta}_k-3,2\hat{\delta}_k-1,2\hat{\delta}_k+1), & 0.5\leqslant\hat{\delta}_k<1\\(2\hat{\delta}_k-1,2\hat{\delta}_k+1,2\hat{\delta}_k+3), & -1<\hat{\delta}_k\leqslant -0.5\\(\hat{\delta}_k,\hat{\delta}_k,\hat{\delta}_k), & \hat{\delta}_k=\pm 1\end{cases}$$

令 $\delta^k_{f_{a_j}(x)}=|\delta_k-\hat{\delta}_k|$, 称 $\delta^k_{f_{a_j}(x)}$ 为 $\lambda=a_j(j=1,2,\cdots,a)$ 时强模糊支持向量分类机在 $(x_k,\tilde{y}_k)$ 处有误差.

(3) 当 k 取遍集合 $\{1,2,\cdots,l\}$ 时, 对于置信水平 $\lambda=a_j(j=1,2,\cdots,a)$ 得到 l 个误差 $\delta^1_{f_{a_j}(x)},\cdots,\delta^l_{f_{a_j}(x)}$. 令 $\delta_{f_{a_j}(x)}=\sum\limits_{k=1}^{l}\delta^k_{f_{a_j}(x)}$, 称 $\delta_{f_{a_j}(x)}$ 为强模糊支持向量分

类机的总误差.

(4) 选择 ρ, 使得 $\delta_{f_\rho(x)} = \min\limits_{j=1,\cdots,a}\{\delta_{f_{a_j}(x)}\}$, 则取 $\lambda=\rho$ 为置信水平. ρ 称为最佳置信水平, $f_\rho(x)=\mathrm{sgn}(g_\rho(x))$ 称为最佳分类函数, $\mu_{f_\rho(x)}(g_\rho(x))$ 称为最佳分类函数的隶属函数.

第6章　基于模糊系数规划的模糊支持向量分类机

本章以模糊系数规划[96] 为工具, 研究当训练集中含模糊信息时, 模糊支持向量分类机[88] 的构建问题.

6.1　模糊系数规划

定义 6.1　设 $f(\tilde{a}_1,\cdots,\tilde{a}_n,x)$ 为 $x(x\in\mathbf{R}^n)$ 的模糊系数函数, $\tilde{a}_j(j=1,\cdots,n)$ 为模糊系数, 则模糊系数函数的最小值 (最大值) 定义为: 存在阈值 $\gamma(0\leqslant\gamma\leqslant 1)$, 从模糊数 $\tilde{a}_i$ 的 γ-截集 $\tilde{a}_i(\gamma)$ 中任取非零实数 a_i 得到实函数 $f(a_1,\cdots,a_n,x)$ 的最小值 (最大值), 记为 $\tilde{\min} f(\tilde{a}_1,\cdots,\tilde{a}_n,x)(\tilde{\max} f(\tilde{a}_1,\cdots,\tilde{a}_n,x))$.

定义 6.2　设 $\tilde{a}_j(j=1,\cdots,n)$ 为模糊数, 模糊系数函数 $f(\tilde{a}_1,\cdots,\tilde{a}_n,x)$ 小于 (大于) 等于实数 C 定义为: 存在阈值 $\gamma(0\leqslant\gamma\leqslant 1)$, 从模糊数 $\tilde{a}_j$ 的 γ-截集 $\tilde{a}_j(\gamma)$ 中任取非零实数 a_j, 都有 $f(a_1,\cdots,a_n,x)\leqslant C(f(a_1,\cdots,a_n,x)\geqslant C)$, 记为 $f(\tilde{a}_1,\cdots,\tilde{a}_n,x)\tilde{\leqslant}C(f(\tilde{a}_1,\cdots,\tilde{a}_n,x)\tilde{\geqslant}C)$.

定义 6.3　设 $\tilde{a}_j(j=1,\cdots,n)$ 为模糊数, 模糊系数函数 $f(\tilde{a}_1,\cdots,\tilde{a}_n,x)$ 等于实数 C 定义为: 存在阈值 $\gamma(0\leqslant\gamma\leqslant 1)$, 从模糊数 $\tilde{a}_j$ 的 γ-截集 $\tilde{a}_j(\gamma)$ 中任取非零实数 a_j, 都有 $f(a_1,\cdots,a_n,x)=C$, 记为 $f(\tilde{a}_1,\cdots,\tilde{a}_n,x)\tilde{=}C$.

定义 6.4　形如

$$
\left\{\begin{array}{ll}
\tilde{\min} & f(\tilde{c},x)\\
\text{s.t.} & g(\tilde{a},x)\tilde{\leqslant}0\\
 & h(\tilde{b},x)\tilde{=}0\\
 & x\in\mathbf{R}^n
\end{array}\right.\tag{6.1}
$$

的数学规划称为模糊系数规划. 其中 $\tilde{\boldsymbol{c}}=(\tilde{c}_1,\cdots,\tilde{c}_r)^{\mathrm{T}}$, $\tilde{\boldsymbol{a}}=(\tilde{a}_1,\cdots,\tilde{a}_l)^{\mathrm{T}}$, $\tilde{\boldsymbol{b}}=(\tilde{b}_1,\cdots,\tilde{b}_m)^{\mathrm{T}}$, $\tilde{c}_{j_1},\tilde{a}_{j_2},\tilde{b}_{j_3}$ 皆为模糊数 $(j_1=1,\cdots,r;\ j_2=1,\cdots,l;\ j_3=1,\cdots,m)$; $x\in\mathbf{R}^n$ 为决策变量; $f(\tilde{c},x)$ 为模糊系数函数, 称为模糊目标函数; $g(\tilde{a},x)$ 和 $h(\tilde{b},x)$ 为模糊系数函数, $g(\tilde{a},\tilde{x})\tilde{\leqslant}0$ 和 $h(\tilde{b},\tilde{x})\tilde{=}0$ 称为约束条件.

常用的模糊系数规划为以下形式:

$$
\left\{\begin{array}{ll}
\min & f(c,x)\\
\text{s.t.} & g(\tilde{a},x)\tilde{\leqslant}0\\
 & x\in\mathbf{R}^n
\end{array}\right.\tag{6.2}
$$

其中, 目标函数 $f(c,x)$ 不含有模糊系数, 约束条件 $g(\tilde{a},x)\tilde{\leqslant}0$ 中的 $\tilde{\boldsymbol{a}}=(\tilde{a}_1,\cdots,\tilde{a}_n)^{\mathrm{T}}$ 为由模糊数 $\tilde{a}_i(i=1,\cdots,n)$ 组成的 n 维向量.

注: (1) 本文仅讨论支持向量分类机中用到的模糊系数规划式 (6.2)(模糊系数规划式 (6.1) 的特例).

(2) 模糊系数规划式 (6.2) 在此只是模型形式, 它的具体解法和模糊解的定义将在后面给出.

根据以上定义, 作以下分析:

对于给定的阈值 $\gamma(0\leqslant\gamma\leqslant1)$, 模糊数 $\tilde{a}_i$ 的 γ-截集 $\tilde{a}_i(\gamma)$ 为一个闭区间 $[a_i^1(\gamma),a_i^2(\gamma)]$. 其中, $a_i^1(\gamma)$, $a_i^2(\gamma)$ 为模糊数 $\tilde{a}_i$ 的隶属函数 $\mu_{\tilde{a}_i}(x)$ 的反函数 (广义反函数, 即双值函数) 在 γ 处的值, 且 $a_i^1(\gamma)\leqslant a_i^2(\gamma)(i=1,\cdots,n)$. 从 $\tilde{a}_i(\gamma)=[a_i^1(\gamma),a_i^2(\gamma)]$ 中随机取一个实数 $a_i(\gamma)(i=1,\cdots,n)$, 则得到一个普通规划为

$$\begin{cases}\min & f(c,x)\\ \text{s.t.} & g(a(\gamma),x)\leqslant 0\\ & x\in\mathbf{R}^n\end{cases}\tag{6.3}$$

其中, $\boldsymbol{a}(\gamma)=(a_1(\gamma),\cdots,a_n(\gamma))^{\mathrm{T}}$.

规划式 (6.3) 称为模糊系数规划式 (6.2) 的 γ-规划. 记式 (6.3) 的最优解和最优值分别为 $x^*(\gamma)$, $z^*(\gamma)$[若式 (6.3) 没有可行解, 则定义其最优值 $z^*(\gamma)=+\infty$].

因为 $a_i(\gamma)$ 是在 $\tilde{a}_i(\gamma)=[a_i^1(\gamma),a_i^2(\gamma)](i=1,\cdots,n)$ 中随机抽取, 所以模糊系数规划式 (6.2) 的 γ-规划通常有许多 (至少一个). 而要找它们中最优的, 因此得到以下规划:

$$\begin{cases}\min & z^*(\gamma)\\ \text{s.t.} & a_i^1\leqslant a_i(\gamma)\leqslant a_i^2, i=1,\cdots,n\end{cases}\tag{6.4}$$

记式 (6.4) 的最优解为 $a^*(\gamma)$. 因此, 得出以下规划:

$$\begin{cases}\min & z^*(\gamma)\\ \text{s.t.} & g(a^*(\gamma),x)\leqslant 0, x\in\mathbf{R}^n\end{cases}\tag{6.5}$$

其中, $\boldsymbol{a}^*(\gamma)=(a_1^*(\gamma),\cdots,a_n^*(\gamma))^{\mathrm{T}}$.

规划式 (6.5) 称为模糊系数规划式 (6.2) 的 γ-最优规划. 设其最优解和最优值分别为 $x^*(a^*(\gamma))$ 和 $z^*(a^*(\gamma))$, 显然 $z^*(a^*(\gamma))$ 与规划式 (6.4) 的最优值相等, 且称 $x^*(a^*(\gamma))$ 为模糊系数规划式 (6.2) 的 γ-最优解.

设 $V=\{x^*(a^*(\gamma))|0\leqslant\gamma\leqslant1\}$, 则得到一个模糊集 [取值为 $x^*(a^*(\gamma))$, 隶属度为 γ] 为

$$\tilde{V}=\int_V\frac{\gamma}{x^*(a^*(\gamma))}\tag{6.6}$$

根据以上讨论, 可以得到以下定义.

定义 6.5 模糊集式 (6.6) 称为模糊系数规划式 (6.2) 的模糊最优解.

由以上分析过程可以看到, 求模糊系数规划式 (6.2) 的模糊最优解, 关键是寻找模糊系数规划式 (6.2) 的 γ-最优规划式 (6.5). 而寻找规划式 (6.5) 的主要问题是求出规划式 (6.4) 的最优解 $a^*(\gamma)$. 然而, 规划式 (6.4) 较为复杂, 一般很难求解. 因此, 在本章研究特殊情形 [即模糊系数规划式 (6.2) 的 γ-规划式 (6.3) 中的约束函数 $g(a(\gamma),x)$ 为 $a_i(\gamma)(i=1,\cdots,n)$ 的单调函数] 时模糊系数规划式 (6.2) 的 γ-最优规划的确定方法.

首先构造以下规划:

$$\begin{cases} \min & f(x) \\ \text{s.t.} & g(a^*(\gamma),x) \leqslant 0, x \in \mathbf{R}^n \end{cases} \tag{6.7}$$

其中, $\bar{\boldsymbol{a}}(\gamma)=(\bar{a}_1(\gamma),\cdots,\bar{a}_n(\gamma))^{\mathrm{T}}$. 并且:

(1) 若 $g(\bar{a}(\gamma),x)$ 是关于 $\bar{a}_i(\gamma)$ 的单调增函数, 则 $\bar{a}_i(\gamma)=a_i^1(\gamma)$(模糊数 $\tilde{a}$ 的 γ-截集的左端点).

(2) 若 $g(\bar{a}(\gamma),x)$ 是关于 $\bar{a}_i(\gamma)$ 的单调减函数, 则 $\bar{a}_i(\gamma)=a_i^2(\gamma)$(模糊数 $\tilde{a}$ 的 γ-截集的右端点).

定理 6.1 规划式 (6.7) 与规划式 (6.5) 最优值相等.

证明 设规划式 (6.7) 和式 (6.6) 的最优值分别为 $z^*(\bar{a}(\gamma))$ 和 $z^*(a^*(\gamma))$. 因为规划式 (6.5) 为模糊系数规划式 (6.2) 的 γ-最优规划, 所以

$$z^*(a^*(\gamma)) \leqslant z^*(\bar{a}(\gamma)) \tag{6.8}$$

另外, 若 $g(\bar{a}(\gamma),x)$ 是关于 $\bar{a}_i(\gamma)$ 的单调增函数, 则 $\bar{a}_i(\gamma)=a_i^1(\gamma)$(模糊数 $\tilde{a}$ 的 γ-水平截集的左端点), 因此

$$g(\bar{a}(\gamma),x) \leqslant g(a^*(\gamma),x) \leqslant 0 \tag{6.9}$$

设 x_1 为规划式 (6.5) 的任一可行解, 即 $x_1 \in D_1$[规划式 (6.5) 的可行域], 那么 $g(a^*(\gamma),x_1) \leqslant 0$, 由式 (6.9) 可得 $g(\bar{a}(\gamma),x_1) \leqslant g(a^*(\gamma),x_1) \leqslant 0$, 即 x_1 为规划式 (6.7) 的可行解. 因此 $x_1 \in D_2$[规划式 (6.7) 的可行域], 故 $D_1 \subseteq D_2$. 而规划式 (6.5) 和式 (6.7) 的目标函数相同, 所以

$$z^*(\bar{a}(\gamma)) \leqslant z^*(a^*(\gamma)) \tag{6.10}$$

若 $g(\bar{a}(\gamma),x)$ 是关于 $\bar{a}(\gamma)$ 的单调减函数, 也可得出 $z^*(\bar{a}(\gamma)) \leqslant z^*(a^*(\gamma))$.

综合式 (6.8) 和式 (6.10), 得出 $z^*(\bar{a}(\gamma))=z^*(a^*(\gamma))$, 即规划式 (6.7) 与规划式 (6.5) 的最优值相等. ▌

根据定理 6.1, 可选取规划式 (6.7) 作为模糊系数规划式 (6.2) 的 γ-最优规划 [即选 $a_i^1(\gamma)=a_i^*(\gamma)$ 或 $a_i^2(\gamma)=a_i^*(\gamma)$].

6.2　模糊支持向量分类机

本章研究的模糊分类问题、模糊训练集、模糊训练点、模糊正类 (负) 点的定义如第 4 章中的定义. 模糊样本点属于正 (负) 类的隶属度转换为三角模糊数的公式如第 4 章中式 (4.9).

设模糊训练集为

$$S=\{(x_1,\tilde{y}_1),\cdots,(x_p,\tilde{y}_p),(x_{p+1},\tilde{y}_{p+1}),\cdots,(x_l,\tilde{y}_l)\} \tag{6.11}$$

其中, $(x_t,\tilde{y}_t)(t=1,\cdots,p)$ 为模糊正类点; $(x_i,\tilde{y}_i)(i=p+1,\cdots,l)$ 为模糊负类点. $\tilde{y}_j(j=1,\cdots,l)$ 为形如式 (4.9) 中的三角模糊数.

注: (1) 为简单起见, 在此不考虑 $\delta=0.5$ 或 $\delta=-0.5$ 的情形, 因为此时对于三角模糊数 $\tilde{y}=(-2,0,2)$ 不提供正、负类信息.

(2) 在模糊训练集式 (6.11) 中, 将模糊正类点输出 $\tilde{y}_t(t=1,\cdots,p)$ 看作 1, 将模糊负类点输出 $\tilde{y}_i(i=p+1,\cdots,l)$ 看作 -1, 得到普通训练集 T. 若 T 线性可分, 则模糊训练集 S 线性可分.

(3) 模糊分类问题的模糊训练集大体有三种类型: 线性可分、近似线性可分和非线性.

6.2.1　含有模糊信息的线性可分问题模糊支持向量分类机

本小节考虑模糊训练集式 (6.11) 对应线性可分问题, 此时模糊分类问题转化为求解以下以 $(w,b)^{\mathrm{T}}$ 为决策变量的模糊系数规划问题:

$$\begin{cases}\min\limits_{w,b} & \dfrac{1}{2}\|w\|^2\\ \text{s.t.} & \tilde{y}_j((w\cdot x_j)+b)\tilde{\geqslant}1,\ j=1,\cdots,l\end{cases} \tag{6.12}$$

定理 6.2　对于给定阈值 $\gamma(0\leqslant\gamma\leqslant 1)$, 模糊系数规划式 (6.12) 的 γ-最优规划为以下二次规划, 即

$$\begin{cases}\min\limits_{w,b} & \dfrac{1}{2}\|w\|^2\\ \text{s.t.} & ((1-\gamma)r_{t3}+\gamma r_{t2})((w\cdot x_t)+b)\geqslant 1\\ & ((1-\gamma)r_{i1}+\gamma r_{i2})((w\cdot x_i)+b)\geqslant 1\\ & t=1,\cdots,p;\ i=p+1,\cdots,l\end{cases} \tag{6.13}$$

其中, $(1-\gamma)r_{t3}+\gamma r_{t2}$ 和 $(1-\gamma)r_{i1}+\gamma r_{i2}$ 为模糊正类点输出 $\tilde{y}_t$ 和模糊负类点输出 $\tilde{y}_i$ 的 γ-截集的右端点和左端点.

证明 从三角模糊数 $\tilde{y}_j$ 的 γ-截集 $[(1-\gamma)r_{j1}+\gamma r_{j2},(1-\gamma)r_{j3}+\gamma r_{j2}]$ 中随机取一个实数 $u_j(\gamma)(j=1,\cdots,l)$, 则得到模糊系数规划式 (6.13) 的 γ-规划为

$$\left\{\begin{array}{ll}\min\limits_{w,b} & \dfrac{1}{2}\|w\|^2\\ \text{s.t.} & u_j(\gamma)((w\cdot x_j)+b)\geqslant 1, j=1,\cdots,l\end{array}\right. \tag{6.14}$$

在此基础上, 利用定理 6.1 和构造规划式 (6.7) 的方法, 可得到模糊系数规划式 (6.12) 的 γ-最优规划式 (6.13). ▮

定理 6.3 定理 6.2 中的二次规划式 (6.13) 的最优解存在.

下面求二次规划式 (6.13) 的对偶规划.

定理 6.4 二次规划式 (6.13) 的对偶规划为

$$\left\{\begin{array}{ll}\min\limits_{\beta,\alpha} & \dfrac{1}{2}(A+2B+D)-\left(\sum\limits_{t=1}^{p}\beta_t+\sum\limits_{i=p+1}^{l}\alpha_i\right)\\ \text{s.t.} & \sum\limits_{t=1}^{p}\beta_t((1-\gamma)r_{t3}+\gamma r_{t2})+\sum\limits_{i=p+1}^{l}\alpha_i((1-\gamma)r_{i1}+\gamma r_{i2})=0\\ & \beta_t\geqslant 0, t=1,\cdots,p\end{array}\right. \tag{6.15}$$

其中

$$A=\sum_{t=1}^{p}\sum_{s=1}^{p}\beta_t\beta_s((1-\gamma)r_{t3}+\gamma r_{t2})((1-\gamma)r_{s3}+\gamma r_{s2})(x_t\cdot x_s)$$

$$B=\sum_{t=1}^{p}\sum_{i=p+1}^{l}\beta_t\alpha_i((1-\gamma)r_{t3}+\gamma r_{t2})((1-\gamma)r_{i1}+\gamma r_{i2})(x_t\cdot x_i)$$

$$D=\sum_{i=p+1}^{l}\sum_{q=p+1}^{l}\alpha_i\alpha_q((1-\gamma)r_{i1}+\gamma r_{i2})((1-\gamma)r_{q1}+\gamma r_{i2})(x_i\cdot x_q)$$

$\boldsymbol{\beta}=(\beta_1,\cdots,\beta_p)^{\mathrm{T}}$, $\boldsymbol{\alpha}=(\alpha_{p+1},\cdots,\alpha_l)^{\mathrm{T}}$, $(\boldsymbol{\beta},\boldsymbol{\alpha})^{\mathrm{T}}$ 为决策变量.

证明 引入拉格朗日函数

$$\begin{aligned}L(w,b,\beta,\alpha)=&\frac{1}{2}\|w\|^2-\sum_{t=1}^{p}\beta_t(((1-\gamma)r_{t3}+\gamma r_{t2})((w\cdot x_t)+b)-1)\\&-\sum_{i=p+1}^{l}\alpha_i((1-\gamma)r_{i1}+\gamma r_{i2})((w\cdot x_i)+b)-1)\end{aligned} \tag{6.16}$$

其中, $\boldsymbol{\beta}=(\beta_1,\cdots,\beta_p)^{\mathrm{T}}\in\mathbf{R}_+^p$, $\boldsymbol{\alpha}=(\alpha_{p+1},\cdots,\alpha_l)^{\mathrm{T}}\in\mathbf{R}_+^{l-p}$, β_t, α_i 为拉格朗日乘子.

根据 Wolfe 对偶定义, 即先求拉格朗日函数关于 w, b 的极小. 由极值条件

$$\nabla_b L(w,b,\beta,\alpha)=0,\quad \nabla_w L(w,b,\beta,\alpha)=0$$

得到

$$\sum_{t=1}^{p}\beta_t((1-\gamma)r_{t3}+\gamma r_{t2})+\sum_{i=p+1}^{l}\alpha_i((1-\gamma)r_{i1}+\gamma r_{i2})=0 \tag{6.17}$$

$$w=\sum_{t=1}^{p}\beta_t((1-\gamma)r_{t3}+\gamma r_{t2})x_t+\sum_{i=p+1}^{l}\alpha_i((1-\gamma)r_{i1}+\gamma r_{i2})x_i \tag{6.18}$$

将式 (6.18) 代入拉格朗日函数式 (6.16), 并且利用式 (6.17) 得到二次规划式 (6.14) 的对偶规划为

$$\begin{cases}\max\limits_{\beta,\alpha} & \left(\sum\limits_{t=1}^{p}\beta_t+\sum\limits_{i=p+1}^{l}\alpha_i\right)-\dfrac{1}{2}(A+2B+D)\\ \text{s.t.} & \sum\limits_{t=1}^{p}\beta_t((1-\gamma)r_{t3}+\gamma r_{t2})+\sum\limits_{i=p+1}^{l}\alpha_i((1-\gamma)r_{i1}+\gamma r_{i2})=0\\ & \beta_t\geqslant 0,\ t=1,\cdots,p;\quad \alpha_i\geqslant 0,\ i=p+1,\cdots,l\end{cases} \tag{6.19}$$

其中

$$A=\sum_{t=1}^{p}\sum_{s=1}^{p}\beta_t\beta_s((1-\gamma)r_{t3}+\gamma r_{t2})((1-\gamma)r_{s3}+\gamma r_{s2})(x_t\cdot x_s)$$

$$B=\sum_{t=1}^{p}\sum_{i=p+1}^{l}\beta_t\alpha_i((1-\gamma)r_{t3}+\gamma r_{t2})((1-\gamma)r_{i1}+\gamma r_{i2})(x_t\cdot x_i)$$

$$D=\sum_{i=p+1}^{l}\sum_{q=p+1}^{l}\alpha_i\alpha_q((1-\gamma)r_{i1}+\gamma r_{i2})((1-\gamma)r_{q1}+\gamma r_{i2})(x_i\cdot x_q)$$

$\boldsymbol{\beta}=(\beta_1,\cdots,\beta_p)^{\mathrm{T}}$, $\boldsymbol{\alpha}=(\alpha_{p+1},\cdots,\alpha_l)^{\mathrm{T}}$, $(\boldsymbol{\beta},\boldsymbol{\alpha})^{\mathrm{T}}$ 为决策变量.

把二次规划式 (6.19) 的目标函数转换为极小, 即得到式 (6.15). ▌

规划式 (6.15) 为一个凸二次规划, 解得其最优解为

$$(\boldsymbol{\beta}^*,\boldsymbol{\alpha}^*)^{\mathrm{T}}=(\beta_1^*,\cdots,\beta_p^*,\alpha_{p+1}^*,\cdots,\alpha_l^*)^{\mathrm{T}}$$

可以证明, 模糊系数规划式 (6.12) 的 γ-最优解为 $(w^*,b^*)^{\mathrm{T}}$, 其中

$$w^*=\sum_{t=1}^{p}\beta_t^*((1-\gamma)r_{t3}+\gamma r_{t2})x_t+\sum_{i=p+1}^{l}\alpha_i^*((1-\gamma)r_{i1}+\gamma r_{i2})x_i$$

$$\begin{aligned}b^* =&((1-\gamma)r_{s3}+\gamma r_{s2})-\left(\sum_{t=1}^{p}\beta_t^*((1-\gamma)r_{t3}+\gamma r_{t2})(x_t\cdot x_s)\right.\\&\left.+\sum_{i=p+1}^{l}\alpha_i^*((1-\gamma)r_{i1}+\gamma r_{i2})(x_i\cdot x_s)\right),\quad s\in\{s|\beta_s^*>0\}\end{aligned}$$

或者

$$\begin{aligned}b^* =&((1-\gamma)r_{q1}+\gamma r_{q2})-\left(\sum_{t=1}^{p}\beta_t^*((1-\gamma)r_{t3}+\gamma r_{t2})(x_t\cdot x_q)\right.\\&\left.+\sum_{i=p+1}^{l}\alpha_i^*((1-\gamma)r_{i1}+\gamma r_{i2})(x_i\cdot x_q)\right),\quad q\in\{q|\alpha_q^*>0\}\end{aligned}$$

当 $\gamma\in[0,1]$ 时, 模糊规划式 (6.12) 的模糊最优解 [取值为 $(w^*,b^*)^{\mathrm{T}}$, 隶属度为 γ 的模糊集合] 为

$$\tilde{V}=\int_V\frac{\gamma}{(w^*,b^*)^{\mathrm{T}}}$$

其中, $V=\{(w^*,b^*)^{\mathrm{T}}|0\leqslant\gamma\leqslant 1\}$.

所以最优分类函数构成模糊集合 [取值为最优分类函数 $f_\gamma(x)$, 隶属度为最优分类函数的隶属函数 μ_γ] 为

$$\tilde{F}=\int_F\frac{\mu_\gamma}{f_\gamma(x)}\tag{6.20}$$

其中, $F=\{f_\gamma(x)|0\leqslant\gamma\leqslant 1\}$. 最优分类超平面为 $(w^*\cdot x)+b^*=0$.

最优分类函数为

$$f_\gamma(x)=\mathrm{sgn}(g(x))=\mathrm{sgn}\{(w^*\cdot x)+b^*\},\quad x\in\mathbf{R}^n\tag{6.21}$$

则称 $\tilde{F}$ 为模糊最优分类函数集.

最优分类函数的隶属函数为

$$\mu_\gamma(u)=\begin{cases}\varphi_+(u), & 0<u\leqslant\varphi_+^{-1}(1)\\ \varphi_-(u), & \varphi_-^{-1}(1)\leqslant u<0\\ 1, & u>\varphi_+^{-1}(1) \text{ 或 } u<\varphi_-^{-1}(1)\end{cases}\tag{6.22}$$

其中, $\varphi_+(u)$ 为由 ε-支持向量回归机得到的回归函数 (关于 u 的单调增函数). 此 ε-支持向量回归机构造方法如下:

(1) 构造回归问题的训练集

$$\{(g(x_1),\delta_1^+),\cdots,(g(x_p),\delta_p^+)\}\tag{6.23}$$

(2) 以式 (6.23) 为训练集, 选择适当的 $\varepsilon > 0$, 惩罚参数 $C > 0$, 选择核函数为线性核, 构造 ε-支持向量回归机.

同理, $\varphi_-(u)$ 为由 ε-支持向量回归机得到的回归函数 (关于 u 的单调减函数). 此 ε-支持向量回归机构造方法如下:

(1) 构造回归问题的训练集

$$\{(g(x_{p+1}), \delta_{p+1}^-), \cdots, (g(x_l), \delta_l^-)\} \tag{6.24}$$

(2) 以式 (6.24) 为训练集, 选择与上面相同的 ε, C, 选择核函数为线性核, 构造 ε-支持向量回归机.

$\varphi_+^{-1}(1)$ 为函数 $\varphi_+(u)$ 的反函数在 1 处的函数值, $\varphi_-^{-1}(1)$ 为函数 $\varphi_-(u)$ 的反函数在 1 处的函数值.

任给一个测试点的输入 $x' \in \mathbf{R}^n$, 代入模糊最优分类函数集式 (6.20) 中的最优分类函数式 (6.21) 及最优分类函数的隶属函数式 (6.22), 得分类结果 $f_\gamma(x') = \text{sgn}\{(w^* \cdot x') + b^*\} = 1$(或 -1) 及其隶属度 $\mu_\gamma(g_\gamma(x'))(0 \leqslant \gamma \leqslant 1)$. 将其转化为三角模糊数 $\tilde{y}'$, 即为测试点的输出. 它可客观地反映测试点 $(x', \tilde{y}')$ 的模糊分类情况 (即显示测试点属于正类或属于负类的隶属度).

根据以上讨论, 可以得出以下算法.

算法 6.1(线性可分模糊支持向量分类机)

(1) 给定线性可分问题的模糊训练集式 (6.11), 选择适当的阈值 $\gamma(0 \leqslant \gamma \leqslant 1)$ 构造二次规划式 (6.15).

(2) 求解二次规划式 (6.15), 得最优解 $(\boldsymbol{\beta}^*, \boldsymbol{\alpha}^*)^{\mathrm{T}} = (\beta_1^*, \cdots, \beta_p^*, \alpha_{p+1}^*, \cdots, \alpha_l^*)^{\mathrm{T}}$.

(3) 计算 $w^* = \sum\limits_{t=1}^{p} \beta_t^*((1-\gamma)r_{t3} + \gamma r_{t2})x_t + \sum\limits_{i=p+1}^{l} \alpha_i^*((1-\gamma)r_{i1} + \gamma r_{i2})x_i$; 选择 $\boldsymbol{\beta}^*$ 的正分量 β_s^* 或 $\boldsymbol{\alpha}^*$ 的正分量 α_q^*, 据此计算

$$\begin{aligned} b^* =& ((1-\gamma)r_{s3} + \gamma r_{s2}) - \left(\sum_{t=1}^{p} \beta_t^*((1-\gamma)r_{t3} + \gamma r_{t2})(x_t \cdot x_s) \right. \\ & \left. + \sum_{i=p+1}^{l} \alpha_i^*((1-\gamma)r_{i1} + \gamma r_{i2})(x_i \cdot x_s) \right) \end{aligned}$$

或者

$$\begin{aligned} b^* =& ((1-\gamma)r_{q1} + \gamma r_{q2}) - \left(\sum_{t=1}^{p} \beta_t^*((1-\gamma)r_{t3} + \gamma r_{t2})(x_t \cdot x_q) \right. \\ & \left. + \sum_{i=p+1}^{l} \alpha_i^*((1-\gamma)r_{i1} + \gamma r_{i2})(x_i \cdot x_q) \right) \end{aligned}$$

(4) 构造最优分类超平面 $(w^* \cdot x) + b^* = 0$, 由此求得最优分类函数式 (6.24).

(5) 分别以式 (6.23) 和式 (6.24) 为训练集构造 ε-支持向量回归机 (选择适当的 ε、惩罚参数 C, 选择核函数为线性核), 得到回归函数 $\varphi^+(u)$ 和 $\varphi^-(u)$, 由此建立最优分类函数的隶属函数式 (6.22).

(6) 构造模糊最优分类函数集式 (6.20).

注: (1) 二次规划式 (6.15) 的最优解 $(\beta_1^*, \cdots, \beta_p^*, \alpha_{p+1}^*, \cdots, \alpha_l^*)^{\mathrm{T}}$ 中只有一部分(通常是少部分)β_t^* 和 α_i^* 不为零, 而它们所对应的模糊训练点的输入 x_t 和 x_i 称为在阈值 γ 下的模糊支持向量. 所以, 最优分类函数可表示为

$$f(x) = \mathrm{sgn}\left\{\left(\sum_{(\mathrm{FSV})^+} \beta_t^*((1-\gamma)r_{t3} + \gamma r_{t2})(x_t \cdot x) \right.\right.$$
$$\left.\left. + \sum_{(\mathrm{FSV})^-} \alpha_i^*((1-\gamma)r_{i1} + \gamma r_{i2})(x_i \cdot x)\right) + b^*\right\}$$

其中, $(\mathrm{FSV})^+$ 为模糊正类点中所有模糊支持向量组成的集合; $(\mathrm{FSV})^-$ 为模糊负类点中所有模糊支持向量组成的集合.

(2) 若模糊训练集中的所有模糊训练点的输出全为实数 1 或 -1, 则模糊训练集退化为普通训练集. 因此, 线性可分模糊支持向量分类机变为线性可分支持向量分类机.

6.2.2 含有模糊信息的近似线性可分问题模糊支持向量分类机

本小节考虑模糊训练集式 (6.11) 对应近似线性可分问题, 此时模糊分类问题转化为求解以下以 $(w, b, \xi)^{\mathrm{T}}$ 为决策变量的模糊系数规划问题:

$$\begin{cases} \min\limits_{w,b,\xi} & \dfrac{1}{2}\|w\|^2 + C\sum\limits_{j=1}^{l}\xi_j \\ \text{s.t.} & \tilde{y}_j((w \cdot x_j) + b) + \xi_j \tilde{\geqslant} 1 \\ & \xi_j \geqslant 0, j = 1, \cdots, l \end{cases} \tag{6.25}$$

其中, $C > 0$ 是惩罚参数; $\boldsymbol{\xi} = (\xi_1, \cdots, \xi_l)^{\mathrm{T}}$.

定理 6.5 对于给定阈值 $\gamma (0 \leqslant \gamma \leqslant 1)$, 模糊系数规划式 (6.25) 的 γ-最优规划为以下凸二次规划, 即

$$\begin{cases} \min\limits_{w,b} & \dfrac{1}{2}\|w\|^2 + C\sum\limits_{j=1}^{l}\xi_j \\ \text{s.t.} & ((1-\lambda)r_{t3} + \lambda r_{t2})((w \cdot x_t) + b) + \xi_t \geqslant 1 \\ & ((1-\lambda)r_{i1} + \lambda r_{i2})((w \cdot x_i) + b) + \xi_i \geqslant 1 \\ & t = 1, \cdots, p; \quad i = p+1, \cdots, l; \quad \xi_j \geqslant 0, j = 1, \cdots, l \end{cases} \tag{6.26}$$

其中, $(1-\gamma)r_{t3}+\gamma r_{t2}$ 和 $(1-\gamma)r_{i1}+\gamma r_{i2}$ 如定理 6.2 所示.

证明 方法与定理 6.2 的证明方法类似. ▮

定理 6.6 定理 6.5 中的二次规划式 (6.26) 的最优解存在.

下面求二次规划式 (6.26) 的对偶规划.

定理 6.7 二次规划式 (6.26) 的对偶规划为

$$\begin{cases} \min\limits_{\beta,\alpha} & \dfrac{1}{2}(A+2B+D)-\left(\sum\limits_{t=1}^{p}\beta_t+\sum\limits_{i=p+1}^{l}\alpha_i\right) \\ \text{s.t.} & \sum\limits_{t=1}^{p}\beta_t((1-\gamma)r_{t3}+\gamma r_{t2})+\sum\limits_{i=p+1}^{l}\alpha_i((1-\gamma)r_{i1}+\gamma r_{i2})=0 \\ & 0\leqslant\beta_t\leqslant C, t=1,\cdots,p;\quad 0\leqslant\alpha_i\leqslant C, i=p+1,\cdots,l \end{cases} \tag{6.27}$$

其中

$$A=\sum_{t=1}^{p}\sum_{s=1}^{p}\beta_t\beta_s((1-\gamma)r_{t3}+\gamma r_{t2})((1-\gamma)r_{s3}+\gamma r_{s2})(x_t\cdot x_s)$$

$$B=\sum_{t=1}^{p}\sum_{i=p+1}^{l}\beta_t\alpha_i((1-\gamma)r_{t3}+\gamma r_{t2})((1-\gamma)r_{i1}+\gamma r_{i2})(x_t\cdot x_i)$$

$$D=\sum_{i=p+1}^{l}\sum_{q=p+1}^{l}\alpha_i\alpha_q((1-\gamma)r_{i1}+\gamma r_{i2})((1-\gamma)r_{q1}+\gamma r_{i2})(x_i\cdot x_q)$$

$\boldsymbol{\beta}=(\beta_1,\cdots,\beta_p)^{\mathrm{T}}$, $\boldsymbol{\alpha}=(\alpha_{p+1},\cdots,\alpha_l)^{\mathrm{T}}$, $(\boldsymbol{\beta},\boldsymbol{\alpha})^{\mathrm{T}}$ 为决策变量.

证明 引入拉格朗日函数

$$\begin{aligned} L(w,b,\xi,\alpha,\beta,\eta)=&\frac{1}{2}\|w\|^2+C\sum_{j=1}^{l}\xi_j \\ &-\sum_{t=1}^{p}\beta_t(((1-\gamma)r_{t3}+\gamma r_{t2})((w\cdot x_t)+b)+\xi_t-1) \\ &-\sum_{i=p+1}^{l}\alpha_i(((1-\gamma)r_{i1}+\gamma r_{i2})((w\cdot x_i)+b)+\xi_i-1)-\sum_{j=1}^{l}\eta_j\xi_j \end{aligned} \tag{6.28}$$

其中, $\boldsymbol{\beta}=(\beta_1,\cdots,\beta_p)^{\mathrm{T}}\in\mathbf{R}_+^p$; $\boldsymbol{\alpha}=(\alpha_{p+1},\cdots,\alpha_l)^{\mathrm{T}}\in\mathbf{R}_+^{l-p}$; β_t, α_i, η_j 为拉格朗日乘子.

根据 Wolfe 对偶定义, 对拉格朗日函数关于 w, b, ξ 求极小, 即 $\nabla_b L(w,b,\xi,\alpha,\beta,\eta)=0$, $\nabla_w L(w,b,\xi,\alpha,\beta,\eta)=0$, $\nabla_\xi L(w,b,\xi,\alpha,\beta,\eta)=0$, 得到

$$\sum_{t=1}^{p}\beta_t((1-\gamma)r_{t3}+\gamma r_{t2})+\sum_{i=p+1}^{l}\alpha_i((1-\gamma)r_{i1}+\gamma r_{i2})=0 \tag{6.29}$$

$$w = \sum_{t=1}^{p} \beta_t((1-\gamma)r_{t3} + \gamma r_{t2})x_t + \sum_{i=p+1}^{l} \alpha_i((1-\gamma)r_{i1} + \gamma r_{i2})x_i \tag{6.30}$$

$$C - \beta_t - \eta_t = 0, \quad C - \alpha_i - \eta_i = 0 \tag{6.31}$$

将式 (6.29)、式 (6.30) 和式 (6.31) 代入拉格朗日函数式 (6.28), 得到二次规划式 (6.26) 的对偶规划为

$$\begin{cases} \max\limits_{\beta,\alpha} & \left(\sum\limits_{t=1}^{p} \beta_t + \sum\limits_{i=p+1}^{l} \alpha_i\right) - \dfrac{1}{2}(A + 2B + D) \\ \text{s.t.} & \sum\limits_{t=1}^{p} \beta_t((1-\gamma)r_{t3} + \gamma r_{t2}) + \sum\limits_{i=p+1}^{l} \alpha_i((1-\gamma)r_{i1} + \gamma r_{i2}) = 0 \\ & 0 \leqslant \beta_t \leqslant C, t = 1, \cdots, p; \quad 0 \leqslant \alpha_i \leqslant C, i = p+1, \cdots, l \end{cases} \tag{6.32}$$

其中

$$A = \sum_{t=1}^{p}\sum_{s=1}^{p} \beta_t\beta_s((1-\gamma)r_{t3} + \gamma r_{t2})((1-\gamma)r_{s3} + \gamma r_{s2})(x_t \cdot x_s)$$

$$B = \sum_{t=1}^{p}\sum_{i=p+1}^{l} \beta_t\alpha_i((1-\gamma)r_{t3} + \gamma r_{t2})((1-\gamma)r_{i1} + \gamma r_{i2})(x_t \cdot x_i)$$

$$D = \sum_{i=p+1}^{l}\sum_{q=p+1}^{l} \alpha_i\alpha_q((1-\gamma)r_{i1} + \gamma r_{i2})((1-\gamma)r_{q1} + \gamma r_{i2})(x_i \cdot x_q)$$

$\boldsymbol{\beta} = (\beta_1, \cdots, \beta_p)^{\mathrm{T}}$, $\boldsymbol{\alpha} = (\alpha_{p+1}, \cdots, \alpha_l)^{\mathrm{T}}$, $(\boldsymbol{\beta}, \boldsymbol{\alpha})^{\mathrm{T}}$ 为决策变量.

将二次规划式 (6.32) 的目标函数转换为极小, 即得到二次规划式 (6.27). ■

规划式 (6.27) 为一个凸二次规划, 解得其最优解为

$$(\boldsymbol{\beta}^*, \boldsymbol{\alpha}^*)^{\mathrm{T}} = (\beta_1^*, \cdots, \beta_p^*, \alpha_{p+1}^*, \cdots, \alpha_l^*)^{\mathrm{T}}$$

可以证明模糊系数规划式 (6.25) 的 γ-最优解为 $(w^*, b^*)^{\mathrm{T}}$, 其中

$$w^* = \sum_{t=1}^{p} \beta_t^*((1-\gamma)r_{t3} + \gamma r_{t2})x_t + \sum_{i=p+1}^{l} \alpha_i^*((1-\gamma)r_{i1} + \gamma r_{i2})x_i$$

b^* 的确定如下:

(1) 若存在 $\boldsymbol{\beta}^*$ 的正分量 β_s^* 使得 $\beta_s^* \in (0, C)$ 或 $\boldsymbol{\alpha}^*$ 的正分量 α_q^* 使得 $\alpha_q^* \in (0, C)$, 则

$$b^* = ((1-\gamma)r_{s3} + \gamma r_{s2}) - \left(\sum_{t=1}^{p} \beta_t^*((1-\gamma)r_{t3} + \gamma r_{t2})(x_t \cdot x_s)\right.$$

$$+\sum_{i=p+1}^{l}\alpha_i^*((1-\gamma)r_{i1}+\gamma r_{i2})(x_i\cdot x_s)\Bigg),\quad s\in\{s|0<\beta_s^*<C\}$$

或者

$$\begin{aligned}b^* =&((1-\gamma)r_{q1}+\gamma r_{q2})-\Bigg(\sum_{t=1}^{p}\beta_t^*((1-\gamma)r_{t3}+\gamma r_{t2})(x_t\cdot x_q)\\&+\sum_{i=p+1}^{l}\alpha_i^*((1-\gamma)r_{i1}+\gamma r_{i2})(x_i\cdot x_q)\Bigg),\quad q\in\{q|0<\alpha_q^*<C\}\end{aligned}$$

(2) 若不存在 $\boldsymbol{\beta}^*$ 的正分量 β_s^* 使得 $\beta_s^*\in(0,C)$ 或 $\boldsymbol{\alpha}^*$ 的正分量 α_q^* 使得 $\alpha_q^*\in(0,C)$, 则 b^* 不唯一且按公式 $b^*\in[\underline{b},\bar{b}]$ 得到, 其中

$$\bar{b}=\min\{\min_{t\in S_+}(((1-\gamma)r_{t3}+\gamma r_{t2})-(w\cdot x_t)),\ \min_{i\in V_-}(((1-\gamma)r_{i1}+\gamma r_{i2})-(w\cdot x_i))\}$$

$$\underline{b}=\max\{\max_{i\in S_-}(((1-\gamma)r_{r1}+\gamma r_{i2})-(w\cdot x_i)),\max_{t\in V_+}(((1-\gamma)r_{i3}+\gamma r_{i2})-(w\cdot x_t))\}$$

S_+ 为对应 $\boldsymbol{\beta}^*=C$ 的模糊正类点的下标集合, V_+ 为对应 $\boldsymbol{\beta}^*=0$ 的模糊正类点的下标集合; S_- 为对应 $\boldsymbol{\alpha}^*=C$ 的模糊负类点的下标集合, V_- 为对应 $\boldsymbol{\alpha}^*=0$ 的模糊负类点的下标集合.

当 $\gamma\in[0,1]$ 时, 模糊规划式 (6.25) 的模糊最优解为

$$\tilde{V}=\int_V\frac{\gamma}{(w^*,b^*)^{\mathrm{T}}}$$

其中, $V=\{(w^*,b^*)^{\mathrm{T}}|0\leqslant\gamma\leqslant1\}$.

所以模糊最优分类函数集为

$$\tilde{F}=\int_F\frac{\mu_\gamma}{f_\gamma(x)}\tag{6.33}$$

其中, $F=\{f_\gamma(x)|0\leqslant\gamma\leqslant1\}$.

最优分类超平面为 $(w^*\cdot x)+b^*=0$.

最优分类函数为

$$f_\gamma(x)=\mathrm{sgn}(g(x))=\mathrm{sgn}\{(w^*\cdot x)+b^*\},\quad x\in\mathbf{R}^n\tag{6.34}$$

最优分类函数的隶属函数为

$$\mu_\gamma(u)=\begin{cases}\varphi_+(u), & 0<u\leqslant\varphi_+^{-1}(1)\\ \varphi_-(u), & \varphi_-^{-1}(1)\leqslant u<0\\ 1, & u>\varphi_+^{-1}(1)\text{ 或 }u<\varphi_-^{-1}(1)\end{cases}\tag{6.35}$$

其中, $\varphi_+(u)$ 为由 ε-支持向量回归机得到的回归函数 (关于 u 的单调增函数). 此 ε-支持向量回归机构造方法如下.

(1) 构造回归问题的训练集为

$$\{(g(x_1),\delta_1^+),\cdots,(g(x_p),\delta_p^+)\} \tag{6.36}$$

(2) 以式 (6.36) 为训练集, 选择适当的 $\varepsilon>0$、惩罚参数 $C>0$, 选择核函数为线性核, 构造 ε-支持向量回归机.

同理, $\varphi_-(u)$ 为由 ε-支持向量回归机得到的回归函数 (关于 u 的单调减函数). 此 ε-支持向量回归机构造方法如下:

(1) 构造回归问题的训练集为

$$\{(g(x_{p+1}),\delta_{p+1}^-),\cdots,(g(x_l),\delta_l^-)\} \tag{6.37}$$

(2) 以式 (6.37) 为训练集, 选择与上面相同的 ε, C, 选择核函数为线性核, 构造 ε-支持向量回归机.

$\varphi_+^{-1}(1)$ 为函数 $\varphi_+(u)$ 的反函数在 1 处的函数值, $\varphi_-^{-1}(1)$ 为函数 $\varphi_-(u)$ 的反函数在 1 处的函数值.

因此可以得到以下算法.

算法 6.2(近似线性可分模糊支持向量分类机)

(1) 给定近似线性可分问题的模糊训练集式 (6.11), 选择适当的阈值$\gamma(0\leqslant\gamma\leqslant1)$和适当的惩罚参数 $C>0$, 构造二次规划式 (6.27).

(2) 求解规划式 (6.27), 得最优解 $(\boldsymbol{\beta}^*,\boldsymbol{\alpha}^*)^{\mathrm{T}}=(\beta_1^*,\cdots,\beta_p^*,\alpha_{p+1}^*,\cdots,\alpha_l^*)^{\mathrm{T}}$.

(3) 计算 $w^*=\sum\limits_{t=1}^{p}\beta_t^*((1-\gamma)r_{t3}+\gamma r_{t2})x_t+\sum\limits_{i=p+1}^{l}\alpha_i^*((1-\gamma)r_{i1}+\gamma r_{i2})x_i$; 选择 $\boldsymbol{\beta}^*$ 的正分量 $0<\beta_s^*<C$ 或 $\boldsymbol{\alpha}^*$ 的正分量 $0<\alpha_q^*<C$, 据此计算

$$\begin{aligned}b^*=&((1-\gamma)r_{s3}+\gamma r_{s2})-\left(\sum_{t=1}^{p}\beta_t^*((1-\gamma)r_{t3}+\gamma r_{t2})(x_t\cdot x_s)\right.\\&\left.+\sum_{i=p+1}^{l}\alpha_i^*((1-\gamma)r_{i1}+\gamma r_{i2})(x_i\cdot x_s)\right)\end{aligned}$$

或者

$$\begin{aligned}b^*=&((1-\gamma)r_{q1}+\gamma r_{q2})-\left(\sum_{t=1}^{p}\beta_t^*((1-\gamma)r_{t3}+\gamma r_{t2})(x_t\cdot x_q)\right.\\&\left.+\sum_{i=p+1}^{l}\alpha_i^*((1-\gamma)r_{i1}+\gamma r_{i2})(x_i\cdot x_q)\right)\end{aligned}$$

(4) 构造最优分类超平面 $(w^* \cdot x) + b^* = 0$, 由此求得最优分类函数式 (6.34).

(5) 分别以式 (6.36) 和式 (6.37) 为训练集构造 ε-支持向量回归机 (选择适当的 ε、惩罚参数 C, 选择核函数为线性核), 得到回归函数 $\varphi^+(u)$ 和 $\varphi^-(u)$, 由此建立最优分类函数的隶属函数式 (6.35).

(6) 构造模糊最优分类函数集式 (6.33).

注: (1) 二次规划式 (6.27) 的最优解 $(\beta_1^*, \cdots, \beta_p^*, \alpha_{p+1}^*, \cdots, \alpha_l^*)^{\mathrm{T}}$ 中只有一部分 (通常是少部分)β_t^* 和 α_i^* 不为零, 而它们所对应的模糊训练点的输入 x_t 和 x_i 称为在阈值 γ 下的模糊支持向量. 所以, 最优分类函数可表示为

$$
\begin{aligned}
f(x) =& \operatorname{sgn}\left\{\left(\sum_{(\mathrm{FSV})^+} \beta_t^*((1-\gamma)r_{t3} + \gamma r_{t2})(x_t \cdot x)\right.\right.\\
&\left.\left. + \sum_{(\mathrm{FSV})^-} \alpha_i^*((1-\gamma)r_{i1} + \gamma r_{i2})(x_i \cdot x)\right) + b^*\right\}
\end{aligned}
$$

其中, $(\mathrm{FSV})^+$ 为模糊正类点中所有模糊支持向量组成的集合; $(\mathrm{FSV})^-$ 为模糊负类点中所有模糊支持向量组成的集合.

(2) 近似线性可分模糊支持向量分类机以线性可分模糊支持向量分类机为特例 (当惩罚参数 $C \to \infty$).

(3) 若模糊训练集中的所有模糊训练点的输出全为实数 1 或 -1, 则模糊训练集退化为普通训练集. 因此, 近似线性可分模糊支持向量分类机变为近似线性可分支持向量分类机.

6.2.3 含有模糊信息的非线性问题模糊支持向量分类机

对于非线性问题, 引入从输入空间 $\mathbf{R}^n$ 到一个 (高维) 特征空间 H 的变换 $\Phi: X \subseteq \mathbf{R}^n \to X \subseteq H$, $x \mapsto y = \Phi(x)$, 那么对应的非线性模糊训练集式 (6.11) 变为

$$\bar{S} = \{(\Phi(x_1), \tilde{y}_1), \cdots, (\Phi(x_p), \tilde{y}_p), (\Phi(x_{p+1}), \tilde{y}_{p+1}), \cdots, (\Phi(x_l), \tilde{y}_l)\}$$

因此, 原空间 $\mathbf{R}^n$ 上的非线性问题转化为特征空间 H 上的线性问题. 所以, 模糊分类问题转化为求解以下以 $(W, b, \xi)^{\mathrm{T}}$ 为决策变量的模糊系数规划问题:

$$
\left\{
\begin{array}{ll}
\displaystyle\min_{w\in H, b\in R, \xi\in R^l} & \displaystyle\frac{1}{2}\|W \cdot \Phi(x_j)\|^2 + C\sum_{j=1}^{l}\xi_j \\
\text{s.t.} & ((W \cdot \Phi(x_j)) + b) + \xi_j \tilde{\geqslant} 1 \\
& \xi_j \tilde{\geqslant} 0, j = 1, 2, \cdots, l
\end{array}
\right. \tag{6.38}
$$

其中, $C > 0$ 是惩罚参数; $\boldsymbol{\xi} = (\xi_1, \cdots, \xi_l)^{\mathrm{T}}$.

定理 6.8 对于给定阈值 $\gamma(0\leqslant\gamma\leqslant1)$, 模糊系数规划式 (6.38) 的 γ-最优规划为以下凸二次规划, 即

$$\left\{\begin{array}{ll}\min\limits_{w\in H,b\in R,\xi\in R^l} & \dfrac{1}{2}\|W\|^2+C\sum\limits_{j=1}^{l}\xi_j\\ \text{s.t.} & ((1-\gamma)r_{t3}+\gamma r_{t2})((W\cdot\varPhi(x_t))+b)+\xi_t\geqslant1\\ & ((1-\gamma)r_{i1}+\gamma r_{i2})((W\cdot\varPhi(x_i))+b)+\xi_i\geqslant1\\ & t=1,\cdots,p;\quad i=p+1,\cdots,l;\quad \xi_j\geqslant0,j=1,2,\cdots,l\end{array}\right.\tag{6.39}$$

其中, $(1-\gamma)r_{t3}+\gamma r_{t2}$ 和 $(1-\gamma)r_{i1}+\gamma r_{i2}$ 如定理 6.2 所示.

证明 方法与定理 6.2 的证明方法类似. ▌

定理 6.9 定理 6.8 中的二次规划式 (6.39) 的最优解存在.

下面求二次规划式 (6.39) 的对偶规划.

定理 6.10 二次规划式 (6.39) 的对偶规划为

$$\left\{\begin{array}{ll}\min\limits_{\beta,\alpha} & \dfrac{1}{2}(A_\varPhi+2B_\varPhi+D_\varPhi)-\left(\sum\limits_{t=1}^{p}\beta_t+\sum\limits_{i=p+1}^{l}\alpha_i\right)\\ \text{s.t.} & \sum\limits_{t=1}^{p}\beta_t((1-\gamma)r_{t3}+\gamma r_{t2})+\sum\limits_{i=p+1}^{l}\alpha_i((1-\gamma)r_{i1}+\gamma r_{i2})=0\\ & 0\leqslant\beta_t\leqslant C,t=1,\cdots,p;\quad 0\leqslant\alpha_i\leqslant C,i=p+1,\cdots,l\end{array}\right.\tag{6.40}$$

其中

$$A_\varPhi=\sum_{t=1}^{p}\sum_{s=1}^{p}\beta_t\beta_s((1-\gamma)r_{t3}+\gamma r_{t2})((1-\gamma)r_{s3}+\gamma r_{s2})(\varPhi(x_t)\cdot\varPhi(x_s))$$

$$B_\varPhi=\sum_{t=1}^{p}\sum_{i=p+1}^{l}\beta_t\alpha_i((1-\gamma)r_{t3}+\gamma r_{t2})((1-\gamma)r_{i1}+\gamma r_{i2})(\varPhi(x_t)\cdot\varPhi(x_i))$$

$$D_\varPhi=\sum_{i=p+1}^{l}\sum_{q=p+1}^{l}\alpha_i\alpha_q((1-\gamma)r_{i1}+\gamma r_{i2})((1-\gamma)r_{q1}+\gamma r_{i2})(\varPhi(x_i)\cdot\varPhi(x_q))$$

$\boldsymbol{\beta}=(\beta_1,\cdots,\beta_p)^{\mathrm{T}}$, $\boldsymbol{\alpha}=(\alpha_{p+1},\cdots,\alpha_l)^{\mathrm{T}}$, $(\boldsymbol{\beta},\boldsymbol{\alpha})^{\mathrm{T}}$为决策变量.

证明 方法与定理 6.7 的证明方法类似. ▌

引入正定核 $K(x_j,x_k)=\varPhi(x_j)\cdot\varPhi(x_k)$(其中 $j=t,s,i,q$; $k=t,s,i,q$), 则高维

空间上的内积运算只需在原空间上进行, 因此规划式 (6.40) 变为

$$\begin{cases} \min\limits_{\beta,\alpha} & \dfrac{1}{2}(A_K + 2B_K + D_K) - \left(\sum\limits_{t=1}^{p}\beta_t + \sum\limits_{i=p+1}^{l}\alpha_i\right) \\ \text{s.t.} & \sum\limits_{t=1}^{p}\beta_t((1-\gamma)r_{t3}+\gamma r_{t2}) + \sum\limits_{i=p+1}^{l}\alpha_i((1-\gamma)r_{i1}+\gamma r_{i2}) = 0 \\ & 0 \leqslant \beta_t \leqslant C, t=1,\cdots,p; \quad 0 \leqslant \alpha_i \leqslant C, i=p+1,\cdots,l \end{cases} \tag{6.41}$$

其中

$$A_K = \sum_{t=1}^{p}\sum_{s=1}^{p}\beta_t\beta_s((1-\gamma)r_{t3}+\gamma r_{t2})((1-\gamma)r_{s3}+\gamma r_{s2})K(x_t,x_s)$$

$$B_K = \sum_{t=1}^{p}\sum_{i=p+1}^{l}\beta_t\alpha_i((1-\gamma)r_{t3}+\gamma r_{t2})((1-\gamma)r_{i1}+\gamma r_{i2})K(x_t,x_i)$$

$$D_K = \sum_{i=p+1}^{l}\sum_{q=p+1}^{l}\alpha_i\alpha_q((1-\gamma)r_{i1}+\gamma r_{i2})((1-\gamma)r_{q1}+\gamma r_{i2})K(x_i,x_q)$$

规划式 (6.41) 为凸二次规划, 解得最优解为 $(\boldsymbol{\beta}^*,\boldsymbol{\alpha}^*)^{\mathrm{T}} = (\beta_1^*,\cdots,\beta_p^*,\alpha_{p+1}^*,\cdots,\alpha_l^*)^{\mathrm{T}}$.

可以证明模糊最优分类函数集为

$$\tilde{F} = \int_F \frac{\mu_\gamma}{f_\gamma(x)} \tag{6.42}$$

其中, $F = \{f_\gamma(x) | 0 \leqslant \gamma \leqslant 1\}$.

最优分类函数为

$$\begin{aligned} f_\gamma(x) = \operatorname{sgn}(g(x)) = \operatorname{sgn}\Bigg(& \sum_{t=1}^{p}\beta_t^*((1-\gamma)r_{t3}+\gamma r_{t2})K(x,x_t) \\ & + \sum_{i=p+1}^{l}\alpha_i^*((1-\gamma)r_{i1}+\gamma r_{i2})K(x,x_i) + b^* \Bigg) \end{aligned} \tag{6.43}$$

式 (6.43) 中 b^* 的确定:

(1) 若存在 $\boldsymbol{\beta}^*$ 的正分量 β_s^* 使得 $\beta_s^* \in (0,C)$ 或 $\boldsymbol{\alpha}^*$ 的正分量 α_q^* 使得 $\alpha_q^* \in (0,C)$, 则

$$b^* = ((1-\gamma)r_{s3}+\gamma r_{s2}) - \left(\sum_{t=1}^{p}\beta_t^*((1-\gamma)r_{t3}+\gamma r_{t2})K(x_t,x_s) \right.$$

$$+\sum_{i=p+1}^{l}\alpha_i^*((1-\gamma)r_{i1}+\gamma r_{i2})K(x_i,x_s)\Bigg),\quad s\in\{s|0<\beta_s^*<C\}$$

或者

$$\begin{aligned}b^* =&((1-\gamma)r_{q1}+\gamma r_{q2})-\left(\sum_{t=1}^{p}\beta_t^*((1-\gamma)r_{t3}+\gamma r_{t2})K(x_t,x_q)\right.\\&\left.+\sum_{i=p+1}^{l}\alpha_i^*((1-\gamma)r_{i1}+\gamma r_{i2})K(x_i,x_q)\right),\quad q\in\{q|0<\alpha_q^*<C\}\end{aligned}$$

(2) 若不存在 $\boldsymbol{\beta}^*$ 的正分量 β_s^* 使得 $\beta_s^*\in(0,C)$ 或 $\boldsymbol{\alpha}^*$ 的正分量 α_q^* 使得 $\alpha_q^*\in(0,C)$, 则 b^* 不唯一且按以下公式得到: $b^*\in[\underline{b},\overline{b}]$, 其中

$$\overline{b}=\min\left\{\min_{t\in S_+}((1-\gamma)r_{t3}+\gamma r_{t2})-\sum_{t=1}^{p}\beta^*(((1-\gamma)r_{t3}+\gamma r_{t2})K(x_s,x_t));\right.$$
$$\left.\min_{i\in V_-}((1-\gamma)r_{i1}+\gamma r_{i2})-\sum_{i=p+1}^{l}\alpha^*(((1-\gamma)r_{i1}+\gamma r_{i2})K(x_q,x_i))\right\}$$
$$\underline{b}=\max\left\{\max_{t\in V_+}((1-\gamma)r_{t3}+\gamma r_{t2})-\sum_{t=1}^{p}\beta^*(((1-\gamma)r_{t3}+\gamma r_{t2})K(x_s,x_t));\right.$$
$$\left.\max_{i\in S_-}((1-\gamma)r_{i1}+\gamma_{i2})-\sum_{i=p+1}^{l}\alpha^*(((1-\gamma)r_{i1}+\gamma r_{i2})K(x_q,x_i))\right\}$$

S_+ 为对应 $\boldsymbol{\beta}^*=C$ 的模糊正类点的下标集合, V_+ 为对应 $\boldsymbol{\beta}^*=0$ 的模糊正类点的下标集合; S_- 为对应 $\boldsymbol{\alpha}^*=C$ 的模糊负类点的下标集合, V_- 为对应 $\boldsymbol{\alpha}^*=0$ 的模糊负类点的下标集合.

最优分类函数的隶属函数为

$$\mu_\gamma(u)=\begin{cases}\varphi_+(u), & 0<u\leqslant\varphi_+^{-1}(1)\\ \varphi_-(u), & \varphi_-^{-1}(1)\leqslant u<0\\ 1, & u>\varphi_+^{-1}(1)\text{ 或 }u<\varphi_-^{-1}(1)\end{cases}\tag{6.44}$$

其中, $\varphi_+(u)$ 为由 ε-支持向量回归机得到的回归函数 (关于 u 的单调增函数). 此 ε-支持向量回归机构造方法如下:

(1) 构造回归问题的训练集为

$$\{(g(x_1),\delta_1^+),\cdots,(g(x_p),\delta_p^+)\}\tag{6.45}$$

(2) 以式 (6.45) 为训练集, 选择适当的 $\varepsilon>0$、惩罚参数 $C>0$, 选择核函数为线性核, 构造 ε-支持向量回归机.

同理, $\varphi_-(u)$ 为由 ε-支持向量回归机得到的回归函数 (关于 u 的单调减函数). 此 ε-支持向量回归机构造方法如下:

(1) 构造回归问题的训练集为

$$\{(g(x_{p+1}),\delta_{p+1}^-),\cdots,(g(x_l),\delta_l^-)\} \tag{6.46}$$

(2) 以式 (6.46) 为训练集, 选择与上面相同的 ε, C, 选择核函数为线性核, 构造 ε-支持向量回归机.

$\varphi_+^{-1}(1)$ 为函数 $\varphi_+(u)$ 的反函数在 1 处的函数值. $\varphi_-^{-1}(1)$ 为函数 $\varphi_-(u)$ 的反函数在 1 处的函数值.

因此可以得到以下算法.

算法 6.3(非线性模糊支持向量分类机)

(1) 给定非线性问题模糊训练集, 选择适当的阈值 $\gamma(0\leqslant\gamma\leqslant 1)$、适当的惩罚参数 $C>0$ 及适当的核函数 (正定核), 构造二次规划式 (6.41).

(2) 求解规划式 (6.41) 得最优解 $(\boldsymbol{\beta}^*,\boldsymbol{\alpha}^*)^{\mathrm{T}}=(\beta_1^*,\cdots,\beta_p^*,\alpha_{p+1}^*,\cdots,\alpha_l^*)^{\mathrm{T}}$.

(3) 选择 $\boldsymbol{\beta}^*$ 的正分量 $0<\beta_s^*<C$ 或 $\boldsymbol{\alpha}^*$ 的正分量 $0<\alpha_q^*<C$, 据此计算

$$\begin{aligned}b^*=&((1-\gamma)r_{s3}+\gamma r_{s2})-\left(\sum_{t=1}^{p}\beta_t^*((1-\gamma)r_{t3}+\gamma r_{t2})K(x_t,x_s)\right.\\&\left.+\sum_{i=p+1}^{l}\alpha_i^*((1-\gamma)r_{i1}+\gamma r_{i2})K(x_i,x_s)\right)\end{aligned}$$

或者

$$\begin{aligned}b^*=&((1-\gamma)r_{q1}+\gamma r_{q2})-\left(\sum_{t=1}^{p}\beta_t^*((1-\gamma)r_{t3}+\gamma r_{t2})K(x_t,x_q)\right.\\&\left.+\sum_{i=p+1}^{l}\alpha_i^*((1-\gamma)r_{i1}+\gamma r_{i2})K(x_i,x_q)\right)\end{aligned}$$

(4) 构造最优分类函数式 (6.43).

(5) 分别以式 (6.45) 和式 (6.46) 为训练集, 构造 ε-支持向量回归机 (选择适当的 ε、惩罚参数 C, 选择核函数为线性核), 得到回归函数 $\varphi^+(u)$ 和 $\varphi^-(u)$, 由此建立最优分类函数的隶属函数式 (6.44).

(6) 构造模糊最优分类函数集式 (6.42).

注: (1) 若模糊训练集中的所有模糊训练点的输出全为实数 1 或 -1, 则模糊训练集退化为普通训练集. 因此, 非线性模糊支持向量分类机变为非线性支持向量分类机.

(2) 选择不同的核函数, 可生成不同的模糊支持向量分类机, 常用的有以下几种:

(i) 线性模糊支持向量分类机, $K(x,x')=x\cdot x'$.

(ii) 多项式模糊支持向量分类机, $K(x,x')=[(x\cdot x')+c]^d$, $c\geqslant 0$.

(iii) 径向基函数模糊支持向量分类机, $K(x,x')=\exp\left\{\dfrac{-\|x-x'\|^2}{2\sigma^2}\right\}$.

(iv) 二层神经网络模糊支持向量分类机, $K(x,x')=\tanh(k(x\cdot x')-\delta)$. $k>0$, $\delta>0$.

6.3 数据试验

设三个模糊训练点的输入和属于正类 (或负类) 的隶属度分别为: $x_1=3$, 属于正类隶属度 1; $x_3=-1$, 属于负类隶属度 1; $x_2=1$, 属于正类 (负类) 隶属度为 $\delta^+(\delta^-)$, 其中

$$\delta^+=\delta,\delta\in[0.5,1];\quad \delta^-=-\delta,\delta\in[-1,-0.5]$$

根据 4.2 节模糊分类中的模糊特征及其表示方法, 将以上隶属度化为三角模糊数, 得到以下模糊训练集:

$$S=\{(x_1,\tilde{y}_1),(x_2,\tilde{y}_2),(x_3,\tilde{y}_3)\}$$

其中, 模糊训练点的输出为三角模糊数

$$\tilde{y}_1=1=(1,1,1),\quad \tilde{y}_3=-1=(-1,-1,-1),$$

$$\tilde{y}_2=\begin{cases}\left(\dfrac{2\delta^2+\delta-2}{\delta},2\delta-1,\dfrac{2\delta^2-3\delta+2}{\delta}\right), & 0.5\leqslant\delta\leqslant 1\\ \left(\dfrac{2\delta^2+3\delta+2}{\delta},2\delta+1,\dfrac{2\delta^2-\delta-2}{\delta}\right), & -1\leqslant\delta\leqslant -0.5\end{cases}$$

取阈值 $\gamma=0.8$, 根据算法 6.1(线性可分模糊支持向量分类机) 可得

$$w^*=\begin{cases}\dfrac{1}{2}\left(1+\dfrac{1}{\Delta^+}\right), & \delta\in[0.5,1]\\ \dfrac{1}{2}\left(1-\dfrac{1}{\Delta^-}\right), & \delta\in[-1,-0.5]\end{cases}$$

$$b^*=\begin{cases}\dfrac{1}{2}\left(1+\dfrac{1}{\Delta^+}\right)-1, & \delta\in[0.5,1]\\ 1-\dfrac{3}{2}\left(1-\dfrac{1}{\Delta^-}\right), & \delta\in[-1,-0.5]\end{cases}$$

因此, 最优分类超平面为

$$x = \frac{b^*}{w^*} = \begin{cases} \dfrac{\Delta^+ - 1}{\Delta^+ + 1}, & \delta \in [0.5, 1] \\ \dfrac{\Delta^- - 3}{\Delta^- - 1}, & \delta \in [-1, -0.5] \end{cases}$$

其中

$$\Delta^+ = \frac{0.2(2\delta^2 - 3\delta + 2)}{\delta} + 0.8(2\delta - 1)$$

$$\Delta^- = \frac{0.2(2\delta^2 + 3\delta + 2)}{\delta} + 0.8(2\delta + 1)$$

取隶属度:

$\delta = 1$, 得 $x = 0$; $\delta = 0.9$, 得 $x = 0.11$; $\delta = 0.8$, 得 $x = 0.23$;

$\delta = 0.7$, 得 $x = 0.36$; $\delta = 0.6$, 得 $x = 0.62$; $\delta = 0.5$, 得 $x = 1$;

$-\delta = 0.5$, 得 $x = 1$; $-\delta = 0.6$, 得 $x = 1.36$; $-\delta = 0.7$, 得 $x = 1.61$;

$-\delta = 0.8$, 得 $x = 1.76$; $-\delta = 0.9$, 得 $x = 1.88$; $-\delta = 1$, 得 $x = 2$.

如图 6.1 所示.

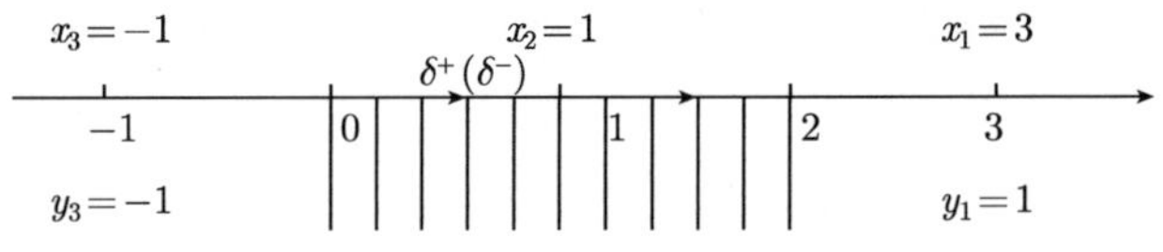

图 6.1　模糊支持向量分类机数值试验

当 x_2 由属于正类的隶属度 $\delta_2 = 1$ 逐渐变化为属于负类的隶属度 $-\delta_2 = 1$ 时, 确定性最优分类超平面从 $x = 0$ 逐渐向 $x = 2$ 移动. 所得的结果与直观判断相吻合.

6.4　最佳阈值

将模糊分类问题转化为模糊系数规划后, 在求解模糊系数规划时, 需要给定一个阈值 γ, 而 $\gamma \in [0,1]$ 有无穷多个. 如何选取 γ, 属于决策判决问题, 不同的决策问题和不同的决策者有着不同的决策方法和偏好, 在此研究一般决策方法.

设模糊训练集如式 (6.13) 所示, 则确定最佳阈值 γ 的具体方法如下.

在 l 个模糊训练点中取定一个 $(x_k, \tilde{y}_k)$ 作为测试点, 其余 $l-1$ 个点作为训练点:

(1) 将区间 $[\sigma,1]$ 进行 a 等分, 得分点 $a_j=j/a(j=1,\cdots,a)$.

(2) 取隶属度 $\gamma=a_j$, 构造模糊支持向量分类机, 得最优分类函数 $f_{a_j}(x)=\mathrm{sgn}(g_{a_j}(x))$ 及其隶属函数 $\mu_{f_{a_j}(x)}(g_{a_j}(x))$. 将测试点的输入 x_k 代入 $f_{a_j}(x)$ 和 $\mu_{f_{a_j}(x)}$ 中得: 测试点 $(x_k,\tilde{y}_k)$ 属于正类 (或负类) 隶属度 $\hat{\delta}_k^+=\hat{\delta}_k$(或 $\hat{\delta}_k^-=-\hat{\delta}_k$). 将其转化为以下的三角模糊数:

$$\tilde{y}_k=(r_{k1},r_{k2},r_{k3})=\begin{cases}(2\hat{\delta}_k-3,2\hat{\delta}_k-1,2\hat{\delta}_k+1), & 0.5\leqslant\hat{\delta}_k<1\\(2\hat{\delta}_k-1,2\hat{\delta}_k+1,2\hat{\delta}_k+3), & -1<\hat{\delta}_k\leqslant-0.5\\(\hat{\delta}_k,\hat{\delta}_k,\hat{\delta}_k), & \hat{\delta}_k=\pm1\end{cases}$$

令 $\delta^k_{f_{a_j}(x)}=|\delta_k-\hat{\delta}_k|$, 称 $\delta^k_{f_{a_j}(x)}$ 为 $\gamma=a_j(j=1,\cdots,a)$ 时模糊支持向量分类机在 $(x_k,\tilde{y}_k)$ 处有误差.

(3) 当 k 取遍集合 $\{1,\cdots,l\}$ 时, 对于阈值 $\gamma=a_j(j=1,\cdots,a)$ 得到 l 个误差 $\delta^1_{f_{a_j}(x)},\cdots,\delta^l_{f_{a_j}(x)}$. 令 $\delta_{f_{a_j}(x)}=\sum\limits_{k=1}^{l}\delta^k_{f_{a_j}(x)}$, 称 $\delta_{f_{a_j}(x)}$ 为模糊支持向量分类机的总误差.

(4) 选择 ρ, 使得 $\delta_{f_\rho(x)}=\min\limits_{j=1,\cdots,a}\{\delta_{f_{a_j}(x)}\}$, 则取 $\gamma=\rho$. ρ 称为最佳阈值, $f_\rho(x)=\mathrm{sgn}(g_\rho(x))$ 称为最佳分类函数, $\mu_{f_\rho(x)}(g_\rho(x))$ 称为最佳分类函数的隶属函数.

第 7 章　模糊线性支持向量机

通常情况下, 支持向量机中训练点的模糊会导致最优分类超平面系数 $\boldsymbol{w}$ 和 b 的模糊, 即 $\boldsymbol{w}$ 是由模糊数构成的 n 维向量, b 是模糊数. 因此, 本章研究此情形下模糊线性支持向量机的构建问题.

7.1　带有模糊决策的模糊机会约束规划

首先给出带有模糊决策的模糊机会约束规划.

定义 7.1　若每一个决策限制在模糊集构成的参考类中 (由决策系统的性质决定), 用一个 n 维向量表示, 则此决策向量称为模糊决策, 记为 $\tilde{\boldsymbol{x}} = (\tilde{x}_1, \cdots, \tilde{x}_n)^{\mathrm{T}}$. $\tilde{x}_i$ 分别在模糊集所构成的参考类 $X_i(i = 1, \cdots, n)$ 中取值. 而模糊决策$\tilde{\boldsymbol{x}} = (\tilde{x}_1, \cdots, \tilde{x}_n)^{\mathrm{T}}$ 取值于参考类的 Cartesian 乘积 $X = X_1 \otimes \cdots \otimes X_n$.

定义 7.2　称规划

$$\begin{cases} \min & \bar{f} \\ \text{s.t.} & \mathrm{Pos}\{f(\tilde{\boldsymbol{x}}, \boldsymbol{\xi}) \leqslant \bar{f}\} \geqslant \beta \\ & \mathrm{Pos}\{g_j(\tilde{\boldsymbol{x}}, \boldsymbol{\xi}') \leqslant 0,\ j = 1, \cdots, p\} \geqslant \alpha \end{cases}$$

为带有模糊决策的模糊机会约束规划. 其中, $\tilde{\boldsymbol{x}}$ 是参考类 $X = X_1 \otimes \cdots \otimes X_n$ 中的由模糊数构成的向量, 为模糊决策变量; $\boldsymbol{\xi}$, $\boldsymbol{\xi}'$ 为已知的模糊参数构成的向量; $f(\tilde{\boldsymbol{x}}, \boldsymbol{\xi})$ 为目标函数; $g_i(\tilde{\boldsymbol{x}}, \boldsymbol{\xi}')$ 为约束函数; α, β 分别为对于模糊约束和模糊目标函数给定的置信水平.

一个模糊解 $\tilde{\boldsymbol{x}}$ 可行当且仅当模糊事件 $\{g_j(\tilde{\boldsymbol{x}}, \boldsymbol{\xi}') \leqslant 0, j = 1, \cdots, p\}$ 的可能性测度至少是 α. 对每一个固定的模糊解, 目标值 $\bar{f}$ 为目标函数 $f(\tilde{\boldsymbol{x}}, \boldsymbol{\xi}')$ 在可能性测度至少为 β 时所取的最小值.

带有模糊决策的模糊机会约束规划解法：基于模糊模拟的遗传算法 (参看 6.4 节).

7.2　模糊线性支持向量分类机

设模糊训练集为

$$S = \{(x_1, \tilde{y}_1), \cdots, (x_l, \tilde{y}_l)\} \tag{7.1}$$

其中, $x_j \in \mathbf{R}^n$, $\tilde{y}_j(j=1,\cdots,l)$ 为形如第 4 章中的三角模糊数.

由于模糊训练点 $(x_j,\tilde{y}_j)$ 中输出 $\tilde{y}_j$ 的模糊, 可导致最优分类超平面 $(\boldsymbol{w}\cdot x)+b=0$ 中的 $\boldsymbol{w}$ 和 b 模糊, 即 $\boldsymbol{w}$ 为由三角模糊数构成的 n 维向量, b 为三角模糊数, 分别记为 $\tilde{\boldsymbol{w}}=(\tilde{w}_1,\cdots,\tilde{w}_n)$, 其中 $\tilde{w}_i=(r_{i1},r_{i2},r_{i3})(i=1,\cdots,n)$, $\tilde{b}=(b_1,b_2,b_3)$. $(\tilde{\boldsymbol{w}}\cdot x)+\tilde{b}=0$ 称为模糊最优分类超平面.

因此, 模糊分类问题转化为求解以下带有模糊决策的机会约束规划问题, 即

$$\begin{cases} \min \quad \bar{f} \\ \text{s.t.} \quad \mathrm{Pos}\left\{\dfrac{1}{2}\|\tilde{w}\|^2+C\displaystyle\sum_{j=1}^{l}\xi_j \leqslant f\right\} \geqslant \alpha \\ \qquad \mathrm{Pos}\left\{(\tilde{y}_j((\tilde{\boldsymbol{w}}\cdot x_j)+\tilde{b})+\xi_j)\geqslant 1,\right\}\geqslant \beta \\ \qquad \xi_j\geqslant 0, j=1,\cdots,l \end{cases} \tag{7.2}$$

其中, $(\tilde{\boldsymbol{w}}\cdot\tilde{b},\boldsymbol{\xi})^{\mathrm{T}}$ 为取自参考类 $X_1\otimes X_2\otimes X_3$($X_1$ 由三角模糊数组成的 n 维向量构成, X_2 由三角模糊数构成, X_3 由 l 维实向量构成, $X_1\otimes X_2\otimes X_3$ 为 X_1, X_2, X_3 的 Cartesian 积) 的模糊向量, 为模糊决策变量; $\|\tilde{\boldsymbol{w}}\|^2$ 为模糊向量 $\tilde{\boldsymbol{w}}$ 与 $\tilde{\boldsymbol{w}}$ 的内积, $\dfrac{1}{2}\|\tilde{\boldsymbol{w}}\|^2+C\displaystyle\sum_{j=1}^{l}\xi_j$ 为目标函数; $\bar{f}$ 为目标函数在可能性测度至少为 α 时所取的最小值; α,β 为给定的置信水平; $\mathrm{Pos}\{\cdot\}$ 为模糊事件 $\{\cdot\}$ 的可能性测度; $C>0$ 是惩罚参数, $\boldsymbol{\xi}=(\xi_1,\cdots,\xi_l)^{\mathrm{T}}$.

对于给定的置信水平 α, β, 利用基于模糊模拟的遗传算法近似求解带有模糊决策的机会约束规划 (见 6.4 节), 可得模糊最优解 $(\tilde{\boldsymbol{w}}^*,\tilde{b}^*,\boldsymbol{\xi}^*)^{\mathrm{T}}$, 其中, $\tilde{\boldsymbol{w}}^*$ 为由三角模糊数组成的 n 维向量, $\tilde{b}^*$ 为三角模糊数, $\boldsymbol{\xi}^*$ 为 l 维实向量.

所以得出模糊最优分类超平面 $(\tilde{\boldsymbol{w}}^*\cdot x)+\tilde{b}^*=0$, 从而得到模糊最优分类函数 $\tilde{f}(x)=(\tilde{\boldsymbol{w}}^*\cdot x)+\tilde{b}^*$(函数值为三角模糊数).

任给一个测试点的输入 $x'\in\mathbf{R}^n$, 代入模糊最优分类函数得 $\tilde{f}(x')=\tilde{y'}$ 为一个三角模糊数, 此三角模糊数为测试点的输出. 将测试点的输出 $\tilde{y'}$ 做以下转换, 可反映出测试点属于正类或负类的隶属度.

设三角模糊数 $\tilde{y'}=(s_1,s_2,s_3)$, 则取 $D=\max\{|s_1|,|s_3|\}$. 因此 $\tilde{y'}=(s_1,s_2,s_3)$ 转换为三角模糊数 $\left(\dfrac{s_1}{D},\dfrac{s_2}{D},\dfrac{s_3}{D}\right)$.

下面分三种情况讨论:

(i) 若 $s_2>0$, 则令 $\dfrac{s_2}{D}=2\delta-1$, 其中 δ 为测试点属于正类的隶属度. 因此 $\delta=\dfrac{s_2+D}{2D}$ 即为测试点属于正类的隶属度.

(ii) 若 $s_2<0$, 则令 $\dfrac{s_2}{D}=2\delta+1$, 其中 $-\delta$ 为测试点属于负类的隶属度. 因此 $\delta=\dfrac{s_2-D}{2D}$, 那么 $-\delta=\dfrac{D-s_2}{2D}$ 为测试点属于负类的隶属度.

(iii) 若 $s_2=0$, 则测试点属于正类和负类的隶属度都为 0.5, 此时测试点既不属于正类也不属于负类.

因此可以得出以下算法.

算法 7.1(模糊线性支持向量分类机)

(1) 给定模糊训练集式 (7.1) 构造带有模糊决策的机会约束规划式 (7.2).

(2) 利用基于模糊模拟的遗传算法求解带有模糊决策的机会约束规划式 (7.2), 得模糊最优解 $(\tilde{\boldsymbol{w}}^*,\tilde{b}^*,\boldsymbol{\xi}^*)^{\mathrm{T}}$. 其中, $\tilde{\boldsymbol{w}}^*$ 为 n 维三角模糊向量; $\tilde{b}^*$ 为三角模糊数; $\boldsymbol{\xi}^*$ 为 l 维实向量.

(3) 构造模糊最优函数 $\tilde{f}(x)=(\tilde{\boldsymbol{w}}^*\cdot x)+\tilde{b}^*$.

注：(1) 模糊线性支持向量分类机中最佳置信水平的确定方法与第 4 章的类似, 在此从略.

(2) 若模糊训练集中的所有模糊训练点的输出全为实数, 则模糊训练集退化为普通训练集. 因此, 模糊线性支持向量分类机变为线性支持向量分类机.

7.3　模糊线性支持向量回归机

设模糊训练集为

$$S=\{(x_1,\tilde{y}_1),\cdots,(x_l,\tilde{y}_l)\} \tag{7.3}$$

其中, $x_j\in\mathbf{R}^n$; $\tilde{y}_j$ 为三角模糊数, $j=1,\cdots,l$.

定义 7.3　根据给定的模糊训练集式 (7.3) 寻找 $\mathbf{R}^n$ 上的一个模糊函数 $\tilde{y}=\tilde{f}(x)$, 以便用 $\tilde{y}=\tilde{f}(x)$ 来推断任一输入 x 所对应的模糊数 $\tilde{y}$, 则称该问题为模糊回归问题, 而 $\tilde{y}=\tilde{f}(x)$ 称为模糊回归函数.

将模糊回归问题转化为模糊分类问题, 相对于模糊分类问题, 模糊训练集为

$$\begin{aligned}\bar{S}=&\{((x_1,\tilde{y}_1+\varepsilon),1),\cdots,((x_l,\tilde{y}_l+\varepsilon),1),\\&((x_{l+1},\tilde{y}_{l+1}-\varepsilon),-1),\cdots,((x_{2l},\tilde{y}_{2l}-\varepsilon),-1)\}\end{aligned} \tag{7.4}$$

其中, 式 (7.4) 的等式右边为模糊分类问题的模糊训练点, $(x_1,\tilde{y}_1+\varepsilon),\cdots,(x_l,\tilde{y}_l+\varepsilon),(x_{l+1},\tilde{y}_{l+1}-\varepsilon),\cdots,(x_{2l},\tilde{y}_{2l}-\varepsilon)$ 表示输入, 最后一个分量 $1,-1$ 表示输出, $\tilde{y}_i+\varepsilon,\tilde{y}_i-\varepsilon$ 为三角模糊数, ε 为正实数, $x_{i+l}=x_i$, $\tilde{y}_{i+l}=\tilde{y}_i(i=1,\cdots,l)$.

由于模糊分类问题的模糊训练点输入中 $\tilde{y}_i+\varepsilon,\tilde{y}_i-\varepsilon(j=1,\cdots,l)$ 为三角模糊数, 可导致模糊分类问题的最优分类超平面 $(\boldsymbol{w}\cdot x)+\delta\tilde{y}+b=0$ 中的 $\boldsymbol{w}$, b 模糊, 即

$\boldsymbol{w}$ 为由三角模糊数构成的 n 维向量, b 为三角模糊数, 分别记为 $\tilde{\boldsymbol{w}}=(\tilde{w}_1,\cdots\tilde{w}_n)$, 其中 $\tilde{w}_i=(r_i/\underline{\Delta r_i}/\overline{\Delta r_i})(i=1,\cdots,n)$, $\tilde{b}=(b/\underline{\Delta b}/\overline{\Delta b})$. $(\tilde{w}\cdot x)+\delta\tilde{y}+\tilde{b}=0$ 称为模糊最优分类超平面.

注: (1) 三角模糊数 $\tilde{r}=(r_1,r_2,r_3)$ 可表示为 $\tilde{r}=(r/\underline{\Delta}r/\bar{\Delta}r)$, 其中 $r=r_2$ 称为三角模糊数的中心, $\underline{\Delta}r=r_2-r_1$, $\bar{\Delta}r=r_3-r_2$ 分别称为三角模糊数的左、右展宽.

(2) 为了便于应用, 在三角模糊数 $\tilde{a}=(r/\underline{\Delta r}/\overline{\Delta r})$ 中, 允许 $\underline{\Delta r}<0$ 或 $\overline{\Delta r}<0$, 此时 $\tilde{a}=(r/\underline{\Delta r}/\overline{\Delta r})$ 称为广义三角模糊数, 简称三角模糊数.

求模糊最优分类超平面 $(\tilde{\boldsymbol{w}}\cdot x)+\delta\tilde{y}+\tilde{b}=0$ 问题转化为求解以下带有模糊决策的机会约束规划问题:

$$\begin{cases}\min & \bar{f}\\ \text{s.t.} & \operatorname{Pos}\left\{\dfrac{1}{2}\|\tilde{\boldsymbol{w}}\|^2+\frac{1}{2}\delta^2+C\displaystyle\sum_{j=1}^{2l}\xi_j\leqslant f\right\}\geqslant\alpha\\ & \operatorname{Pos}\left\{z_j((\tilde{\boldsymbol{w}}\cdot x_j)+\delta(\tilde{y}_j+z_j\varepsilon)+\tilde{b})+\xi_j\geqslant 1\right\}\geqslant\beta\\ & \xi_j\geqslant 0, j=1,\cdots,2l\end{cases}\tag{7.5}$$

其中, 对应于输入 $(x_i,\tilde{y}_i+\varepsilon), j=1,\cdots,l$ 的下标 j, $z_j=1$; 对应于输入 $(x_i,\tilde{y}_i-\varepsilon)$, $j=1,\cdots,l$ 的下标 j, $z_j=-1$; $(\tilde{\boldsymbol{w}},\delta,\tilde{b},\boldsymbol{\xi})^{\mathrm{T}}$ 为取自参考类 $\boldsymbol{X}_1\otimes X_2\otimes X_3\otimes\boldsymbol{X}_4$($\boldsymbol{X}_1$ 由三角模糊数组成的 n 维向量构成, X_2 由实数构成, X_3 由三角模糊数构成, $\boldsymbol{X}_4$ 由 $2l$ 维实向量构成, $\boldsymbol{X}_1\otimes X_2\otimes X_3\otimes\boldsymbol{X}_4$ 为 $\boldsymbol{X}_1$, X_2, X_3, X_4 的 Cartesian 积) 的向量, 为模糊决策; $\|\tilde{\boldsymbol{w}}\|^2$ 为由三角模糊数组成的 n 维向量 $\tilde{\boldsymbol{w}}$ 与 $\tilde{\boldsymbol{w}}$ 的内积, $\dfrac{1}{2}\|\tilde{\boldsymbol{w}}\|^2+\dfrac{1}{2}\delta^2+C\displaystyle\sum_{j=1}^{2l}\xi_j$ 为目标函数; $\bar{f}$ 为目标函数在可能性至少为 α 时所取的最小值; α,β 为给定的置信水平; $\operatorname{Pos}\{\cdot\}$ 为模糊事件 $\{\cdot\}$ 的可能性测度; $C>0$ 是惩罚参数, $\boldsymbol{\xi}=(\xi_1,\cdots,\xi_{2l})^{\mathrm{T}}$.

利用基于模糊模拟的遗传算法求解带有模糊决策的机会约束规划式 (7.5), 可得模糊最优解 $(\tilde{\boldsymbol{w}}^*,\delta^*,\tilde{b}^*,\boldsymbol{\xi}^*)^{\mathrm{T}}$. 其中, $\tilde{\boldsymbol{w}}^*$ 为三角模糊数组成的 n 维向量; δ^* 为实数; $\tilde{b}^*$ 为三角模糊数; $\boldsymbol{\xi}^*$ 为 $2l$ 维实向量. 所以, 得出模糊最优分类超平面 $(\tilde{\boldsymbol{w}}^*\cdot x)+\delta^*\tilde{y}+\tilde{b}^*=0$, 整理后得

$$((\tilde{\boldsymbol{w}}^\circ\cdot x)+\tilde{b}^\circ)+\tilde{y}=0\tag{7.6}$$

其中, $\tilde{\boldsymbol{w}}^\circ=\dfrac{\tilde{\boldsymbol{w}}^*}{\delta^*}$ 为三角模糊数组成的 n 维向量; $(\tilde{\boldsymbol{w}}^\circ\cdot\boldsymbol{x})$ 为 $\tilde{\boldsymbol{w}}^\circ$ 与 $\boldsymbol{x}$(n 维实数向量) 的内积, 其结果为三角模糊数, $\tilde{b}^\circ=\dfrac{\tilde{b}^*}{\delta^*}$ 为三角模糊数. 由三角模糊数的运算, $(\tilde{\boldsymbol{w}}^\circ\cdot\boldsymbol{x})+\tilde{b}^\circ$ 为三角模糊数.

定理 7.1 设式 (7.6) 为模糊回归问题中的模糊最优分类超平面, 则模糊回归函数为

$$\tilde{y}=\begin{cases}(-a/-\underline{\Delta a}/-\overline{\Delta a}), & \underline{\Delta a}\leqslant 0 \text{ 和 } \overline{\Delta a}\leqslant 0\\ (-a+\min\{0,-\overline{\Delta a}\}/\max\{0,-\underline{\Delta a}+\min\{0,-\overline{\Delta a}\}\}\\ /\max\{0,-\overline{\Delta a}\}), & \underline{\Delta a}>0 \text{ 或 } \overline{\Delta a}>0\end{cases}\tag{7.7}$$

其中, a, $\underline{\Delta a}$, $\overline{\Delta a}$ 分别为三角模糊数 $(\tilde{\boldsymbol{w}}^{\circ}\cdot\boldsymbol{x})+\tilde{b}^{\circ}=\tilde{a}$ 的均值、左展宽、右展宽.

证明 将式 (7.6) 视为以 $\tilde{y}$(三角模糊数) 为未知量的模糊方程, 且设三角模糊数 $(\tilde{\boldsymbol{w}}^{\circ}\cdot\boldsymbol{x})+\tilde{b}^{\circ}=(a/\underline{\Delta a},/\overline{\Delta a})=\tilde{a}$, 实数 0 表示为三角模糊数 $\tilde{0}=(0/0/0)$, 则式 (7.6) 为

$$\tilde{a}+\tilde{y}=\tilde{0}\tag{7.8}$$

下面解模糊方程式 (7.8)：

(1) 若 $\underline{\Delta a}\leqslant 0$ 且 $\overline{\Delta a}\leqslant 0$, 则模糊方程式 (7.8) 存在扩张原理意义下的解, 即

$$\tilde{y}=(y/\underline{\Delta y}/\overline{\Delta y})=(-a/-\underline{\Delta a}/-\overline{\Delta a})\tag{7.9}$$

(2) 若 $\underline{\Delta a}>0$ 或 $\overline{\Delta a}>0$, 则模糊方程式 (7.8) 在扩张原理意义下无解, 但在偏序 $\tilde{A}+\tilde{y}\leqslant\tilde{0}$ 意义下的解 (广义解) 存在, 即存在满足关系

$$a-\underline{\Delta a}+y-\underline{\Delta y}\leqslant 0,\quad a+y\leqslant 0,\quad a+\overline{\Delta a}+y+\overline{\Delta y}\leqslant 0\tag{7.10}$$

的解. 然而满足式 (7.10) 的解有无穷多个, 而模糊方程式 (7.8) 的解应是这些解中尽量使等式成立的解.

因此, 模糊方程式 (7.8) 的解定义为以下目标规划的解, 即

$$\begin{cases}\min & p_1(d_1^-+d_1^+)+p_2(d_2^-+d_2^+)+p_3(d_3^-+d_3^+)\\ \text{s.t.} & a+\overline{\Delta a}+y+\overline{\Delta y}+d_1^--d_1^+=0\\ & a+y+d_2^--d_2^+=0\\ & a-\underline{\Delta a}+y-\underline{\Delta y}+d_3^--d_3^+=0\\ & d_i^-\times d_i^+=0, d_i^-, d_i^+\geqslant 0, i=1,2,3\\ & \underline{\Delta y},\overline{\Delta y}\geqslant 0\end{cases}\tag{7.11}$$

其中, p_1, p_2, p_3 为第 1, 2, 3 优先等级因子; d_1^+, d_2^+, d_3^+, d_1^-, d_2^-, d_3^- 分别为正、负偏差量.

利用目标规划的单纯型法, 求得式 (7.11) 的最优解, 即

$$\begin{cases} y = -a + \min\{0, -\overline{\Delta a}\} \\ \underline{\Delta y} = \max\{0, -\underline{\Delta a} + \min\{0, -\overline{\Delta a}\}\} \\ \overline{\Delta y} = \max\{0, -\overline{\Delta a}\} \\ d_1^- = d_1^+ = d_2^+ = d_3^+ = 0 \\ d_2^+ = \max\{0, \overline{\Delta a}\}, d_2^+ = -\min\{0, -\overline{\Delta a} + \max\{0, -\underline{\Delta a}\} - \min\{0, -\underline{\Delta a}\}\} \end{cases}$$

因此模糊方程 (7.8) 的解 (广义解) 为

$$\tilde{y} = (-a + \min\{0, -\overline{\Delta a}\} / \max\{0, -\underline{\Delta a} + \min\{0, -\overline{\Delta a}\}\} / \max\{0, -\overline{\Delta a}\}) \tag{7.12}$$

综合式 (7.9) 和式 (7.12), 即得模糊回归函数式 (7.7). ∎

根据以上讨论, 可以得出以下算法.

算法 7.2(模糊线性支持向量回归机)

(1) 给定模糊回归问题的模糊训练集式 (7.3), 选择适当的 $\varepsilon > 0$, 将式 (7.3) 转化为对应的模糊分类问题模糊训练集式 (7.4).

(2) 根据模糊分类问题模糊训练集式 (7.4) 构造带有模糊决策的机会约束规划式 (7.5).

(3) 利用基于模糊模拟的遗传算法求解带有模糊决策的机会约束规划式 (7.5), 得模糊最优解 $(\tilde{\boldsymbol{w}}^*, \delta^*, \tilde{b}^*, \boldsymbol{\xi}^*)^{\mathrm{T}}$. 其中, $\tilde{\boldsymbol{w}}^*$ 为三角模糊数组成的 n 维向量; δ^* 为实数; $\tilde{b}^*$ 为三角模糊数; $\boldsymbol{\xi}^*$ 为 $2l$ 维实向量.

(4) 构造模糊最优分类超平面 $(\tilde{\boldsymbol{w}}^* \cdot x) + \delta^* \tilde{y} + \tilde{b}^* = 0$, 整理后得模糊方程式 (7.8).

(5) 解模糊方程式 (7.8) 得模糊回归函数式 (7.7).

注: (1) 模糊线性支持向量回归机中最佳置信水平的确定方法与第 4 章的类似, 在此从略.

(2) 若模糊训练集中的所有模糊训练点的输出全为实数, 则模糊训练集退化为普通训练集. 因此, 模糊线性支持向量回归机变为线性支持向量回归机.

下面研究以上带有模糊决策的机会约束规划的求解方法 —— 基于模糊模拟的遗传算法[46,90,91,99]. 这里只研究模糊线性支持向量回归机中的基于模糊模拟的遗传算法, 至于模糊线性支持向量分类机中的基于模糊模拟的遗传算法与其类似, 在此从略.

7.4 基于模糊模拟的遗传算法

7.4.1 模糊模拟

1. 检验模糊系统约束

$$\mathrm{Pos}\{z_j((\tilde{w} \cdot x_j) + \delta(\tilde{y}_j + z_j\varepsilon) + \tilde{b}) + \xi_j \geqslant 1,\ j = 1, \cdots, 2l\} \geqslant \beta \tag{7.13}$$

由模糊数运算定义, 对于一个给定的模糊决策变量 $(\tilde{\boldsymbol{w}},\delta,\tilde{b},\boldsymbol{\xi})^{\mathrm{T}}$, 模糊系统约束式 (7.13) 成立当且仅当存在 $n+l+1$ 个清晰量 (实数)$w_1^0,\cdots,w_n^0$,b^0 ,$y_1^0,\cdots,y_{2l}^0$, 使得

$$z_j((\boldsymbol{w}^0\cdot x_j)+\delta(y_j^0+z_j\varepsilon)+b^0)+\xi_j\geqslant 1,\quad j=1,\cdots,2l \tag{7.14}$$

其中, $\boldsymbol{w}^0=(w_1^0,\cdots w_n^0)^{\mathrm{T}}$ 并且

$$\mu_{\tilde{w}_i}(w_i^0)\geqslant\beta(i=1,\cdots,n)\wedge\mu_{\tilde{b}}(b^0)\geqslant\beta\wedge\mu_{\tilde{y}_j}(y_j^0)\geqslant\beta,\quad j=1,\cdots,2l$$

其中, $\mu_{\{\cdot\}}$ 为模糊数 $\{\cdot\}$ 的隶属函数.

因此, 若在模糊数 $\tilde{w}_i(i=1,\cdots,n)$, $\tilde{b}$, $\tilde{y}_j(j=1,\cdots,2l)$ 的 β-截集中随机抽取实数 $w_i^0(i=1,\cdots,n)$, b^0, $y_j^0(j=1,\cdots,2l)$ 使得式 (7.14) 成立, 则确信式 (7.13) 成立.

若式 (7.14) 中至少有一个不成立, 则重新在模糊数 $\tilde{w}_i(i=1,\cdots,n)$, $\tilde{b}$, $\tilde{y}_j(j=1,\cdots,2l)$ 的 β-截集中随机抽取实数 $w_i^1(i=1,\cdots,n)$, b^1, $y_j^1(j=1,\cdots,2l)$, 并检验式 (7.14).

如果经过给定的次数 N 之后, 在模糊数 $\tilde{w}_i(i=1,\cdots,n)$, $\tilde{b}$, $\tilde{y}_j(j=1,\cdots,2l)$ 的 β-截集中没有实数, 使得式 (7.14) 成立, 则认为给定的模糊决策变量 $(\tilde{\boldsymbol{w}},\delta,\tilde{b},\boldsymbol{\xi})^{\mathrm{T}}$ 对于机会约束是不可行的.

总结以上过程得:

步骤 1　分别从模糊数 $\tilde{w}_i(i=1,\cdots,n)$, $\tilde{b}$, $\tilde{y}_j(j=1,\cdots,2l)$ 的 β-平截集中随机抽取实数 $w_i^0(i=1,\cdots,n)$, b^0, $y_j^0(j=1,\cdots,2l)$.

步骤 2　若 $1-(z_j((\boldsymbol{w}^0\cdot x_j)+\delta(y_j^0+z_j\varepsilon)+b^0)+\xi_j)\leqslant 0(j=1,\cdots,2l)$, 返回"可行".

步骤 3　重复步骤 1 和步骤 2 共 N 次.

步骤 4　返回"不可行".

2. 计算目标值 $\bar{f}$

对于模糊目标函数

$$\mathrm{Pos}\left\{\frac{1}{2}\left\|\tilde{\boldsymbol{w}}\right\|^2+\frac{1}{2}\delta^2+C\sum_{j=1}^{2l}\xi_j\leqslant f\right\}\geqslant\alpha \tag{7.15}$$

出于极小化 $\bar{f}$ 的目的, 对给定的模糊决策变量 $(\tilde{\boldsymbol{w}},\delta,\tilde{b},\boldsymbol{\xi})^{\mathrm{T}}$, 必须找到最小值 $\bar{f}$, 使式 (7.15) 成立. 首先置 $\bar{f}=+\infty$, 然后从模糊数 $\tilde{w}_i(i=1,\cdots,n)$ 的 α-截集中随机生成实数 $w_i^0(i=1,\cdots,n)$, 只要 $\bar{f}>\dfrac{1}{2}\|\boldsymbol{w}^0\|^2+\dfrac{1}{2}\delta^2+C\displaystyle\sum_{j=1}^{2l}\xi_j$, 其中 $\boldsymbol{w}^0=(w_1^0,\cdots,w_n^0)^{\mathrm{T}}$,

则置 $\bar{f}=\frac{1}{2}\|\boldsymbol{w}^0\|^2+\frac{1}{2}\delta^2+C\sum_{j=1}^{2l}\xi_j$.

重复此过程 N 次, 所得的值 $\bar{f}$ 作为在模糊决策 $(\tilde{\boldsymbol{w}},\delta,\tilde{b},\boldsymbol{\xi})^{\mathrm{T}}$ 处的目标值.

总结以上过程得:

步骤 1 置 $\bar{f}=+\infty$.

步骤 2 从模糊数 $\tilde{w}_i(i=1,\cdots,n)$ 的 α-截集中随机生成实数 $w_i^0(i=1,\cdots,n)$.

步骤 3 若 $\bar{f}>\frac{1}{2}\|\boldsymbol{w}^0\|^2+\frac{1}{2}\delta^2+C\sum_{j=1}^{2l}\xi_j$, 其中 $\boldsymbol{w}^0=(w_1^0,\cdots,w_n^0)^{\mathrm{T}}$, 则置 $\bar{f}=\frac{1}{2}\|\boldsymbol{w}^0\|^2+\frac{1}{2}\delta^2+C\sum_{j=1}^{2l}\xi_j$.

步骤 4 重复步骤 2 和步骤 3 共 N 次.

步骤 5 返回 $\bar{f}$.

7.4.2 基于模糊模拟的遗传算法

1. 表示结构

下面用模糊向量 $\boldsymbol{V}=(\tilde{x}_1,\tilde{x}_2,\tilde{x}_3,\tilde{x}_4)^{\mathrm{T}}=(\tilde{\boldsymbol{w}},\delta,\tilde{b},\boldsymbol{\xi})^{\mathrm{T}}$ 作为一个染色体以表示模糊机会约束规划的一个模糊解, $\tilde{x}_i$ 取自于参考类 $X_i(i=1,2,3,4)$ 中 (其中 $\tilde{x}_2=\delta$ 为实数, $\tilde{x}_4=\boldsymbol{\xi}$ 为 $2l$ 维实向量).

2. 初始化过程

对于每一个模糊基因 $\tilde{x}_i$, 从参考类 X_i 中随机抽取模糊数 (其中 $\tilde{x}_2=\delta$ 为实数), 形成一个模糊染色体 $\boldsymbol{V}=(\tilde{x}_1,\tilde{x}_2,\tilde{x}_3,\tilde{x}_4)^{\mathrm{T}}=(\tilde{\boldsymbol{w}},\delta,\tilde{b},\boldsymbol{\xi})^{\mathrm{T}}$.

如果用模糊模拟检验染色体是不可行的, 那么重新抽取模糊数, 直至找到可行的染色体为止. 重复以上过程 pop-size 次, 可以得到 pop-size 个初始可行的染色体 $V_1,\cdots,V_{\text{pop-size}}$.

3. 评价函数

评价函数 [用 eval(V) 表示], 用来对种群中的每个染色体 V 确定一个概率, 以使该染色体被选中的可能性与它相对种群中其他染色体的适应性成比例, 即通过轮盘赌, 适应性强的染色体被选中的机会要大.

设目前该代中的染色体为 $V_1,\cdots,V_{\text{pop-size}}$, 根据染色体的序进行再度实验, 即一个染色体越好, 其序号越小, 通过根据模糊模拟所得到的目标值进行重排. 在进化系统中给定一个参数 $a\in(0,1)$, 则基于序的评价函数的定义为

$$\text{eval}(V_i)=a(1-a)^{i-1},\quad i=1,\cdots,\text{pop-size}$$

其中, $i=1$ 意味着染色体最好; $i=$ pop-size 说明染色体最坏.

4. 选择过程

旋转赌轮 pop-size 次, 每次为新的种群选择一个模糊染色体, 具体方法如下:

步骤 1　对每一个模糊染色体 V_i, 计算累积概率 q_i,

$$q_0 = 0,\ q_i = \sum_{j=1}^{i} \text{eval}(V_j), \quad i = 1, \cdots, \text{pop-size}.$$

步骤 2　从区间 $(0, q_{\text{pop-size}}]$ 中产生一个随机数 r.

步骤 3　选择第 i 个染色体 $V_i(1 \leqslant i \leqslant \text{pop-size})$, 使得 $q_{i-1} < r \leqslant q_i$.

步骤 4　重复步骤 2 和步骤 3 共 pop-size 次, 这样得到一个 pop-size 复制的模糊染色体.

5. 交叉操作

定义一个参数 P_c 作为交叉操作的概率. 为了确定用来交叉操作的父代, 从 $i=1$ 到 pop-size 重复以下过程: 从区间 $[0,1]$ 中生成随机数 r, 若 $r < P_c$, 则选择 V_i 作为一个父代.

用 V_1', V_2', V_3', $\cdots$ 表示以上选择的父代, 并把它们分成下面的对, 即

$$(V_1', V_2'),\ (V_3', V_4'),\ (V_5', V_6'), \cdots$$

下面用 (V_1', V_2') 解释对每对进行的交叉操作. 首先, 从开区间 $(0,1)$ 中产生一个随机数 c, 然后按下列形式在 V_1' 和 V_2' 之间进行交叉操作, 并产生两个后代 X 和 Y:

$$X = cV_1' + (1-c)V_2', \quad Y = (1-c)V_1' + cV_2'$$

利用模糊模拟检验每一个后代的可行性. 如果 X 和 Y 均可行, 则用它们代替其父代; 否则, 保留其可行的 (如果存在), 然后产生新的随机数 c, 重新进行交叉操作, 直至得到两个可行的后代或循环给定次数为止 [若对于给定循环次数, 均没有产生两个可行的后代, 则重新选择第二对 (V_3', V_4') 交叉操作].

6. 变异操作

定义参数 P_m 作为变异概率. 类似于交叉操作中选择父代的过程, 从 $i=1$ 到 pop-size 重复以下的过程: 从区间 $[0,1]$ 中生成随机数 r, 若 $r < P_m$, 则选择作为一个父代.

用 $\boldsymbol{V} = (x_1', x_2', x_3', x_4')^{\mathrm{T}}$ 表示以上选择父代, 按下面的方法进行变异. 任意选择 1(或 2 或 3 或 4), 然后从参考类 X_1(或 X_2 或 X_3 或 X_4) 中抽取新的模糊数取代 $\boldsymbol{V} = (x_1', x_2', x_3', x_4')^{\mathrm{T}}$ 中的 x_1'(或 x_2' 或 x_3' 或 x_4') 形成一个新的染色体 $\boldsymbol{V}'$. 利用模

糊模拟检验 $\boldsymbol{V}'$ 的可行性. 若 $\boldsymbol{V}'$ 可行, 则用 $\boldsymbol{V}'$ 取代父代 $\boldsymbol{V}$; 若 $\boldsymbol{V}'$ 不可行, 则重新进行变异, 直到可行的染色体为止.

选择、交叉、变异之后, 得到一个新的种群, 准备下一轮评价. 经过给定的循环次数后遗传算法终止运算.

总结以上过程, 基于模糊模拟的遗传算法程序如下:

步骤 1 输入参数 pop-size, a, P_{c}, P_{m}.

步骤 2 初始产生 pop-size 个模糊染色体, 使用模糊模拟检验染色体的可行性.

步骤 3 使用模糊模拟计算所有模糊染色体的目标值.

步骤 4 根据目标值使用基于序的评价函数, 计算所有染色体的适应度.

步骤 5 旋转赌轮选择模糊染色体.

步骤 6 对模糊染色体进行交叉操作和变异操作, 使用模糊模拟检验后代的可行性, 得到一新的种群.

步骤 7 重复步骤 3 到步骤 6 直到给定的循环次数.

步骤 8 把最好的染色体作为最优模糊解.

下面研究模糊线性支持向量回归机中的模糊支持向量集. 这里只研究模糊线性支持向量回归机中的模糊支持向量集, 至于模糊线性支持向量分类机中的模糊支持向量集与其类似, 在此从略.

7.5 模糊支持向量集

由于模糊线性支持向量回归机的决策函数中 $\tilde{w}, \tilde{b}$ 模糊, 以及模糊训练点 $(x_i, \tilde{y}_i+\varepsilon; 1), (x_i, \tilde{y}_i-\varepsilon; -1)$, $j=1,\cdots,l$ 的输入中的 $\tilde{y}_i+\varepsilon, \tilde{y}_i-\varepsilon$, $j=1,\cdots,l$ 的模糊, 因此模糊支持向量构成模糊集合, 则称为模糊支持向量集, 记为 $\tilde{A}$.

为了确定模糊支持向量集, 考察带有模糊决策的模糊机会约束规划的模糊机会约束 $\mathrm{Pos}\{z_j((\tilde{\boldsymbol{w}}\cdot x_j)+\delta(\tilde{y}_j+z_j\varepsilon)+\tilde{b})+\xi_j \geqslant 1,\ j=1,\cdots,2l\} \geqslant \beta$.

根据 7.4.1 小节中的讨论, 上式成立当且仅当在模糊数 $\tilde{w}_i(i=1,\cdots,n)$, $\tilde{b}$, $\tilde{y}_j$ $(j=1,\cdots,2l)$ 的 β-截集中随机抽取实数 $w_i^0(i=1,\cdots,n)$, b^0, $y_j^0(j=1,\cdots,2l)$ 使得

$$z_j((\boldsymbol{w}^0\cdot x_j)+\delta(y_j^0+z_j\varepsilon)+b^0)+\xi_j \geqslant 1, \quad j=1,\cdots,2l$$

成立, 其中 $\boldsymbol{w}^0=(w_1^0,\cdots,w_n^0)^{\mathrm{T}}$.

因此, 在模糊数 $\tilde{w}_i(i=1,\cdots,n)$, $\tilde{b}$, $\tilde{y}_1$ 的 β-截集中随机抽取实数 $w_i^{(1)}$ $(i=1,\cdots,n)$, $b^{(1)}$, $y_1^{(1)} n$ 次, 检验

$$z_1((\boldsymbol{w}^{(1)}\cdot x_1)+\delta(y_1^{(1)}+z_1\varepsilon)+b^{(1)})+\xi_1 \geqslant 1$$

成立的次数, 其中 $\boldsymbol{w}^{(1)}=(w_1^{(1)},\cdots,w_n^{(1)})^{\mathrm{T}}$.

假设成立次数为 $k_1(1\leqslant k_1\leqslant n)$, 则模糊训练点 $(x_1,\tilde{y}_1+\varepsilon,1)$ 的输出关于模糊支持向量集 $\tilde{A}$ 的隶属度为 $\dfrac{n-k_1+1}{n}$.

在模糊数 $\tilde{w}_i(i=1,\cdots,n)$, $\tilde{b}$, $\tilde{y}_{2l}$ 的 β-截集中随机抽取实数 $w_i^{(2l)}(i=1,\cdots,n)$, $b^{(2l)}$, $y_{2l}^{2l}n$ 次, 假设

$$z_j((w^{(2l)}\cdot x_j)+\delta(y_j^{(2l)}+z_j\varepsilon)+b^{(2l)}\geqslant 1,\quad j=1,\cdots,2l$$

成立的次数为 $k_{2l}(1\leqslant k_{2l}\leqslant n)$, 其中 $\boldsymbol{w}^{(l)}=(w_1^{(l)},\cdots,w_n^{(l)})^{\mathrm{T}}$, 则模糊训练点 $(x_l,\tilde{y}_l-\varepsilon,-1)$ 的输出关于模糊支持向量集 $\tilde{A}$ 的隶属度为 $\dfrac{n-k_{2l}+1}{n}$.

所以, 模糊支持向量集 $\tilde{A}$ 是论域为模糊训练集

$$\bar{S}=\{((x_1,\tilde{y}_1+\varepsilon),1),\cdots,((x_l,\tilde{y}_l+\varepsilon),1)\ (x_1,\tilde{y}_1-\varepsilon),-1),\cdots,((x_l,\tilde{y}_l-\varepsilon),-1)\}$$

而隶属函数为

$$\frac{n-k_j+1}{n},\quad j=1,\cdots,2l$$

的模糊集合, 其中 k_j 为在模糊数 $\tilde{w}_i(i=1,\cdots,n)$, $\tilde{b}$, $\tilde{y}_j$ 的 β-截集中随机抽取实数 $w_i^{(j)}(i=1,\cdots,n)$, $b^{(j)}$, $y_j^{(j)}n$ 次, 而不等式

$$z_j((\boldsymbol{w}^{(j)}\cdot x_j)+\delta(y_j^{(j)}+z_j\varepsilon)+b^{(j)})+\xi_j\geqslant 1,\quad j=1,\cdots,2l$$

成立的次数, 这里 $\boldsymbol{w}^{(j)}=(w_1^{(j)},\cdots,w_n^{(j)})^{\mathrm{T}}(j=1,\cdots,2l)$.

通过分析可以得到, 隶属度越大, 模糊支持向量在模糊线性支持向量回归机中的作用越大; 反之, 隶属度越小, 模糊支持向量在模糊线性支持向量回归机中的作用越小.

第 8 章　不确定性支持向量机

8.1　粗糙集支持向量机

粗糙集 (rough set, RS) 理论是波兰数学家 Pawlak 于 1982 年提出的一种处理模糊和不确定信息的新型数据分析工具, 1990 年以后逐渐引起世界各国学者的广泛关注, 现已成为信息科学最活跃的研究领域之一. RS 理论已能有效地分析和处理不精确、不一致、不完整等各种不完备信息, 并从中发现隐含的知识, 揭示潜在的规律. 属性约简是其理论的一个重要内容, 也就是在保持分类能力不变的前提下, 通过知识约简, 导出概念的分类规则.

本节分析 RS 和 SVM 两者各自的特点, 探讨了两者的结合方法, 利用 RS 理论在处理大数据量、消除冗余信息等方面的优势, 减少 SVM 训练数据, 从而克服 SVM 算法因数据量太大而处理速度慢等缺点, 介绍一种基于 RS 理论数据预处理的 SVM 预测系统.

8.1.1　知识约简方法

RS 理论是一种新型的处理模糊和不确定知识的数学工具, 能有效地分析和处理不精确、不一致、不完整等各种不完备信息, 并从中发现隐含的知识, 揭示潜在的规律. 知识约简是 RS 理论的核心内容之一. 人类在对一个事物做出判断和决策时, 并不是依据被判断事物的全部特性, 而是依据最主要的一个或几个重要特点做出判断. 知识约简就是根据这一原理, 剔除知识库中的冗余知识, 简化判断规则.

假定人们感兴趣的对象的论域为 U, 论域 U 中的一种关系定义为 R, R 可以是一种属性的描述, 也可以是一个属性集合的描述, 可以是定义一种变量, 也可以是定义一种规则. 当用 R 描述论域 U 中所有等价类族时, 可以表示为 U/R. 若 R 是 U 上的划分, $R=\{X_1, X_2, \cdots, X_n\}$, (U,R) 称为近似空间. 用 $\mathrm{des}\{X_i\}$ 表示 U 上基于关系 R 的一个等价关系对 X_i 的基本集合的描述. 例如, 属性集 $A\subset R$, $\mathrm{des}_A\{X_i\}=\{(a,b)$: $f(x,a)=b, x\in X_i, a\in A\}$, 因此这里表示对于给定的集合 X_i 可用属性 A 和属性集 V_A 表示.

不可分辨关系是指物种由属性集 P 表示时, 在论域 U 中的等价关系. 例如, 属性集 $P\subset R$, 对象 $X, Y\in U$, 对于每个 $Q\in P$, 当且仅当 $f(X,a)=f(Y,b)$ 时, X 和 Y 是不可分辨的, 即有 $\mathrm{ind}\,(P)=\{(X,Y)\in U, a\in P, f(X,a)=f(Y,b)\}$.

8.1.2　基于粗糙集预处理的支持向量分类

RS 是一个功能强大的数据分析工具, 它具备以下优势：首先 RS 不需要先验知识. 模糊集和概率统计方法是处理不确定信息的常用方法, 但这些方法需要一些数据的附加信息或先验知识, 如模糊隶属度函数和概率分布等, 这些信息有时并不容易得到. RS 分析方法仅利用数据本身提供的信息, 无须任何先验知识. 其次 RS 能表达和处理不完备信息, 以不可分辨关系为基础, 侧重分类; 能在保留关键信息的前提下对数据进行约简并求得知识的最小表达; 能识别并评估数据之间的依赖关系, 揭示出概念简单的模式; 能从经验数据中获取易于证实的规则知识.

RS 理论的缺点是：容错能力与泛化能力相对软弱, 且只能处理量化数据等问题, 而这恰好是 SVM 算法的长处. SVM 实现了 SRM 原则, 它最小化泛化误差的上界, 而不是最小化训练误差, 这就保证了 SVM 具有更好的泛化性能. SVM 算法与神经网络方法相比有更少的自由参数. 在 SVM 算法中, 仅有三个自由参数. 然而, 神经网络却有大量的自由参数, 需要凭经验主观选择. 神经网络不一定能收敛到全局最优解, 容易陷入局部最优解. 而在 SVM 算法中, 训练 SVM 就等价于解一个具有线性约束的二次凸规划问题, 因而它的解是唯一的、全局的和最优的.

SVM 的缺点是：不能确定数据中哪些知识是冗余的, 哪些是有用的, 哪些作用大, 哪些作用小, 而这正是 RS 理论的长处.

考虑到经典的 SVM 算法是建立在二次规划的基础上, 对大数据量的模式分类和时间序列预测等问题, 如何提高它的数据处理的实时性, 缩短样本的训练时间, 仍是亟待解决的问题. 针对上述弱点, 再结合 RS 理论与 SVM 算法各自的优、缺点, 本文提出一种将 RS 理论方法与 SVM 算法相结合的方法. 利用 RS 理论在处理大数据量、消除冗余信息等方面的优势, 减少 SVM 训练数据, 克服 SVM 算法因为数据量太大而导致处理速度慢等缺点. 将 RS 作为前置系统, 再根据 RS 方法预处理后的信息结构, 构成 SVM 数据预测系统.

从前面分析的 RS 理论方法和 SVM 方法各自的特点中, 可以发现它们存在两个互补性的差别：

(1) SVM 处理信息一般不能将输入信息空间维数简化, 所以当输入信息空间维数较大时, 就会导致 SVM 训练时间较长, 而 RS 理论方法通过发现数据间的关系, 既可以去掉数据中的冗余信息, 又可以简化输入信息的数据空间的维数.

(2) RS 方法在实际应用过程中对噪声比较敏感, 因而用无噪声的训练样本学习推理的结果在有噪声的环境中应用效果就不太好, 也就是说, RS 方法的泛化性能较差, 而 SVM 方法有较好的抑制噪声干扰的能力, 且具有良好的泛化能力. 因而根据它们的互补性把两者结合起来, 用 RS 先对数据进行预处理, 即先把 RS 网络作为前置系统, 再根据 RS 预处理后的信息结构, 来构成 SVM 的信息预测系统.

这种系统具备以下几个明显的优点：

(1) 利用 RS 方法减少信息表达的特征数量，使 SVM 输入端的数据数量大大减少，提高了系统的速度.

(2) 利用 RS 方法去掉冗余信息后，简化了训练样本集，也减少了系统的训练时间.

(3) 把 SVM 作为后置的信息处理系统，具有容错和抗干扰的能力.

一种基于 RS 预处理的 SVM 分类预测系统框图如图 8.1 所示.

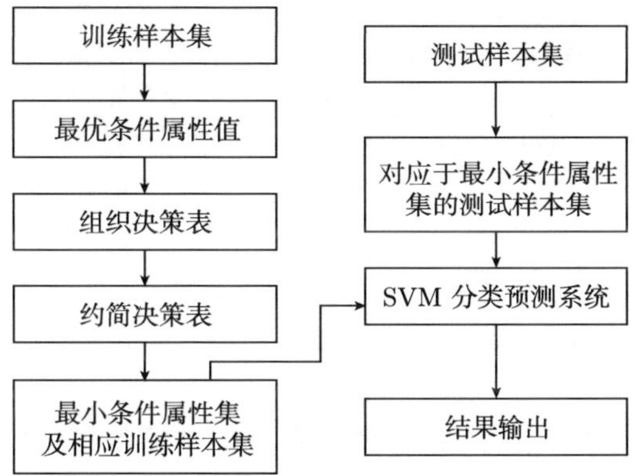

图 8.1 基于 RS 预处理的 SVM 分类预测系统

训练样本首先从收集的原始数据中产生，然后将条件属性值进行量化. 量化后的属性值形成一张二维表格，每一行描述一个对象，每一列描述对象的一种属性，属性分条件属性和决策属性. 决策表约简包括条件属性简化和决策规则简化. 条件属性简化，即去掉某一属性后，考察决策表的相容性，如果去掉该属性后决策表是相容的，就去掉该属性，直到决策表最简为止. 决策规则简化就是在条件属性简化后的决策表中，去掉样本集中的重复信息，考察剩下的训练集，每一条规则中哪些属性值是冗余的，去掉冗余信息和重复信息后，就得到最小决策算法. 也可以先简化每一决策规则，再简化条件属性，从而得到最小条件属性集. 采用约简得到的最小条件属性集及相应的原始数据重新形成新的训练样本集，该样本集除去了所有不必要的条件属性，仅保留了影响预测精度的重要属性. 用约简后形成的训练样本对 SVM 进行学习和训练. 最后输入按照最小条件属性集及相应的原始数据重新形成的测试样本集，对系统进行测试，输出预测结果.

系统的特点如下：

(1) 首先运用 RS 方法对数据进行预处理，进行属性约简，消除冗余信息，使 SVM 输入端的数据量大大减少，提高系统运行的速度.

(2) 把 SVM 作为后置系统，具有容错和抗干扰的能力. 指标之间可能存在着一定的相关性, 反映的信息有一定的重叠. 这样不仅能消除指标间的信息重叠, 而且可以降维, 构建综合评价函数, 从而得到评价结果. 运用 RS 理论中的知识约简去掉冗余指标, 将剩余的指标作为输入变量.

8.1.3 基于粗糙集预处理的支持向量回归

基于 RS 预处理的 SVM 回归预测系统如图 8.2 所示.

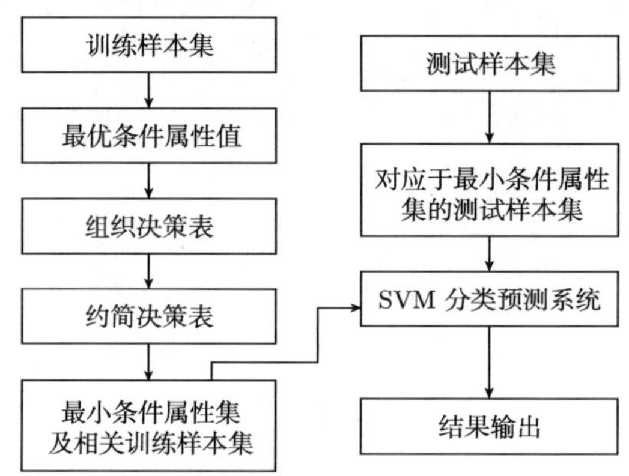

图 8.2 基于 RS 预处理的 SVM 回归预测系统

系统的特点如下:

(1) 首先运用 RS 方法对数据进行预处理, 进行属性约简, 消除冗余信息, 使 SVM 输入端的数据量大大减少, 提高系统运行的速度.

(2) 把 SVM 作为后置系统, 具有容错和抗干扰的能力.

8.1.4 财务困境预警应用实例

财务危机预警是管理科学与工程领域研究中的一个前沿和热点问题, 是一项多学科交叉的边缘性研究课题, 建立切合企业实际的财务困境预警系统, 具有降低投资风险及防范金融危机的积极作用. 对企业财务困境的研究, 主要是从分类的角度开展的, 即通过某些可以反映企业偿债能力及发展趋势的指标对企业的状况进行综合分析, 将企业分为可能会发生财务危机和不会发生财务危机两种类别 (或更多类别), 从而得出关于企业财务情况的结论.

数据的来源为国内上市公司的真实数据, 其中选取的破产公司是指在连续两年内被股市特殊处理的公司, 同时依据行收分类选取该行收的其他公司为门常公司, 以财务状况异常最早日为基准日, 选取这些公司在基准日前两年的财务报表数据. 共选取 20 家财务状况异常公司、30 家门常公司, 共 50 家公司来构建样本集合. 数据来源于上市公司年报及 “精信资讯网” 中 2002 年年度的财务数据.

数据选用获利能力指标、经营能力指标、偿债能力指标、资本结构指标、经营发展能力等 15 个指标, 具体指标如下：主营收务利润率; 投资收益比率; 净资产收益率; 每股净利润; 应收账款周转率; 存货周转率; 总资产周转率; 流动比率; 资产负债率; 流动负债比率; 净资产比率; 每股净资产; 主营收务收入增民率; 净资产增民率; 总资产增民率.

这里把所有数据样本分成两份, 分别是训练集和测试集, 训练集和测试集各 25 个样本.

首先, 通过对上市公司数据的属性约简, 得到上市公司指标离散化决策表. 然后, 根据 RS 理论, 对各属性进行约简, 可以得到上市公司属性决策表的一个约简 $R=\{e,f,g,n\}$.

利用约简前、后分类预测的结果比较 (表 8.1), 其中, SVM 表示一般的 SVM 模型, RS-SVM 表示约简后的 SVM 模型. 参数选择：SVM, 选用径向基核, σ=50 , $C=25$; RS-SVM, 选用径向基核, σ=100, $C=50$. 一类错误率为将负类错判为正类的百分比; 二类错误率为将正类判为负类的百分比.

表 8.1　约简前、后分类效果比较

模型	一类错误率/%	二类错误率/%	误判率/%
SVM	10	26.67	20
RS-SVM	10	13.3	12

通过分类效果的比较可以看出, 通过属性约简后, 分类效果并没有降低, 但却可减少使用的评价指标, 可减少计算的复杂度.

神经网络作为一种处理非线性分类的方法有着较广泛的应用, 用 BP 神经网络来进行对比. RS-ANN 表示约简后的神经网络模型. BP 神经网络的参数选择：选用标准下层 BP 网络, 网络结构为 4×9×1, 训练次数为 1000, 训练目标为 0.01, 学习速率为 0.10. new-RS-SVM 则选择径向基核与多项式核的线性组合, $C=70$, 多项式核：$A=50$, $d=15$, $c=50$; 径向基核：$B=2$, σ=50. 结果如表 8.2 所示.

表 8.2　约简前、后分类效果比较

模型	一类错误率/%	二类错误率/%	误判率/%
RS-ANN	10	13.3	12
new-RS-SVM	10	6.7	8

运用企业财务困境预警的 RS-SVM 模型, 不仅减少了财务指标的数量, 提取主要的特征属性, 而且降低了 SVM 的复杂性和训练时间, 提高了学习能力、推理能力和分类能力, 实现对企业财务困境状态的测定和预警, 与传统的方法相比具有更大的优势. 给出了一个基于 RS-SVM 模型的企业财务困境预警实例. 实验结果表明, 该模型是有效的、可行的, 为企业财务困境的预警提供了一条新的途径.

8.2 加权支持向量机

8.2.1 样本不平衡问题

支持向量机中参数 C 决定了在最大化类间隔和最小化训练错误之间的折中程度. 这是由 Vapnik 提出的第一种支持向量机模型, 也被称为 C-SVM 或标准支持向量机. C-SVM 不适合处理不平衡数据的原因在于：当数据不平衡时, 比如正类的数量远少于负类的数量, 就会导致正类的误差之和小于负类的误差之和, 这就相当于对负类施加了比较大的错误惩罚, 从而导致分割平面向正类的方向移动. 下面讨论数据不平衡情形的标准 SVM 分类问题. 根据 KKT 条件, 可以得到

$$\begin{aligned}&\alpha_i(y_i(w\cdot\phi(x_i)+b)-1+\xi_i)=0\\&\beta_i\xi_i=(C-\alpha_i)\xi_i=0\end{aligned}$$

可以看出, 如果 $\alpha_i=0$, 则 $\xi_i=0$. 这时 x_i 被正确分类; 如果 $0<\alpha_i<C$, 则有

$$y_i(w\cdot\phi(x_i)+b)-1+\xi_i=0 \text{ 和 } \xi_i=0$$

这时 x_i 处在分类间隔面上, 被称为边界上的支持向量. 如果 $\alpha_i=C$, 则有

$$y_i(w\cdot\phi(x_i)+b)-1+\xi_i=0 \text{ 和 } \xi_i\geqslant 0$$

这时如果 $0\leqslant\xi_i\leqslant 1$, x_i 处在超平面和间隔面之间, 并被正确分类; 如果 $\xi_i>1$, x_i 被分到超平面的另一侧; 如果 $\xi_i>0$, x_i 被称为边界 (bound) 支持向量. 边界支持向量的比例反映了分类的正确率.

假设 $N_{\mathrm{BSV}+}$ 和 $N_{\mathrm{BSV}-}$ 分别代表正类和负类中边界支持向量的个数, $N_{\mathrm{SV}+}$ 和 $N_{\mathrm{SV}-}$ 分别代表正类和负类中所有支持向量的个数, m^+ 和 m^- 分别代表正类和负类中的样本数, 可得

$$\sum_{i=1}^{N}\alpha_i=\sum_{y_i=+1}\alpha_i+\sum_{y_i=-1}\alpha_i,\quad \sum_{y_i=+1}\alpha_i=\sum_{y_i=-1}\alpha_i$$

因为所有 α_i 的最大值是 C, 所以有

$$N_{\mathrm{NSV}+}\cdot C\leqslant\sum_{y_i=+1}\alpha_i,\quad N_{\mathrm{SV}+}\cdot C\geqslant\sum_{y_i=+1}\alpha_i$$

结合上面的两个式子, 有

$$N_{\mathrm{NSV}+}\cdot C\leqslant\sum_{y_i=+1}\alpha_i\leqslant N_{\mathrm{SV}+}\cdot C,\quad N_{\mathrm{NSV}-}\cdot C\leqslant\sum_{y_i=-1}\alpha_i\leqslant N_{\mathrm{SV}-}\cdot C$$

经过变形计算可得

$$\frac{N_{\text{NSV}+}}{m_+} \leqslant \frac{A}{C \cdot m_+} \leqslant \frac{N_{\text{SV}+}}{m_+}, \quad \frac{N_{\text{NSV}-}}{m_-} \leqslant \frac{A}{C \cdot m_-} \leqslant \frac{N_{\text{SV}-}}{m_-}$$

其中

$$\sum_{y_i=+1} \alpha_i = \sum_{y_i=-1} \alpha_i = A$$

由上面的式子可知, 如果 $m_+ \neq m_-$, 则正类和负类中边界支持向量比例的上界和支持向量比例的下界不相等. 样本数少的类的边界支持向量比例的上界比样本数多的类的边界支持向量的上界大. 这意味着样本数少的类中的样本被错分的比例比样本数大的类中的样本被错分的比例大. 这种偏差行为表明, C-SVM 不太适合训练样本类中样本数不平衡的分类问题. 而在某些实际问题中, 类的样本数是不平衡的, 如银行信用卡的恶意透支问题, 正常数据要比攻击数据多等.

另外, C-SVM 没有考虑不同样本之间重要性的差异. 在某些实际问题中, 样本的重要性是不同的. 忽略样本的重要性, 可能导致重要的样本被错误分类, 继而导致判别函数将新的数据错误分类.

8.2.2 加权支持向量机模型

为了解决样本不平衡情形下的分类问题, 给出加权支持向量机 (weighted support vector machine, WSVM) 的原始问题, 即

$$\begin{cases} \min & \tau(w, \xi) = \dfrac{1}{2}\|w\|^2 + C\lambda \displaystyle\sum_{i=1}^{l} s_i \xi_i \\ \text{s.t.} & y_i((w \cdot x_i) + b) + \xi_j \geqslant 1 \\ & \xi_i \geqslant 0, i = 1, \cdots, m \end{cases} \tag{8.1}$$

其中, $\lambda \geqslant 1$ 是类 y_i 的权重, $s_i > 0$ 是样本 x_i 的权重. 如果 $0 < s_i < 1$, 则表示 x_i 不重要; 如果 $s_i = 1$, 则表示 x_i 一般重要; 如果 $s_i > 1$, 则表示 x_i 重要. 其他符号的含义同其在 C-SVM 中的含义. 可以证明, 这里的加权支持向量机是标准 SVM 的扩展.

使用 C-SVM 中求解问题的方法, 得到加权支持向量机的对偶拉格朗日表达式, 即

$$\begin{cases} \max & L(\alpha) = \displaystyle\sum_{j=1}^{l} \alpha_i - \frac{1}{2} \sum_{i=1}^{l} \sum_{j=1}^{l} \alpha_i \alpha_j y_i y_j K(x_i, x_j) \\ \text{s.t.} & 0 \leqslant \alpha_i \leqslant C\lambda, \displaystyle\sum_{j=1}^{l} \alpha_i y_i = 0, \ i = 1, 2, \cdots, m \end{cases} \tag{8.2}$$

判别函数为

$$f(x) = \operatorname{sgn}(\sum_{i=1}^{m} \alpha_i y_i K(x_i, x) + b) \tag{8.3}$$

使用分析 C-SVM 的方法, 得到

$$\frac{N_{\text{NSV}+}}{m_+} \leqslant \frac{A}{C \cdot \lambda_+ \cdot \bar{s}_i^+ \cdot m_+} \leqslant \frac{N_{\text{SV}+}}{m_+}$$

$$\frac{N_{\text{NSV}-}}{m_-} \leqslant \frac{A}{C \cdot \lambda_- \cdot \bar{s}_i^- \cdot m_-} \leqslant \frac{N_{\text{SV}-}}{m_-}$$

其中, λ_+ 和 λ_- 分别表示正类和负类的权重; $\bar{s}_i^+$ 和 $\bar{s}_i^-$ 分别表示正类和负类中样本的平均权重. 由于样本中重要样本和不重要样本的比例很小, 因此 $\bar{s}_i^+$, $\bar{s}_i^-$ 的值近似等于 1. 由上式可知, 可以通过设置 λ_+ 和 λ_- 的值来影响加权支持向量机对各类的分类准确度.

8.2.3 参数选择

高斯核是比较普遍适用的 SVM 核函数, 选取不同的惩罚因子和径向基核函数宽度对分类器性能影响很大. 遗传算法是模拟自然界自然选择和遗传机制随机搜索的全局优化算法, 可以用来优化求解参数 C 和核函数参数 σ. 其基本思想是利用遗传算子对解空间内的每个个体操作产生更优的一代个体, 直至达到终止条件.

遗传算法由六部分组成：编码、选择函数、遗传算子、种群初始化、终止条件、适应度函数. 实数编码比二进制编码精度更高, 适应性更强, 所以对此优化问题的解 (C, σ) 采用实数编码, 每个可行解作为一个染色体或个体; 采用遗传算子操作之前, 必须根据个体适应度进行概率选择, 即适应度大的个体被选中产生下一代的概率大, 可以采用正态几何排序方法来确定, 计算公式为

$$p_i = q(1 - q^{r-1})/[1 - (1 - q)^p] \tag{8.4}$$

其中, p_i 为第 i 个个体被选中的概率; q 为选中最优个体的概率; r 是个体的排序等级, 即把种群中的个体按照适应度排序后把排序数规范化. 遗传算子包括交叉算子和变异算子, 优秀的父母通过交叉算子产生一个新的个体, 可以采用启发式交叉算子计算, 即

$$\bar{X}' = \bar{X} + r(\bar{X} - \bar{Y}), \quad \bar{Y}' = \bar{X} \tag{8.5}$$

$$\text{feasibility} = \begin{cases} 1, & \text{若 } x_i' \geqslant a, x_i' \leqslant b, \forall i \\ 0, & \text{其他} \end{cases} \tag{8.6}$$

变异操作采用非均匀变异算子随机选择变量, 使之等于一个非均匀随机数

$$x_i' = \begin{cases} x_i + (b_i - x_i)f(G), & r_1 < 0.5 \\ x_i - (x_i - a_i)f(G), & r_1 \geqslant 0.5 \\ x_i, & \text{其他} \end{cases} \tag{8.7}$$

$$f(G) = (r_2(1 - G/G_{\max}))^b \tag{8.8}$$

其中, $r_i(i=1,2)$ 服从 (0,1) 均匀分布; G 是种群最大遗传代数; b 是形状参数; a_i 和 b_i 是元素 x_i 的上、下界. 初始种群的产生采取在解空间内随机生成的方式, 终止条件为限制最大遗传代数, 个体的适应度函数选为对同一测试集的分类精度, 分类精度越高, 适应度值越大; 反之越小.

8.2.4 数据试验

为了检验加权支持向量机的性能, 加权支持向量机和 C-SVM 使用相同数据, 以此比较两者的性能差. 为便于观察, 使用的是随机生成的二维数据. 正类数据的范围是 0.1~0.5, 负类数据的范围是 0.4~0.9. 样本加权的训练实验采用的方法是在类加权实验数据中随机更改交叉区域中部分正类样本的所属类别和权重. 在所有实验中, 参数 C 的值设为 1000. 算法的实现参考了 Chang 和 Lin 所开发的 LIBSVM. 实验结果如表 8.3 所示.

表 8.3 加权支持向量机实验结果

数据组	正类样本数	负类样本数	C-SVM 正类错分数	C-SVM 负类错分数	WSVM 正类权重	WSVM 负类权重	WSVM 正类错分数	WSVM 负类错分数
1	100	50	2	10	1	2	14	0
2	500	100	0	14	1	10	46	2
3	1000	100	0	24	1	40	170	1

从表 8.3 可以看出, 加权支持向量机可以控制类的分类错误率, 并且随着某类权重的增加, 该类的支持向量数和被错分的样本数在减少, 而其相对类的支持向量数和被错分的样本数在增加. 而且类权重的改变影响判别函数的性能, 某类的权重越大, 判别函数在做出判断时也将倾向于该类. 这是因为某类权重的改变导致了最优超平面位置、法线的方向和分类间隔的变化. 通过设置样本的权重, 增加了该样本被正确分类的可能性, 同时对样本所在类及其相对类的分类正确率会有影响.

8.3 模糊模式识别与不完全支持向量机

8.3.1 简述

随着计算机和信息时代的到来, 统计问题的规模和复杂性都急剧增加. 数据存

储、组织和检索领域的挑战导致一个新领域 "数据挖掘" 的产生. 数据挖掘是一个从已知数据集中发现各种模型、概要和导出值的过程. 它是一个多领域的交叉学科, 涉及数据库技术、机器学习、统计学、神经网络、模式识别、知识库、信息提取、高性能计算等诸多领域, 并在工业、商务、财经、通信、医疗卫生、生物工程等众多行业得到广泛的应用.

分类和回归是数据挖掘的两项基本任务.

支持向量机是 Vapnik 等提出的一类新型机器学习方法, 它能够非常成功地处理分类和回归问题. 由于支持向量机出色的学习性能, 该技术已成为机器学习界的研究热点, 并在很多领域得到了成功的应用. 但是, 作为一种尚未成熟的新技术, 支持向量机目前存在许多局限. 比如, 客观世界存在大量的模糊信息, 如果支持向量机的训练集中含有模糊信息 (模糊参数), 那么支持向量机将无能为力.

2002 年台湾大学的 Chunfu Lin 和 Shengde Wang 以及日本 Kobe 大学的 Shigeo Abe 和 Takuya Inoue 提出了 FSVM 方法. 他们只是对支持向量机做了一些改进, 没有从算法的数学本质 (模糊规划) 上建立模糊支持向量机. 而且 FSVM 所处理的模糊信息仅是一般模糊信息的特例, 缺乏一般情况下含有模糊信息的支持向量机的研究. 因此称其为 "不完全模糊支持向量机".

1965 年美国 California 大学的 Zadeh 教授在 *Information and Control* 上发表论文 *Fuzzy Sets*, 创立了模糊数学, 模糊数学是处理模糊信息的有力工具. 模糊模式识别是模糊数学中处理模糊分类问题的有效方法, 但模糊模式识别与含有模糊信息的支持向量机提法不同, 即已知条件和要解决的问题不一样. 因此, 用模糊模式识别方法不能解决含有模糊信息支持向量机方法所要解决的问题.

下面就对不完全模糊支持向量机和模糊模式识别进行简要介绍.

8.3.2 不完全支持向量机

设训练集为

$$S = \{(x_1, y_1, s_1), \cdots, (x_l, y_l, s_l)\} \tag{8.9}$$

其中, $x_j \in \mathbf{R}^n$, $y_j \in \{-1, 1\}$, $\sigma \leqslant s_j \leqslant 1$, σ 为大于零的实数.s_j 为训练点 (x_j, y_j, s_j) 的输出 $y_j = 1$ $(j = 1, \cdots, l)$ (正类) 或 -1 (负类) 的模糊隶属度.

由于模糊隶属度 s_j 是训练点 (x_j, y_j, s_j) 隶属于某一类的程度, 而参数 ξ_j 是测量错分程度的度量, 因此 $s_j\xi_j$ $(j = 1, \cdots, l)$ 就成了衡量对于重要性不同的变量错分程度的度量工具.

对于线性问题, 求最优分类超平面问题转化为求解以下二次规划问题, 即

$$\begin{cases} \min\limits_{w,b,\xi} & \dfrac{1}{2}\|w\|^2 + C\sum\limits_{j=1}^{l} s_j\xi_j \\ \text{s.t.} & y_j((w\cdot x_j)+b)+\xi_j \geqslant 1 \\ & \xi_j \geqslant 0,\ j=1,\cdots,l \end{cases} \tag{8.10}$$

其中, $C>0$ 是惩罚参数; $\boldsymbol{\xi}=(\xi_1,\cdots,\xi_l)^{\mathrm{T}}$; s_j 是训练点 (x_j,y_j,s_j) 隶属于某一类的程度.

为求解二次规划式 (8.10) 的对偶规划, 构造拉格朗日函数, 即

$$L(w,b,\xi,\alpha,\beta) = \frac{1}{2}\|w\|^2 + C\sum_{j=1}^{l} s_j\xi_j$$

$$-\sum_{j=1}^{l}\alpha_j(y_j((w\cdot x_j)+b)-1+\xi_j) - \sum_{j=1}^{l}\beta_j\xi_j \tag{8.11}$$

其中, $\boldsymbol{\alpha}=(\alpha_1,\cdots,\alpha_l)^{\mathrm{T}}$, $\boldsymbol{\beta}=(\beta_1,\cdots,\beta_l)^{\mathrm{T}}$, $\boldsymbol{\alpha}_j\geqslant 0, \boldsymbol{\beta}_j\geqslant 0,\ j=1,\cdots,l$.

根据 Wolfe 对偶定义, 对拉格朗日函数关于 w, b, ξ_j 求极小, 即

$$\nabla_w L(w,b,\xi,\alpha,\beta) = w - \sum_{j=1}^{l}\alpha_j y_j x_j = 0 \tag{8.12}$$

$$\nabla_b L(w,b,\xi,\alpha,\beta) = -\sum_{j=1}^{l}\alpha_j y_j = 0 \tag{8.13}$$

$$\nabla_{\xi_j} L(w,b,\xi,\alpha,\beta) = s_jC - \alpha_j - \beta_j = 0,\quad j=1,\cdots,l \tag{8.14}$$

将式 (8.12)~ 式 (8.14) 代入式 (8.11), 对 α 求极大值, 得二次规划的对偶规划, 即

$$\begin{cases} \max\limits_{\alpha} & \sum\limits_{j=1}^{l}\alpha_j - \dfrac{1}{2}\sum\limits_{i=1}^{l}\sum\limits_{j=1}^{l} y_i y_j\alpha_i\alpha_j(x_i\cdot x_j) \\ \text{s.t.} & \sum\limits_{j=1}^{l} y_j\alpha_j = 0,\ 0\leqslant\alpha_j\leqslant s_jC,\ j=1,\cdots,l \end{cases} \tag{8.15}$$

把以上二次规划的目标函数转换为求极小值, 得到二次规划式 (8.10) 的对偶规划, 即

$$\begin{cases} \min\limits_{\alpha} & \dfrac{1}{2}\sum\limits_{i=1}^{l}\sum\limits_{j=1}^{l} y_i y_j\alpha_i\alpha_j(x_i\cdot x_j) - \sum\limits_{j=1}^{l}\alpha_j \\ \text{s.t.} & \sum\limits_{j=1}^{l} y_j\alpha_j = 0,\ 0\leqslant\alpha_j\leqslant s_jC,\ j=1,\cdots,l \end{cases} \tag{8.16}$$

因此, 求最优超平面问题转化为求解二次规划式 (8.10) 的对偶规划式 (8.16) 问题. 规划式 (8.16) 为一个凸二次规划, 解得其最优解 $\boldsymbol{\alpha}^* = (\alpha_1^*, \cdots, \alpha_l^*)^{\mathrm{T}}$, 所以得到模糊最优分类函数

$$f(x) = \mathrm{sgn}\{(w^* \cdot x) + b^*\}, \quad x \in \mathbf{R}^n \tag{8.17}$$

其中

$$w^* = \sum_{j=1}^{l} \alpha_j^* y_j x_j \tag{8.18}$$

$$b^* = y_i - \sum_{j=1}^{l} y_j \alpha_j (x_j \cdot x_i), \quad i \in \{i | 0 < \alpha_i^* < s_i C\} \tag{8.19}$$

在 $\boldsymbol{\alpha}^* = (\alpha_1^*, \cdots, \alpha_l^*)^{\mathrm{T}}$ 中只有一部分 $\alpha_i^* > 0$, 而与之相对应的训练点的输入 x_i 称为支持向量. 一般情况下, 支持向量有两种: 一种是 $0 < \alpha_i^* < s_i C$ 相对应的支持向量, 这种支持向量分布在超平面的边缘; 另一种是 $\alpha_i^* > s_i C$ 所对应的支持向量, 这种支持向量就是被错分的样本. 不完全模糊支持向量机与支持向量机最大的不同之处在于: 由于 s_i 的存在, 不完全模糊支持向量机中 α_i^* 所对应的支持向量可能与支持向量机中 α_i^* 所对应的不是同一类支持向量.

对于非线性问题, 引入核函数 $K(x_i, x_j)$, 则分类问题可用以下二次规划表示:

$$\begin{cases} \min\limits_{\alpha} & \dfrac{1}{2} \sum\limits_{i=1}^{l} \sum\limits_{j=1}^{l} y_i y_j \alpha_i \alpha_j k(x_i \cdot x_j) - \sum\limits_{j=1}^{l} \alpha_j \\ \text{s.t.} & \sum\limits_{j=1}^{l} y_j \alpha_j = 0,\ 0 \leqslant \alpha_j \leqslant s_j C,\ j = 1, \cdots, l \end{cases} \tag{8.20}$$

规划式 (8.20) 是一个凸二次规划, 解得其最优解 $\boldsymbol{\alpha}^* = (\alpha_1^*, \cdots, \alpha_l^*)^{\mathrm{T}}$, 所以得到模糊最优分类函数为

$$f(x) = \mathrm{sgn}\left\{\sum_{j=1}^{l} \alpha_j^* y_j K(x, x_j) + b^*\right\}, \quad x \in \mathbf{R}^n \tag{8.21}$$

其中, $b^* = y_i - \sum\limits_{j=1}^{l} y_j \alpha_j K(x_j, x_i), i \in \{i | 0 < \alpha_i^* < s_i C\}$.

8.3.3 模糊隶属度的确定

在支持向量机中唯一的自由变量就是参数 C, 它控制分类间隔和错分训练点的个数 ($C \to \infty$ 时, 要求无错分训练点). 在不完全模糊支持向量机中, 可以设置 C 为一个比较大的值, 这样效果就能和支持向量机一样得到较小的分类间隔及较少的

错分训练点数. 若将所有的模糊隶属度 $s_j(j=1,\cdots,l)$ 都设置为 1, 则不完全模糊支持向量机变为普通支持向量机. 通过不同的模糊隶属度 s_j 的确定, 可以控制所需要的训练点, 一个小的 s_j 值使得相对应的训练点变得较为不重要.

对于给定的一个模糊分类问题, 应先设置一个小的下限值; 然后, 根据具体问题的要求, 选择一个合适的函数来给每一个训练点赋予一个模糊隶属度; 最后, 根据前面论述的不完全支持向量机方法, 求出最优超平面和最优分类函数.

例如, 若想构造一个连续学习问题, 首先选择 $\sigma>0$ 作为模糊隶属度的下限; 由于是连续学习问题, 因此选择 s_j 以时间 t_j 作为参数, 即

$$s_j=f(t_j),\quad j=1,\cdots,l \tag{8.22}$$

此处 $t_1\leqslant t_2\leqslant\cdots\leqslant t_l$ 是训练点在系统中出现的时刻. 可以认为最后一个训练点最重要, 故它的模糊隶属度 $s_l=f(t_l)=1$, 第一个训练点的模糊隶属度 $s_1=f(t_1)=\sigma$. 如果认为模糊隶属度是时间的线性函数, 则可以选择

$$s_j=f(t_j)=at_j+b \tag{8.23}$$

将边界条件代入, 可以得到

$$s_j=f(t_j)=\frac{1-\sigma}{t_n-t_1}t_j+\frac{t_n\sigma-t_1}{t_n-t_1} \tag{8.24}$$

如果考虑模糊隶属度是时间的二次函数, 则可以选择

$$s_j=f(t_j)=a(t_j-b)^2+c \tag{8.25}$$

将边界条件代入得

$$s_j=f(t_j)=(1-\sigma)\left(\frac{t_j-t_1}{t_n-t_1}\right)^2+\sigma \tag{8.26}$$

注: (1) 不完全模糊支持向量机只能解决训练点中含有一些特殊模糊信息的分类问题, 如某训练点属于正类 (1) 的隶属度为 0.7; 再如某训练点属于负类 (−1) 的隶属度为 0.6. 而对于诸如下面的问题是不能解决的, 如某一训练点属于正类 (1) 的隶属度为 0.6, 而属于负类 (−1) 的隶属度为 0.4.

(2) 不完全模糊支持向量机只是在经典支持向量机上作了一些改进 (在二次规划中增加了模糊隶属度), 而没有从算法的数学本质上建立模糊支持向量机.

(3) 不完全模糊支持向量机的测试点与训练点的形式不匹配.

(4) 对于线性可分问题, 不完全模糊支持向量机中训练点的模糊隶属度将失去意义.

8.3.4 模糊模式识别

已知某些事物的若干标准模型, 现有这类事物的一个具体对象, 研究它归属于哪一类模型, 即模式识别. 若模型含有模糊信息 (标准模型库中提供的模型是模糊的), 则此模式识别称为模糊模式识别.

1. 最大隶属原则

定义 8.1 设 U 为论域, μ 为 U 到 $[0,1]$ 上的一个映射, 即

$$\mu: U \to [0,1], \quad u \mapsto \mu(u) \in [0,1], \quad \forall u \in U$$

则 μ 确定了 U 上的一个模糊子集, 记为 $\tilde{A}$. μ 称为 $\tilde{A}$ 的隶属函数, 记为 $\mu_{\tilde{A}}$, $\mu(u)$ 称为元素 u 对于 $\tilde{A}$ 的隶属度, 记为 $\mu_{\tilde{A}}(u)$.

表示法:

(1) Zadeh 表示法.

$$\tilde{A} = \frac{\mu_{\tilde{A}}(u_1)}{u_1} + \cdots + \frac{\mu_{\tilde{A}}(u_n)}{u_n}(U \text{ 离散域}), \quad \tilde{A} = \int_U \frac{\mu_{\tilde{A}(u)}}{u}(U \text{ 连续域})$$

(2) 序偶表示法.

$$\tilde{A} = \{(u_1, \mu_{\tilde{A}}(u_1)), \cdots, (u_n, \mu_{\tilde{A}}(u_n))\}$$

(3) 向量表示法.

$$\tilde{A} = (\mu_{\tilde{A}}(u_1), \cdots, \mu_{\tilde{A}}(u_n))$$

注: 经典集合 $A \subseteq U$ 为模糊子集的特例, 如 $A = \{u_1, \cdots u_n\}$, 则 χ_A: $U \to \{0,1\}$, $\chi_A(u) = \begin{cases} 1, & u_i \in A \\ 0, & u_i \notin A \end{cases}$ $(i = 1, \cdots, n)$, 因此 $A = \dfrac{1}{u_1} + \cdots + \dfrac{1}{u_n}$.

模糊子集运算:

$\tilde{A} \subseteq \tilde{B}$: $\mu_{\tilde{A}}(u) \leqslant \mu_{\tilde{B}}(u), \forall u \in U$.

$\tilde{A} = \tilde{B}$: $\mu_{\tilde{A}}(u) = \mu_{\tilde{B}}(u), \forall u \in U$.

$\tilde{A}^c$ 的隶属函数: $\mu_{\tilde{A}^c}(u) = 1 - \mu_{\tilde{A}}(u), \forall u \in U$.

$\tilde{A} \cup \tilde{B}$ 的隶属函数: $\mu_{\tilde{A}\cup\tilde{B}}(u) = \max\{\mu_{\tilde{A}}(u), \mu_{\tilde{B}}(u)\} = \mu_{\tilde{A}}(u) \vee \mu_{\tilde{B}}(u), \forall u \in U$.

$\tilde{A} \cap \tilde{B}$ 的隶属函数: $\mu_{\tilde{A}\cap\tilde{B}}(u) = \min\{\mu_{\tilde{A}}(u), \mu_{\tilde{B}}(u)\} = \mu_{\tilde{A}}(u) \wedge \mu_{\tilde{B}}(u), \forall u \in U$.

定义 8.2 称向量 $\boldsymbol{a} = (a_1, \cdots, a_n)$ 为 n 维模糊向量, 其中 $0 \leqslant a_i \leqslant 1(i = 1, \cdots, n)$.

注: (1) 模糊向量可视为 $1 \times n$ 阶模糊矩阵, 因此用 $\mu_{1\times n}$ 表示 n 维模糊向量全体构成的集合.

(2) n 维模糊向量简称模糊向量.

定义 8.3 设 $\boldsymbol{a},\boldsymbol{b} \in \mu_{1\times n}$, 则称

$$\boldsymbol{a} \circ \boldsymbol{b} = \mathop{\vee}\limits_{i=1}^{n}(a_i \wedge b_i) \tag{8.27}$$

为模糊向量 a 与 b 的内积, 称

$$\boldsymbol{a} \otimes \boldsymbol{b} = \mathop{\wedge}\limits_{i=1}^{n}(a_i \vee b_i) \tag{8.28}$$

为模糊向量 $\boldsymbol{a}$ 与 $\boldsymbol{b}$ 的外积.

定义 8.4 设 $\tilde{A}_1,\cdots,\tilde{A}_n$ 为论域 U 上的 n 个模糊子集, 称以模糊子集 $\tilde{A}_1,\cdots,\tilde{A}_n$ 为分量的模糊向量为模糊向量集合族, 记为 $\tilde{\boldsymbol{A}} = (\tilde{A}_1,\cdots,\tilde{A}_n)$.

定义 8.5 设论域 U 上有 n 个模糊子集 $\tilde{A}_1,\cdots,\tilde{A}_n$, 其隶属函数为 $\tilde{A}_i(x)(i=1,\cdots,n)$, 而 $\tilde{\boldsymbol{A}} = (\tilde{A}_1,\cdots,\tilde{A}_n)$ 为模糊向量集合族. $\boldsymbol{x}^\circ = (x_1^\circ,\cdots,x_n^\circ)$ 为普通向量, 则称

$$\tilde{\boldsymbol{A}}(\boldsymbol{x}^\circ) = \mathop{\wedge}\limits_{i=1}^{n}\{\tilde{A}_i(x_i^\circ)\} \tag{8.29}$$

为 $\boldsymbol{x}^\circ$ 对模糊向量集合族 $\tilde{\boldsymbol{A}}$ 的隶属度.

最大隶属原则 I 设论域 $U=\{x_1,\cdots,x_n\}$ 上有 m 个模糊子集 $\tilde{A}_1,\cdots,\tilde{A}_n$(即 m 个模型) 构成了一个标准模型库. 若对于任一 $x\in U$, 有 $k\in\{1,\cdots,m\}$,

$$\hat{A}_k(x) = \mathop{\vee}\limits_{i=1}^{m} A_i(x) \tag{8.30}$$

则认为 x 相对隶属于 $\tilde{A}_k$.

实际应用中必须满足以下三个条件之一:

(1) 标准模型库中的标准模型 (模糊集合) 隶属函数已知.

(2) 标准模型库中的标准模型 (模糊集合) 隶属函数可以建立.

(3) 反映标准模型库中的标准模型 (模糊集合) 隶属度的数据已知.

最大隶属原则 II 设论域 $U=\{x_1,\cdots,x_n\}$ 上有一个标准模型 $\tilde{A}$, 待识别的对象有 n 个, $x_1,\cdots,x_n\in U$. 如果有某个 x_k 满足

$$\tilde{A}(x_k) = \mathop{\vee}\limits_{i=1}^{n}\{\tilde{A}(x_i)\} \tag{8.31}$$

则应优先录取 x_k.

实际应用中满足的条件与最大隶属原则 I 相同.

阈值原则 设论域 $U=\{x_1,\cdots,x_n\}$ 上有 m 个模糊子集 $\tilde{A}_1,\cdots,\tilde{A}_m$(即 m 个模型), 这构成了一个标准模型库. 对任一 $x\in U$, 取定水平 $\alpha\in[0,1]$. 若存在

$i_1, \cdots, i_k$, 使 $\tilde{A}_{i_j}(x) \geqslant \alpha(j=1, \cdots, k)$, 则判决为 x 相对隶属于 $\tilde{A}_{i_1} \cap \cdots \cap \tilde{A}_{i_k}$. 若 $\bigvee_{i=1}^{m} \tilde{A}_i(x) < \alpha$, 则判决为不能识别, 应当找原因另作分析.

该方法也可对 x 与某一个标准模型 $\tilde{A}_k$ 进行识别. 若 $\tilde{A}_k(x) \geqslant \alpha$, 则认为 x 相对隶属于 $\tilde{A}_k$; 若 $\tilde{A}_k(x) < \alpha$, 则认为 x 相对不隶属于 $\tilde{A}_k$.

实际应用中满足的条件与最大隶属原则 I 相同.

2. 择近原则

设在论域 $U=\{x_1, \cdots, x_n\}$ 上有 m 个模糊子集 $\tilde{A}_1, \cdots, \tilde{A}_m$(即 m 个模型), 这构成了一个标准模型库. 被识别对象 $\tilde{B}$ 也是一个模糊子集, $\tilde{B}$ 与 $\tilde{A}_i(i=1, \cdots, n)$ 中哪一个最贴近? 这是一个模糊集对标准模糊集的识别问题. 这里涉及两个模糊集的贴近程度问题.

定义 8.6　设 $\tilde{A}, \tilde{B}$ 为论域 U 上的模糊子集, 称

$$\tilde{A} \circ \tilde{B} = \bigvee_{x \in U} (\tilde{A}(x) \wedge \tilde{B}(x)) \tag{8.32}$$

为 $\tilde{A}, \tilde{B}$ 的内积, 称

$$\tilde{A} \otimes \tilde{B} = \bigwedge_{x \in U} (\tilde{A}(x) \vee \tilde{B}(x)) \tag{8.33}$$

为 $\tilde{A}, \tilde{B}$ 的外积.

通过分析可得, 内积越大, 两模糊集越靠近; 外积越小, 两模糊集也越靠近. 因此, 用二者结合的 “贴近度” 概念来刻画两个模糊集的贴近程度.

定义 8.7　设 $\tilde{A}, \tilde{B}$ 为论域 U 上的模糊子集, 则称

$$\sigma_0(\tilde{A}, \tilde{B}) = \frac{1}{2}[\tilde{A} \circ \tilde{B} + (1 - \tilde{A} \otimes \tilde{B})] \tag{8.34}$$

为 $\tilde{A}$ 与 $\tilde{B}$ 的贴近度.

择近原则　设论域 U 上有 m 个模糊子集 $\tilde{A}_1, \cdots, \tilde{A}_m$, 构成一个标准模型库 $\{\tilde{A}_1, \cdots, \tilde{A}_m\}$, $\tilde{B}$ 为论域 U 上的一个模糊子集, 是待识别模型. 若存在 $k \in \{1, \cdots, m\}$ 使得

$$\sigma_0(\tilde{A}_k, \tilde{B}) = \bigvee_{i=1}^{m} \sigma_0(\tilde{A}_i, \tilde{B}) \tag{8.35}$$

则称 $\tilde{B}$ 与 $\tilde{A}_i$ 最贴近, 或者说把 $\tilde{B}$ 归并为 $\tilde{A}_i$ 类.

实际应用中必须满足以下三个条件之一:

(1) 标准模型库中的标准模型 (模糊集合) 的隶属函数和待识别模型 (模糊集合) 的隶属函数已知.

(2) 标准模型库中的标准模型 (模糊集合) 隶属函数和待识别模型 (模糊集合) 的隶属函数可以建立.

(3) 反映标准模型库中的标准模型 (模糊集合) 隶属度数据和反映待识别模型 (模糊集合) 隶属度的数据已知.

贴近度比较客观地反映了两个模糊集的贴近程度, 但仍有不足之处. 例如, 两个正态模糊集 $\tilde{A}(\tilde{A}(x)=\exp\left\{-\left(\frac{x-a}{b_1}\right)^2\right\}$, $\tilde{B}(\tilde{B}(x)=\exp\left\{-\left(\frac{x-a}{b_2}\right)^2\right\}$ $(b_1 \neq b_2)$ 的贴近度 $\sigma_0(\tilde{A},\tilde{B})=1$. 因此, 需要对贴近度进行改进, 给出贴近度的公理化定义, 并且得到一些实用的贴近度公式.

3. 隶属函数的确定方法

1) 模糊统计方法

设 $\tilde{A}$ 为论域 U 上的模糊集合, 对于 $\forall x \in U$, 计算 x 关于 $\tilde{A}$ 的隶属度 $\tilde{A}(x)$. 作模糊统计试验 n 次, 并且设 A^* 为可变的普通集合, 则有

$$\text{隶属频率}=\frac{x \in A^* \text{ 次数}}{n}$$

当试验次数 n 无限增大时, 隶属频率呈现稳定性 (即稳定在 $[0,1]$ 上的一个实数 a 附近). 取定 $\tilde{A}(x)=a$.

注：此方法操作繁琐, 而且很难得到隶属函数的准确表达式.

2) 指派方法

所谓指派方法, 就是根据问题的性质套用现成的某些形式的模糊分布 (若论域为实数集, 则模糊集的隶属函数称为模糊分布). 然后依据测量数据确定分布中的参数.

根据实际描述的对象, 给出指派的大致方向：

(1) 偏小型模糊分布.

适合描述像 “小”、“冷”、“青年”、“淡”(颜色) 等偏向小一方的模糊现象, 其隶属函数的一般形式为

$$\tilde{A}(x)=\begin{cases}1, & x \leqslant a\\ f(x), & x>a\end{cases}$$

其中, a 为常数; $f(x)$ 为非增函数.

(2) 偏大型模糊分布.

适合描述像 “大”、“热”、“老年”、“浓”(颜色) 等偏向大一方的模糊现象, 其隶属函数的一般形式为

$$\tilde{A}(x)=\begin{cases}0, & x \leqslant a\\ f(x), & x>a\end{cases}$$

其中, a 为常数, $f(x)$ 为非减函数.

(3) 中间型模糊分布.

适合描述像“中”、“暖和”、“中年”等处于中间状态的模糊现象.

如梯形分布：

$$\text{偏小型}\ \tilde{A}(x)=\begin{cases}1, & x\leqslant a\\ \dfrac{b-x}{b-a}, & a<x<b\\ 0, & x\geqslant b\end{cases}$$

$$\text{偏大型}\ \tilde{A}(x)=\begin{cases}0, & x\leqslant a\\ \dfrac{x-a}{b-a}, & a<x<b\\ 1, & x\geqslant b\end{cases}$$

$$\text{中间型}\ \tilde{A}(x)=\begin{cases}0, & x\leqslant a\\ \dfrac{x-a}{b-a}, & a<x<b\\ 1, & b\leqslant x\leqslant c\\ \dfrac{d-x}{d-c}, & c<x<d\\ 0, & x\geqslant d\end{cases}$$

其中, a, b, c, d 为参数.

正态分布：

$$\text{偏小型}\ \tilde{A}(x)=\begin{cases}1, & x\leqslant a\\ \exp\left\{-\left(\dfrac{x-a}{\sigma}\right)^2\right\}, & x>a\end{cases}$$

$$\text{偏大型}\ \tilde{A}(x)=\begin{cases}0, & x\leqslant a\\ 1-\exp\left\{-\left(\dfrac{x-a}{\sigma}\right)^2\right\}, & x>a\end{cases}$$

$$\text{中间型}\ \tilde{A}(x)=\exp\left\{-\left(\dfrac{x-a}{\sigma}\right)^2\right\}$$

其中, a, σ 为参数.

注：一般情况下, 认为指派方法是比较理想的方法, 但此方法使用范围不够广, 而且有时表达不够准确.

3) 利用逻辑推理方法 (略)

注：适用面较窄.

4) 借用已有的“客观”尺度方法

在经济管理、社会科学中, 可以直接借用已有的尺度 (经济指标) 作为模糊集合的隶属函数. 例如, 在论域 U(产品) 上定义模糊集合 $\tilde{A}$=“质量稳定”, 可用产品的“正品率”作为产品属于“质量稳定”的隶属度. 再如, 在论域 U(家庭) 上定义模糊集合 $\tilde{B}$=“贫困家庭”, 可用 Engel 系数 $=\dfrac{\text{食品消费支出}}{\text{总消费}}$ 作为隶属度来表示家庭困难程度.

注：适用面较窄, 而且有时表达不够准确.

8.3.5 模糊模式识别与模糊支持向量分类机的比较

我们将模糊模式识别方法与第 4 章和第 5 章的模糊支持向量分类机做一比较、分析.

(1) 模糊模式识别方法是：已知两个或多个标准模糊模型, 现有一个具体待识别对象 (或待识别的模糊模型), 研究它归属于哪一类模型. 模糊模式识别方法应用的条件为：标准模型库中的标准模型 (模糊集合) 的隶属函数和待识别模型 (模糊集合) 的隶属函数已知, 或标准模型库中的标准模型 (模糊集合) 隶属函数和待识别模型 (模糊集合) 的隶属函数可以建立, 或者反映标准模型库中的标准模型 (模糊集合) 隶属度数据和反映待识别模型 (模糊集合) 隶属度的数据已知.

(2) 模糊支持向量分类机方法是：已知若干含有模糊信息的模糊样本构成模糊训练集, 通过训练模糊样本, 得出一个分类规则. 从而任给一个测试样本通过此规则, 可得出测试样本的类别及隶属程度. 模糊支持向量机方法应用的条件为：模糊训练集中的模糊样本输入 (确定的向量) 和输出 (类别及隶属程度) 已知.

(3) 通过 (1) 和 (2) 的分析, 模糊支持向量分类机方法与模糊模式识别方法的提法不同, 即已知条件和解决的问题不一样. 因此, 用模糊模式识别方法不能解决模糊支持向量分类机方法所要解决的问题.

(4) 由于求隶属函数的限制 (即很多模糊模型无法合理求出隶属函数), 因此模糊模式识别方法对于许多分类问题是不能解决的. 而模糊支持向量分类机方法因为要求的已知条件较少, 所以应用范围较广.

(5) 一般分类方法有：统计方法 (利用统计学知识得出的分类方法, 如贝叶斯分类方法); 语言方法 (利用逻辑推理得出的分类方法, 如人工神经网络分类方法); 模糊模式识别方法; 支持向量 (分类) 机方法.

(6) 支持向量分类机是基于统计学习理论 (小样本学习理论)的新型机器学习方法. 模糊支持向量分类机是在支持向量分类机基础上建立的, 因此模糊支持向量分类机方法是一种关于小样本学习处理模糊信息的机器学习新方法, 是一种智能型的模糊分类方法.

(7) 模糊模式识别方法是一种非小样本学习的分类方法, 它是一种在特定情况下处理模糊信息的分类方法 (只是在建立隶属函数时用到统计方法和语言方法).

8.4 不确定性支持向量机

8.4.1 问题提出

从模式识别的角度, 预警就是把未知警度的新预警样本与已知警度的预警标准样本进行比较辨别, 从而确定新预警样本所归属于的预警模式类别. 上一章提出了支持向量分类预警方法, 该方法从理论上保证了好的外推能力.

利用支持向量分类进行实际预警时, 如何确定预警系统的历史警度是一个十分棘手的问题. 由于主、客观因素的影响, 历史警度可能具有不确定性. 带有不确定性的支持向量分类模型 (USVC), 可以有效地解决 SVC 预警方法中历史警度的确定问题.

USVC 预警方法通过专家对历史警度的投票表决, 将标准 SVC 预警方法转化为各样本点的惩罚系数的合理变化, 从而大大减少了约束的个数, 体现了样本点在决策函数中的不同作用. USVC 预警方法不仅实现了专家意见的综合, 而且是对 SVM 理论本身的一种拓展. 参考文献 [22] 提出了模糊支持向量机 (FSVM) 方法, 但其样本点隶属度的含义是含糊不清的. 可以证明, 在某种意义下, FSVM 是 USVC 的一种特殊情况, 从而给出了 FSVM 一个确切的含义.

设两类预警问题的训练样本集为

$$S=\{(x_1,y_1),\cdots,(x_l,y_l)\}$$

其中, $x_i\in X\subset \mathbf{R}^N(i=1,\cdots,l)$ 表示预警警兆指标数据; $y_i\in\{\pm1\}$ 表示第 i 时间点的历史警度, +1 表示无警, −1 表示有警.

预警问题就是根据训练样本集寻求最优分类函数：$f(x)=\mathrm{sgn}[w\cdot\phi(x)+b]$. 其中 sgn[·] 为符号函数.

SVC 预警就转化为下面的最优化问题：

$$\begin{cases}\min & \varPhi(w)=\dfrac{1}{2}(w\cdot w)+C\displaystyle\sum_{i=1}^{l}\xi_i\\ \text{s.t.} & y_i((w\cdot x_i)+b)\geqslant 1-\xi_i\\ & \xi_i\geqslant 0,\ i=1,\cdots,l\end{cases}\tag{8.36}$$

问题式 (8.36) 的对偶问题为

$$\begin{cases} \max \quad L(\alpha)=\sum_{j=1}^{l}\alpha_i-\frac{1}{2}\sum_{i=1}^{l}\sum_{j=1}^{l}y_iy_j\alpha_i\alpha_jK\left(x_i,x_j\right) \\ \text{s.t.} \quad 0\leqslant\alpha_i\leqslant C,\ \sum_{j=1}^{l}y_i\alpha_i=0,\ i=1,2,\cdots,l \end{cases} \tag{8.37}$$

决策函数为：$f(x)=\operatorname{sgn}\left[\sum_{SV}\alpha_iy_iK(x_i,x)+b\right]$, 其中 SV 表示支持向量; $K(x_i,x_j)=\phi(x_i)\cdot\phi(x_j)$ 为核函数. 不同的核函数就对应不同的 SVC 预警方法. 当 $K(x_i,x_j)=x_i\cdot x_j$ 时, 就退化为线性 SVC 预警方法.

8.4.2 不确定性支持向量分类

标准 SVC 方法的类标签是确定的, 要么有警 (−1), 要么无警 (+1), 而且每个样本点对于分类决策函数的作用是相同的. 实际上, 经济预警过程有其不确定性, 输入样本点未必确定地属于两类中的一类. 标准 SVC 预警方法就不能处理这种情况. 通过专家对历史警度的投票表决, 将标准 SVC 预警方法转化为各样本点的惩罚系数的合理变化, 从而大大减少了约束的个数, 体现了样本点在决策函数中的不同作用.

本小节采用专家投票方法, 给出了具有不确定性的经济预警方法, 建立了经济预警模型, 并讨论了算法实现.

假设有 m 个专家, 分别对历史指标输入 $x_i \quad (i=1,\cdots,l)$ 是有警还是无警进行投票表决. 令 p_i^+ 表示 m 个专家中对 $x_i \quad (i=1,\cdots,l)$ 投票为无警 (+1) 的专家数; p_i^- 表示 m 个专家中对 $x_i \quad (i=1,\cdots,l)$ 投票为有警 (−1) 的专家数, $p_i^++p_i^-\leqslant m$.

根据标准 SVC 预警方法, 相应的训练集

$$\begin{aligned} \overline{S}=\{&\underbrace{(x_1,1),\cdots,(x_1,1)}_{p_1^+\text{个}},\underbrace{(x_1,-1),\cdots,(x_1,-1)}_{p_1^-\text{个}},\cdots \\ &\underbrace{(x_l,1),\cdots,(x_l,1)}_{p_l^+\text{个}},\underbrace{(x_l,-1),\cdots,(x_l,-1)}_{p_l^-\text{个}}\} \end{aligned} \tag{8.38}$$

其中, 训练样本容量为 $\sum_{i=1}^{l}(p_i^++p_i^-)$.

根据线性 SVC 预警方法, 有以下二次规划问题, 而

$$\begin{cases} \min\limits_{w,b,\xi} & \dfrac{1}{2}(w\cdot w)+C\sum\limits_{i=1}^{l}[(\xi_{i1}^{+}+\cdots+\xi_{ip_i^+}^{+})+(\xi_{i1}^{-}+\cdots+\xi_{ip_i^-}^{-})] \\ \text{s.t.} & w\cdot x_i+b\geqslant 1-\xi_{ij}^{+}\ \xi_{ij}^{+}\geqslant 0,\ j=1,\cdots,p_i^{+} \\ & -(w\cdot x_i+b)\geqslant 1-\xi_{ij}^{-},\ \xi_{ij}^{-}\geqslant 0,\ j=1,\cdots,p_i^{-},\ i=1,\cdots,l \end{cases} \tag{8.39}$$

其中, $\xi=(\xi_{11}^{+},\cdots,\xi_{lp_1^+}^{+},\cdots,\xi_{11}^{-},\cdots,\xi_{lp_1^-}^{-})$.

如果问题式 (8.39) 的解为 (w^*,b^*,ξ^*), 则决策函数为

$$f(x)=(w^*\cdot x)+b^* \tag{8.40}$$

但当 l,m 比较大时, 求解问题式 (8.39) 是很困难的.

引理 8.1 指出, 只需解下面的优化问题:

$$\begin{cases} \min\limits_{w,b,\xi} & \dfrac{1}{2}(w\cdot w)+C\sum\limits_{i=1}^{l}(p_i^{+}\xi_i^{+}+p_i^{-}\xi_i^{-}) \\ \text{s.t.} & w\cdot x_i+b\geqslant 1-\xi_i^{+},\ \xi_i^{+}\geqslant 0,\ i=1,\cdots,l,\ p_i^{-}\neq m \\ & -(w\cdot x_i+b)\geqslant 1-\xi_i^{-},\ \xi_i^{-}\geqslant 0,\ i=1,\cdots,l,\ p_i^{+}\neq \mathrm{m} \end{cases} \tag{8.41}$$

其中, $\xi=(\xi_1^{+},\cdots,\xi_l^{+},\cdots,\xi_1^{-},\cdots,\xi_l^{-})$.

引理 8.1　假设问题式 (8.39) 和问题式 (8.41) 的解分别为 (w^*,b^*,ξ^*) 和 $(\widetilde{w},\widetilde{b},\widetilde{\xi})$, 则

$$w^*=\widetilde{w},\quad b^*=\widetilde{b}$$

证明　设 $\xi^*=((\xi_{11}^{+})^*,\cdots,(\xi_{lp_1^+}^{+})^*,\cdots,(\xi_{11}^{-})^*,\cdots,(\xi_{lp_1^-}^{-})^*)$, 那么

$$(\xi_{i1}^{+})^*=(\xi_{i2}^{+})^*=\cdots=(\xi_{ip_1^+}^{+})^*,\quad i=1,\cdots,l \tag{8.42}$$

事实上, 如果式 (8.42) 不成立, 那么就存在 $1\leqslant j<j'\leqslant p_i^{+}$, 使得 $\xi_{ij}^{+}\neq\xi_{ij'}^{+}$, 而且满足 $w\cdot x_i+b\geqslant 1-\xi_{ij}^{+}$ 和 $w\cdot x_i+b\geqslant 1-\xi_{ij'}^{+}$.

不妨假设 $\xi_{ij}^{+}>\xi_{ij'}^{+}$, 对于问题式 (8.39) 有

$$f(w^*,b^*,\xi^*)>f(w^*,b^*,(\xi')^*) \tag{8.43}$$

其中, $(\xi')^*=((\xi_{11}^{+})^*,\cdots,(\xi_{i1}^{+})^*,\cdots,(\xi_{1j'}^{+})^*,\cdots,(\xi_{ij'}^{+})^*,\cdots,(\xi_{ip_i^+}^{+})^*,\cdots,(\xi_{il}^{+})^*)$.

这与 (w^*,b^*,ξ^*) 是问题式 (8.39) 的解相矛盾, 因此式 (8.41) 成立. 同理,

$$(\xi_{i1}^{-})^*=(\xi_{i2}^{-})^*=\cdots=(\xi_{ip_1^-}^{-})^*,\quad i=1,\cdots,l \tag{8.44}$$

由式 (8.42) 和式 (8.44), 定义 $\xi_i^+ = (\xi_{i1}^+)^* = \cdots = (\xi_{ip_1^+}^+)^*$ 和 $\xi_i^- = (\xi_{i1}^-)^* = \cdots = (\xi_{ip_1^-}^-)^*$, 问题式 (8.39) 就转化为问题式 (8.41), 即 $w^* = \widetilde{w}$, $b^* = \widetilde{b}$.

命题得证. ▮

下面导出问题式 (8.41) 的对偶问题.

问题式 (8.41) 的拉格朗日函数为

$$\begin{aligned}L(w,b,\xi,\alpha,\beta) =& \frac{1}{2}(w \cdot w) + C\sum_{i=1}^{l}(p_i^+\xi_i^+ + p_i^-\xi_i^-)\\&- \sum_{p_i^- \neq m}\alpha_i^+(w \cdot x_i + b + \xi_i^+ - 1)\\&+ \sum_{p_i^+ \neq m}\alpha_i^-(w \cdot x_i + b + \xi_i^- - 1)\\&- \sum_{p_i^- \neq m}\beta_i^+\xi_i^+ - \sum_{p_i^+ \neq m}\beta_i^-\xi_i^-\end{aligned}$$

其中

$$\xi = (\xi_1^+, \cdots, \xi_l^+, \cdots, \xi_1^-, \cdots, \xi_l^-)$$

$$\alpha = (\alpha_1^+, \cdots, \alpha_l^+, \cdots, \alpha_1^-, \cdots, \alpha_l^-)$$

$$\beta = (\beta_1^+, \cdots, \beta_l^+, \cdots, \beta_1^-, \cdots, \beta_l^-)$$

拉格朗日函数 $L(w,b,\xi,\alpha,\beta)$ 分别对 w, ξ, b 求偏导数, 并令其为 0, 即

$$\left\{\begin{aligned}&\frac{\partial L(w,b,\xi,\alpha,\beta)}{\partial w} = w - \sum_{p_i^- \neq m}\alpha_i^+ x_i + \sum_{p_i^+ \neq m}\alpha_i^- x_i = 0\\&\frac{\partial L(w,b,\xi,\alpha,\beta)}{\partial b} = -\sum_{p_i^- \neq m}\alpha_i^+ + \sum_{p_i^+ \neq m}\alpha_i^- = 0\\&\frac{\partial L(w,b,\xi,\alpha,\beta)}{\partial \xi_i^+} = Cp_i^+ - \alpha_i^+ - \beta_i^+ = 0\\&\frac{\partial L(w,b,\xi,\alpha,\beta)}{\partial \xi_i^-} = Cp_i^- - \alpha_i^- - \beta_i^- = 0\end{aligned}\right. \tag{8.45}$$

由式 (8.45) 的前两个等式, 有

$$w = \sum_{p_i^- \neq m}\alpha_i^+ x_i - \sum_{p_i^+ \neq m}\alpha_i^- x_i, \quad \sum_{p_i^- \neq m}\alpha_i^+ - \sum_{p_i^+ \neq m}\alpha_i^- = 0$$

代入原问题, 并考虑式 (8.45) 的后两个式子, 便可以得到问题式 (8.41) 的对偶问题, 因此有下面的命题成立.

命题 8.1　问题式 (8.41) 的对偶问题是

$$\begin{cases}\min\limits_{\alpha} & \dfrac{1}{2}\sum\limits_{\substack{p_i^+\neq m,\\ p_i^-\neq m}}\sum\limits_{\substack{p_i^+\neq m,\\ p_i^-\neq m}}(\alpha_i^+-\alpha_i^-)(\alpha_j^+-\alpha_j^-)(x_i\cdot x_j)-\sum\limits_{p_i^-\neq m}\alpha_i^+-\sum\limits_{p_i^+\neq m}\alpha_i^- \\ \text{s.t.} & \sum\limits_{p_i^-\neq m}\alpha_i^+-\sum\limits_{p_i^+\neq m}\alpha_i^-=0 \\ & 0\leqslant\alpha_i^+\leqslant Cp_i^+,\ \ i=1,2,\cdots,l,\ \ p_i^-\neq m \\ & 0\leqslant\alpha_i^-\leqslant Cp_i^-,\ \ i=1,2,\cdots,l,\ \ p_i^+\neq m\end{cases} \tag{8.46}$$

其中, $\alpha=(\alpha_1^+,\cdots,\alpha_l^+,\cdots,\alpha_1^-,\cdots,\alpha_l^-)$.

对于给定的训练样本集 $\overline{S}=\{(x_1,p_1^+,p_1^-),\cdots,(x_l,p_l^+,p_l^-)\}$, USVC 预警算法步骤如下:

(1) 求解问题式 (8.46), 得其解 $\alpha^*=((\alpha_1^+)^*,\cdots,(\alpha_l^+)^*,\cdots,(\alpha_1^-)^*,\cdots,(\alpha_l^-)^*)$.

(2) 求 $w^*=\sum\limits_{p_i^-\neq m}(\alpha_i^+)^*x_i-\sum\limits_{p_i^+\neq m}(\alpha_i^-)^*x_i$ 和 $b^*=1-(w^*\cdot x_i)$ (这里 i 应满足 $0\leqslant(\alpha_i^+)^*\leqslant Cp_i^+$, 且 $p_i^+\neq m$), 得决策函数 $f(x)=\text{sgn}[(w^*\cdot x)+b^*]$.

对新的输入 x, 根据 $f(x)=\text{sgn}[(w^*\cdot x)+b^*]$ 来判别其所属类别.

上述算法很容易推广到非线性情况: Kernel USVC, 其算法步骤如下:

(1) 选择核函数 $K(x,x')$.

(2) 解优化问题, 即

$$\begin{cases}\min\limits_{\alpha} & \dfrac{1}{2}\sum\limits_{\substack{p_i^+\neq m,\\ p_i^-\neq m}}\sum\limits_{\substack{p_i^+\neq m,\\ p_i^-\neq m}}(\alpha_i^+-\alpha_i^-)(\alpha_j^+-\alpha_j^-)K(x_i,x_j)-\sum\limits_{p_i^-\neq m}\alpha_i^+-\sum\limits_{p_i^+\neq m}\alpha_i^- \\ \text{s.t.} & \sum\limits_{p_i^-\neq m}\alpha_i^+-\sum\limits_{p_i^+\neq m}\alpha_i^-=0 \\ & 0\leqslant\alpha_i^+\leqslant Cp_i^+,\ \ i=1,2,\cdots,l,\ \ p_i^-\neq m \\ & 0\leqslant\alpha_i^-\leqslant Cp_i^-,\ \ i=1,2,\cdots,l,\ \ p_i^+\neq m\end{cases} \tag{8.47}$$

问题式 (8.48) 的解设为 $\alpha^*=((\alpha_1^+)^*,\cdots,(\alpha_l^+)^*,\cdots,(\alpha_1^-)^*,\cdots,(\alpha_l^-)^*)$.

(3) 求决策函数

$$f(x)=\text{sgn}[(\sum_{p_i^-\neq m}(\alpha_i^+)^*K(x_i,x)-\sum_{p_i^+\neq m}(\alpha_i^-)^*K(x_i,x))+b^*]$$

其中, $b^*=1-(\sum\limits_{p_i^-\neq m}(\alpha_i^+)^*K(x_i,x_j)-\sum\limits_{p_i^+\neq m}(\alpha_i^-)^*K(x_i,x_j))$.

(4) 对新的输入 x, 根据 $f(x)=\text{sgn}[(w^*\cdot x)+b^*]$ 来判别其所属预警模式类别.

8.4.3 USVC 与 FSVM 的关系

基于模糊隶属度的思想, 文献 [22] 提出了模糊支持向量机 (FSVM) 方法, 但其样本点隶属度的含义是很模糊的.

FSVM 描述如下:

给定训练样本集

$$\hat{S}=\{(x_1,y_1,s_1),\cdots,(x_l,y_l,s_2)\} \tag{8.48}$$

其中, s_i 表示第 i 个样本点对于某一类别的隶属度.

相应地, 优化问题为

$$\begin{cases}\min & \dfrac{1}{2}(w\cdot w)+C\displaystyle\sum_{i=1}^{l}s_i\xi_i\\ \text{s.t.} & y_i(w\cdot x_i+b)\geqslant 1-\xi_i,\ \ \xi_i\geqslant 0,\ i=1,\cdots,l\end{cases} \tag{8.49}$$

就基于专家投票的经济预警问题来说, FSVM 是 USVM 的一种特例.

注意到, FSVM 的 $s_i\in[0,1]$ 是任意的实数, 而 USVC 方法的 p_i^+ 和 p_i^- 则是在 $[0,m]$ 区间上的有理数.

可以用下面的一个很显然的引理来对 USVC 加以推广.

引理 8.2 考虑下面两个问题:

$$\begin{cases}\min\limits_{w,b,\xi} & \dfrac{1}{2}(w\cdot w)+C\displaystyle\sum_{i=1}^{l}(\beta_{ik}^+\xi_i^+ +\beta_{ik}^-\xi_i^-)\\ \text{s.t.} & w\cdot x_i+b\geqslant 1-\xi_i^+,\ \ \xi_i^+\geqslant 0\\ & -(w\cdot x_i+b)\geqslant 1-\xi_i^-,\ \ \xi_i^-\geqslant 0\\ & i=1,2,\cdots,l\end{cases} \tag{8.50}$$

和

$$\begin{cases}\min\limits_{w,b,\xi} & \dfrac{1}{2}(w\cdot w)+C\displaystyle\sum_{i=1}^{l}(\beta_i^+\xi_i^+ +\beta_i^-\xi_i^-)\\ \text{s.t.} & w\cdot x_i+b\geqslant 1-\xi_i^+,\ \ \xi_i^+\geqslant 0\\ & -(w\cdot x_i+b)\geqslant 1-\xi_i^-,\ \ \xi_i^-\geqslant 0\\ & i=1,2,\cdots,l\end{cases} \tag{8.51}$$

问题式 (8.50) 和问题式 (8.51) 的解分别设为 (w_k^*,b_k^*,ξ_k^*) 和 (w^*,b^*,ξ^*).

对于 $\beta_i^+,\beta_i^-\in[0,1]$, 如果 $\lim\limits_{k\to\infty}\beta_{ik}^+=\beta_i^+$, $\lim\limits_{k\to\infty}\beta_{ik}^-=\beta_i^-$, 那么

$$\lim_{k\to\infty}w_k^*=w^*,\quad \lim_{k\to\infty}b_k^*=b^*$$

命题 8.2 对于训练集 $\overline{S}=\{(x_1,z_1^+,z_1^-),\cdots,(x_l,z_l^+,z_l^-)\}$ (其中, z_i^+ 表示输入 x_i 属于正类点的概率; z_i^- 表示输入 x_i 属于负类点的概率), 优化问题式 (8.51) 可以推广为

$$\begin{cases}\min\limits_{w,b,\xi} & \dfrac{1}{2}(w\cdot w)+C\sum\limits_{i=1}^{l}(z_i^+\xi_i^+ + z_i^-\xi_i^-)\\ \text{s.t.} & w\cdot x_i+b\geqslant 1-\xi_i^+,\ \ \xi_i^+\geqslant 0,\ \ i=1,\cdots,l,\ \ z_i^-\neq 1\\ & -(w\cdot x_i+b)\geqslant 1-\xi_i^-,\ \ \xi_i^-\geqslant 0,\ \ i=1,\cdots,l,\ \ z_i^+\neq 1\end{cases}\tag{8.52}$$

其中, $\xi=(\xi_1^+,\cdots,\xi_l^+,\cdots,\xi_1^-,\cdots,\xi_l^-)$.

证明 容易看出, 如果 $z_i^+=1$, 那么就有问题式 (8.20) 目标函数中的 $z_i^-=0$, 也就是说约束 $-(w\cdot x_i+b)\geqslant 1-\xi_i^-$ 就不起任何作用, 可以去掉, 因为对于任何的 w 和 b, 该约束永远成立; 同样, 如果 $z_i^-=1$, 那么就有问题式 (8.20) 的约束 $w\cdot x_i+b\geqslant 1-\xi_i^+$ 就可以去掉.

命题得证. ▮

而且, 可以将 USVC 方法推广到下面的形式:

$$\begin{cases}\min\limits_{w,b,\xi} & \dfrac{1}{2}(w\cdot w)+C\sum\limits_{i=1}^{l}(\xi_i^+ + \xi_i^-)\\ \text{s.t.} & w\cdot x_i+b\geqslant u(y_i^+)(1-\xi_i^+),\ \ \xi_i^+\geqslant 0,\ \ i=1,\cdots,l,\ \ p_i^-\neq m\\ & -(w\cdot x_i+b)\geqslant u(y_i^-)(1-\xi_i^-),\ \ \xi_i^-\geqslant 0,\ \ i=1,\cdots,l,\ \ p_i^+\neq m\end{cases}\tag{8.53}$$

其中, $y_i^+\in[0,1], y_i^-\in[-1,0]$. 只需适当选择 $u(y_i^+)$ 和 $u(y_i^-)$, 式 (8.53) 就可以退化为式 (8.52).

下面就来说明 FSVM 是 USVM 的一种特例.

事实上, 对于问题式 (8.52), 只需 $z_i^+\cdot z_i^-=0\quad(i=1,\cdots,l)$, 即二者至少有一个为 0, 并定义

$$y_i=\begin{cases}1, & 若\ z_i^-=0\\ -1, & 若\ z_i^+=0\end{cases}\tag{8.54}$$

$$s_i=\begin{cases}z_i^+, & 若\ z_i^-=0\\ z_i^-, & 若\ z_i^+=0\end{cases}\tag{8.55}$$

问题式 (8.52) 就退化为问题式 (8.49), 因此 FSVM 可以看作 USVC 的一种特例.

8.4.4 数据试验

本节用一个人造数据来说明 USVC 和标准 SVC 的关系. 实际上, 许多实际经济预警问题都可以考虑用 USVC 方法, 第 10 章将就中国粮食生产预警和粮食安全预警进行实证研究.

设 x_1x_2 平面上的 4 个训练样本点分别为 $x_1=(1,0)$, $x_2=(0,1)$, $x_3=(2,2)$, $x_4=(1.5,1.5)$.

首先, 假定训练集为

$$\overline{S}=\{(x_1,1,0),(x_2,1,0),(x_3,0,1),(x_4,0,1)\}$$

即 x_2 属于正类的点, x_3, x_4 属于为负类的点.

取 $C=5$, 利用 Ex_1SVC 可以得到最优分类直线为 $f(x)=x_1+x_2-2=0$.

然后, 修改训练集为

$$\overline{S}=\{(x_1,1,0),(x_2,1,0),(x_3,0,1),(x_4,0.2,0.3)\}$$

就 $C=5$ 利用 USVC 可以得到最优分类直线为 $f(x)=0.667x_1+0.667x_2-1.667=0$.

最后, 令 x_4 完全变为正类点, 训练集变为

$$\overline{S}=\{(x_1,1,0),(x_2,1,0),(x_3,0,1),(x_4,1,0)\}$$

同样条件下, 可以得到最优分类直线为 $f(x)=x_1+x_2-3.5=0$.

从图 8.3 中可以看出, 随着 z_4^+ 从 0 增加到 1, 最优分类直线则平行地从 $x_1+x_2-2=0$ 向 $x_1+x_2-3.5=0$ 移动. 事实上, z_4^+ 的增加意味着点 x_4 属于类别正的概率增加. 另外, $z_4^++z_4^-=0.2+0.3=0.5<1$ 意味着样本点 x_4 的作用是弱化的.

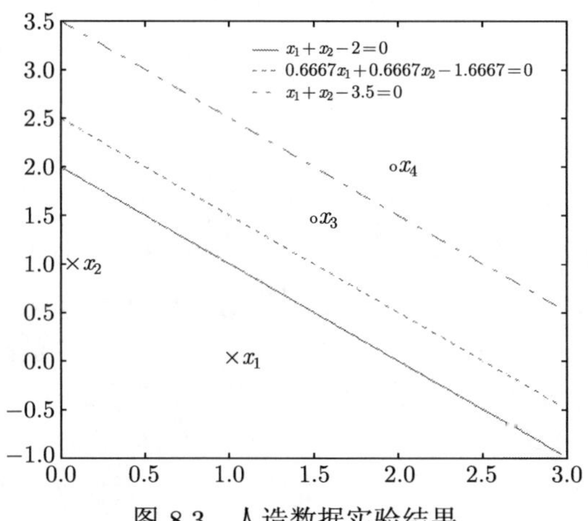

图 8.3 人造数据实验结果

第 9 章　不确定性有序支持向量回归

9.1　多类问题与有序回归

标准 SVM 是针对两类的分类问题提出的, 为实现对多个类别的模式识别, 就需要对 SVC 分类预警方法进行推广. 支持向量方法可以解决多类问题的模式识别问题, 称为多类支持向量机. 有序回归可以看作多类模式分类的一种特殊情况. 顺序回归问题与分类问题及传统的回归问题一样, 都是监督学习问题. 给定一个由对象和它们对应的目标构成的训练集, 监督学习的任务就是找到从对象到目标值间的映射. 更形式化地, 给定一个训练集

$$S=\{(x_i,y_i)\}_{i=1}^n\sim P_{XY}^n$$

和一个从输入空间 X 到输出空间 Y 的映射 h 的集合 H, 一个学习过程的目标就是选择一个 $h^*\in H$, 使得定义在损失函数

$$l:Y\times X\mapsto R$$

上的风险函数 $R(h^*)$ 最小. 风险函数 $R(h)$ 是在概率测度 P_{XY} 下损失 $l(y,h(x))$ 的期望

$$R(h)=E_{P_{XY}}[l(y,h(x))]$$

在未知分布 P_{XY} 的情况下, 多数算法采用经验风险最小化原则. 结构风险最小化准则在最小化经验风险和控制函数的复杂性之间加以折中, 从而使学习机器有更好的推广性. 因此, 定义合适的损失函数对于监督学习是非常重要的. 在分类问题中, Y 是一个有限且元素间无序的集合, 这种情况下, 通常采用 0-1 损失函数. 当 Y 是一个度量空间时, 这就是一个回归问题. 这时, 损失函数可以考虑度量空间的结构. 而在顺序回归问题中, Y 是一个有限元素的集合, 且元素间存在序的关系, 它对应于顺序尺度. 由于顺序尺度的特点：不同取值间存在着顺序关系但没有定义取值间的差别, 因此在定义有序回归的损失函数时就存在一些问题. 与传统回归问题不同, 有序回归的 Y 不是一个度量空间; 与分类不同, 简单的 0-1 损失函数不能反映 Y 中元素间的顺序. 由于不能找到合适的建立在真实的 y 和预测的 $\tilde{y}=h(x)$ 上的损失函数 $l(y,\tilde{y})$, Herbrich 建议的损失函数为

$$l_{\mathrm{pref}}(\tilde{y}_1, \tilde{y}_2, y_1, y_2)$$

作用的真实 y 对 (y_1, y_2) 和预测的 $\tilde{y} = h(x)$, 具体如下:

考虑一个输入空间 $x \subset \mathbf{R}^d$, 其中每个元素表示为一个 d 维特征向量. 进一步地, 考虑这样一个输出空间 $Y = \{r_1, \cdots, r_m\}$, 它对应于有序尺度, 其元素为有序尺度的取值, 也称为阶. 各阶之间存在顺序关系

$$r_1 \succ_Y r_2 \succ_Y \cdots \succ_Y r_m$$

表示不同阶之间的序. 给定一个训练样本集

$$S = \{(x_i, y_i)\}_{i=1}^n \subset X \times Y$$

考虑一个由特征到阶的映射构成的模型空间

$$H = \{h(\cdot) : X \mapsto Y\}$$

通过以下规则, 每个映射 h 可以确定一种输入空间中元素间的序, 即

$$x_i \succ_Y x_j \Leftrightarrow h(x_i) \succ_Y h(x_j)$$

有序回归模型的任务就是要找出这样的映射 h^*_{pref}, 由它得到 X 空间的序有最少颠倒的对 (x_i, y_i)

比如, 在实际经济预警过程中, 预警警度一般分为 5 个, 即无警 (0)、轻警 (-1)、中警 (-2)、重警 (-3) 和巨警 (-4), 这是一个多类 (5 类) 模式分类问题.

但是, 不能简单地利用一般的多类支持向量分类方法进行经济预警. 因为预警期望输出的 5 个可能值是有顺序的, 从预警的严重程度来看, 应该满足升序关系, 即无警 $\prec$ 轻警 $\prec$ 中警 $\prec$ 重警 $\prec$ 巨警. 本章将有序回归 (ordinal regression) 应用于经济预警, 提出了有序支持向量回归 (ordinal support vector regression, OSVR) 预警方法, 有效地解决了多类警度的经济预警问题.

由于主、客观因素的影响, 历史警度可能具有不确定性, 历史警度的确定同样是一个棘手的问题. 本章还提出了带有不确定性的有序支持向量回归预警方法 (uncertainty ordinal support vector regression with uncertainty, UOSVR), 为 OSVR 预警方法中预警系统的历史警度的确定提供了一个有效的解决途径.

下面首先讨论了模糊多类支持向量机和 OSVR, 包括固定间隔法和总和间隔法, 并给出了预警实例; 然后, 以经济预警过程的不确定性为前提, 基于专家决策, 建立了 UOSVR 模型, 并给出了 UOSVR 预警算法步骤, 作为 UOSVR 的一种重要特例. 本章详细讨论了模糊 OSVR(FOSVR) 算法, 引入了综合处理专家意见的 WBM 方法来计算 FOSVR 中的模糊隶属度.

9.2 模糊多类支持向量机

9.2.1 多类支持向量分类方法

利用 SVM 解决多类分类问题, 目前主要有两种途径: 一是把多个两类 SVM 分类器进行组合, 研究的内容包括对组合方式的改进及对每个两类 SVM 分类器的改进; 二是利用 Weston 等提出的将两类 SVM 从优化公式直接进行推广, 研究的内容包括如何将两类 SVM 的一些有效的改进措施引入到这种方法. 目前, 常见的多类 SVM 分类方法有以下几种.

1. 一对多

对于 k 类分类问题, 构造 k 个两类 SVM 分类器, 每一类对应其中的一个, 将它与其他的类分开; 其中第 i 个两类 SVM 分类器是把第 i 类中的样本都标记为 $+1$, 而其他所有的样本都标记为 -1. 也就是说, 第 i 个两类 SVM 分类器所构造的分类超平面, 把第 i 类与其他的 $i-1$ 类分开测试时, 对测试数据分别计算对应各个两类分类器的决策函数值, 并选择最大的函数值所对应的类别为测试数据的所属类别.

2. 一对一

首先构造所有可能的两类 SVM 分类器, 每一个分类器的训练数据集都只取自相应的两类. 这时共需要构造 $N=k(k-1)/2$ 个两类 SVM 分类器. 在构造第 i 类与第 j 类之间的两类 SVM 分类器时, 训练集中的数据只来自相应的两类, 并将第 i 类与第 j 类内的点分别标记为 $+1$ 和 -1. 测试时, 将测试数据分别代入上述的 $N=k(k-1)/2$ 个两类分类器进行测试, 累计各类别的得分, 选择得分最高者所对应的类别为测试数据的所属类别.

3. 构建多类 SVM 分类器的直接方法

可以将标准的支持向量分类模型直接扩展为

$$\begin{cases} \min \quad \Phi(w,\xi)=\dfrac{1}{2}\sum\limits_{m=1}^{k}(w_m\cdot w_m)+C\sum\limits_{i=1}^{l}\sum\limits_{m\neq y_i}\xi_i^m \\ \text{s.t.} \quad (w_{y_i}\cdot x_i)+b_{y_i}\geqslant (w_m\cdot x_i)+b_m+2-\xi_i^m \\ \qquad \xi_i^m\geqslant 0, i=1,\cdots,l \\ \qquad m,y_i\in\{1,2,\cdots,k\}, m\neq y_i \end{cases} \tag{9.1}$$

决策函数为

$$f(x)=\arg\max[(w_i\cdot x)+b_i],\quad i=1,2,\cdots,k \tag{9.2}$$

9.2.2 模糊多类 SVM

平等地对待每个数据有可能导致 SVM 中的不相称的过学习现象. 因此可以考虑为每个训练点指定一个模糊值, 以区别不同的点对分类结果的影响. 设模糊训练集为

$$(x_1, y_1, s_1), \cdots, (x_l, y_l, s_l) \tag{9.3}$$

其中, $x_i \in \mathbf{R}^N$, $y_i \in \{1, 2, \cdots, k\}$, $s_i \in (0, 1]$ 为模糊隶属度.

模糊多类 SVM 为二次规划问题, 即

$$\begin{cases} \min \quad \varPhi(w, \xi) = \dfrac{1}{2}\displaystyle\sum_{m=1}^{k}(w_m \cdot w_m) + C\sum_{i=1}^{l}\sum_{m \neq y_i} s_i^m \xi_i^m \\ \text{s.t.} \quad (w_{y_i} \cdot x_i) + b_{y_i} \geqslant (w_m \cdot x_i) + b_m + 2 - \xi_i^m \\ \qquad \xi_i^m \geqslant 0,\ i = 1, \cdots, l \\ \qquad m, y_i \in \{1, 2, \cdots, k\}, m \neq y_i \end{cases} \tag{9.4}$$

问题式 (9.4) 的对偶问题为

$$\begin{cases} \min \quad W = 2\displaystyle\sum_{i,m}\alpha_i^m - \dfrac{1}{2}\sum_{i,j,m}[c_j^{y_i} A_i A_j - 2\alpha_i^m \alpha_j^{y_i} + \alpha_i^m \alpha_j^m](x_i \cdot x_j) \\ \text{s.t.} \quad \displaystyle\sum_i \alpha_i^n = \sum_i c_i^n A_i,\ n = 1, \cdots, k, i = 1, \cdots, l \\ 0 \leqslant \alpha_i^m \leqslant C s_i^m, s_i^{y_i} = 0 \\ m, y_i \in \{1, \cdots, k\},\ i = 1, \cdots, l \end{cases} \tag{9.5}$$

可以得到下面的决策函数:

$$f(x) = \arg\max[(c_i^n A_i - a_i^n)(x_i \cdot x) + b_i], \quad i = 1, 2, \cdots, k \tag{9.6}$$

利用核技巧, 可以由 $k(x_i, x_j)$ 代替式 (9.5) 中的 (x_i, x_j) 来实现非线性多类分类问题, 相应的决策函数 (9.6) 中 (x_i, x) 就变为 $k(x_i, x)$.

9.3 基于间隔最大化的有序回归模型

有序支持向量回归问题描述如下:

令 x_i^j 是训练样本, 其中, $j = 1, \cdots, k$ 表示类别, $i = 1, \cdots, i_j$ 表示每类所对应的训练样本的标号, $l = \sum\limits_j x_i^j$ 表示所有训练样本的个数.

有序回归问题就是找 $k - 1$ 个平行的超平面, 即

$$w \cdot x - b_r = 0, \quad r = 1, \cdots, k - 1 \tag{9.7}$$

其中, $w \in \mathbf{R}^n$, 且 $b_1 \leqslant b_2 \leqslant \cdots \leqslant b_{k-1}$. 这 $k-1$ 个超平面将整个空间分为 k 个区域, 决策函数为

$$f(x) = \min_{r \in \{1,\cdots,k\}} \{r : w \cdot x - b_r = 0\} \tag{9.8}$$

也就是说, 对于满足 $b_{r-1} < w \cdot x < b_r$ $(r = 1, \cdots, k)$ 的所有的模式, 输入 x 将被分配给标签为 r 的区域, 其中, $b_k = \infty$.

两类模式分类问题的支持向量机方法的基本思想是 "最大间隔"(maximized margin), 其实质是结构风险最大化原则 (SRM). 类似地, 本章的 OSVR 问题可考虑最小化 $k-1$ 个间隔. 传统的有序回归遵循的是经验风险最小化原则 (ERM), 而 OSVR 基于结构风险最小化原则 (SRM), 这是 OSVR 与传统的有序回归方法的根本差异所在. 最小化 $k-1$ 个间隔可以考虑两种方式: 固定间隔法 (fixed margin) 和总和间隔法 (sum of margin).

9.3.1　最小间隔最大化

需要最大化的固定间隔是指所有相邻类别中最近的两类之间的间隔. 令 (w, b_q) 为最近两类的分离超平面, 并标准化该超平面, 使得相邻两个类别 q 和 $q+1$ 的间隔为 $2/\|w\|$. 固定间隔法的有序回归问题就是找方向 w 和常量 $b_1, \cdots, b_{k-1}$, 目标是最小化 $(w \cdot w)$, 并满足训练样本的可分性约束, 如图 9.1 所示.

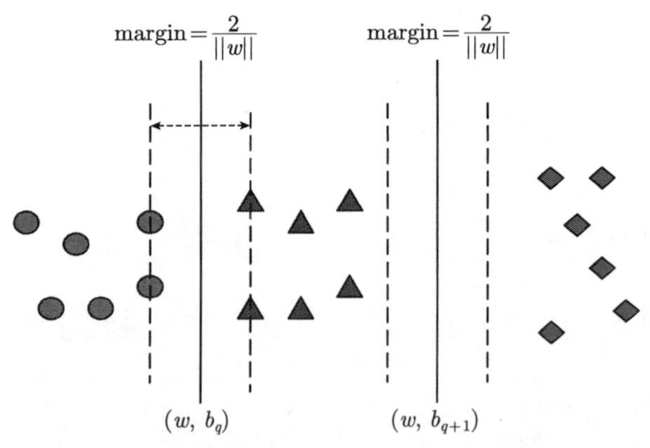

图 9.1　固定间隔法 OSVR

显然, 序号 q 是未知的. 未知变量 $w, b_1 \leqslant \cdots \leqslant b_{k-1}, q$ 可以通过两阶段最优化问题求出, 其中第一阶段是求解一个二次规划, 第二阶段是一个线性规划. 基于固定间隔法的软间隔 OSVR 预警问题可转化为以下的最优化模型 (原问题):

$$\begin{cases} \min\limits_{w,b,\varepsilon_i^j,\varepsilon_i^{*j+1}} & \dfrac{1}{2}(w\cdot w)+C\sum\limits_i\sum\limits_j(\varepsilon_i^j+\varepsilon_i^{*j+1}) \\ \text{s.t.} & w\cdot x_i^j-b_j\leqslant -1+\varepsilon_i^j \\ & w\cdot x_i^{j+1}-b_j\geqslant 1-\varepsilon_i^{*j+1} \\ & b_j\leqslant b_{j+1},\ j=1,\cdots,k-2 \\ & \varepsilon_i^j\geqslant 0,\varepsilon_i^{*j+1}\geqslant 0 \end{cases} \tag{9.9}$$

除特殊说明外, 这里 $j=1,\cdots,k-1$; $i=1,\cdots,i_j$; C 为预先确定的常数. 对于间隔内和分错的数据点来说, ε_i^j, ε_i^{*j+1} 是正的; 否则为 0. 如果所有的训练点均线性可分, 这些松弛变量就可以从模型中删除.

问题 (9.9) 的解由拉格朗日函数给出, 即

$$L(\cdot)=\frac{1}{2}(w\cdot w)+C\sum_{i,j}(\varepsilon_i^j+\varepsilon_i^{*j+1})+\sum_{i,j}\lambda_i^j(w\cdot x_i^j-b_j+1-\varepsilon_i^j)$$

$$+\sum_{i,j}\delta_i^j(1-\varepsilon_i^{*j+1}-w\cdot x_i^{j+1}+b_j)+\sum_{j=1}^{k-2}\rho_j(b_j-b_{j+1})-\sum_{i,j}\varsigma_i^j\varepsilon_i^j-\sum_{i,j}\varsigma_i^{*j+1}\varepsilon_i^{*j+1}$$

其中, $j=1,\cdots,k-1$; $i=1,\cdots,i_j$; $\varsigma_i^j,\varsigma_i^{*j+1},\rho_j,\lambda_i^j,\delta_i^j$ 为非负拉格朗日乘子. 由于原问题是凸的, 强对偶定理成立. 分别对 w, b_j, ε_i^j, ε_i^{*j+1} 求 $L(\cdot)$ 的最小, 可以得到以拉格朗日乘子为变量的对偶问题的目标函数.

$L(\cdot)$ 对 w, b_j, ε_i^j, ε_i^{*j+1} 求偏导数, 并令其为零, 可得

$$\begin{cases} w=-\sum\limits_{i,j}\lambda_i^j x_i^j+\sum\limits_{i,j}\delta_i^j x_i^{j+1} \\ \sum\limits_i\lambda_i^j=\sum\limits_i\delta_i^j+(\rho_j-\rho_{j-1}),j=1,\cdots,k-1(\rho_0=0) \\ C-\lambda_i^j-\varsigma_i^j=0,\quad C-\delta_i^j-\varsigma_i^{*j+1}=0 \end{cases}$$

设 $\boldsymbol{X}^j=\left(x_1^j,\cdots,x_{i_j}^j\right)_{n\times i_j}$, $\boldsymbol{Q}=\left(-X^1,\cdots,-X^{k-1},X^2,\cdots,X^k\right)_{n\times N}$ $(N=2l-i_1-i_k)$, 则问题 (9.9) 的对偶形式为

$$\begin{cases} \max\limits_{\mu} & \sum\limits_{i=1}^N\mu_i-\dfrac{1}{2}\boldsymbol{\mu}^{\mathrm{T}}(\boldsymbol{Q}^{\mathrm{T}}\boldsymbol{Q})\boldsymbol{\mu} \\ \text{s.t.} & 0\leqslant\mu_i\leqslant C,\ i=1,\cdots,N \\ & 1\cdot\mu_j^1=1\cdot\mu_j^2,\ j=1,\cdots,k-1 \end{cases} \tag{9.10}$$

式 (9.10) 中的 1 表示各分量均为 1 的向量.

$\boldsymbol{\mu} = (\lambda^1, \cdots, \lambda^{k-1}, \delta^1, \cdots, \delta^{k-1})^{\mathrm{T}}$.

$\boldsymbol{\mu}^1 = (\mu_1^1, \cdots, \mu_{k-1}^1)^{\mathrm{T}} = (\lambda^1, \cdots, \lambda^{k-1})^{\mathrm{T}}$; $\boldsymbol{\mu}^2 = (\mu_1^2, \cdots, \mu_{k-1}^2)^{\mathrm{T}} = (\delta^1, \cdots, \delta^{k-1})^{\mathrm{T}}$.

$\lambda^j = (\lambda_1^j, \cdots, \lambda_{i_j}^j)^{\mathrm{T}}$ 和 $\boldsymbol{\delta}^j = (\delta_1^j, \cdots, \delta_{i_j}^j)^{\mathrm{T}}$ 分别为拉格朗日乘子.

当 $k = 2$ 时, 有 $(\boldsymbol{Q}^{\mathrm{T}}\boldsymbol{Q})_{ij} = y_i y_j x_i \cdot x_j (y_i, y_j = \pm 1)$, 问题 (9.10) 退化为标准的两类问题的对偶形式. 因此, 有序支持向量回归的固定间隔法是两类的 C-SVC 到多类问题的一个推广.

从对偶问题 (9.10) 解出 $\boldsymbol{\mu}^*$, 可以得出 $\boldsymbol{w}^* = \boldsymbol{Q}\boldsymbol{\mu}^*$, 然后根据支持向量可求出 b_q^*, 但是其余的常量 b_j 却不能直接得到. 因此需要考虑第二阶段来求常量 b_j. 具体做法是, 将 $\boldsymbol{w}^* = \boldsymbol{Q}\boldsymbol{\mu}^*$ 代入问题 (9.9), 以 b_j 为变量的问题 (9.9) 是一个线性规划问题, 求解该线性规划问题就得到 b_j^*.

另外, 由于问题 (9.10) 的目标函数只涉及点积运算, 因此可以利用 Kernel 技巧将线性问题直接推广为 Kernel OSVR.

基于固定间隔法的有序支持向量回归预警算法描述如下：

(1) 对于输入样本 x_i^j, 计算 $\boldsymbol{Q} = \left(-X^1, \cdots, -X^{k-1}, X^2, \cdots, X^k\right)_{n\times N}$ $(N = 2l - i_1 - i_k)$.

(2) 求解二次规划问题 (9.5), 最优解为 $\boldsymbol{\mu}^*$.

(3) 求 $\boldsymbol{w}^* = \boldsymbol{Q}\boldsymbol{\mu}^*$ 代入原问题 (9.9), 并求出 b_j^*.

(4) 对于新的输入 x, 根据决策函数确定所属预警类别.

9.3.2 总间隔最大化

在固定间隔法中, 最优化问题的目标是最大化最近的相邻类别之间的间隔. 本小节将给出另一基于最大间隔思想的有序回归算法 —— 总间隔法. 在总间隔法中, $k-1$ 个间隔可以不等, 其优化准则是最大化 $k-1$ 个间隔的总和, 如图 9.2 所示.

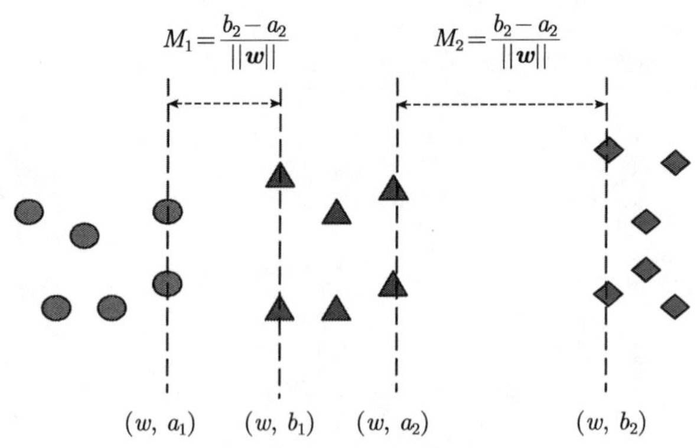

图 9.2 总间隔法 OSVR

从图 9.2 中可以看出, 有序回归预警问题就是求出向量 $\boldsymbol{w}$ 和 $2(k-1)$ 个常量 $a_1 \leqslant b_1 \leqslant a_2 \leqslant b_2 \leqslant \cdots \leqslant a_{k-1} \leqslant b_{k-1}$, 使得 $\boldsymbol{w} \cdot x_i^j \leqslant a_j, \boldsymbol{w} \cdot x_i^{j+1} \geqslant b_j (\forall j = 1, \cdots, k-1)$.

类别 $j, j+1$ 之间的分类超平面的间隔为 $\dfrac{b_j - a_j}{\sqrt{(\boldsymbol{w} \cdot \boldsymbol{w})}}$. 如果令 $(\boldsymbol{w} \cdot \boldsymbol{w}) = 1$, 有序回归预警问题的总和间隔法就是最大化 $\sum\limits_j (b_j - a_j)$. 根据上面的分析, 可以得到以下二次规划问题:

$$\left\{\begin{array}{ll} \min\limits_{w, a_j, b_j} & \sum\limits_{j=1}^{k-1} (a_j - b_j) + C \sum\limits_i \sum\limits_j (\varepsilon_i^j + \varepsilon_i^{*j+1}) \\ \text{s.t.} & a_j \leqslant b_j \\ & b_j \leqslant a_{j+1},\ j = 1, \cdots, k-2 \\ & \boldsymbol{w} \cdot x_i^j \leqslant a_j + \varepsilon_i^j,\ \varepsilon_i^j \geqslant 0 \\ & \boldsymbol{w} \cdot x_i^{j+1} \geqslant b_j - \varepsilon_i^{*j+1}, \varepsilon_i^{*j+1} \geqslant 0 \\ & \boldsymbol{w} \cdot w \leqslant 1 \end{array}\right. \tag{9.11}$$

除特殊说明外, $j = 1, \cdots, k-1$; $i = 1, \cdots, i_j$, C 为预先确定的常数.

原问题 (9.11) 中的约束条件 $a_j \leqslant b_j, b_j \leqslant a_{j+1}$ 是 $a_1 \leqslant b_1 \leqslant a_2 \leqslant b_2 \leqslant \cdots \leqslant a_{k-1} \leqslant b_{k-1}$ 的充分必要条件. 另外, 原问题式 (9.11) 中之所以用凸约束 $(\boldsymbol{w} \cdot \boldsymbol{w}) \leqslant 1$ 来代替非凸约束 $(\boldsymbol{w} \cdot \boldsymbol{w}) = 1$, 是因为其最优解 $\boldsymbol{w}^*$ 可以保证是单位向量. 下面以 $k = 2$ 为例来说明具体原因. 考虑线性可分两类问题, 即

$$\left\{\begin{array}{ll} \min\limits_{w, a, b} & (a - b) \\ \text{s.t.} & a \leqslant b, \boldsymbol{w} \cdot \boldsymbol{w} \leqslant 1 \\ & \boldsymbol{w} \cdot x_i \leqslant a,\ i = 1, \cdots, i_1 \\ & \boldsymbol{w} \cdot x_i \geqslant b,\ i = i_i + 1, \cdots, N \end{array}\right.$$

可以证明最优解 $\boldsymbol{w}$ 为单位向量. 令 $\boldsymbol{w}$, $\boldsymbol{a}$, $\boldsymbol{b}$ 为最优解, 且 $\|\boldsymbol{w}\| = \beta \leqslant 1$. x^+, x^- 分别为左、右边界线上的点, 即 $\boldsymbol{w} \cdot x^- = a, \boldsymbol{w} \cdot x^+ = b$. 令 $\boldsymbol{w}^* = \dfrac{1}{\beta} \boldsymbol{w}$ $(\|\boldsymbol{w}\| = 1)$, 因此 $\boldsymbol{w}^* \cdot x^- = \dfrac{1}{\beta} a, \boldsymbol{w}^* \cdot x^+ = \dfrac{1}{\beta} b$. 新的解 $\boldsymbol{w}^*, \dfrac{1}{\beta} a, \dfrac{1}{\beta} b$ 可以有更好的目标函数值, 因此有 $\beta = 1$. 对于多类问题, 同理可得 $\beta = 1$.

设拉格朗日函数

$$L(\cdot) = \sum_j (a_j - b_j) + C \sum_{i,j} (\varepsilon_i^j + \varepsilon_i^{*j+1}) + \sum_j \varphi_j (a_j - b_j) + \sum_{j=1}^{k-2} \eta_j (b_j - a_{j+1})$$

$$
\begin{aligned}
&+\sum_{i,j}\lambda_i^j(\boldsymbol{w}\cdot x_i^j-a_j-\varepsilon_i^j)+\sum_{i,j}\delta_i^j(b_j-\varepsilon_i^{*j+1}-\boldsymbol{w}\cdot x_i^{j+1})\\
&+\alpha(\boldsymbol{w}\cdot\boldsymbol{w}-1)-\sum_{i,j}\varsigma_i^j\varepsilon_i^j-\sum_{i,j}\varsigma_i^{*j+1}\varepsilon_i^{*j+1}
\end{aligned}
$$

其中, $j=1,\cdots,k-1$ (除特殊说明), $i=1,\cdots,i_j$, φ_j, η_j, α, ς_i^{*j}, ς_i^{*j+1}, λ_i^j, δ_i^j 为非负拉格朗日乘子. 拉格朗日函数分别对 w, a_j, b_j, ε_i^j, ε_i^{*j+1} 求偏导数, 并令其为零, 可得

$$
\boldsymbol{w}=\frac{1}{2\alpha}\boldsymbol{Q\mu};\quad \sum_{i,j}\lambda_i^j=\sum_{i,j}\delta_i^j,\quad \lambda_i^j,\delta_i^j\in[0,C]
$$

其中, $\boldsymbol{Q},\boldsymbol{\mu}$ 与上一节定义相同. 将 $\boldsymbol{w}$ 代入拉格朗日函数, 并考虑偏导数为零形成的约束, 可得对偶问题, 即

$$
\begin{cases}
\max\limits_{\alpha,\boldsymbol{\mu}} & \overline{L}(\alpha,\boldsymbol{\mu})=-\alpha-\dfrac{1}{4\alpha}\boldsymbol{\mu}^{\mathrm{T}}(\boldsymbol{Q}^{\mathrm{T}}\boldsymbol{Q})\boldsymbol{\mu}\\
\text{s.t.} & 0\leqslant\mu_i\leqslant C,\ i=1,\cdots,N\\
& 1\cdot\boldsymbol{\mu}_1^1\geqslant 1, 1\cdot\mu_{k-1}^2\geqslant 1\\
& 1\cdot\boldsymbol{\mu}^1=1\cdot\boldsymbol{\mu}^2,\alpha\geqslant 0
\end{cases}
$$

可以看出 $\alpha\neq 0$. 用下面的方法消去 α:

$$
\frac{\partial\overline{L}(\alpha,\mu)}{\partial\alpha}=-1+\frac{1}{4\alpha^2}C=0\Rightarrow\alpha=\frac{1}{2}\sqrt{C}
$$

将其代入 $\overline{L}(\alpha,\mu)$, 可得 $\widetilde{L}(\alpha,\boldsymbol{\mu})=-\sqrt{\boldsymbol{\mu}^{\mathrm{T}}(\boldsymbol{Q}^{\mathrm{T}}\boldsymbol{Q})\mu}$. 由于 $\boldsymbol{Q}^{\mathrm{T}}\boldsymbol{Q}$ 正定, 只需最大化 $-\boldsymbol{\mu}^{\mathrm{T}}(\boldsymbol{Q}^{\mathrm{T}}\boldsymbol{Q})\mu$ 即可.

因此, 问题 (9.11) 的对偶形式为

$$
\begin{cases}
\max\limits_{\mu} & -\boldsymbol{\mu}^{\mathrm{T}}(\boldsymbol{Q}^{\mathrm{T}}\boldsymbol{Q})\mu\\
\text{s.t.} & 0\leqslant\mu_i\leqslant C,\ i=1,\cdots,N\\
& 1\cdot\mu_1^1\geqslant 1, 1\cdot\mu_{k-1}^2\geqslant 1\\
& 1\cdot\boldsymbol{\mu}^1=1\cdot\boldsymbol{\mu}^2
\end{cases}\tag{9.12}
$$

其中, $\boldsymbol{Q}$ 和 $\boldsymbol{\mu}$ 与问题式 (9.12) 中的相同.

设问题 (9.11) 和问题 (9.12) 的解分别为 $\boldsymbol{w}^*$ 和 $\boldsymbol{\mu}^*$, 则有

$$
\boldsymbol{w}^*=\frac{\boldsymbol{Q\mu}^*}{\|\boldsymbol{Q\mu}^*\|}\tag{9.13}
$$

$b_j(j=1,\cdots,k)$ 可以根据支持向量求出.

当 $k=2$ 时, 式 (9.12) 退化为 ν-SVM 问题. 从这个意义上来说, 有序回归的总和间隔法可以看作 ν-SVM 到多类问题的一个推广.

问题 (9.12) 的目标函数只涉及点积运算, 因此可以利用核技巧将线性问题推广为非线性情形.

总和间隔法预警算法描述如下:

(1) 计算 $\boldsymbol{Q}=\left(-X^1,\cdots,-X^{k-1},X^2,\cdots,X^k\right)_{n\times N}\quad (N=2l-i_1-i_k)$.

(2) 求解二次规划问题式 (9.12), 最优解为 $\boldsymbol{\mu}^*$.

(3) 求 $(\boldsymbol{w}^*,b_r^*)\quad(r=1,\cdots,k-1)$, 其中 $\boldsymbol{w}^*=\dfrac{\boldsymbol{Q}\boldsymbol{\mu}^*}{\|\boldsymbol{Q}\boldsymbol{\mu}^*\|}$, 然后根据支持向量求出 a_r^* 和 b_r^*.

(4) 对于新的输入 x, 根据决策函数确定所属类别.

9.4 模糊有序回归模型

9.4.1 模糊 OSVR 原理

设训练样本集

$$\widehat{S}=\{(x_i^j,s_i^j)\}_{j=1}^k,\quad i=1,\cdots,i_j \tag{9.14}$$

其中, s_i^j 表示样本点 x_i^j 属于第 j 类的隶属度.

考虑问题 (9.14), 即

$$\begin{cases}\min\limits_{w,b,\varepsilon_i^j,\varepsilon_i^{*j+1}} & \dfrac{1}{2}(w\cdot w)+C\sum\limits_i\sum\limits_j(s_i^j\varepsilon_i^j+s_i^{j+1}\varepsilon_i^{*j+1})\\ \text{s.t.} & w\cdot x_i^j-b_j\leqslant -1+\varepsilon_i^j,\varepsilon_i^j\geqslant 0\\ & w\cdot x_i^{j+1}-b_j\geqslant 1-\varepsilon_i^{*j+1},\varepsilon_i^{*j+1}\geqslant 0\\ & b_j\leqslant b_{j+1},\ j=1,\cdots,k-2.\end{cases} \tag{9.15}$$

其中, $i=1,\cdots,i_j;j=1,\cdots,k-1$.

问题 (9.15) 的对偶问题为

$$\begin{cases}\max\limits_{l'} & \sum\limits_{i=1}^N\mu_i-\dfrac{1}{2}\boldsymbol{\mu}^{\mathrm{T}}(\boldsymbol{Q}^{\mathrm{T}}\boldsymbol{Q})\boldsymbol{\mu}\\ \text{s.t.} & 0\leqslant\mu_i\leqslant s_iC,\ i=1,\cdots,N\\ & 1\cdot\mu_j^1=1\cdot\mu_j^2,\ j=1,\cdots,k-1\end{cases} \tag{9.16}$$

其中, $\boldsymbol{s}=(\boldsymbol{s}^1,\cdots,\boldsymbol{s}^{k-1},\boldsymbol{s}^2,\cdots,\boldsymbol{s}^k)^{\mathrm{T}}$; $\boldsymbol{s}^j=(s_1^j,\cdots,s_{i_j}^j)^{\mathrm{T}}$; 其他参数的意义与式 (9.10) 相同.

容易证明, 当 $k=2$ 时 (即只有两类), 式 (9.16) 就退化为 FSVM, 因此式 (9.16) 可以看作 FSVM 的一个推广. 这里定义问题式 (9.16) 为模糊 OSVR, 记为 FOSVR.

而且, 这里的 FOSVR 是 UOSVR 的一个特例.

直观地看, UOSVR 是指样本点可以属于不同的类别, 而 FOSVR 则是样本点只能属于其中一类.

事实上, UOSVR 的训练样本集为

$$\overline{S}=\{(x_1,z_1^1,\cdots,z_1^k),\cdots,(x_l,z_l^1\cdots,z_l^k)\}$$

可以改写为

$$\overline{S}=\left\{(x_i^j,z_1^1,\cdots z_i^j,\cdots,z_l^k)\right\}_{j=1}^k,\quad i=1,\cdots,l$$

令 $s_i^j=z_i^j\neq 0$, 而其他 $z_i^m(m\neq j)$ 均为零, UOSVR 就退化为 FOSVR.

同理, 对于训练样本集, 有

$$\overline{S}=\{(x_1^1,s_1^1),\cdots,(x_l^1,s_l^1),\cdots,(x_1^k,s_1^k),\cdots,(x_l^k,s_l^k)\}$$

其中, s_i^j 表示样本点 x_i^j 属于第 j 类的隶属度, 基于总和间隔法的 FOSVR 可转化为下面的优化模型:

$$\begin{cases}\min\limits_{w,a_j,b_j} & \sum\limits_{j=1}^{k-1}(a_j-b_j)+C\sum\limits_i\sum\limits_j(s_i^j\varepsilon_i^j+s_i^{*j+1}\varepsilon_i^{*j+1})\\ \text{s.t.} & a_j\leqslant b_j\leqslant a_{j+1},\ j=1,\cdots,k-2\\ & w\cdot x_i^j\leqslant a_j+\varepsilon_i^j,\varepsilon_i^j\geqslant 0\\ & w\cdot x_i^{j+1}\geqslant b_j-\varepsilon_i^{*j+1},\varepsilon_i^{*j+1}\geqslant 0;w\cdot w\leqslant 1\end{cases}\tag{9.17}$$

其中, $j=1,\cdots,k$; $i=1,\cdots,l$; C 为预先确定的常数.

问题 (9.17) 对偶形式为

$$\begin{cases}\max\limits_{\boldsymbol{\mu}} & -\boldsymbol{\mu}^{\mathrm{T}}(\boldsymbol{Q}^{\mathrm{T}}\boldsymbol{Q})\boldsymbol{\mu}\\ \text{s.t.} & 0\leqslant\mu_i\leqslant s_iC,\ i=1,\cdots,N\\ & 1\cdot\mu_1^1\geqslant 1,\ \ 1\cdot\mu_{k-1}^2\geqslant 1\\ & 1\cdot\boldsymbol{\mu}^1=1\cdot\boldsymbol{\mu}^2\end{cases}\tag{9.18}$$

9.4.2 隶属度的确定

利用第 2 章 2.3 节未确知理论中的方法, 可以给出确定模糊隶属度 s_i^j 的一种方法, 即模糊隶属度的 WBM 确定方法.

假设有 m 位不同权威的行业专家 (权威系数为 β_i, $\sum\limits_{i=1}^m\beta_i=1$), 分别对历史警度进行分析, 得到一个未确知数 $A_i(i=1,\cdots,m)$.

首先, 综合考虑这 m 位专家的意见, 可以得到一个新的未确知数 $A=\sum_{i=1}^{m}\beta_i A_i$; 然后, 对 A 求数学期望 $E(A)$; 最后, 确定与 $E(A)$ 距离最近的预警类别 $j(j=1,\cdots,k)$, 并求出可信度 α.

这样就给出了样本点 x_i^j 的隶属度 s_i^j(即可信度 α) 的一个合理且有效的解决方法, 称为 WBM 方法.

9.4.3 算法描述

FOSVR 算法步骤如下:

(1) 利用 WBM 方法, 求出样本点 x_i^j 的隶属度 s_i^j.

(2) 根据样本点计算矩阵 $\boldsymbol{Q}$.

(3) 解式 (9.16) 或式 (9.18), 得最优解为 $\boldsymbol{\mu}^*$.

(4) 求决策函数 $(\boldsymbol{w}^*, b_j^*)$ $(j=1,\cdots,k-1)$, 其中 $\boldsymbol{w}^*=\boldsymbol{Q}\boldsymbol{\mu}^*$ 并代入问题式 (9.15), 解线性规划可得 b_j^*.

(5) 对于新的输入 x, 根据决策函数确定所属类别.

考虑到式 (9.16) 中的目标函数只涉及点积计算, 因此很容易将 FOSVR 推广为 Kernel FOSVR, 即

$$\begin{cases}\max\limits_{\boldsymbol{\mu}} & \sum\limits_{i=1}^{N}\mu_i-\boldsymbol{\mu}^{\mathrm{T}}(\bar{\boldsymbol{Q}}^{\mathrm{T}}\bar{\boldsymbol{Q}})\boldsymbol{\mu}\\ \text{s.t.} & 0\leqslant \mu_i\leqslant s_iC,\ i=1,\cdots,N\\ & 1\cdot\mu_j^1=1\cdot\mu_j^2,\ j=1,\cdots,k-1\end{cases}\tag{9.19}$$

或者

$$\begin{cases}\max\limits_{\boldsymbol{\mu}} & -\boldsymbol{\mu}^{\mathrm{T}}(\bar{\boldsymbol{Q}}^{\mathrm{T}}\bar{\boldsymbol{Q}})\boldsymbol{\mu}\\ \text{s.t.} & 0\leqslant \mu_i\leqslant s_iC,\ i=1,\cdots,N\\ & 1\cdot\boldsymbol{\mu}_1^1\geqslant 1,\ 1\cdot\mu_{k-1}^2\geqslant 1\\ & 1\cdot\boldsymbol{\mu}^1=1\cdot\boldsymbol{\mu}^2\end{cases}\tag{9.20}$$

其中, $\bar{\boldsymbol{Q}}=\left(-\bar{\boldsymbol{X}}^1,\cdots,-\bar{\boldsymbol{X}}^{k-1},\bar{\boldsymbol{X}}^2,\cdots,\bar{\boldsymbol{X}}^k\right)_{n\times N}$, $\bar{\boldsymbol{X}}^j=(\phi(x_1^j),\cdots,\phi(x_l^j))_{n\times i_j}$, 其他参数与问题式 (9.10) 相同.

9.4.4 数据试验

首先在平面上取 4 个点 $A(1,1)$、$B(2,2)$、$C(3,3)$ 和 $D(4,4)$, 其中 A 为第一类、B 属于第二类、C 和 D 属于第三类, 而且一、二、三类是有顺序的. 以这 4 个点为训练样本, 用 OSVR 很容易得到两条平行直线 $f_1(x)=x+y-3$ 和 $f_2(x)=x+y-5$. 设 C 点的隶属度为 0.8, 利用 FOSVR 可以求得 $f_1(x,y)=x+y-3$ 和 $f_2(x,y)=$

$x+y-5.11$; 如果隶属度改为 0.5, $f_1(x,y)=x+y-3.3$, $f_2(x,y)=x+y-5.33$; 如果隶属度为 0.2, $f_1(x,y)=x+y-2.3$, $f_2(x,y)=x+y-5.67$. 可以看出, 随着 C 点隶属度的减少, $f_2(x)$ 的截距从 5 向 6 移动, C 点的作用逐渐减弱, 而 D 点的作用逐渐增强.

9.5 不确定性有序回归模型

模式分类的基本思想是根据训练样本找出分类规则, 从而判别新的输入所属的类别. 从另一角度讲, 模式识别中的分类就是将样本空间分成若干个子集, 分类过程就是寻找一个合理的分划. 标准的 OSVR 是对分类类别有顺序情况下的一种处理办法, 是一种特殊的多类分类问题, 但是它要求样本点要么属于其中的某一类, 要么不属于该类, 是确定的. 而实际上, 很多情况下样本点未必确切地隶属于某一类, 具有不确定性, 标准的 OSVR 就不能处理这种情况. 基于上述问题, 本节建立了不确定性 OSVR 算法 (UOSVR).

设训练样本集为

$$\overline{S}=\{(x_1,z_1^1,\cdots,z_1^k),\cdots,(x_l,z_l^1\cdots,z_l^k)\} \tag{9.21}$$

其中, $x_i\in\mathbf{R}^n(i=1,\cdots,l)$; $j=1,\cdots,k$ 表示模式类别标签; $z_i^j\in[0,1]$ 表示 x_i 属于第 j 类的隶属程度.

首先讨论当 z_i^j 为有理数时的情况.

由于 z_i^j 为有理数, 可以令 $z_i^j=\dfrac{q_i^j}{p}$, 其中 p,q_i^j 为非负整数, 且 $p\geqslant q_i^j$. 如果 x_i^j 被重复输入了 p 次, 那么该点在第 j 类中的次数为 q_i^j. 因此, 可以对式 (8.9) 的 $\overline{S}$ 这样表示为

$$\begin{aligned}\overline{S}=&\{\underbrace{(x_1,1),\cdots,(x_1,1)}_{q_1^1\text{个}},\cdots,\underbrace{(x_1,k),\cdots,(x_1,k)}_{q_1^k\text{个}},\cdots,\underbrace{(x_l,1),\cdots,(x_l,1)}_{q_l^1\text{个}},\cdots,\\&\underbrace{(x_l,k),\cdots,(x_l,k)}_{q_l^k\text{个}}\}\\=&\{(x_1^1,q_1^1),\cdots,(x_l^1,q_l^1),\cdots,(x_1^k,q_1^k),\cdots,(x_l^k,q_l^k)\}\end{aligned} \tag{9.22}$$

样本容量为 $\displaystyle\sum_{i=1}^{l}\sum_{j=1}^{k}q_i^j$.

根据固定间隔法 OSVR, 有下面的优化问题：

$$\begin{cases} \min\limits_{w,b,\varepsilon_{im}^{j},\varepsilon_{in}^{*j+1}} & \dfrac{1}{2}(\boldsymbol{w}\cdot\boldsymbol{w})+\dfrac{C}{p}\sum\limits_{i,j}(\sum\limits_{m}\varepsilon_{im}^{j}+\sum\limits_{n}\varepsilon_{in}^{*j+1}) \\ \text{s.t.} & \boldsymbol{w}\cdot x_i^j-b_j\leqslant -1+\varepsilon_{im}^{j},\ m=1,\cdots,q_i^j \\ & \boldsymbol{w}\cdot x_i^{j+1}-b_j\geqslant 1-\varepsilon_{in}^{*j+1},\ n=1,\cdots,q_i^{j+1} \\ & \varepsilon_{im}^{j}\geqslant 0,\varepsilon_{in}^{*j+1}\geqslant 0 \\ & b_j\leqslant b_{j+1},\ j=1,\cdots,k-2 \end{cases} \tag{9.23}$$

其中, $j=1,\cdots,k-1$(除特殊说明外); $i=1,\cdots,l$; C 为预先确定的常数.

求解上述问题就可以得到决策函数 $f(x)=\operatorname{sgn}[w^*\cdot x+b^*]$.

但是, 问题 (9.23) 是比较复杂的. 下面的引理指出, 只需解下面的简单问题：

$$\begin{cases} \min\limits_{w,b,\varepsilon_i^j,\varepsilon_i^{*j+1}} & \dfrac{1}{2}(\boldsymbol{w}\cdot\boldsymbol{w})+C\sum\limits_{i,j}(q_i^j\varepsilon_i^j+q_i^{j+1}\varepsilon_i^{*j+1}) \\ \text{s.t.} & \boldsymbol{w}\cdot x_i^j-b_j\leqslant -1+\varepsilon_i^j,\varepsilon_i^j\geqslant 0 \\ & \boldsymbol{w}\cdot x_i^{j+1}-b_j\geqslant 1-\varepsilon_i^{*j+1},\varepsilon_i^{*j+1}\geqslant 0 \\ & b_j\leqslant b_{j+1},\ j=1,\cdots,k-2 \end{cases} \tag{9.24}$$

其中, $j=1,\cdots,k-1$; $i=1,\cdots,l$; C 为常数.

引理 9.1 假设问题 (9.11) 和问题 (9.12) 的解为 $(\bar{\boldsymbol{w}},\bar{b},\bar{\varepsilon}_i^j,\bar{\varepsilon}_i^{*j+1})$ 和 $(\widehat{\boldsymbol{w}},\widehat{b},\widehat{\varepsilon}_i^j,\widehat{\varepsilon}_i^{*j+1})$, 则 $\bar{\boldsymbol{w}}=\widehat{\boldsymbol{w}},\bar{b}=\widehat{b}$.

引理 9.2 考虑问题

$$\begin{cases} \min\limits_{w,b,\varepsilon_i^j,\varepsilon_i^{*j+1}} & \dfrac{1}{2}(\boldsymbol{w}\cdot\boldsymbol{w})+C\sum\limits_{i}\sum\limits_{j}(\beta_{ik}^j\varepsilon_i^j+\beta_{ik}^{j+1}\varepsilon_i^{*j+1}) \\ \text{s.t.} & \boldsymbol{w}\cdot x_i^j-b_j\leqslant -1+\varepsilon_i^j,\varepsilon_i^j\geqslant 0 \\ & \boldsymbol{w}\cdot x_i^{j+1}-b_j\geqslant 1-\varepsilon_i^{*j+1},\varepsilon_i^{*j+1}\geqslant 0 \\ & b_j\leqslant b_{j+1},\ j=1,\cdots,k-2 \end{cases} \tag{9.25}$$

和

$$\begin{cases} \min\limits_{w,b,\varepsilon_i^j,\varepsilon_i^{*j+1}} & \dfrac{1}{2}(\boldsymbol{w}\cdot\boldsymbol{w})+C\sum\limits_{i}\sum\limits_{j}(\beta_i^j\varepsilon_i^j+\beta_i^{j+1}\varepsilon_i^{*j+1}) \\ \text{s.t.} & \boldsymbol{w}\cdot x_i^j-b_j\leqslant -1+\varepsilon_i^j,\varepsilon_i^j\geqslant 0 \\ & \boldsymbol{w}\cdot x_i^{j+1}-b_j\geqslant 1-\varepsilon_i^{*j+1},\varepsilon_i^{*j+1}\geqslant 0 \\ & b_j\leqslant b_{j+1},\ j=1,\cdots,k-2 \end{cases} \tag{9.26}$$

假定它们的解为 $(\bar{w}_k,\bar{b}_k,\bar{\varepsilon}_{ik}^j,\bar{\varepsilon}_{ik}^{*j+1})$ 和 $(\bar{\boldsymbol{w}},\bar{b},\bar{\varepsilon}_i^j,\bar{\varepsilon}_i^{*j+1})$, 且

$$\lim_{k\to\infty}\beta_{ik}^j=\beta_i^j,\quad \lim_{k\to\infty}\beta_{ik}^{j+1}=\beta_i^{j+1} \tag{9.27}$$

其中, $\beta_i^j,\beta_i^{j+1}\in[0,1]$. 那么

$$\lim_{k\to\infty}\overline{w}_k=\overline{w},\quad \lim_{k\to\infty}\overline{b}_k=\overline{b} \tag{9.28}$$

命题 9.1　对于式 (9.22) 定义的训练集 $\overline{S}$, 与式 (9.10) 对应的优化问题为

$$\begin{cases}\min\limits_{w,b,\varepsilon_i^j,\varepsilon_i^{*j+1}} & \dfrac{1}{2}(\boldsymbol{w}\cdot\boldsymbol{w})+C\sum\limits_i\sum\limits_j(z_i^j\varepsilon_i^j+z_i^{j+1}\varepsilon_i^{*j+1})\\ \text{s.t.} & \boldsymbol{w}\cdot x_i^j-b_j\leqslant-1+\varepsilon_i^j,\varepsilon_i^j\geqslant0,\ z_i^j\neq0\\ & \boldsymbol{w}\cdot x_i^{j+1}-b_j\geqslant1-\varepsilon_i^{*j+1},\varepsilon_i^{*j+1}\geqslant0,\ z_i^{j+1}\neq0\\ & b_j\leqslant b_{j+1},\ j=1,\cdots,k-2\end{cases} \tag{9.29}$$

其中, $j=1,\cdots,k-1$; $i=1,\cdots,l$; C 为常数.

建立优化问题 (9.29) 的拉格朗日函数为

$$\begin{aligned}L(\cdot)=&\frac{1}{2}(\boldsymbol{w}\cdot\boldsymbol{w})+C\sum_{i,j}(z_i^j\varepsilon_i^j+z_i^j\varepsilon_i^{*j+1})\\&+\sum_{i,j}\lambda_i^j(\boldsymbol{w}\cdot x_i^j-b_j+1-\varepsilon_i^j)\\&+\sum_{i,j}\delta_i^j(1-\varepsilon_i^{*j+1}-\boldsymbol{w}\cdot x_i^{j+1}+b_j)\\&+\sum_{j=1}^{k-2}\rho_j(b_j-b_{j+1})-\sum_{i,j}\varsigma_i^j\varepsilon_i^j-\sum_{i,j}\varsigma_i^{*j+1}\varepsilon_i^{*j+1}\end{aligned} \tag{9.30}$$

其中, $j=1,\cdots,k-1$; $i=1,\cdots,i_j$; ς_i^j, ς_i^{*j+1}, ρ_j, λ_i^j, δ_i^j 为非负拉格朗日乘子. 由于原问题是凸规划, 强对偶定理成立. 分别对 w, b_j, ε_i^j, ε_i^{*j+1} 最小化 $L(\cdot)$ 可得到以拉格朗日乘子为变量的对偶问题的目标函数.

$L(\cdot)$ 分别对 w, b_j, ε_i^j, ε_i^{*j+1} 求偏导, 并令其为零, 可得

$$w=-\sum_{i,j:z_i^j\neq0}\lambda_i^jx_i^j+\sum_{i,j:z_i^{j+1}\neq0}\delta_i^jx_i^{j+1} \tag{9.31}$$

$$\sum_i\lambda_i^j=\sum_i\delta_i^j+(\rho_j-\rho_{j-1}),\quad j=1,\cdots,k-1(\rho_0=0) \tag{9.32}$$

$$Cz_i^j-\lambda_i^j-\varsigma_i^j=0\Rightarrow0\leqslant\lambda_i^j\leqslant Cz_i^j \tag{9.33}$$

$$Cz_i^{j+1}-\delta_i^j-\varsigma_i^{*j+1}=0\Rightarrow0\leqslant\delta_i^j\leqslant Cz_i^{j+1} \tag{9.34}$$

作以下记号:

$\boldsymbol{X}^j=(x_1^j,\cdots,x_l^j)_{n\times l}$;　$\boldsymbol{z}^j=(z_1^j,\cdots,z_l^j)^{\mathrm{T}}$;　$\boldsymbol{z}=(\boldsymbol{z}^1,\cdots,\boldsymbol{z}^{k-1},z^2,\cdots,\boldsymbol{z}^k)^{\mathrm{T}}$

$\boldsymbol{\lambda}^j=(\lambda_1^j,\cdots,\lambda_l^j)^{\mathrm{T}}$; $\boldsymbol{\delta}^j=(\delta_1^j,\cdots,\delta_l^j)^{\mathrm{T}}$; $\boldsymbol{\mu}=(\boldsymbol{\lambda}^1,\cdots,\boldsymbol{\lambda}^{k-1},\boldsymbol{\delta}^1,\cdots,\boldsymbol{\delta}^{k-1})^{\mathrm{T}}$

$\boldsymbol{\mu}^1=(\mu_1^1,\cdots,\mu_{k-1}^1)^{\mathrm{T}}=(\boldsymbol{\lambda}^1,\cdots,\boldsymbol{\lambda}^{k-1})^{\mathrm{T}}$

$\boldsymbol{\mu}^2=(\mu_1^2,\cdots,\mu_{k-1}^2)^{\mathrm{T}}=(\boldsymbol{\delta}^1\cdots,\boldsymbol{\delta}^{k-1})^{\mathrm{T}}$

$\boldsymbol{Q}=\left[-\boldsymbol{X}^1,\cdots,-\boldsymbol{X}^{k-1},\boldsymbol{X}^2,\cdots,\boldsymbol{X}^k\right]_{n\times(k-2)l}$

将式 (9.31) 代入 $L(\cdot)$, 并考虑式 (9.32)$\sim$ 式 (9.34), 可以得到问题式 (9.10) 的对偶形式

$$\left\{\begin{array}{ll}\max\limits_{\mu} & \sum\limits_{i=1}^{N}\mu_i-\dfrac{1}{2}\boldsymbol{\mu}^{\mathrm{T}}(\boldsymbol{Q}^{\mathrm{T}}\boldsymbol{Q})\boldsymbol{\mu}\\ \text{s.t.} & 0\leqslant\mu_i\leqslant z_iC,\ i=1,\cdots,(k-2)l\\ & 1\cdot\mu_j^1=1\cdot\mu_j^2,\ j=1,\cdots,k-1\end{array}\right. \tag{9.35}$$

需要指出的是, 问题 (9.35) 当 $k=2$ 时 (只有两类), 就退回到上一章的 USVC 问题; 问题 (9.20) 是一个二次规划问题, 有唯一的全局最小点. 目标函数只是涉及训练样本点的内积运算, 因此可用核技巧, 将 UOSVR 推广到 Kernel UOSVR, 即

$$\left\{\begin{array}{ll}\max\limits_{\mu} & \sum\limits_{i=1}^{N}\mu_i-\boldsymbol{\mu}^{\mathrm{T}}(\bar{\boldsymbol{Q}}^{\mathrm{T}}\bar{\boldsymbol{Q}})\boldsymbol{\mu}\\ \text{s.t.} & 0\leqslant\mu_i\leqslant z_iC,\ i=1,\cdots,(k-2)l\\ & 1\cdot\mu_j^1=1\cdot\mu_j^2,\ j=1,\cdots,k-1\end{array}\right. \tag{9.36}$$

其中, $\bar{\boldsymbol{Q}}=\left(-\bar{\boldsymbol{X}}^1,\cdots,-\bar{\boldsymbol{X}}^{k-1},\bar{\boldsymbol{X}}^2,\cdots,\bar{\boldsymbol{X}}^k\right)_{n\times(k-2)l}$; $\bar{\boldsymbol{X}}^j=(\phi(x_1^j),\cdots,\phi(x_l^j))_{n\times l}$.

最后, 求解问题 (9.35) 得 μ_i, $\boldsymbol{w}$ 就可以由 $\boldsymbol{w}=\boldsymbol{Q}\boldsymbol{\mu}$ 求出. 将 $\boldsymbol{w}$ 代回到原问题, 原问题就是关于 b_j 的一个线性规划问题, 求解该线性规划问题即可得到 b_r.

同理, 对于训练样本集

$$\overline{S}=\{(x_1^1,z_1^1),\cdots,(x_l^1,z_l^1),\cdots,(x_1^k,z_1^k),\cdots,(x_l^k,z_l^k)\} \tag{9.37}$$

其中, z_i^j 表示样本点 x_i^j 属于第 j 类的隶属程度, 不确定性总和间隔法 OSVR 可转化为下面的优化模型:

$$\left\{\begin{array}{ll}\min\limits_{\boldsymbol{w},a_j,b_j} & \sum\limits_{j=1}^{k-1}(a_j-b_j)+C\sum\limits_{i}\sum\limits_{j}(z_i^j\varepsilon_i^j+z_i^{j+1}\varepsilon_i^{*j+1})\\ \text{s.t.} & a_j\leqslant b_j\leqslant a_{j+1},\ j=1,\cdots,k-2\\ & \boldsymbol{w}\cdot x_i^j\leqslant a_j+\varepsilon_i^j,\ z_i^j\neq 0\\ & \boldsymbol{w}\cdot x_i^{j+1}\geqslant b_j-\varepsilon_i^{*j+1},\ z_i^{j+1}\neq 0\\ & \boldsymbol{w}\cdot\boldsymbol{w}\leqslant 1;\varepsilon_i^j\geqslant 0,\varepsilon_i^{*j+1}\geqslant 0\end{array}\right. \tag{9.38}$$

其中, $j=1,\cdots,k$; $i=1,\cdots,i_l$; C 为预先确定的常数.

问题 (9.38) 的对偶形式为

$$\begin{cases} \max\limits_{\mu} & -\boldsymbol{\mu}^{\mathrm{T}}(\boldsymbol{Q}^{\mathrm{T}}\boldsymbol{Q})\boldsymbol{\mu} \\ \text{s.t.} & 0 \leqslant \mu_i \leqslant z_i C,\ i=1,\cdots,N \\ & 1\cdot\mu_1^1 \geqslant 1,\ 1\cdot\mu_{k-1}^2 \geqslant 1 \\ & 1\cdot\mu^1 = 1\cdot\mu^2 \end{cases} \tag{9.39}$$

基于上面的讨论, 固定间隔法的 UOSVR 预警算法步骤如下:

首先, 根据输入样本, 计算 $\boldsymbol{Q}=\left(-\boldsymbol{X}^1,\cdots,-\boldsymbol{X}^{k-1},\boldsymbol{X}^2,\cdots,\boldsymbol{X}^k\right)_{n\times(k-2)l}$; 然后, 根据专家意见, 确定 z_i, 求解二次规划问题 (9.36), 最优解为 $\boldsymbol{\mu}^*$; 再次, 求 $\boldsymbol{w}^*=\boldsymbol{Q}\boldsymbol{\mu}^*$ 并代入问题 (9.35), 解线性规划可得 b_j^*; 最后, 对于新的输入 x, 根据决策函数 $(\boldsymbol{w}^*, b_j^*)$ $(j=1,\cdots,k-1)$ 确定其所属类别.

对于 Kernel UOSVR, 只需计算 $\bar{\boldsymbol{Q}}=\left(-\bar{\boldsymbol{X}}^1,\cdots,-\bar{\boldsymbol{X}}^{k-1},\bar{\boldsymbol{X}}^2,\cdots,\bar{\boldsymbol{X}}^k\right)_{n\times(k-2)l}$, 然后求解问题 (9.39) 即可.

总间隔法的 UOSVR 和 Kernel UOSVR 预警算法步骤与固定间隔法类似, 这里就不再赘述.

第 10 章　不确定性聚类方法

10.1　模糊核 k- 均值算法

利用核技巧, 用非线性变换 Φ 把输入模式空间变换到各高维特征空间 H, 在 H 空间扩展模糊 k- 均值算法 (fuzzy k-means clustering algorithm, FCM), 对变换后的特征矢量 $\Phi(\boldsymbol{x}_i)$ $(i=1,\cdots,l)$ 进行模糊聚类分析.

令 $X=\{x_1,x_2,\cdots,x_l\}$ 为模式空间 $\mathbf{R}^n$ 中的一个有限数据集; $\boldsymbol{x}_i$ $(i=1,\cdots,l)$ 为该模式空间中的一个模式向量; 模糊聚类算法就是把数据集 X 分划为 C 个模糊族, 并获得一个最优的分划矩阵 $\boldsymbol{U}^*$, 该矩阵的元素 $0\leqslant u_n\leqslant 1$ 表示模式向量 $\boldsymbol{x}_i$ $(i=1,\cdots,l)$ 隶属于第 j 类的程度. FCM 算法就是要最小化目标函数

$$J_m(X;U,V)=\sum_{j=1}^{C}\sum_{i=1}^{n}u_{ji}\left\|x_i-v_j\right\|_A^2,\quad 2\leqslant C\leqslant N \tag{10.1}$$

其中, $V=\{v_1,v_2,\cdots,v_C\}$; $v_j\in\mathbf{R}^n$ 是聚类中心或第 j 类的模式原型; C 是预先确定的类别数; $m\in(1,+\infty)$ 是模糊加权指数, 对聚类的模糊程度有重要的调节作用; $\|x_i-v_j\|_{\boldsymbol{A}}^2$ 是 $\mathbf{R}^n$ 的内积, 表示 x_i 到 v_j 的 "距离", 其中 $\boldsymbol{A}$ 为任意的 $n\times n$ 阶对称正定方阵, 如果 $\boldsymbol{A}$ 为欧式空间, 那么就用 x_i 到 v_j 的欧式距离 $d_{ij}(x_i,v_j)$ 来作距离测度.

FCM 算法通过目标函数 $J_m(X;U,V)$ 极小化的必要条件之间的迭代收敛到一局极小点或鞍点〔"〕, 得到的一个模糊 C 划分 U. 为避免出现平凡解, U 必须满足下面的约束:

$$\sum_{j=1}^{C}u_{ji}=1,\quad \forall i \tag{10.2}$$

$$0\leqslant\sum_{i=1}^{n}u_{ji}\leqslant n,\quad \forall j \tag{10.3}$$

若在高维特征空间采用欧式距离, 由式 (10.1) 可推出特征空间的模糊聚类目标函数为

$$J_{Km}(X;U,V)=\sum_{j=1}^{C}\sum_{i=1}^{n}u_{ji}^m\left\|\Phi(x_i)-\Phi(v_j)\right\|_A^2=\sum_{j=1}^{C}\sum_{i=1}^{n}u_{ji}^m(k(x_i,x_i)$$

$$-2k(x_i, v_j) + k(v_j, v_j) = \sum_{j=1}^{C}\sum_{i=1}^{n} u_{ji}^m d_{Kji}^2(x_i, v_j), \quad 2 \leqslant C \leqslant N \tag{10.4}$$

根据 FCM 算法优化方法, 在特征空间隶属度函数应满足

$$u_{ji} = \left(\frac{1}{d_{Kji}^2}\right)^{\frac{1}{m-1}} \Big/ \sum_{i=1}^{n} \left(\frac{1}{d_{Kji}^2(x_i, v_j)}\right)^{\frac{1}{m-1}} \tag{10.5}$$

在特征空间 H 中, 新的类别中心为

$$\varPhi(\bar{v}_j) = \frac{\sum\limits_{i=1}^{l} u_{ji}^m \varPhi(x_i)}{\sum\limits_{i=1}^{l} u_{ji}^m}, \quad j = 1, \cdots, C \tag{10.6}$$

$$k(x_i, \bar{v}_j) = \varPhi(\bar{v}_j) \cdot \varPhi(\bar{v}_j) = \frac{\sum\limits_{k=1}^{l} u_{jk}^m k(x_k, x_j)}{\sum\limits_{k=1}^{l} u_{jk}^m} \tag{10.7}$$

则可以计算为

$$k(\bar{v}_j, \bar{v}_j) = \varPhi(\bar{v}_j) \cdot \varPhi(\bar{v}_j) = \frac{\sum\limits_{k=1}^{l}\sum\limits_{p=1}^{l} u_{jk}^m u_{jp}^m k(x_i, x_p)}{\left(\sum\limits_{k=1}^{l} u_{jk}^m\right)^2} \tag{10.8}$$

因此在特征空间 H 新隶属度函数 $\bar{u}_{ji}$ 更新为

$$\begin{aligned}\bar{u}_{ji} &= \frac{(1/d_{Kji}^2(x_i, \bar{v}_j))^{\frac{1}{m-1}}}{\sum\limits_{j=1}^{C} (1/d_{Kji}^2(x_i, \bar{v}_j))^{\frac{1}{m-1}}} \\ &= \frac{(1/[k(x_i, x_i) - 2k(x_i, \bar{v}_j) + k(\bar{v}_j, \bar{v}_j)]^{\frac{1}{m-1}}}{\sum\limits_{j=1}^{C} (1/[k(x_i, x_i) - 2k(x_i, \bar{v}_j) + k(\bar{v}_j, \bar{v}_j)]^{\frac{1}{m-1}}}\end{aligned} \tag{10.9}$$

类似 FCM 算法, 推出高维特征空间的模糊核 k- 均值算法 (fuzzy kernel k-means clustering algorithm, FKCM), 可以证明在高维特征空间, FKCM 算法是收敛的.

FKCM 算法:

(1) 选择类数 C 和迭代停止条件 $\varepsilon \in (0,1)$, 迭代次数 T.

(2) 选择核函数及其参数.

(3) 初始化类中心 v_j $(j=1,\cdots,C)$.

(4) 按式 (11.5) 计算每个样本在特征空间的隶属度函数 u_{ji} $(j=1,\cdots,C;\ i=1,\cdots,n)$.

(5) 由式 (10.7) 和式 (10.8) 计算新的核函数值 $k(x_i,\bar{v}_j)$ 和 $k(\bar{v}_j,\bar{v}_j)$, 并按式 (10.9) 更新 u_{ji} 为 $\bar{u}_{ji}$.

(6) 若 $\max\limits_{j,i}|u_{ji}-\bar{u}_{ji}|<\varepsilon$ 或迭代次数 T, 则算法停止, 否则转 (4).

10.2 可能性核聚类算法

对于 10.1 节的 FCM 算法, 现在考虑放松对隶属度归一化的要求, 改变隶属度函数的约束条件, 将会对噪声数据有较好的处理能力. 可能性聚类算法中的各个数据点的隶属度只需满足大于零的条件, 并且在产生隶属度和类中心更新迭代公式时, 也没有归一化的约束条件. 通过这种方法产生的各个类中心之间相互独立, 即某一类中心的改变并不会影响到其他的类中心, 因此, 可能性聚类算法中的隶属度可以解释为数据点属于某一类的绝对程度.

算法的目标函数为

$$J(U,V,C)=\sum_{i=1}^{c}\sum_{k=1}^{n}u_{ik}^{m}d_{ik}+\sum_{i=1}^{c}\eta_i\sum_{k=1}^{n}(1-u_{ik})^{m} \tag{10.10}$$

其中, $0\leqslant u_{ik}\leqslant 1$; η 是一个合适的正整数.

利用拉格朗日乘数法, 可以得到使目标函数取得最小值的条件为

$$V_i=\frac{\sum\limits_{k=1}^{n}u_{ik}^{m}x_k}{\sum\limits_{k=1}^{n}u_{ik}^{m}} \tag{10.11}$$

$$u_{ik}=\frac{1}{1+(d_{ik}/\eta)^{\frac{1}{m-1}}} \tag{10.12}$$

η_i 的定义为

$$\eta_i=K\frac{\sum\limits_{k=1}^{n}u_{ik}^{m}d_{ik}}{\sum\limits_{k=1}^{n}u_{ik}^{m}} \tag{10.13}$$

一般 K 取值为 1, η_i 值控制各个聚类原型之间的距离.

算法的缺点是：各个类的中心之间互相独立, 容易产生重合的类中心.

以 $\boldsymbol{\Phi}(\boldsymbol{x})$ 表示模式矢量 $\boldsymbol{x}$ 在高维特征空间的像, $\Phi(\cdot)$ 是非线性映射函数, 模式矢量 $\boldsymbol{x}$ 和 $\boldsymbol{y}$ 之间的欧式距离可表示为

$$\|\boldsymbol{\Phi}(\boldsymbol{x})-\boldsymbol{\Phi}(\boldsymbol{y})\|^2=k(x,x)-2k(x,y)+k(y,y) \tag{10.14}$$

那么可能性核聚类算法可以表示为

$$J(U,V,C)=\sum_{i=1}^{c}\sum_{k=1}^{n}u_{ik}^m\|\Phi(x)-\Phi(y)\|^2+\sum_{i=1}^{c}\eta_i\sum_{k=1}^{n}(1-u_{ik})^m \tag{10.15}$$

这里采用径向基函数 $k(x,y)=\exp\{-\|x-y\|^2/2\sigma^2\}$, 可知 $k(x,x)=1$.

隶属度 u_{ik}, v_{ij}, η_i 的更新公式为

$$u_{ik}=\frac{1}{\left[1+\dfrac{2(1-k(x_{kj},v_{ij})}{\eta_i}\right]^{\frac{1}{m-1}}} \tag{10.16}$$

$$v_{ij}=\frac{\displaystyle\sum_{k=1}^{n}u_{ik}^m k(x_{kj},v_{ij})\cdot x_{kj}}{\displaystyle\sum_{k=1}^{n}u_{ik}^m k(x_{kj},v_{ij})} \tag{10.17}$$

$$\eta_i=\frac{\displaystyle\sum_{k=1}^{n}u_{ik}^m 2(1-k(x_k,v_i))}{\displaystyle\sum_{k=1}^{n}u_{ik}^m} \tag{10.18}$$

这里将 FCM 算法得出的结果作为可能性核聚类算法的初始划分, 步骤如下：

第一步 选择聚类数 c, 权重指数 m, 迭代停止条件 $\varepsilon\in(0,1)$ 和最大迭代次数, 初始化迭代次数.

第二步 将 FCM 算法所得的结果初始化隶属度矩阵 $\boldsymbol{u}_{ik}^{(0)}$ 和类中心 $v_i^{(0)}$ $(i=1,\cdots,c;k=1,\cdots,n)$.

第三步 计算核矩阵 $\boldsymbol{K}(x_k,v_i^{(0)})(i=1,\cdots,c;k=1,\cdots,n)$.

第四步 根据式 (10.17) 计算 $\eta_i^{(0)}(i=1,\cdots,c)$, 由式 (10.16) 更新 $v_i^{(1)}$.

第五步 用式 (10.16) 计算隶属度矩阵 $\boldsymbol{u}_{ik}^{(0)}$.

第六步 如果满足停机条件迭代停止, 否则转第三步继续进行.

10.3 加权有序支持向量聚类算法

10.3.1 有序支持向量聚类

令训练点 $x_i(i=1,\cdots,l)$ 来自 k 类有序模式或类别的总体, 传统的核聚类可以扩展为寻找最优的 $k-1$ 个分离超平面, 这些超平面可以将 k 类的有序模式或类别进行刻度化分离. 从几何意义上将要搜索 $k-1$ 个平行的超平面 $(\boldsymbol{w},b_i)(\boldsymbol{w}\in\mathbf{R}^n, b_1\leqslant b_2\leqslant\cdots\leqslant b_{k-1})$, 决策函数为 $f(\boldsymbol{x})=\boldsymbol{w}\cdot\boldsymbol{x}-b_r=0$.

根据支持向量机的思想, 假定所有的类别可以由线性函数分离开, 基于结构风险最小化原则, 目标就是要一个最小间隔对应的超平面, 并令其间隔最大化.

软间隔有序支持向量聚类的原问题可以表示为

$$\begin{cases}\displaystyle\min_{\boldsymbol{w},b,\varepsilon_i} & \dfrac{1}{2}(\boldsymbol{w}\cdot\boldsymbol{w})+C\displaystyle\sum_i\varepsilon_i^2\\ \text{s.t.} & (\boldsymbol{w}\cdot\boldsymbol{x}_i-b_j+\varepsilon_i)^2=1,\ \varepsilon_i\geqslant 0\\ & i=1,\cdots,l;\quad j=1,\cdots,k-1\end{cases}\tag{10.19}$$

其中, C 为一个预定的常数, 比如可以令 $C=1$. $\varepsilon_i>0$ 表示聚类错误的点, 如果聚类正确, 那么有 $\varepsilon_i=0$. 如果问题是线性可分问题, 那么所有的 $\varepsilon_i=0(i=1,\cdots,n)$.

事实上, 式 (10.19) 是线性的最小–最大聚类模型, 利用核技巧, 很容易将其推广为非线性问题, 即

$$\begin{cases}\displaystyle\min_{\boldsymbol{w},b,\varepsilon_i} & \dfrac{1}{2}(\boldsymbol{w}\cdot\boldsymbol{w})+C\displaystyle\sum_i\varepsilon_i^2\\ \text{s.t.} & (\boldsymbol{w}\cdot\varPhi(\boldsymbol{x}_i)-b_j+\varepsilon_i)^2=1,\ \varepsilon_i\geqslant 0\\ & i=1,\cdots,l;\quad j=1,\cdots,k-1\end{cases}\tag{10.20}$$

可以看出, 非线性聚类与线性聚类最大的不同在于前者是在高维特征空间进行线性聚类.

根据再生核理论, 与 SVM 和 Kernel PCA 类似, 权向量 $\boldsymbol{w}$ 位于输入样本点 $\boldsymbol{x}_i$ 经过非线性映射 $\varPhi$ 投影到高维特征空间后 $\varPhi(\boldsymbol{x}_i)$ $(i=1,\cdots,n)$ 张成的子空间内, 因此有

$$\boldsymbol{w}=\sum\alpha_i\varPhi(\boldsymbol{x}_i)\tag{10.21}$$

令 $K(\boldsymbol{x}_i,\boldsymbol{x}_j)=\varPhi(\boldsymbol{x}_i)\cdot\varPhi(\boldsymbol{x}_j)$ 为核函数, 则 $\boldsymbol{w}\cdot\varPhi(\boldsymbol{x}_i)=\sum\alpha_i\varPhi(\boldsymbol{x}_i)\cdot\varPhi(\boldsymbol{x}_i)=$

$\sum \alpha_i K(\boldsymbol{x}_i \cdot \boldsymbol{x}_i)$, 于是有下面的问题:

$$\begin{cases} \min\limits_{\boldsymbol{w},b,\varepsilon_i} & \dfrac{1}{2}(\boldsymbol{w}\cdot\boldsymbol{w}) + C\sum\limits_i \varepsilon_i^2 \\ \text{s.t.} & (\sum \alpha_i K(\boldsymbol{x}_i,\boldsymbol{x}_j) - b_j + \varepsilon_i)^2 = 1,\ \varepsilon_i \geqslant 0 \\ & i = 1,\cdots,l;\quad j = 1,\cdots,k-1 \end{cases} \tag{10.22}$$

10.3.2 加权聚类算法

基于上节的有序支持向量聚类, 为了得到一个鲁棒聚类解, 可以预先给定一个常数 $\lambda_i(i=1,\cdots,l)$ 来加权聚类错误变量. 这样就可以得到以下的优化问题:

$$\begin{cases} \min\limits_{\boldsymbol{w},b,\varepsilon_i} & \dfrac{1}{2}(\boldsymbol{w}\cdot\boldsymbol{w}) + C\sum\limits_i \lambda_i\varepsilon_i^2 \\ \text{s.t.} & (\sum \alpha_i K(\boldsymbol{x}_i,\boldsymbol{x}_j) - b_j + \varepsilon_i)^2 = 1,\ \varepsilon_i \geqslant 0 \\ & i = 1,\cdots,l;\quad j = 1,\cdots,k-1 \end{cases} \tag{10.23}$$

注意到问题 (10.23) 的约束条件是非线性函数, 因此它是非线性规划问题. 可以考虑采用近似规划算法求解, 即通过求解一系列的子二次规划问题, 最后逼近上述非线性规划问题的最优解.

下面介绍一种 $\lambda_i(i=1,\cdots,l)$ 的确定方法.

令 $\boldsymbol{x}_i \in [a,b](i=1,\cdots,m)$ 和 $a = \boldsymbol{x}_1 \leqslant \boldsymbol{x}_2 = b$, 定义函数: 如果 $\boldsymbol{x} = i\ (i = 1,\cdots,k-1)$, 那么 $\rho(\boldsymbol{x}) = \alpha_i$; 否则 $\rho(\boldsymbol{x}) = 0$. 其中 $\alpha_1 + \alpha_2 = \alpha(\alpha \in (0,1])$, 那么 $[a,b]$ 和 $\rho(\boldsymbol{x})$ 就构成了一个未确知数 $[[a,b],\rho(\boldsymbol{x})]$. 就有序聚类问题, 假定具有权威系数 β_i ($\sum \beta_i = 1$) 的专家对输入点进行评价, 以未确知数 A_i 来表示. 于是一个新的未确知数 $A = \sum \beta_i A_i$ 就可以由未确知理论得到, 数学期望 $E(A)$ 和可信度 $\lambda_i(i=1,\cdots,l)$ 就可以根据前面的算法得到.

加权有序支持向量聚类算法步骤描述如下:

(1) 根据专家评价和未确知方法, 计算输入点 $\boldsymbol{x}_i$ 的权数 $\lambda_i(i=1,\cdots,l)$.

(2) 选择核函数, 求解问题 (10.23), 得最优解 $\boldsymbol{w}$, b_j.

(3) 根据 $f(\boldsymbol{x}) = \boldsymbol{w}\cdot\boldsymbol{x} - b_j$ 可以进行聚类.

下面讨论加权聚类算法与其他算法的关系.

首先, 如果 $\lambda_i = 1(i=1,\cdots,l)$, 那么式 (10.23) 就退化为问题 (10.19), 因此加权聚类算法可以看作传统的有序支持向量聚类的推广.

其次, 对于 $j=1$ 和 $\lambda_i=1(i=1,\cdots,l)$, 式 (10.23) 就变为

$$\begin{cases} \min\limits_{\boldsymbol{w},b,\varepsilon_i} & \dfrac{1}{2}(\boldsymbol{w}\cdot\boldsymbol{w})+C\sum\limits_i \varepsilon_i^2 \\ \text{s.t.} & (\sum \alpha_i K(\boldsymbol{x}_i,\boldsymbol{x}_j)-b+\varepsilon_i)^2=1 \\ & i=1,\cdots,l;\quad \varepsilon_i\geqslant 0 \end{cases} \tag{10.24}$$

事实上, 问题 (10.24) 就是传统的核聚类模型.

第 11 章　未确知支持向量机

当今时代为信息时代, 信息处理是生产、科研等众多领域中进行定量分析的重要一步. 对于确定性信息的处理, 可用经典数学加以解决. 对于不确定性信息中的随机信息和模糊信息, 人们利用概率统计、信息论和模糊数学进行处理. 然而, 客观世界还存在着不同于随机信息和模糊信息的另一种不确定性信息, 正如中国工程院院士王光远教授所言:“它的不确定性主要是由于决策者对事物认识不清, 造成纯主观认识的不确定性.” 王教授称之为 “未确知信息”. 如果在支持向量机的训练集中存在未确知信息, 那么支持向量机和模糊支持向量机将无能为力.

例如, 利用支持向量分类机进行粮食安全预警研究时, 训练点的输出 (有警或无警) 是粮食专家对粮食安全的历史警度进行分析得出的判决. 然而由于历史资料不够全面及历史数据不够准确, 给专家判断分类带来一定影响. 因此, 专家只能提供未确知信息, 如 60%有警、20%无警.

对于上述问题, 支持向量机和模糊支持向量机无法解决. 因此, 在本章构造未确知机会约束规划 (未确知规划的一种) 模型和解法, 在此基础上建立未确知支持向量机.

11.1　未确知事件的可信度

定义 11.1　设两未确知数 $A=[[x_1,x_n],f(x)]$, $B=[[y_1,y_m],g(y)]$, 其中

$$f(x)=\begin{cases}\alpha_i, & x=x_i(i=1,\cdots,n)\\ 0, & x\neq x_i, x\in[x_1,x_n]\end{cases}$$

$$g(y)=\begin{cases}\beta_j, & y=y_j(j=1,\cdots,m)\\ 0, & y\neq y_j, y\in[y_1,y_m]\end{cases}$$

则称不等式 $A\leqslant B, A<B$(或 $A\geqslant B, A>B$) 为未确知事件, 其中 $A\leqslant B, A<B$(或 $A\geqslant B, A>B$) 的定义见第 2 章.

定义 11.2　设 $A\leqslant B$ 为未确知事件, 则称 $\sum\limits_{x_i\leqslant y_j}\alpha_i\beta_j$ 为 $A\leqslant B$ 的可信度 (credible degree), 记为 $\mathrm{Cr}\{A\leqslant B\}$. 显然 $0\leqslant \mathrm{Cr}\{A\leqslant B\}\leqslant\alpha\cdot\beta$.

若 $\mathrm{Cr}\{A\leqslant B\}=\alpha\cdot\beta$, 则有 $A\leqslant B$(A 完全小于等于 B).

若 $\mathrm{Cr}\{A\leqslant B\}=0$, 则有 $A>B$(A 完全不小于等于 B).

若 $0 \leqslant \mathrm{Cr}\{A \leqslant B\} \leqslant \alpha \cdot \beta$, 则有 A 部分小于等于 B, 部分不小于等于 B.

同理, 可定义未确知事件 $A < B$, $A \geqslant B$, $A > B$ 的可信度.

特别地

(1) 若 A 为实数, 则未确知事件 $A \leqslant B$ 的可信度

$$\mathrm{Cr}\{A \leqslant B\} = \sum_{y_j \geqslant A} \beta_j = \beta - \sum_{y_j < A} \beta_j = \beta - F(y_l)$$

其中, $y_l = \max\{y_j | y_j < A\}$; $F(y_l)$ 为未确知数 (分布函数型)B 的分布函数在 y_l 处的值.

(2) 若 B 为实数, 则未确知事件 $A \leqslant B$ 的可信度

$$\mathrm{Cr}\{A \leqslant B\} = \sum_{x_i \leqslant B} \alpha_i = F(x_s)$$

其中, $x_s = \max\{x_i | x_i \leqslant B\}$.

$F(x_s)$ 为未确知数 (分布函数型)A 的分布函数在 x_s 处的值.

11.2　未确知机会约束规划

定义 11.3　称以下形式的规划:

$$\begin{cases} \max & \bar{f} \\ \text{s.t.} & \mathrm{Cr}\{f(\boldsymbol{x}, \boldsymbol{A}) \geqslant \bar{f}\} \geqslant \beta \\ & \mathrm{Cr}\{g_j(\boldsymbol{x}, \boldsymbol{B}_j) \leqslant 0,\ j = 1, \cdots, p\} \geqslant \alpha \end{cases} \tag{11.1}$$

为未确知机会约束规划. 其中, $\boldsymbol{x}$ 为决策向量; $\boldsymbol{A}, \boldsymbol{B}_j(j = 1, \cdots, p)$ 为未确知参数向量; $f\{\boldsymbol{x}, \boldsymbol{A}\}$ 为决策向量 $\boldsymbol{x}$ 的函数, 且为未确知参数向量的有理函数, 称为目标函数; $g_j\{\boldsymbol{x}, \boldsymbol{B}_j\}(j = 1, \cdots, p)$ 为决策向量 $\boldsymbol{x}$ 的函数, 且为未确知参数向量 $\boldsymbol{B}_j(j = 1, \cdots, p)$ 的有理函数, 称为约束函数; α, $\beta(\alpha, \beta \in [\sigma, 1]$, σ 为小于 1 的正实数) 为事先给定的对约束条件和目标函数的置信水平; $\mathrm{Cr}\{\cdot\}$ 为未确知事件 $\{\cdot\}$ 的可信度.

解释: (1)$\mathrm{Cr}\{g_j(x, B_j) \leqslant 0, j = 1, \cdots, p\} \geqslant \alpha$.

因为 $\boldsymbol{B}_j(j = 1, \cdots, p)$ 为未确知参数向量, 而 $g_j\{x, B_j\}(j = 1, \cdots, p)$ 为关于 $\boldsymbol{B}_j(j = 1, \cdots, p)$ 的有理数, 所以 $g_j\{x, B_j\}(j = 1, \cdots, p)$ 为未确知数 (固定决策向量 $\boldsymbol{x}$), 从而 $g_j\{\boldsymbol{x}, \boldsymbol{B}_j\}(j = 1, \cdots, p)$ 不确定. 因此, 所作的决策在不利的情况发生时可能不满足约束条件, 故采用一种原则, 即允许所作的决策在一定程度上不满足约束条件, 但该决策应使约束条件成立的可信度不小于某一置信水平 α.

(2) $\mathrm{Cr}\{f(x,A)\geqslant \bar{f}\}\geqslant\beta$.

对于给定的决策 $\boldsymbol{x}$, $f\{\boldsymbol{x},\boldsymbol{A}\}$ 显然为一个未确知数, 因此存在多个可能的值 $\bar{f}$, 使 $\mathrm{Cr}\{f(\boldsymbol{x},\boldsymbol{A})\geqslant \bar{f}\}\geqslant\beta$. 目的是极大化目标 $\bar{f}$, 因此

$$\bar{f}=\max\{f|\mathrm{Cr}\{f(\boldsymbol{x},\boldsymbol{A})\geqslant f\}\geqslant\beta\}$$

未确知机会约束规划还有以下形式:

$$\begin{cases}\max & \bar{f}\\ \text{s.t.} & \mathrm{Cr}\{f(\boldsymbol{x},\boldsymbol{A})\geqslant \bar{f}\}\geqslant\beta\\ & \mathrm{Cr}\{g_j(\boldsymbol{x},\boldsymbol{B}_j)\leqslant 0\}\geqslant\alpha, j=1,\cdots,p\end{cases}\tag{11.2}$$

对于极小化问题, 未确知机会约束规划, 即

$$\begin{cases}\min & \underline{f}\\ \text{s.t.} & \mathrm{Cr}\{f(\boldsymbol{x},\boldsymbol{A})\leqslant \underline{f}\}\geqslant\beta\\ & \mathrm{Cr}\{g_j(\boldsymbol{x},\boldsymbol{B}_j)\leqslant 0, j=1,\cdots,p\}\geqslant\alpha\end{cases}\tag{11.3}$$

和

$$\begin{cases}\min & \underline{f}\\ \text{s.t.} & \mathrm{Cr}\{f(\boldsymbol{x},\boldsymbol{A})\leqslant \underline{f}\}\geqslant\beta\\ & \mathrm{Cr}\{g_j(\boldsymbol{x},\boldsymbol{B}_j)\leqslant 0\}\geqslant\alpha, j=1,\cdots,p\end{cases}\tag{11.4}$$

其中, $\underline{f}=\min\{f|\mathrm{Cr}\{f(\boldsymbol{x},\boldsymbol{A})\leqslant f\}\geqslant\beta\}$.

这里仅讨论约束函数 $g_j\{\boldsymbol{x},\boldsymbol{B}_j\}(j=1,\cdots,p)$ 为特殊情形时, 未确知机会约束规划式 (11.1) 的解法.

(1) 若

$$g_j(\boldsymbol{x},\boldsymbol{B}_j)=h_j(x)-B_j',\quad j=1,\cdots,p$$

其中, $\boldsymbol{x}$ 为决策向量, $h_j(\boldsymbol{x})(j=1,\cdots,p)$ 为 $\boldsymbol{x}$ 的函数; $\boldsymbol{B}_j'(j=1,\cdots,p)$ 为未确知数. 则可将 $\mathrm{Cr}\{g_j(\boldsymbol{x},\boldsymbol{B}_j)\leqslant 0, j=1,\cdots,p\}\geqslant\alpha$ 化为确知等价类, 即找到一个确定 (不含有未确知数) 的约束条件 $g_j'(\boldsymbol{x})\leqslant 0(j=1,\cdots,p)$, 使得 $g_j'(\boldsymbol{x})\leqslant 0(j=1,\cdots,p)$ 与 $\mathrm{Cr}\{g_j(\boldsymbol{x},\boldsymbol{B}_j)\leqslant 0, j=1,\cdots,p\}\geqslant\alpha$ 等价.

为叙述方便, 不妨设 $h_j(\boldsymbol{x})=h(\boldsymbol{x})$, $\boldsymbol{B}_j=B$, 即 $g_j(\boldsymbol{x},\boldsymbol{B}_j)=h(\boldsymbol{x})-B$.

定理 11.1 设 $h(\boldsymbol{x})$ 为关于决策向量 $\boldsymbol{x}$ 的函数, $B=[[x_1,x_n],\varphi(\boldsymbol{x})]$ 为未确知数, 其中

$$\varphi(\boldsymbol{x})=\begin{cases}\sigma_i, & \boldsymbol{x}=x_i(i=1,\cdots,n)\\ 0, & \boldsymbol{x}\neq x_i, x\in[x_1,x_n]\end{cases}$$

并且 $0<\sum\limits_{i=1}^{n}\sigma_i=\sigma\leqslant 1, 0<\sigma_i\leqslant 1(i=1,\cdots,n)$, 则

$$h(x)\leqslant k_\alpha(k_\alpha=\max\{x_k|F(x_{k-1})=\sigma-\alpha, k=2,\cdots,n\})$$

与

$$\mathrm{Cr}\{h(x) \leqslant B\} \geqslant \alpha$$

等价, 其中 $\sigma \geqslant \alpha$ 且 $F(\cdot)$ 为未确知数 (分布函数型)B 的分布函数.

证明 对于 $0 \leqslant \alpha \leqslant 1$ 且 $\alpha \leqslant \sigma$, 必存在实数 k_α, 使得 $\mathrm{Cr}\{k_\alpha \leqslant B\} \geqslant \alpha$, 因为

$$\mathrm{Cr}\{k_\alpha \leqslant B\} = \sigma - \sum_{x_i < k_\alpha} \sigma_i = \sigma - F(x_{k-1})$$

$$x_k = \max\{x_i | x_i < k_\alpha, i = 1, \cdots, p\}$$

因此 $F(x_{k-1}) = \sigma - \alpha$.

如果用一个较小的实数 k'_α 代替 k_α, 则可信度将随之增加, 即 $\mathrm{Cr}\{k'_\alpha \leqslant B\} \geqslant \alpha$, 因为 $\mathrm{Cr}\{k_\alpha \leqslant B\} = \sum\limits_{x_i \geqslant k_\alpha} \sigma_i \leqslant \sum\limits_{x_i \geqslant k'_\alpha} \sigma_i = \mathrm{Cr}\{k'_\alpha \leqslant B\}$.

所以 $\mathrm{Cr}\{h(\boldsymbol{x}) \leqslant B\} \geqslant \alpha$ 等价于 $h(x) \leqslant k_\alpha$, 其中

$$k_\alpha = \max\{x_k | F(x_{k-1}) = \sigma - \alpha, k = 2, \cdots, n\}. \blacksquare$$

由定理 11.1, 可得求未确知机会约束规划的约束条件

$$\mathrm{Cr}\{g_j(\boldsymbol{x}, \boldsymbol{B}_j) = h(\boldsymbol{x}) - B \leqslant 0\} \geqslant \alpha$$

的确知等价类的算法如下.

算法 11.1(未确知机会约束规划约束条件的确知等价类求法 1)

(i) 将未确知数 $B = [[x_1, x_n], \varphi(x)]$(其中

$$\varphi(x) = \begin{cases} \sigma_i, & x = x_i (i = 1, \cdots, n) \\ 0, & x \neq x_i, x \in [x_1, x_n] \end{cases}$$

并且$0 < \sum\limits_{i=1}^{n} \sigma_i = \sigma \leqslant 1, 0 < \sigma_i \leqslant 1, i = 1, \cdots, n$) 化为分布函数型 $B = \{[x_1, x_n], F(x)\}$, 其中

$$F(x) = \begin{cases} 0, & x < x_1 \\ \vdots & \\ \sum\limits_{i=1}^{l} \sigma_i, & x_l \leqslant x < x_{l+1} \\ \vdots & \\ \sigma, & x \geqslant x_n \end{cases} \tag{11.5}$$

(ii) 求出 $\sigma-\alpha(\sigma$, α 分别为 B 的总可信度及事先给定关于约束条件的置信水平).

(iii) 在分布函数型未确知数 $B=\{[x_1,x_n],F(x)\}$ 的 $F(x)$ 中找出 $F(x_{k-1})=\sigma-\alpha$(或 $F(x_{k-1})\approx\sigma-\alpha$) 的最大的 x_k, 即为 k_α.

(iv) $h(x)\leqslant k_\alpha$ 即为 $\mathrm{Cr}\{k_\alpha\leqslant B\}\geqslant\alpha$ 的确知等价类.

注: 对于 $\mathrm{Cr}\{f(\boldsymbol{x},\boldsymbol{A})\geqslant\bar{f}\}\geqslant\beta$ 定义 $g_j(\boldsymbol{x},\boldsymbol{B}_j)=h(\boldsymbol{x})-B=\bar{f}-f(\boldsymbol{x},\boldsymbol{A})$, 则将 $\mathrm{Cr}\{f(\boldsymbol{x},\boldsymbol{A})\geqslant\bar{f}\}\geqslant\beta$ 化为 $\mathrm{Cr}\{h(x)\leqslant B\}\geqslant\beta$ 形式, 通过定理 11.1 的方法, 可求出 $\mathrm{Cr}\{f(\boldsymbol{x},\boldsymbol{A})\geqslant\bar{f}\}\geqslant\beta$ 的确知等价类.

根据以上讨论, 可将未确知机会约束规划式 (11.1) 转化为其确知等价规划.

(2) 若 $g_j(\boldsymbol{x},\boldsymbol{B}_j)=B-h(\boldsymbol{x})$, 则有以下定理.

定理 11.2　设 $h(\boldsymbol{x})$ 为关于决策向量的函数, $B=[[x_1,x_n],\varphi(\boldsymbol{x})]$ 为未确知数, 其中

$$\varphi(x)=\begin{cases}\sigma_i, & x=x_i(i=1,\cdots,n)\\ 0, & x\neq x_i, x\in[x_1,x_n]\end{cases}$$

并且 $0<\sum_{i=1}^{n}\sigma_i=\sigma\leqslant 1, 0<\sigma_i\leqslant 1(i=1,\cdots,n)$. 则 $h(x)\geqslant k_\alpha(k_\alpha=\min\{x_k|F(x_k)=\alpha,k=2,\cdots,n\})$ 与 $\mathrm{Cr}\{h(x)\geqslant B\}\geqslant\alpha$ 等价, 其中 $F(\cdot)$ 为未确知数 (分布函数型)B 的分布函数.

证明　与定理 11.1 的证明方法类似, 略. ∎

由定理 11.2 可以得出以下算法.

算法 11.2(未确知机会约束规划约束条件的确知等价类求法 2)

(i) 将未确知数 $B=[[x_1,x_n],\varphi(x)]$(其中

$$\varphi(x)=\begin{cases}\sigma_i, & x=x_i(i=1,\cdots,n)\\ 0, & x\neq x_i, x\in[x_1,x_n]\end{cases}$$

并且$0<\sum_{i=1}^{n}\sigma_i=\sigma\leqslant 1, 0<\sigma_i\leqslant 1, i=1,\cdots,n)$ 化为分布函数型 $B=\{[x_1,x_n],F(\boldsymbol{x})\}$, 其中 $F(\boldsymbol{x})$ 如式 (11.5) 所示.

(ii) 求出 $\sigma-\alpha(\sigma$, α 分别为 B 的总可信度及事先给定关于约束条件的置信水平).

(iii) 在分布函数型未确知数 $B=\{[x_1,x_n],F(\boldsymbol{x})\}$ 的 $F(\boldsymbol{x})$ 中找出 $F(x_k)=\sigma-\alpha$(或 $F(x_k)\approx\sigma-\alpha$) 的最小的 x_k, 即为 k_α.

(iv) $h(\boldsymbol{x})\geqslant k_\alpha$ 即为 $\mathrm{Cr}\{h(\boldsymbol{x})\geqslant B\}\geqslant\alpha$ 的确知等价类.

以上只讨论了当约束条件为 $g_j(\boldsymbol{x},\boldsymbol{B}_j)=h(\boldsymbol{x})-B$ 和 $g_j(\boldsymbol{x},\boldsymbol{B}_j)=B-h(\boldsymbol{x})(j=1,\cdots,p)$ 时, 未确知机会约束规划的解法. 即将未确知机会约束规划化为其确知等

价规划 (普通规划), 然后求解确知等价规划. 至于更一般情形时的解法, 将另文研究.

对于 11.2 节中的未确知机会约束规划的解法, 给出具体规划, 进行数值试验.

设未确知数 $A=[[1,5],f(x)]$, 其中

$$f(x)=\begin{cases}\dfrac{1}{10}, & x=1\\ \dfrac{1}{10}, & x=2\\ \dfrac{1}{5}, & x=3\\ \dfrac{1}{5}, & x=4\\ \dfrac{3}{5}, & x=5\\ 0, & x\neq i(i=1,2,3,4,5),x\in[1,5]\end{cases}$$

求解以下未确知机会约束规划:

$$\begin{cases}\max & 3x_1\\ \text{s.t.} & \mathrm{Cr}\{2x_1+x_2-A\leqslant 0\}\geqslant 0.7\\ & 0\leqslant x_1\leqslant 5\\ & -7\leqslant x_2\leqslant 0\end{cases}\tag{11.6}$$

因为未确知约束规划式 (11.6) 的目标函数中不含有未确知参数, 所以只要将其约束条件 $\mathrm{Cr}\{2x_1+x_2-A\leqslant 0\}\geqslant 0.7$ 化为确知等价类即可.

令 $h_1(x)=2x_1+x_2$, 则约束条件为 $\mathrm{Cr}\{h(x)\leqslant A\}\geqslant 0.7$. 下面求 $\mathrm{Cr}\{h_1(x)\leqslant A\}\geqslant 0.7$ 的确知等价类.

根据算法 11.1 得到以下步骤:

(i) 将未确知数 $A=[[1,5],f(x)]$(分布密度型) 化为分布函数型 $A=[[1,5],F(x)]$, 其中

$$F(x)=\begin{cases}0, & x<1\\ \dfrac{1}{10}, & 1\leqslant x<2\\ \dfrac{2}{10}, & 2\leqslant x<3\\ \dfrac{2}{5}, & 3\leqslant x<4\\ \dfrac{2}{5}, & 4\leqslant x<5\\ \dfrac{9}{10}, & x\geqslant 5\end{cases}$$

(ii) 求 $\sigma-\alpha=0.9-0.7=0.2$.

(iii) 在分布函数型未确知数 $A=[[1,5],F(x)]$ 的 $F(x)$ 中找 $F(x_{k-1})=0.2$ 的最大的 x_k. 显然, $x_{k-1}=2$, 故 $x_k=3$, 因此 $k_{0.7}=3$.

(iv) 求得 $\mathrm{Cr}\{h_1(x)\leqslant A\}\geqslant 0.7$ 的确知等价类为 $h_1(x)\leqslant 3$, 即 $\mathrm{Cr}\{2x_1+x_2-A\leqslant 0\}\geqslant 0.7$ 的确知等价类为 $2x_1+x_2-3\leqslant 0$.

所以, 未确知约束规划式 (11.6) 的确知等价规划为以下线性规划:

$$\begin{cases}\max & 3x_1\\ \text{s.t.} & 2x_1+x_2-3\leqslant 0\\ & 0\leqslant x_1\leqslant 5\\ & -7\leqslant x_2\leqslant 0\end{cases} \tag{11.7}$$

解线性规划式 (11.7) 得最优解为

$$\begin{cases}x_1=5\\ x_2=-7\end{cases}$$

最优值为 15.

因此未确知约束规划式 (11.6) 的最优解为 $(5,-7)^{\mathrm{T}}$, 最优值为 15.

11.3 未确知支持向量机

如果支持向量分类机的训练点中含有未确知信息, 可以将未确知信息转化为未确知数

$$A=[[x_1,x_n],f(x)] \tag{11.8}$$

其中

$$f(x)=\begin{cases}\alpha_i, & x=x_i(i=1,\cdots,n)\\ 0, & x\neq x_i, x\in[x_1,x_n]\end{cases}$$

因此, 支持向量分类机的训练集为

$$S=\{(x_1,A_1),(x_2,A_2),\cdots,(x_l,A_l)\} \tag{11.9}$$

其中, $x_j\in\mathbf{R}^n$; $A_j(j=1,\cdots,l)$ 为形如式 (11.8) 的未确知数.

则称式 (11.9) 为未确知训练集. 而未确知训练集 (11.9) 中的 $(x_j,A_j)(j=1,\cdots,l)$ 称为未确知训练点.

在此基础上, 定义未确知线性可分:

设未确知训练集如式 (11.9) 所示, 对于给定的置信水平 $\lambda(0 < \lambda \leqslant 1)$, 若存在 $w \in \mathbf{R}^n$, $b \in \mathbf{R}$ 使得

$$\mathrm{Cr}\{A_j((w \cdot x_j) + b) \geqslant 1\} \geqslant \lambda, \quad j = 1, \cdots, l \tag{11.10}$$

则称未确知训练集式 (11.9) 在置信水平 λ 下未确知线性可分.

如同第 4 章的方法, 可以定义在未确知意义下的间隔. 基于最大间隔原则, 在置信水平 $\lambda(0 < \lambda \leqslant 1)$ 下, 对于未确知线性可分的未确知训练集 (11.9), 可将未确知分类问题 (训练点中含有未确知信息的分类问题) 转化为求解以下以 $(\boldsymbol{w}, b)^{\mathrm{T}}$ 为决策变量的未确知机会约束规划问题：

$$\begin{cases} \min\limits_{w,b} & \dfrac{1}{2}||\boldsymbol{w}||^2 \\ \text{s.t.} & \mathrm{Cr}\{A_j((\boldsymbol{w} \cdot \boldsymbol{x}_j) + b) \geqslant 1\} \geqslant \lambda, \quad j = 1, \cdots, l \end{cases} \tag{11.11}$$

其中, $A_j(j = 1, \cdots, l)$ 为未确知训练集式 (11.9) 中的未确知数; $\mathrm{Cr}\{\cdot\}$ 为未确知事件 $\{\cdot\}$ 的可信度.

下面求未确知机会约束规划式 (11.11) 的确知等价规划.

对于式 (11.11) 中的未确知约束条件, 即

$$\mathrm{Cr}\{A_j((\boldsymbol{\omega} \cdot \boldsymbol{x}_j) + b) \geqslant 1\} \geqslant \lambda \tag{11.12}$$

其中

$$\boldsymbol{w} = (w_1, w_2, \cdots, w_n)^{\mathrm{T}} \in \mathbf{R}^n, \quad b \in \mathbf{R}, \quad \boldsymbol{x}_j = (x_{j1}, x_{j2}, \cdots, x_{jn})^{\mathrm{T}} \in \mathbf{R}^n$$

$A_j = [[a_{j_1}, a_{j_k}], f_j(y)]$ 为未确知数, 这里

$$f_j(y) = \begin{cases} \alpha_{ij}, & y = a_{ij}, i = 1, 2, \cdots, k \\ 0, & \text{其他} \end{cases}$$

考虑将其转化为确知等价类的方法. 令

$$\boldsymbol{w}' = (b, w_1, w_2, \cdots, w_n), \quad \boldsymbol{x}'_j = (1, x_{j1}, x_{j2}, \cdots, x_{jn})^{\mathrm{T}}$$

则

$$\begin{aligned} (\boldsymbol{\omega}' \cdot \boldsymbol{x}'_j) &= (b, \omega_1, \omega_2, \cdots, \omega_n)(1, x_{j1}, x_{j2}, \cdots, x_{jn})^{\mathrm{T}} \\ &= \omega_1 x_{j1} + \omega_2 x_{j2} + \cdots + \omega_n x_{jn} + b = (\boldsymbol{\omega} \cdot \boldsymbol{x}_j) + b \end{aligned}$$

所以式 (11.12) 可以表示成下面的形式：

$$\mathrm{Cr}\{A_j(\boldsymbol{\omega}' \cdot \boldsymbol{x}'_j) \geqslant 1\} \geqslant \lambda \tag{11.13}$$

即 $\mathrm{Cr}\{1-A_j(\boldsymbol{\omega}'\cdot\boldsymbol{x}_j')\leqslant 0\}\geqslant\lambda$，当 $(\boldsymbol{\omega}'\cdot\boldsymbol{x}_j')\neq 0$ 时 (若 $(\boldsymbol{\omega}'\cdot\boldsymbol{x}_j')=0$, 则样本点在分离超平面上, 对于整问题的求解不起作用, 所以可以只考虑不在分离超平面上的样本点的情况.

因此式 (11.13) 可变形为

$$\mathrm{Cr}\left\{(\boldsymbol{\omega}'\cdot\boldsymbol{x}_j')\left[\frac{1}{\boldsymbol{\omega}'\cdot\boldsymbol{x}_j'}-A_j\right]\leqslant 0\right\}\geqslant\lambda \tag{11.14}$$

令 $h(\boldsymbol{\omega}')=\dfrac{1}{\boldsymbol{\omega}'\cdot\boldsymbol{x}_j'}$, 利用未确知事件可信度定义, 则可推导出式 (11.14) 等价于下面的形式:

$$\begin{cases}\mathrm{Cr}\{h(\boldsymbol{\omega}')-A_j\leqslant 0\}\geqslant\lambda, & \boldsymbol{\omega}'\cdot\boldsymbol{x}_j'>0\\ \mathrm{Cr}\{A_j-h(\boldsymbol{\omega}')\leqslant 0\}\geqslant\lambda, & \boldsymbol{\omega}'\cdot\boldsymbol{x}_j'<0\end{cases} \tag{11.15}$$

这样就将原问题转化为了 11.2 节中的未确知机会约束规划形式, 进而可得出未确知机会约束规划式 (11.11) 的确知等价规划为

$$\begin{cases}\min\limits_{\omega,b} & \dfrac{1}{2}\|\omega\|^2\\ \text{s.t.} & \boldsymbol{\omega}'\cdot\boldsymbol{x}_j'>0\\ & \dfrac{1}{(\boldsymbol{\omega}'\cdot\boldsymbol{x}_j')}\leqslant k_j\end{cases} \quad \text{或} \quad \begin{cases}\min\limits_{\omega,b} & \dfrac{1}{2}\|\boldsymbol{\omega}\|^2\\ \text{s.t.} & \boldsymbol{\omega}'\cdot\boldsymbol{x}_j'<0\\ & \dfrac{1}{(\boldsymbol{\omega}'\cdot\boldsymbol{x}_j')}\geqslant k_j'\end{cases} \tag{11.16}$$

其中, $k_j=\max\{y_{ik}|F(y_{j(k-1)})\cong\alpha-\lambda,k=2,3,\cdots,n\}$, $F(y_{j(k-1)})$ 为未确知数 (分布函数型)A_j 的分布函数在 $y_{j(k-1)}$ 处的值, $\cong$ 表示 $=$ 或 $\approx$, 下同; $k_j'=\min\{y_{jk}|F(y_{jk})\cong\alpha-\lambda,k=1,2,3,\cdots,n\}$, $F(y_{jk})$ 为未确知数 (分布函数型)A_j 的分布函数在 y_{jk} 处的值.

求式 (11.16) 两个规划的对偶规划, 并解之可构造未确知支持向量机.

下面给出一个具体的算例.

设二维平面上的 4 个训练样本点分别为 $x_1=(1,0),x_2=(0,1)$, $x_3=(1.5,1.5)$, $x_4=(2,2)$, 支持向量分类机的训练集为: $S=\{(x_1,-1),(x_2,-1),\ (x_3,+1),(x_4,A_4)\}$, 其中 A_4 为具有下面形式的未确知有理数: $A_4=[[-1,1],f(y)]$

$$f(y)=\begin{cases}0.2, & y=-1\\ 0.7, & y=+1\\ 0, & \text{其他}\end{cases}$$

取置信水平 $\lambda=0.7$, 样本点 x_1, x_2, x_3 的类标签是确定的, 所以这里可取 $A_1=-1,A_2=-1,A_3=+1$.

在未确知线性可分条件下, 此未确知分类问题可表示为具有形如式 (11.11) 的未确知机会约束规划, 具体表示为

$$\begin{cases} \min\limits_{\boldsymbol{\omega},b} & \dfrac{1}{2}\|\boldsymbol{\omega}\|^2 \\ \text{s.t.} & \mathrm{Cr}\{A_4((\boldsymbol{\omega}\cdot\boldsymbol{x}_4)+b)\geqslant 1\}\geqslant 0.7 \\ & -(\boldsymbol{\omega}\cdot\boldsymbol{x}_1)+b\geqslant 1 \\ & -(\boldsymbol{\omega}\cdot\boldsymbol{x}_2)+b\geqslant 1 \\ & (\boldsymbol{\omega}\cdot\boldsymbol{x}_3)+b\geqslant 1 \end{cases} \tag{11.17}$$

令

$$\boldsymbol{w}'=(\boldsymbol{b},w_1,w_2),\quad \boldsymbol{x}_4'=(1,2,2)^{\mathrm{T}}$$

则式 (11.17) 中的未确知约束条件就等价于下面的两种形式:

$$\begin{cases} \boldsymbol{\omega}'\cdot\boldsymbol{x}_4'>0 \\ \mathrm{Cr}\left\{\dfrac{1}{\boldsymbol{\omega}'\cdot\boldsymbol{x}_4'}-A_4\leqslant 0\right\}\geqslant 0.7 \end{cases} \quad 或 \quad \begin{cases} \boldsymbol{\omega}'\cdot\boldsymbol{x}_4'<0 \\ \mathrm{Cr}\left\{A_4-\dfrac{1}{\boldsymbol{\omega}'\cdot\boldsymbol{x}_4'}\leqslant 0\right\}\geqslant 0.7 \end{cases}$$

可求得上面两个式子的确知等价类为

$$\begin{cases} \boldsymbol{\omega}'\cdot\boldsymbol{x}_4'>0 \\ \dfrac{1}{\boldsymbol{\omega}'\cdot\boldsymbol{x}_4'}\leqslant 1 \end{cases} \quad 或 \quad \begin{cases} \boldsymbol{\omega}'\cdot\boldsymbol{x}_4'<0 \\ \dfrac{1}{\boldsymbol{\omega}'\cdot\boldsymbol{x}_4'}\geqslant 1 \end{cases}$$

可见第二种情况不成立, 第一种情况即为: $\boldsymbol{\omega}'\cdot\boldsymbol{x}_4'\geqslant 1$, 所以原未确知机会约束规划式 (11.17) 的等价确知规划即为

$$\begin{cases} \min\limits_{\boldsymbol{\omega},b} & \dfrac{1}{2}\|\boldsymbol{\omega}\|^2 \\ \text{s.t.} & -(\boldsymbol{\omega}\cdot\boldsymbol{x}_1)+b\geqslant 1 \\ & -(\boldsymbol{\omega}\cdot\boldsymbol{x}_2)+b\geqslant 1 \\ & (\boldsymbol{\omega}\cdot\boldsymbol{x}_3)+b\geqslant 1 \\ & (\boldsymbol{\omega}\cdot\boldsymbol{x}_4)+b\geqslant 1 \end{cases} \tag{11.18}$$

求式 (11.18) 的对偶问题并解之, 可求得最优分类函数为

$$f(x)=[x]_1+[x]_2-2$$

对于未确知非线性的未确知训练集, 同样可建立未确知支持向量机.

第 12 章　应　　用

不确定性支持向量机是在支持向量机的基础上, 在支持向量机的应用领域含有不确定性信息的前提下建立的. 因此, 不确定性支持向量机有广泛的应用领域.

12.1　冠心病诊断

在河北省邯郸市中心医院提供的 100 个冠心病病例数据中, 选取 70 个数据作为训练样本, 运用第 3 章的模糊支持向量分类机 (算法) 构造最优分类函数和最优分类函数的隶属函数. 将另外的 30 个数据作为测试样本进行测试, 然后将测试结果与原结果进行比较. 通过计算正确率可知, 测试效果良好.

冠心病 (冠状动脉粥样硬化) 是心脏病中最常见的一种, 是影响人民群众身体健康的重要疾病之一. 近年来, 我国冠心病的死亡率与其他疾病的死亡率相比位居第三.

一方面, 一般需要通过昂贵的检验 (如心脏造影) 或创伤性检查 (如心脏活检), 以及医生的临床经验而做出冠心病的诊断; 另一方面, 疾病的病变是一个从量变到质变的过程, 因此现代医学界提出用模糊概念和方法解释和处理疾病的病变过程.

所以, 本节将模糊支持向量分类机应用于冠心病的诊断, 得出基于模糊支持向量分类机的冠心病的诊断方法.

1. 确定评价指标

根据医学知识, 诊断冠心病的指标有多种, 如年龄、心率、脉率、血压、心电图、胆固醇、甘油三酯、血糖、心输出量等. 通过特征选择 (见文献 [28], 在此只给出结果, 步骤从略. 下同), 确定 4 项影响最大且相互独立的指标：①年龄; ②心率; ③胆固醇; ④甘油三酯.

2. 选择训练数据

我们在河北省邯郸市中心医院采集了 100 个关于冠心病的病例数据 (表 12.1). 在表 12.1 中选择 1~40 号和 61~90 号共 70 个数据作为训练样本.

3. 确定模糊训练集

$$S=\{(\boldsymbol{x}_1,\tilde{y}_1),\cdots,(\boldsymbol{x}_{40},\tilde{y}_{40}),(\boldsymbol{x}_{41},\tilde{y}_{41}),\cdots,(\boldsymbol{x}_{70},\tilde{y}_{70})\}.$$

其中

$$\boldsymbol{x}_1 = (71, 150, 8.3, 3.4)^{\mathrm{T}}, \cdots, \boldsymbol{x}_{40} = (48, 877.7, 4.9)^{\mathrm{T}}$$

$$\boldsymbol{x}_{41} = (25, 70, 4.1, 1.1)^{\mathrm{T}}, \cdots, \boldsymbol{x}_{70} = (34, 67, 5.7, 1.3)^{\mathrm{T}}$$

$$\tilde{y}_1 = 1 = (1, 1, 1), \cdots, \tilde{y}_{40} = (-0.06, 0.54, 1.14)$$

$$\tilde{y}_{41} = -1 = (-1, -1, -1), \cdots, \tilde{y}_{70} = (-1.07, -0.66, -0.25)$$

表 12.1 冠心病病例数据集

序号	年龄	心率/(次/min)	胆固醇/(mmol/L)	甘油三酯/(mmol/L)	隶属度 δ^+
1	71	150	8.3	4.4	1.00
2	68	137	7.9	4.1	1.00
3	69	141	7.1	3.2	1.00
4	61	130	7.3	3.3	1.00
5	65	136	7.5	3.7	1.00
6	53	129	6.7	2.9	0.91
7	51	125	6.3	2.4	0.87
8	49	121	6.1	2.1	0.83
9	50	126	5.9	2.5	0.85
10	63	130	5.7	3.7	1.00
11	61	128	5.5	4.2	1.00
12	47	120	5.9	2.3	0.80
13	47	118	5.4	2.6	0.78
14	48	118	5.6	2.9	0.80
15	41	112	6.1	2.1	0.66
16	40	110	5.8	2.2	0.60
17	41	108	5.7	2.5	0.57
18	38	109	5.5	3.1	0.57
19	48	121	5.9	3.2	0.82
20	60	130	5.5	3.5	1.00
21	61	132	4.8	3.2	1.00
22	63	133	5.9	3.6	1.00
23	63	140	6.1	3.1	1.00
24	62	122	7.6	4.3	1.00
25	55	125	7.1	4.4	1.00
26	60	130	7.3	2.1	1.00
27	43	109	6.1	1.5	0.59
28	44	113	5.8	2.4	0.62
29	41	110	5.8	2.2	0.60
30	36	103	5.5	1.7	0.56
31	70	155	8.4	3.7	1.00
32	46	112	6.0	3.2	0.74
33	42	106	5.7	4.3	0.60

续表

序号	年龄	心率/(次/min)	胆固醇/(mmol/L)	甘油三酯/(mmol/L)	隶属度 δ^+
34	48	122	5.3	3.9	0.82
35	60	131	5.0	1.6	1.00
36	49	129	4.7	2.5	0.82
37	45	113	4.5	4.1	0.72
38	54	121	7.5	1.7	0.92
39	46	98	7.1	4.4	0.75
40	48	87	7.7	4.9	0.77
41	44	72	8.1	2.7	0.70
42	41	105	5.3	2.1	0.57
43	55	123	3.3	5.1	0.93
44	59	122	7.6	1.5	1.00
45	43	133	7.7	1.3	0.62
46	77	160	8.5	4.3	1.00
47	79	160	8.3	5.0	1.00
48	54	123	3.5	5.0	0.93
49	45	119	5.5	2.1	0.75
50	43	111	5.9	2.5	0.62
51	56	120	5.4	5.1	0.95
52	54	125	4.7	5.7	0.90
53	62	131	4.3	4.5	1.00
54	35	103	4.3	2.4	0.56
55	35	105	3.5	1.7	0.53
56	34	100	6.3	1.6	0.53
57	50	122	6.9	2.7	0.86
58	57	125	6.9	5.1	0.97
59	43	114	4.3	3.9	0.70
60	44	115	5.7	4.0	0.72
序号	年龄	心率/(次/min)	胆固醇/(mmol/L)	甘油三酯/(mmol/L)	隶属度 δ^-
61	25	70	4.1	1.1	1.00
62	26	66	5.0	0.9	1.00
63	30	80	5.0	1.1	1.00
64	32	76	5.6	1.2	1.00
65	32	78	5.3	1.0	1.00
66	34	83	5.5	1.5	1.00
67	35	91	5.6	1.4	0.84
68	33	88	5.3	1.2	0.91
69	32	62	5.6	1.5	1.00
70	31	63	5.7	1.2	1.00
71	30	65	4.3	1.6	1.00
72	36	93	5.5	1.6	0.81
73	31	73	3.5	1.7	1.00

续表

序号	年龄	心率/(次/min)	胆固醇/(mmol/L)	甘油三酯/(mmol/L)	隶属度 δ^-
74	31	70	3.7	1.7	1.00
75	30	68	3.0	1.6	1.00
76	36	100	4.3	1.5	0.75
77	38	102	4.5	1.6	0.61
78	40	104	5.1	1.5	0.58
79	41	106	5.7	1.1	0.57
80	41	105	5.1	1.2	0.56
81	34	89	5.2	1.5	0.92
82	32	73	5.1	1.6	1.00
83	30	71	4.3	1.2	1.00
84	31	65	4.5	1.5	1.00
85	34	74	5.3	1.4	0.95
86	34	79	5.2	1.5	1.00
87	39	73	6.0	1.2	0.61
88	38	69	3.7	1.8	0.67
89	35	70	5.6	1.5	0.79
90	34	67	5.7	1.3	0.83
91	35	92	5.6	1.6	0.79
92	38	93	5.5	1.7	0.69
93	34	88	5.3	1.3	0.95
94	30	77	5.6	1.5	1.00
95	36	92	5.1	1.7	0.87
96	31	88	5.1	1.1	1.00
97	37	90	5.5	1.4	0.83
98	30	72	3.4	1.6	1.00
99	32	66	4.5	1.5	1.00
100	41	60	5.7	1.7	0.71

注：δ^+ 表示属于 “正类”(有冠心病) 的隶属度, δ^- 表示属于 “负类”(无冠心病) 的隶属度.

4. 训练模糊训练点, 构造最优分类函数及最优分类函数隶属函数

下面以 S 为模糊训练集, 根据第 4 章中的模糊非线性模糊支持向量分类机, 对模糊训练点进行训练 (取线性核 $K(x,x') = x \cdot x'$, 惩罚参数 $C = 10$, 置信水平 $\lambda = 0.9$, 步骤从略), 得出最优分类函数为

$$f(x) = \mathrm{sgn}(g(x)) = \mathrm{sgn}(0.20[x]_1 + 0.25[x]_2 + 0.64[x]_3 + 3.45[x]_4 - 40.01)$$

下面建立最优分类函数的隶属函数.

根据模糊正类点的输入 $x_t(t = 1, \cdots, 40)$, 函数 $g(x)$, 模糊训练点属于正类的隶属度, 得到模糊训练集为

$$S_1 = \{(28.26, 1), \cdots, (12.81, 0.77)\}$$

选择 $\varepsilon = 0.1, C = 10$ 并且选择线性核, 构造支持向量回归机, 得到回归函数 $\varphi_+(u) = 0.02u + 0.56$.

同理, 根据模糊负类点的输入 $x_i(i = 41, \cdots, 70)$, 函数 $g(x)$, 模糊训练点属于负类的隶属度, 得到模糊训练集为

$$S_2 = \{(-11.36, 1), \cdots (-8.61, 0.83)\}$$

选择 $\varepsilon = 0.1, C = 10$ 并且选择线性核, 构造支持向量回归机, 得到回归函数 $\varphi_-(u) = -0.22u + 0.55$.

因此, 最优分类函数的隶属函数为

$$\mu(g(x)) = \begin{cases} 0.02g(x) + 0.56, 0 < g(x) \leqslant 22 \\ -0.22g(x) + 0.55, -2.05 \leqslant g(x) < 0 \\ 1, g(x) > 22 \ \text{或} \ g(x) < -2.05 \end{cases}$$

5. 测试

将表 12.1 中 41~60 号和 91~100 号共 30 个数据作为测试样本, 进行测试. 然后把测试结果与原数据结果比较. 将表 12.1 中的 41~60 号和 91~100 号前 4 项数据 $x_{71}, \cdots, x_{100}$ 代入最优分类函数和最优分类函数隶属函数, 得

$$f(x_{71}) = 1, \quad \mu(g(x_{71})) = 0.67; \quad f(x_{72}) = 1, \quad \mu(g(x_{72})) = 0.62;$$
$$f(x_{73}) = 1, \quad \mu(g(x_{73})) = 0.93; \quad f(x_{74}) = 1, \quad \mu(g(x_{74})) = 0.95;$$
$$f(x_{75}) = 1, \quad \mu(g(x_{75})) = 0.79; \quad f(x_{76}) = 1, \quad \mu(g(x_{76})) = 1;$$
$$f(x_{77}) = 1, \quad \mu(g(x_{77})) = 1; \quad f(x_{78}) = 1, \quad \mu(g(x_{78})) = 0.82;$$
$$f(x_{79}) = 1, \quad \mu(g(x_{79})) = 0.69; \quad f(x_{80}) = 1, \quad \mu(g(x_{80})) = 0.67;$$
$$f(x_{81}) = 1, \quad \mu(g(x_{81})) = 0.94; \quad f(x_{82}) = 1, \quad \mu(g(x_{82})) = 0.87;$$
$$f(x_{83}) = 1, \quad \mu(g(x_{83})) = 0.85; \quad f(x_{84}) = 1, \quad \mu(g(x_{84})) = 0.60;$$
$$f(x_{85}) = 1, \quad \mu(g(x_{85})) = 0.57; \quad f(x_{86}) = 1, \quad \mu(g(x_{86})) = 0.57;$$
$$f(x_{87}) = 1, \quad \mu(g(x_{87})) = 0.84; \quad f(x_{88}) = 1, \quad \mu(g(x_{88})) = 0.97;$$
$$f(x_{89}) = 1, \quad \mu(g(x_{89})) = 0.72; \quad f(x_{90}) = 1 \quad \mu(g(x_{90})) = 0.75;$$
$$f(x_{91}) = -1, \quad \mu(g(x_{91})) = 0.83; \quad f(x_{92}) = -1, \quad \mu(g(x_{92})) = 0.67;$$
$$f(x_{93}) = -1, \quad \mu(g(x_{93})) = 1; \quad f(x_{94}) = -1, \quad \mu(g(x_{94})) = 1;$$
$$f(x_{95}) = -1, \quad \mu(g(x_{95})) = 0.87; \quad f(x_{96}) = -1, \quad \mu(g(x_{96})) = 1;$$

$$f(x_{97}) = -1, \quad \mu(g(x_{97})) = 0.91; \quad f(x_{98}) = -1, \quad \mu(g(x_{98})) = 1;$$
$$f(x_{99}) = -1, \quad \mu(g(x_{99})) = 1; \quad f(x_{100}) = -1, \quad \mu(g(x_{100})) = 1.$$

6. 测试结果评价

经典支持向量分类机测试结果评价是根据测试正确率进行的, 而计算测试正确率是按以下方法进行：对于每一个测试点, 若测试结果 (+1 或 −1) 与原结果 (+1 或 −1) 相同, 则认为对于此测试点测试正确; 若测试结果与原结果相异, 则认为对于此测试点测试错误. 测试正确测试点数与测试点总数相比为正确率.

然而对于模糊支持向量分类机测试结果评价相对要复杂. 因为对于每一个测试点, 需要进行测试结果 (隶属度) 与原结果 (隶属度) 的比较.

首先, 将测试结果 [隶属度 $\mu(g(x_j))(j = 71, \cdots 100)$] 根据

$$\mu(g(x_t)) = \hat{\delta}(t = 71, \cdots, 90)$$
$$\mu(g(x_i)) = -\hat{\delta}(i = 91, \cdots, 100)$$

转换为 $\hat{\delta}$, 写出

$$0.67, 0.62, 0.93, 0.95, 0.79, 1.00, 1.00, 0.82, 0.69, 0.67, 0.94,$$
$$0.87, 0.85, 0.60, 0.57, 0.57, 0.84, 0.97, 0.72, 0.75; -0.83,$$
$$-0.67, -1.00, -1.00, -0.87, -1.00, -0.91, -1.00, -1.00, -1.00.$$

然后将表 12.1 中 41~60 号和 91~100 号中原结果 (隶属度 δ^+, δ^-) 根据 $\delta^+ = \delta, \delta^- = -\delta$ 写出

$$0.70, 0.57, 0.93, 1.00, 0.62, 1.00, 1.00, 0.93, 0.75, 0.62, 0.95,$$
$$0.90, 0.91, 0.56, 0.53, 0.53, 0.86, 0.97, 0.70, 0.72; -0.79,$$
$$-0.69, -0.95, -1.00, -0.87, -1.00, -0.83, -1.00, -1.00, -0.71.$$

将两组数据进行比较, 计算每一个测试点的测试误差为 $|\hat{\delta} - \delta|$.

下面采取两种方法进行评价.

(1) 取定一个实数 $\varepsilon(0 \leqslant \varepsilon \leqslant 1)$.

对于每一个测试点, 若误差 $|\hat{\delta} - \delta| \leqslant \varepsilon$, 则认为对于此测试点测试正确; 若误差 $|\hat{\delta} - \delta| > \varepsilon$, 则认为对于此测试点测试错误. 测试正确的测试点数与测试点总数相比为测试正确率.

在此取 $\varepsilon = 0.1$, 对 30 个测试点测试中的测试结果进行评价. 显然, 第 5, 8, 30 组数据满足 $|\hat{\delta} - \delta| > \varepsilon$, 因此它们所对应的测试点测试错误; 而其他 27 组数据满足 $|\hat{\delta} - \delta| \leqslant \varepsilon$, 因此它们所对应的测试点测试正确. 所以测试正确率为 90%.

注：①一般在模糊支持向量分类机测试结果评价中, 取 $0 \leqslant \varepsilon \leqslant 1$, ε 越小, 要求测试越精确; ε 越大, 要求测试越粗糙. ②经典支持向量分类机测试结果评价如用此方法, 相当于 $\varepsilon = 1$.

(2) 将每一个测试点测试误差 $|\hat{\delta} - \delta|$ 相加, 得到一个总误差 (实数). 而 "总误差/测试点" 个数为平均误差. 显然, 平均误差越大, 测试越粗糙; 平均误差越小, 测试越精确. 我们希望平均误差尽可能小. 通过统计计算对 30 个测试点测试的总误差为 1.29, 平均误差为 0.04.

由以上测试正确率和测试平均误差的结果可以看出, 测试效果良好.

12.2　亚健康诊断

"亚健康"(sub-health) 是目前医疗界广泛关注的一个新的医学概念, 它主要是指在工作、生活、环境等多种因素的作用下, 机体虽然没有明确的疾病, 却呈现出活力下降、机体各系统的生理功能和代谢过程低下, 是介于健康和疾病之间的一种生理功能低下的状态, 在很大程度上是慢性病的 "潜伏期", 目前国际上尚无统一名称. 亚健康是针对健康和疾病而言的. 1978 年, 世界卫生组织 (WHO) 给健康所下的正式定义是: "健康是指生理、心理和社会适应三方面全部良好的一种状况, 而不仅仅是指没有生病或者体质健壮". 根据这一定义, WHO 一项全球性调查结果表明, 全世界真正健康的人 (第一状态) 仅占 5%, 经医生检查、诊断有病的人 (第二状态) 占 20%, 75%的人处于健康和患病之间的过渡状态, WHO 称其为 "第三状态"(the third status), 国内常常称之为 "亚健康状态". "亚健康状态" 是在不断变化发展的, 如处理得当, 则身体可向健康转化; 反之, 则患病. 因此, 医学界不得不把 "亚健康状态" 作为危害人类健康的重要课题, 对亚健康状态的研究, 自然是生命科学研究的最重要组成部分.

我们选用健康人和处于中度以上亚健康状态的人作为研究对象, 以被试者脉搏信号和亚健康自测表测得脉象样本的原始分类作为实验数据. 选取 45 个样本, 健康组 21 例, 亚健康组 24 例, 经过对采集到的脉搏信号用 Welch 法进行功率谱估计, 对 0~30Hz 频段的 PSG 进行分析, 以功率谱重心、重心频率功率、谱峰值和峰值频率作为特征量. 自测表是从亚健康研究网上获取的, 虽然该表从躯体、心理和社会功能三个方面对人体的健康状况进行了综合测试, 具有很好的可靠性, 但是却含有决策者的主观因素, 即该样本集是含有未确知信息的. 如果忽略这些未确知信息, 而把它们视为确知信息处理的话, 那么可能会造成很大的误差, 甚至错误, 因此用未确知支持向量机对其进行诊断. 对上述数据, 未确知训练集为

$$S = \{(x_1, -1), (x_2, -1), \cdots, (x_7, A_7), (x_8, A_8), \cdots, (x_{30}, 1)\}$$

其中

$$x_1 = (1.2772\text{e}+005, 1.1283, 52.725, 0.750)$$
$$x_2 = (1.1721\text{e}+005, 1.1604, 52.489, 0.750)$$
$$\vdots$$
$$x_7 = (1.0719\text{e}+005, 1.1363, 52.595, 0.625)$$
$$x_8 = (1.7170\text{e}+004, 1.1283, 52.725, 0.750)$$
$$\vdots$$
$$x_{30} = (2.2904\text{e}+004, 1.4604, 47.408, 0.875)$$

A_7, A_8 是具有以下形式的未确知数, 即 $A_7 = [[-1,1], f_7(y)], A_8 = [[-1,1], f_8(y)]$.

$$f_7(y) = \begin{cases} 0.2, & y=-1 \\ 0.7, & y=1 \\ 0, & \text{其他} \end{cases}, \quad f_8(y) = \begin{cases} 0.1, & y=1 \\ 0.7, & y=-1 \\ 0, & \text{其他} \end{cases}$$

取置信水平 $\lambda = 0.7$, 样本点 $x_1, x_2, \cdots, x_6, x_9, \cdots, x_{30}$ 的类标签是确定的, 所以这里可以取 $A_1 = -1, A_2 = -1, \cdots, A_6 = -1, A_9 = 1, \cdots, A_{30} = 1$. 在未确知支持向量机中采用 RBF 核函数, 参数 σ =2, 得到诊断结果 (同时采用标准支持向量机诊断进行比较), 诊断结果如表 12.2 所示.

表 12.2 亚健康诊断结果表

	SVM 参数设置		诊断正确率/%
	σ	惩罚参数 C	
未确知支持向量机	2		93.33
标准支持向量机	1.2	25	76.67

测试集的实际分类和预测分类如图 12.1 所示.

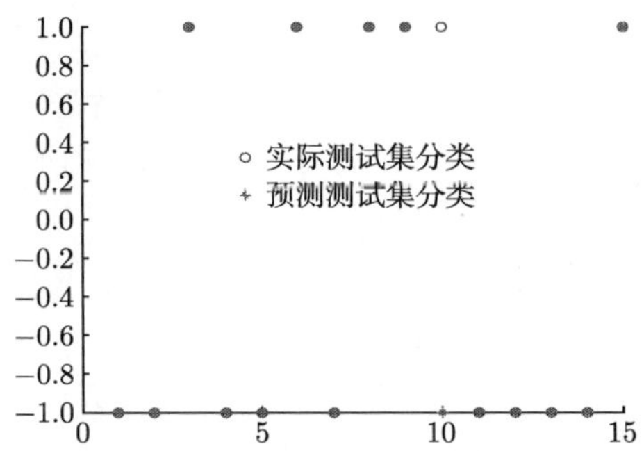

图 12.1 未确知支持向量机测试集的实际分类和预测分类

对比诊断结果可以发现, 未确知支持向量机算法在人体亚健康状态诊断中取得了较好的效果.

12.3 城市空气质量评价

环境保护是我国的一项基本国策, 是功在当代、利在千秋的重要事业, 是关系到国计民生和可持续发展的重大课题. 空气污染是干扰环境保护的重要因素, 是影响广大人民群众身体健康的严重问题. 因此, 做好城市空气质量检测和评价是一项非常重要的工作.

国家环境保护总局对全国 113 个大、中城市 (地级以上) 作了 2003 年空气综合污染指数排名报告. 在报告中可以看出 113 个城市中任一城市空气质量状况及在其中的排名位置. 空气综合污染指数是国家环境保护专家根据影响空气质量的 10 项 (具体见后面) 污染指标数据, 经过复杂的计算, 加之环境保护专家的经验和知识得出的简单无量纲数据, 它可以直观、简明、定量地描述和比较空气污染的程度. 然而, 全国地级以上城市有 667 个, 对于以上 113 个大、中城市以外的 554 个中、小城市的空气质量评价也是一项相当重要的工作. 我们将模糊支持向量分类机应用于中、小城市空气质量评价, 得出基于模糊支持向量分类机的城市空气质量评价方法.

1. 确定评价指标

根据空气质量评价知识和我国城市空气污染的具体情况, 得到影响我国城市空气质量的 10 项污染指标：总悬浮颗粒物、可吸入颗粒物、二氧化硫、二氧化氮、氮氧化合物、一氧化碳、臭氧、铅、苯并芘、氟化物. 通过特征选择, 确定 3 项影响最大且相互独立的指标：①总悬浮颗粒物; ②二氧化硫;③二氧化氮.

2. 选择训练数据

我们在国家环境保护总局 2003 年综合污染指数排名的 113 个大、中城市中选出 40 个城市的数据 (见表 12.3 中 1~5 号和 8~42 号数据) 作为训练样本.

3. 确定模糊训练集

根据以上讨论, 得到模糊训练集为

$$S = \{(\boldsymbol{x}_1, \tilde{y}_1), \cdots, (\boldsymbol{x}_5, \tilde{y}_5), (\boldsymbol{x}_6, \tilde{y}_6), \cdots, (\boldsymbol{x}_{40}, \tilde{y}_{40})\}$$

其中

$$\boldsymbol{x}_1 = (0.269, 0.234, 0.068)^{\mathrm{T}}, \cdots, \boldsymbol{x}_5 = (0.141, 0.050, 0.072)^{\mathrm{T}}$$

$$\boldsymbol{x}_6 = (0.133, 0.073, 0.051)^{\mathrm{T}}, \cdots, \boldsymbol{x}_{40} = (0.135, 0.067, 0.035)^{\mathrm{T}}$$

$$\tilde{y}_1 = 1 = (1, 1, 1), \cdots, y_5 = (-1.940, 0.008, 1.976)$$

$$\tilde{y}_6 = (-1.649, -0.140, 1.368), \cdots, \tilde{y}_{40} = (-1.431, -0.262, 0.900)$$

表 12.3 城市空气污染指标数据集

序号	城市	总悬浮颗粒物 /(mg/m^3)	二氧化硫 /(mg/m^3)	二氧化氮 /(mg/m^3)	空气综合污染指数	隶属度 δ^+
1	临汾	0.269	0.234	0.068	7.460	1.000
2	石家庄	0.175	0.152	0.044	4.830	0.647
3	重庆	0.147	0.115	0.046	3.960	0.531
4	兰州	0.174	0.086	0.050	3.800	0.509
5	太原	0.172	0.099	0.030	3.760	0.504
6	邢台	0.120	0.030	0.049	4.580	0.614
7	张家口	0.137	0.072	0.051	5.060	0.678
8	天津	0.133	0.073	0.051	3.210	0.570
9	济南	0.148	0.064	0.046	3.130	0.580
10	广州	0.099	0.059	0.078	2.870	0.615
11	杭州	0.119	0.048	0.056	2.710	0.635
12	成都	0.118	0.052	0.046	2.620	0.649
13	上海	0.097	0.048	0.057	2.400	0.680
14	苏州	0.119	0.031	0.042	2.200	0.705
15	青岛	0.096	0.075	0.023	2.170	0.709
16	昆明	0.085	0.045	0.033	2.020	0.729
17	烟台	0.074	0.048	0.031	1.970	0.736
18	深圳	0.070	0.020	0.057	1.750	0.765
19	合肥	0.100	0.012	0.025	1.520	0.796
20	长春	0.098	0.012	0.088	1.460	0.804
21	珠海	0.049	0.024	0.036	1.340	0.820
22	海口	0.030	0.009	0.015	0.610	0.918
23	秦皇岛	0.088	0.040	0.025	1.660.	0.777
24	呼和浩特	0.150	0.038	0.046	3.200	0.571
25	沈阳	0.135	0.051	0.046	2.670	0.642
26	哈尔滨	0.121	0.042	0.059	2.740	0.633
27	南通	0.100	0.041	0.030	2.040	0.727
28	连云港	0.096	0.041	0.046	1.850	0.752
29	宁波	0.078	0.011	0.058	2.190	0.706
30	温州	0.078	0.060	0.062	2.450	0.672
31	福州	0.060	0.038	0.034	1.350	0.819
32	厦门	0.058	0.025	0.064	1.550	0.792
33	南昌	0.100	0.051	0.014	2.280	0.694
34	郑州	0.107	0.050	0.033	2.320	0.689

续表

序号	城市	总悬浮颗粒物 /(mg/m^3)	二氧化硫 /(mg/m^3)	二氧化氮 /(mg/m^3)	空气综合污染指数	隶属度 δ^-
35	长沙	0.135	0.081	0.039	3.180	0.574
36	湛江	0.058	0.017	0.014	1.040	0.861
37	南宁	0.072	0.046	0.032	1.900	0.745
38	桂林	0.044	0.005	0.027	1.260	0.831
39	北海	0.049	0.005	0.012	0.730	0.902
40	贵阳	0.104	0.069	0.010	2.760	0.630
41	拉萨	0.137	0.002	0.025	1.910	0.744
42	西安	0.135	0.067	0.035	2.750	0.631
43	西宁	0.139	0.091	0.031	3.330	0.554
44	银川	0.132	0.063	0.033	3.290	0.559
45	乌鲁木齐	0.127	0.097	0.055	3.560	0.523
46	汕头	0.049	0.091	0.042	1.520	0.796
47	南京	0.149	0.125	0.043	2.310	0.690
48	大连	0.176	0.150	0.042	1.830	0.755
49	武汉	0.135	0.071	0.050	2.800	0.625
50	沧州	0.061	0.030	0.049	2.750	0.631

注：δ^+ 表示属于"正类"(空气污染) 的隶属度, δ^- 表示属于"负类"(空气无污染) 的隶属度.

4. 训练模糊训练点, 构造最优分类函数及最优分类函数隶属函数

下面以 S 为模糊训练集, 根据第 3 章中的模糊非线性模糊支持向量机, 对模糊训练点进行训练 (取线性核 $K(x,x')=x\cdot x'$, 惩罚参数 $C=10$, 置信水平 $\lambda=0.9$, 步骤从略), 得出最优分类函数为

$$f(x)=\text{sgn}(g(x))=\text{sgn}(42.046[x]_1+40.04[x]_2+6.482[x]_3-10.084)$$

下面建立最优分类函数隶属函数.

根据模糊正类点的输入 $x_t(t=1,\cdots,5)$, 函数 $g(x)$, 模糊训练点属于正类的隶属度, 得到模糊训练集为

$$S_1=\{(11.037,1),\cdots,(0.687,0.504)\}$$

选择 $\varepsilon=0.1, C=10$, 并且选择线性核, 构造支持向量回归机, 得到回归函数 $\varphi^+(u)=0.031u+0.570$.

同理, 根据模糊负类点的输入 $x_i(i=6,\cdots,40)$, 函数 $g(x)$, 模糊训练点属于负类的隶属度, 得到模糊训练集为

$$S_2=\{(-1.238,0.57),\cdots,(-1.498,0.631)\}$$

选择 $\varepsilon = 0.1, C = 10$, 并且选择线性核, 构造支持向量回归机, 得到回归函数 $\varphi^-(u) = -0.026u + 0.610$.

因此, 最优分类函数的隶属函数为

$$\mu(g(x)) = \begin{cases} 0.031g(x) + 0.570, & 0 < g(x) \leqslant 13.870 \\ -0.026g(x) + 0.610, & -15.000 \leqslant g(x) < 0 \\ 1, \quad g(x) > 13.870 \text{ 或 } g(x) < -15.000 \end{cases}$$

5. 测试

在未被国家环境保护总局列入空气综合污染指数排名的 554 个中、小城市中选出河北省的 3 个城市 (邢台、张家口、沧州, 即表 12.3 中 6、7、50 号) 进行测试. 同时为了检验方法的正确性, 在 113 个大、中城市中 (20 个作为训练样本的城市除外) 选出 7 个城市 (西宁、银川、乌鲁木齐、汕头、南京、大连、武汉, 即表 12.3 中 43~49 号) 进行测试, 测试结果与原数据结果相比较. 将表 12.3 中 6、7、50、43~49 号前 3 项数据 $x_{41}, \cdots, x_{50}$ 代入最优分类函数和最优分类函数隶属函数得

$$\begin{aligned} &f(x_{41}) = 1, \quad \mu(g(x_{41})) = 0.614; \quad f(x_{42}) = 1, \quad \mu(g(x_{42})) = 0.678; \\ &f(x_{43}) = -1, \quad \mu(g(x_{43})) = 0.632; \quad f(x_{44}) = -1, \quad \mu(g(x_{44})) = 0.552; \\ &f(x_{45}) = -1, \quad \mu(g(x_{45})) = 0.560; \quad f(x_{46}) = -1, \quad \mu(g(x_{46})) = 0.521; \\ &f(x_{47}) = -1, \quad \mu(g(x_{47})) = 0.798; \quad f(x_{48}) = -1, \quad \mu(g(x_{48})) = 0.691; \\ &f(x_{49}) = -1, \quad \mu(g(x_{49})) = 0.756; \quad f(x_{50}) = -1, \quad \mu(g(x_{50})) = 0.624. \end{aligned}$$

6. 测试结果评价

将以上 10 个测试点的输出结果 (属于正类或负类的隶属度) 转换为空气综合污染指数进行评价.

(1) 将算出的邢台、张家口、沧州的空气综合污染指数结果 (4.580, 5.058, 2.745) 请河北省环境保护局的环境保护专家评价得出：此数据符合这 3 个城市 2003 年空气污染情况, 客观地反映了这 3 个城市空气质量的实际情况. 而且将算出的空气综合污染指数结果与邢台、张家口、沧州的原空气综合污染指数 (专家得出结果为 4.580, 5.060, 2.750) 相比较, 每一个结果误差都小于 0.01.

(2) 将算出的西宁、银川、乌鲁木齐、汕头、南京、大连、武汉空气综合污染指数结果 (3.34, 3.286, 3.57, 1.51, 2.305, 1.82, 2.804) 与国家环境保护总局 2003 年空气综合污染指数 (专家得出结果 3.33, 3.29, 3.56, 1.52, 2.31, 1.83, 2.80) 比较, 每一个结果误差都小于 0.01.

由以上分析看出, 基于模糊支持向量分类机 (算法) 的城市空气质量评价方法具有所需训练样本少、计算简便、误差较小、符合客观实际等特点, 是一种科学的

空气质量方法.

12.4 粮食预警

12.4.1 中国粮食产量预警

顾海兵等利用 2010 年年末我国役畜拥有量增长率 (XG004(-1))、2009 年我国高校中专农林科毕业生人数增长率 (XG110(-3))、2010 年 4 季度我国化肥销量增长率 (XG1140(-1)) 和 2010 年我国农民与非农业居民消费水平指数之差 (XG24(-1))4 项指标对我国粮食总产量进行了预警.

本小节仍然采用上述 4 个指标. 将警度分为有警和无警两类, 其中有警记为 -1, 无警记为 $+1$. 就粮食产量的波动情况, 采用 1979~1990 年 12 年的数据作为输入样本.

根据专家投票结果, 训练样本的前 11 年的警度各个专家意见一致; 但 1990 年存在分歧, 且有专家弃权, 结果如表 12.4 所示.

表 12.4 中国粮食产量增长率预警数据表

年份	XG004(−1)	XG110(−3)	XG1140(−1)	XG24 (−1)	z_i^+	z_i^-
1979	0.883712	78.24977	14.63755	−1.199997	1	0
1980	0.119451	−6.906281	9.377115	2.700005	1	0
1981	1.173195	1.625012	−5.114271	2.59999	0	1
1982	7.527516	−44.94482	6.991279	8	1	0
1983	6.616706	56.58805	27.68314	6.600006	1	0
1984	5.006001	96.48731	9.768416	4.900002	1	0
1985	4.533775	4.325803	−0.104191	1.900002	0	1
1986	3.795096	−36.94145	−1.399268	2.099999	0	1
1987	3.897081	3.78917	9.933888	−3.699997	1	0
1988	3.01231	3.009204	6.775177	−0.800003	0	1
1989	1.35	27.1	15.3	−2.4	0	1
1990	2.95	12.2	9.1	0.7	0.5	0.1

资料来源:《中国统计年鉴》(1980~1992).

根据表 12.4 中的数据, 用不确定支持向量分类方法可以得到

$$\alpha^* = ((\alpha_1^+)^*, \cdots, (\alpha_{11}^-)^*, (\alpha_{12}^+)^*, (\alpha_{12}^-)^*)$$

以及决策函数 $f(x) = \mathrm{sgn}[0.0074x^2 + 0.0305x^3 + 0.0041x^4]$.

为了进行比较, 令 $\widehat{z}_{12}^+ = 1, \widehat{z_{12}^-} = 0$, 相应地, 可以得到 $\widehat{\alpha}^*$ 和决策函数

$$\widehat{f}(x) = \mathrm{sgn}[0.0022x^1 + 0.0065x^2 + 0.0339x^3 + 0.0061x^4 + 0.0010]$$

又令 $\widetilde{z}_{12}^{+}=0.05, \widetilde{z}_{12}^{-}=0.01$, 可以得到 $\widetilde{\alpha}^{*}$ 和决策函数

$$\widetilde{f}(x)=\operatorname{sgn}[0.0077x^2+0.0274x^3+0.00367x^4+0.001]$$

计算比值

$$r=[(\alpha_{12}^{+})^{*}+(\alpha_{12}^{-})^{*}]/\sum_{i=1}^{l}[(\alpha_{i}^{+})^{*}+(\alpha_{i}^{-})^{*}]=0.06099$$

$$\widehat{r}=[(\widehat{\alpha}_{12}^{+})^{*}+(\widehat{\alpha}_{12}^{-})^{*}]/\sum_{i=1}^{l}[(\widehat{\alpha}_{i}^{+})^{*}+(\widehat{\alpha}_{i}^{-})^{*}]=0.00643$$

$$\widetilde{r}=[(\widetilde{\alpha}_{12}^{+})^{*}+(\widetilde{\alpha}_{12}^{-})^{*}]/\sum_{i=1}^{l}[(\widetilde{\alpha}_{i}^{+})^{*}+(\widetilde{\alpha}_{i}^{-})^{*}]=0.106625$$

显然有 $\widetilde{r}>r>\widehat{r}\approx\dfrac{1}{10}r$. 也就是说, 数据点 1990 年在上述三种情况下的作用是不同的. 可以看出, 不确定支持向量分类方法体现了专家意见对于预警分类函数的作用.

12.4.2 中国粮食安全预警

20 世纪 80 年代以来, 我国粮食生产多次出现大起大落的局面. 粮食安全预警系统的主要目标就是及时、准确地判断和预测我国粮食供需平衡状况, 及时向政府决策部门预报, 以便于政府采取相应的政策措施, 保证我国粮食基本供需平衡.

1996 年, 联合国粮农组织在罗马召开的世界粮食安全首脑会议通过的《罗马宣言》对粮食安全做出表述: “只有当所有人在任何时候都能够在物质上和经济上获得足够、安全和富有营养的粮食, 来满足其积极和健康生活的膳食需要及食物喜好时, 才实现了粮食安全. ”

因此可以认为, 粮食安全的警情就是粮食的供不应求.

粮食安全的先导警兆指标采用国家财政支农资金增长指数、国家财政农业基本建设投资增长指数、科技 3 项费用指数、农机总动力指数、有效灌溉面积指数、排灌机械动力指数、粮食价格指数等 7 个指标.

作者咨询有关粮食专家共 7 人, 就 1980~2000 年的粮食安全历史警度进行投票, 具体结果如表 12.5 所示.

可以看出, 专家对于 20 世纪 80 年代以来的中国粮食安全状况的认识基本上是一致的, 也基本符合我国的实际情况, 几次大的粮食短缺均体现了存在粮食安全问题.

根据表 12.5 所示的数据, 运行结果显示决策函数为

$$f(x)=\operatorname{sgn}[0.0056x^3+0.00012x^4+0.00048x^5+0.635]$$

表 12.5 警兆指标及历史警度专家投票结果

年份	x_1	x_2	x_3	x_4	x_5	x_6	x_7	$N_{有}$	$N_{无}$	y
1980	−14	−22.144	−13.82	10.215	−0.255	3.837	−17.32	2	4	1
1981	−26.5	−50.298	−9.924	6.3361	892.92	1.379	1.6682	1	5	1
1982	9.328	19.2961	−4.237	5.9566	−99.01	2.303	−5.378	0	7	1
1983	10.27	18.8823	60.177	8.4748	1.0571	0.053	6.262	0	7	1
1984	6.337	−1.8102	20.442	8.1844	−0.428	−0.04	1.5413	1	6	1
1985	8.727	12.1915	−10.55	7.2601	890.62	−8.98	−9.107	0	6	1
1986	19.91	16.2735	38.462	9.743	−89.96	4.759	7.9568	5	2	−1
1987	6.254	6.70162	−15.56	8.2179	0.4002	4.758	−1.729	5	1	−1
1988	9.376	−15.253	4.8246	7.0019	−0.061	6.388	6.1111	7	0	−1
1989	24.23	27.6531	3.7657	5.6143	1.2191	6.971	10.733	0	5	1
1990	15.76	31.7338	25.403	2.2828	955.35	4.412	−26.56	0	6	1
1991	12.91	13.1614	−5.788	2.3718	0.8839	2.945	0.6438	6	1	−1
1992	8.185	12.5977	2.3891	3.1298	1.606	−0.16	12.26	1	3	−1
1993	17.13	11.7647	0	4.9762	0.2836	4.983	10.826	7	0	−1
1994	21.01	12.6316	0	6.2417	0.064	3.263	25.621	5	1	−1
1995	7.871	2.80374	0	6.8504	1.0708	2.895	−12.01	0	7	1
1996	21.83	28.6455	64.667	6.7246	2.2325	3.8	−17.98	0	7	1
1997	9.417	12.9107	10.931	8.9986	1.7012	7.717	−14.74	7	0	−1
1998	50.68	188.334	66.788	7.5974	2.0631	4.813	7.2062	2	5	1
1999	−5.98	−22.509	−0.109	8.38	1.6499	9.682	−9.928	3	3	1
2000	13.43	16.0952	7.1194	7.3016	1.2451	136.4	−0.804	5	2	−1

资料来源:《中国统计年鉴》(1989~2001).

如果利用标准 SVC 预警方法, 所得到的决策函数是

$$f(x) = \text{sgn}[0.0019x^3 + 0.00013x^4 + 0.00016x^5 + 0.881]$$

SVC 与 ESVC 计算结果的 α_i 比较如表 12.6 所示.

从表 12.5 和表 12.6 中可以看出, USVC 预警方法体现了样本点在决策函数中的作用, 实现了专家意见的综合. 比如, 1999 年 7 个专家意见分歧较大, 认为有警和无警的比例各占 50%, 一人弃权, 在决策函数中的作用就比标准的 SVC 方法要小 (0.05<0.06).

如果按照少数服从多数的原则来确定历史警度, s_i 为多数专家与所有专家的比例, y_i 取多数专家认可的类别, 不考虑弃权和少数专家的意见, USVC 就退化为 FSVM 方法. 但是, 当对某样本点两类意见均衡时就不能很好地确定类标签 y_i 和 s_i.

另一个变通办法是, 令 s_i 为两类意见人数之差除以专家总数, 类标签 y_i 取多数专家认可的类别, 那么当对某样本点两类意见均衡时, 该样本就不起作用. 但数据试验表明, 由于惩罚系数 C 的作用, 该类样本实际上对决策函数是有作用的, 如

本例中的 1999 年. 也就是说, FSVM 方法存在不完善之处.

表 12.6 SVC 与 USVC 的 α_i 数值比较

年份	1980	1981	1982	1983	1984	1985	1986	1987	1988	1989	1990
SVC	0.7	0	0.7	0.69	0.7	0.78	0.7	0.7	0.7	0.7	0
比例	0.06	0	0.06	0.06	0.06	0.06	0.06	0.06	0.06	0.06	0
	0.2	0.1	0	0	0.1	0	0.2	0.1	0	0	0
USVC	0.4	0	0.7	0.7	0.6	0.15	0.5	0.5	0.7	0.7	0
	0.6	0.1	0.7	0.7	0.7	0.15	0.7	0.6	0.7	0.7	0
比例	0.05	0.01	0.06	0.06	0.06	0.01	0.06	0.05	0.06	0.06	0
年份	1991	1992	1993	1994	1995	1996	1997	1998	1999	2000	合计
SVC	0.7	0.7	0.7	0.7	0.7	0	0.7	0	0.7	0.7	12
比例	0.06	0.06	0.06	0.06	0.06	0	0.06	0	0.06	0.06	1
	0	0.1	0	0.1	0	0	0	0.2	0.3	0.2	
USVC	0.6	0.3	0.7	0.5	0.7	0.55	0.7	0	0.3	0.5	
	0.6	0.4	0.7	0.6	0.7	0.55	0.7	0.2	0.6	0.7	11.4
比例	0.05	0.04	0.06	0.05	0.06	0.05	0.06	0.02	0.05	0.06	1

12.4.3 粮食产量增长率回归预测

顾海兵等利用 2010 年末我国役畜拥有量增长率、2009 年我国高校中专农林科毕业生人数增长率、2010 年 4 季度我国化肥销量增长率和 2010 年我国农民与非农业居民消费水平指数之差 4 个指标对我国粮食总产量进行了预警. 基本思想是利用普通线性回归预测粮食产量增长率.

就粮食生产预警问题, 直接利用支持向量回归预测方法, 对粮食产量增长率进行了预测比较. 训练样本的平均错误 MAE 和平方错误 MSE 反映了函数的拟合情况. 文献 [1] 方法的 MAE=3.98216804, MSE=5.29823096, 但这并不能说明预测效果的好坏. 利用 ε-SVR 预测算法, 取高斯核, C =10, γ =10, 偏差计算结果 MAE=0.009431573, MSE=9.2224243e−5. 可以看出, ε-SVR 方法可以实现比文献 [GC92] 更好的拟合效果, 但实验表明外推效果是很差的：1989 年和 1990 年的 MAE=3.31517, MSE=11.0171; 而普通线性回归的 MAE=3.6122, MSE=4.46.

下面实验就线性核 ε-SVR 方法, 用 1956~1988 年的数据作为训练集, 对 1989 年和 1990 年的粮食产量增长率进行了预测, 软件运行结果如表 12.7 所示.

12.4.4 粮食产量增长率时间序列分析

粮食产量增长率的预测值 1989 年为 2.422%、1990 年为 3.26%; MAE=3.98216804, MSE=5.29823096, 从表 12.6 可以看出, C=0.1 和 C=0.01 时, ε-SVR 方法绝对优于普通的回归方法.

表 12.7 线性 ε-SVR 预测结果

项目	C=10	C=1	C=0.1*	C=0.01**	C=0.0001
训练集 MAE	3.8507808	3.8523138	3.9564705	4.4	4.765
训练集 MSE	29.586556	29.995059	30.875335	38.84678	43.4
1989(实际 3.4)	2.2113	2.19053	2.60679	3.53702*	3.27109
1990(实际 6.7)	3.29169	3.60685	3.62387	3.68629*	3.27366
测试集 MAE	2.29851	2.35816	2.15854	1.72463	1.77762
测试集 MSE	10.0801	10.189	8.40225	5.04319	5.88669

就粮食生产预警问题, 直接利用支持向量时间序列预测方法, 对粮食产量增长率进行了预测比较. 这里取周期 $k = 4$, 即 AR[4] 模型.

采用自动选择参数的支持向量时间序列预测模型, 对 1956~1988 年粮食产量增长率数据进行了训练学习, 然后对 1989~1998 年的粮食产量增长率进行了外推预测. 结果如表 12.8 所示. 模型自动选择参数：anova 核函数, gamma=10.22, degree=3, C =1.02, 其中测试集的 MAE=2.78, MSE=11.556.

表 12.8 粮食产量增长率时间序列预测结果

年份	1989	1990	1991	1992	1993
实际值	3.418088	6.7	−2.45384	1.692665	3.124308
预测值	3.06461	4.7336	3.48891	3.37649	5.21736
年份	1994	1995	1996	1997	1998
实际值	−2.49448	4.834184	8.125919	−2.05417	3.667556
预测值	0.00884709	1.9384	3.52812	4.17057	3.17881

可以看出, 1989 年和 1990 年的预测结果比以前的要好.

笔者根据 1956~2000 年的粮食产量增长率数据, 采用周期为 4 的自回归模型, 取线性核：C =28.501, 对 2001~2003 年的粮食产量增长率进行了外推预测, 结果如表 12.9 所示.

表 12.9 粮食产量预测结果

年份	粮食产量增长率变化率/%	粮食产量增长率/%	粮食产量/万 t
2001	−0.75165	−2.24107	45214.48
2002	−1.70112	1.571261	45924.92
2003	−1.99091	−1.55698	45209.88

从预测结果可以看出, 2001 年粮食将减产 2.24%, 预计为 45214.48 万 t. 原因是 1997 年以来我国粮食价格连续下降, 农民种粮纯收入大幅度减少, 以致种粮积极性很低; 2001 年继续进行农业种植结构调整, 粮播面积也大幅度减少, 同时本年度的自然灾害也是导致粮食减产的重要因素.

干旱、虫害, 导致 2002 年夏粮减产已成必然; 秋粮中由于玉米 2001 年增产, 但价格不振, 而且 2002 年面临较大的出口受阻的压力, 估计 2002 年也不会大幅度增产; 国内粮食需求增长, 因而粮播面积减少幅度将会明显小于前两年. 综合起来看, 2002 年中国粮食产量将与 2001 年持平或略增.

因种植结构调整、西部大开发及入世的冲击, 粮食播种面积将继续减少, 全国特别是西部退耕还林、还牧、还草、还湿地的步伐加快, 还将较大幅度地减少农作物的播种面积. 因此, 2003 年我国粮食将有一定幅度的减产.

就 2000 年 9 月 11 日 ~2002 年 6 月 30 日的全国主要粮油批发市场平均价格旬报, 笔者利用支持向量时间序列预测模型 (AR[3]) 对 2002 年 7 月的三等白小麦价格进行了尝试性预测. 模型显示, 最优的核函数为线性核, C=85.11, 采用 5-fold cross-validation, 测试集 MAE=1.4910842, MSE=3.3576507. 预测结果表明 7 月份白小麦价格有下降趋势, 上、中、下旬的价格变化率分别为 -0.534752%, -0.0960867%, -0.196125%. 陈粮压力、国内供给仍十分充足、近期进口大幅增加的明显趋势等是白小麦价格略有下降的主导因素.

因而, 对粮食产量和白小麦价格的预测基本上是符合经济规律的.

12.4.5 粮食安全综合评价

联合国粮农组织 (FAO)、世界银行及国内外经济理论界提出了衡量粮食安全水平的指标体系, 主要包括粮食自给率、粮食产量波动系数 (粮食产量增产值占平均值的百分数)、粮食库存水平、人均粮食占有量 4 项指标 (表 12.10).

首先对中国、美国、澳大利亚、日本和印度进行了粮食安全评价数据试验.

由于评价上述指标的量纲是不同的, 文献 [71] 采用隶属函数将各指标转化为模糊集合的特征函数. 这里采用文献 [71] 的数据.

评价过程如下:

第一步 初始化输入样本

$$\boldsymbol{X}=\begin{pmatrix} 0.9 & 0.88 & 0.7 & 0.44 \\ 0.6 & 1 & 0.7 & 1 \\ 0.5 & 1 & 1 & 0.89 \\ 0.8 & 0.11 & 1 & 0.22 \\ 0.8 & 1 & 0.4 & 0.33 \end{pmatrix}$$

本实验选取多项式核函数, 即 $K(x,y)=[c(x\cdot y)+m]^d$.

取 $c=0.4, m=0, d=30$, 计算矩阵

$$K = \begin{pmatrix} 0.01187 & 0.03324 & 0.07939 & 6.12e-7 & 4.44e-4 \\ 0.03325 & 8.93862 & 13.3908 & 8.94e-8 & 0.00111 \\ 0.07939 & 13.3908 & 59.2653 & 3.07e-6 & 0.00117 \\ 6.12e-7 & 8.94e-8 & 3.07e-6 & 2.80e-6 & 1.9e-10 \\ 4.45e-4 & 0.00111 & 0.00117 & 1.9e-10 & 8.01e-5 \end{pmatrix}$$

第二步　求计算矩阵

$$\tilde{K} = \begin{pmatrix} 0.44721 & 0.02526 & -0.28127 & 0.23016 & -0.81687 \\ 0.44721 & 3.47e-5 & -0.02529 & -0.89407 & 0.00164 \\ 0.44721 & -2.80e-5 & 0.87200 & 0.19903 & 6.62e-4 \\ 0.44721 & 0.69413 & -0.28273 & 0.23251 & 0.42917 \\ 0.44721 & -0.71940 & -0.28271 & 0.23237 & 0.38541 \end{pmatrix}$$

表 12.10　粮食安全评价因子及评价系数

国家	波动系数	自给率	储备率	人均占有	评价系数
澳大利亚	0.5	1	1	0.89	256.591
美国	0.6	1	0.7	1	57.205
中国	0.9	0.88	0.7	0.44	0.325
印度	0.8	1	0.4	0.33	0.004
日本	0.8	0.11	1	0.22	0

第三步　求 $\tilde{K}$ 的特征值和特征向量, 结果显示, 最大特征值贡献率为 0.904, 说明 KPCA 具有较好的特征抽取效果.

第四步　评价结果如表 12.11 所示.

就粮食自给率、粮食产量波动系数 (粮食产量增产值占平均值的百分数)、粮食库存水平、人均粮食占有量 4 个指标, 利用 KPCA 方法, 对我国各省市及分品种的粮食安全状况进行了评价排序, 运行结果如表 12.11 和表 12.12 所示.

表 12.11　各省市粮食安全状况评价因子和评价结果

地区	波动系数	粮食自给率	库存水平	人均粮食产量	评价系数
黑龙江	0.08316637	1.06402981	−0.0826	0.481748714	0.1
吉林	0.20006105	1.20951577	−0.1645	0.420141401	0.097
内蒙古	0.04930617	1.27446286	−0.202	0.327222434	0.091
甘肃	0.06583976	1	−0.0487	0.306723019	0.087
山东	0.02728197	1.71084384	−0.1609	0.174654809	0.084
宁夏	0.08297058	1.00004749	−0.1183	0.22896808	0.082
河南	0.0138364	0.99653033	0.00509	0.198477273	0.079
湖南	−0.0132351	1.0038806	−0.065	0.173494258	0.078
新疆	0.00506146	1.00330597	0.06556	0.1676422	0.077

续表

地区	波动系数	粮食自给率	库存水平	人均粮食产量	评价系数
江苏	0.03088049	0.96628845	−0.2875	0.168427258	0.077
安徽	0.04415949	1.0196503	−0.0776	0.128133498	0.074
四川	−0.0263049	0.99680598	−0.0242	0.117221527	0.073
江西	0.02136752	1.04748507	−0.0328	0.08587351	0.072
河北	0.01752055	0.99980846	−0.1321	0.076780105	0.071
湖北	0.0230456	1.00797817	−0.0982	0.048894283	0.069
西藏	−0.0058559	0.99999574	−0.0196	0.050686406	0.069
重庆	−0.0236998	1	0.00468	0.017905876	0.066
云南	−0.0113208	1.0005047	−0.1586	−0.018688619	0.064
广西	0.00643332	0.99812318	−0.2665	−0.061619506	0.06
贵州	−0.0278137	0.997148	−0.1063	−0.098660436	0.058
陕西	−0.0367582	1.0000167	−0.1315	−0.169330239	0.052
辽宁	0.22317544	0.97786492	−0.2702	−0.300885282	0.042
浙江	0.00823958	0.97027509	−0.1045	−0.325328824	0.04
山西	−0.0754238	1.00131998	0.00455	−0.343504762	0.039
海南	0.02304609	0.99602594	0.05	−0.367998448	0.037
福建	0.01961702	0.99801704	−0.0164	−0.400039698	0.035
广东	0.00888207	0.93484363	0.05305	−0.594349005	0.02
青海	0.16610238	1	−0.0452	−1.191858297	−0.025
天津	0.17915659	0.73833691	−0.0827	−1.785703002	−0.072
上海	0.02222222	0.85278416	−0.1186	−2.19158371	−0.1
北京	0.04068423	0.73831486	−0.0707	−2.226623971	−0.104

表 12.12 分品种的粮食安全状况评价因子和评价结果

品种	波动系数	自给率/%	库存水平	人均粮食	评价系数
大豆	0.0253082	0.6048071	0.9537865	0.8825278	133.659
小麦	0.0004435	0.9953731	0.1011044	−0.432459	−1.443
玉米	0.0948899	1.0987289	0.208914	0.19195	−1.644
大米	0.0283869	1.027129	−0.310018	0.2404711	−1.823

其中, 在表 12.10 中, 核函数取径向基函数 ($\sigma = 0.01$), 最大特征值的贡献率为 93.3%; 在表 12.11 中, 核函数仍然取径向基函数 ($\sigma = 0.01$), 最大特征值的贡献率为 94.9 %.

12.4.6 粮食预警指标选择

作者就特征选择问题进行了数据试验, 通过有特征选择的 SVM 和标准的 SVM, 用 SVM 特征选择方法与其他特征选择方法的比较, 验证了 SVM 特征选择方法在消除特征冗余方面具有良好的处理能力.

下面采用国家财政支农资金增长指数、国家财政农业基本建设投资增长指数、科技 3 项费用指数、农机总动力指数、有效灌溉面积指数、排灌机械动力指数、粮食价格指数等 7 个指标作为警兆指标, 以 1980~2000 年的数据作为训练样本集, 来进行粮食安全预警指标的筛选试验. 取筛选后的指标数为 $m = 5$, 运行结果如表 12.13 所示.

表 12.13 粮食安全预警指标筛选结果

指标	x_1	x_2	x_3	x_4	x_5	x_6	x_7
loo-estim1	0.88753972	0.88730999	0.8878517	0.8869109	0.8869583	0.88726426	0.8880
loo-estim2	0.8889254	0.88848385	0.8887029	0.886975	0.8885749	0.88789051	—
loo-estim3	—	0.88846841	0.8882688	0.8888707	0.8894965	0.88909844	—
筛选结果	×	√	√	√	×	√	×

注: 参数 C =0.01, RBF 核: σ =1.

从表 12.13 可以看出, 经过筛选后的粮食安全预警指标为国家财政农业基本建设投资增长指数、科技 3 项费用指数、农机总动力指数、排灌机械动力指数.

12.4.7 粮食安全区划

粮食安全问题不仅是个总量平衡问题, 也存在分区域平衡和区域间粮食互动关系问题. 本节所探讨的中国粮食安全区划问题, 就是从粮食安全的角度, 将中国划分为若干空间上连续的区域, 这些区域不仅自身粮食安全状况各异, 而且在保障全国粮食安全中的地位和作用也不相同.

从已有的研究成果看, 有的是从农业综合生产条件出发, 将中国划分为不同的综合农业区划; 有的是从某一农产品的生产条件出发, 划分出诸如小麦、水稻、玉米等单一品种的种植区划; 有的纯粹是从粮食供求平衡状况出发, 划分出空间上并不连续的产区、销区和产销平衡区. 这些研究对于指导粮食生产的空间布局和组织粮食流通具有积极作用. 但这些研究所考虑的因素要么比较单一, 要么采用的区划方法比较简单, 由此所得到的区划结论难以满足国家分区域调控粮食生产、消费、流通的需要. 因此, 拟从服务于市场经济条件下保障国家粮食安全的角度, 研究提出中国的粮食安全区划方案.

从中国粮食供需资料着手, 选择反映粮食安全状况和波动状况的指标, 采用支持向量聚类的分析方法, 主旨是将中国划分出不同水平的粮食安全区域, 为加强国家粮食宏观调控、指导粮食生产和流通服务.

作者根据不确定核聚类模型, 对中国以省份为基元的 2003 ～ 2004 年的粮食安全状况进行了区划研究.

中国粮食安全受国内、国外两个市场和供应、需求两个方面的影响. 因此, 中国粮食安全区划指标体系的建立, 既要考虑国内和国外两个市场, 又要包括供应和需求两个方面. 中国粮食安全区划指标体系包括粮食总供求差率、生产波动指数、全球总供求差率、外贸依存度、需求波动系数等指标, 分别代表目前影响粮食供需的主要因素. 分省的粮食安全主要受国家整体粮食安全的制约和地区因素的影响. 因此, 在设计分省粮食安全指标体系时可以忽略国际粮食供需变化的影响, 重点考虑涉及地区本身的指标. 同时考虑到各地区年际间需求波动与粮食生产波动相比较小, 对区域粮食安全影响也较小, 因此在设计针对地区粮食安全指标时忽略粮食需求波动指数、外贸依存度和全球粮食供需差率, 仅使用粮食总供求差率、口粮供需差率和粮食生产波动指数 3 项指标, 其计算方法与全国相同.

首先, 根据计算公式, 得出中国各地粮食安全区划指标数据表, 见表 12.14.

表 12.14 中国各地粮食安全区划指标 (2003~2004)

地区	口粮供求差率 03	生产波动系数 03	总供求差率 03	口粮供求差率 04	生产波动系数 04	总供求差率 04
北京	−55.41	−70.2791	0.89872824	−62.1	−59.43104057	1.72
天津	−64.02	−21.44335084	0.900226501	−43.7	−21.20770368	1.19
河北	0.54	62.78505194	1.002831292	−10.1	69.02018926	1.06
山西	−7.15	32.17869674	0.774775242	-13.8	42.28810528	1.07
内蒙古	24.42	175.8009137	0.852797464	24.42	208.3094654	1.14
辽宁	−15.52	83.07136643	0.915803291	8.8	99.35136629	1.16
吉林	101.21	226.426128	0.899816018	101.21	360.2787676	1.09
黑龙江	80.26	237.5356792	0.770099378	80.26	311.2026905	1.40
上海	−40.3	−69.52756775	0.877893748	−45.9	−64.31472865	1.42
江苏	4.69	32.4457004	0.860517289	4	62.93385292	1.35
浙江	−43.13	−18.69273812	0.958475788	15	−13.79844385	1.25
安徽	17.5	51.27960635	0.724329819	13.4	102.3580952	1.55
福建	−32.18	3.106913351	1.000672009	0.3	−9.112089906	1.11
江西	−0.52	28.74856009	0.966483999	28.4	46.48626746	1.23
山东	−14.58	64.33764044	1.178972469	−9.5	67.87151125	0.98
河南	7.49	55.79864335	0.829709799	15.1	84.35951039	1.41
湖北	−5.92	40.74903792	0.98040486	15	57.24584292	1.16
湖南	−7.6	48.30547578	1.054279875	23.2	59.18719981	1.11
广东	−51.09	−23.0821019	1.046470545	−15.7	−27.41144405	1.00
广西	−16.39	46.6444103	1.00171049	1.6	40.70354995	0.07
海南	−35.99	6.765157251	1.126272371	−41.1	11.83642349	0.86
重庆	−0.5	61.31736829	0.949689804	−18	71.54512319	1.05
四川	−14.13	56.85700492	0.910913945	−21.3	65.58920805	1.06
贵州	−18.07	41.68264012	1.136028216	0.5	49.02186899	0.97
云南	−15.81	72.0337881	1.07714769	0.3	77.70405653	0.99
西藏	22.36	34.45237797	0.982706002	22.36	41.21925171	1.01

续表

地区	口粮供求差率 03	生产波动系数 03	总供求差率 03	口粮供求差率 04	生产波动系数 04	总供求差率 04
陕西	−9.93	35.76773119	0.935235474	−9.5	39.58316976	1.12
甘肃	−11.66	28.92959719	0.970473666	−23.4	21.46651599	1.01
青海	−35.1	−25.94678065	1.074627295	−35.1	−25.80526439	1.07
宁夏	19.86	107.7655418	0.814568525	112	117.7380428	1.20

结合分地区粮食净流出的现实情况, 并根据 5 个具有相同权威系数的粮食专家进行了中国粮食安全区划分析, 作者将中国粮食安全区划定义为以下 5 类区域.

第 I 类区：北部支撑区域. 包括吉林、黑龙江、内蒙古、宁夏、辽宁、新疆、河南和河北等 8 个省份. 主要分布在北方地区. 河南、河北两省能进入第 I 类区, 是基于历史表现和专家意见, 但粮食安全趋势堪忧, 特别是河南作为人口第一大省, 如果未来不切实保护粮食生产能力, 粮食安全问题将对全局产生重大影响.

第 II 类区：中东部支撑区域. 包括安徽、山东、江苏、湖北和湖南等 5 个省份. 需要指出的是, 从计算结果看, 安徽也应该划入第 I 类区, 考虑到区划的空间连续性, 所以将其划入第 II 类.

第 III 类区：西部基本平衡区域. 包括四川、贵州、山西、陕西、青海、甘肃、云南、广西、重庆和西藏等 10 个省份.

第 IV 类区：沿海薄弱区域. 包括浙江、福建、广东、江西、海南和上海等 6 个省份. 主要分布在东南沿海地区.

第 V 类区：京津薄弱区域.

12.5 棉花预警

12.5.1 棉花产量预警 (两类)

顾海兵等学者对我国棉花产量增长率进行了预警设计, 建立了警兆指标体系, 并对每一个指标与警情变量进行了时差相关分析, 筛选了 12 个指标, 构建了预警计量模型. 在此基础上, 对 1989 年和 1990 年进行了外推预警, 结果表明 1998 年应该介于中警和重警之间; 而 1990 年棉花增长率应该是轻警. 与实际相比, 1989 年预警通过检验, 而 1990 年则不能通过检验.

王建成利用附件信息检验方法筛选了 3 个指标：棉花播种面积增长率、纺织工业产值增长率和棉粮收购价比, 用概率模式分类方法对棉花产量增长率进行了预警研究. 训练集是 1953~1988 年的 36 组样本数据, 用所有的样本来设计预警分类器, 同时用所有的样本来检验预警分类器的效果, 从预警结果来看, 36 个样本点中有 2 个与原警度不同, 结论是 “预警判别效果不错”. 但研究表明, 过分追求错分率

目标会导致 "过学习", 从而推广能力降低 (见参考文献 [CS00]).

为了进行对比, 首先利用概率模式方法得到的分类器进行 1989 年和 1990 年的外推预警. 结果表明, 两年均为无警, 而实际 1989 年为有警, 预警外推错误率为 50%.

采用模式识别分类方法文献的 3 项指标和 36 个训练样本对我国棉花生产进行 SVM 方法进行预警尝试. 决策函数为

$$f(x) = \mathrm{sgn}\left[\sum_i \alpha_i y_i K(x_i, x) + b\right]$$

其中, 核函数取 $K(x, y) = x \cdot y$.

运算过程表明, 最优参数 C=0.0031, 迭代 467 步, 样本错分率为 13/36, 支持向量个数 (SV) 为 28. 预警模型文件保存了参数 b 和 α_i 的计算结果.

然后对 1989 年和 1990 年进行外推预警, 结果表明两年均通过预警检验, 外推错误率为 0. 其中, 1989 年的

$$\sum_i \alpha_i y_i K(x_i \cdot x) + b = 0.13842$$

1990 年为 0.6208. SVC 预警的外推效果要比概率模式分类的效果好.

必须指出的是, 样本错分率为 13/36 并不能说明什么. 为此, 调整 C =0.5, 结果表明: 训练样本的错分率是 0. 这意味着可以实现比概率模式分类方法更低的样本错分率.

为了进一步验证 SVM 预警方法的推广能力, 下面的实验把训练集分成两部分. 其中前 26 个作训练样本, 用来设计预警分类器; 后 10 个作测试样本, 求其推广错误. 结果表明, 测试错误率为 1/10, 预警系统推广能力是比较高的. 结果如表 12.15 所示.

表 12.15 预测结果与实际对比

年份	$(w \cdot x) + b$	预测警度	实际警度
1979	1.5985	+1	+1
1980	3.3331	+1	+1
1981	-0.34821	−1	+1*
1982	2.30240	+1	+1
1983	1.3833	+1	+1
1984	1.7426	+1	+1
1985	−3.3549	−1	−1
1986	−1.9963	−1	−1
1987	0.33949	+1	+1
1988	−0.29037	−1	−1

12.5.2 棉花产量预警 (多类)

下面采用上年棉花播种面积增长率、上年纺织工业产值增长率、上年棉粮收购价比, 用有序回归预警方法对棉花产量增长率进行预警试验.

取 1978~1988 年的数据作为训练样本, 其中参数 $C=0.01$, 警度分为 3 类：无警 (0)、有警 (-1) 和强警 (-2). 权威系数分别为 0.4, 0.3, 0.3 的 3 个专家分别对各年的警度进行分析和判别. 结果表明, 各专家对 1978~1986 年和 1988 年的意见是完全一致的, 存在意见分歧的是 1987 年. 专家 1 认为 0.1 的可能性为无警, 0.7 的可能性属于有警; 专家 2 认为 0.5 属于强警, 0.3 的可能性为有警; 专家 3 认为 0.7 的可能性为有警, 0.1 的可能性为无警. 根据 WBM 方法计算, 3 个专家的合成意见为平均警度为 -1.18, 可信度为 0.51, 因此 1987 年的警度为 -1, 隶属度为 0.51, 如表 12.16 所示.

表 12.16 棉花产量增长率预警

年份	棉播面积增长率/%	纺织工业产值增长率/%	棉粮收购价比/%	实际警度	隶属度
1978	0.454108	14.8	8.6484	−1	1
1979	−7.287671	12.1	8.1065	0	1
1980	9.042553	24	8.802	0	1
1981	5.392945	18.1	8.1613	0	1
1982	12.4679	1.3	8.2509	0	1
1983	4.26627	10.3	8.7163	0	1
1984	13.92	13.3	8.6488	−2	1
1985	−25.74868	17.5	7.7319	−2	1
1986	−16.23655	6.1	6.9013	0	1
1987	12.49419	10.6	7.0075	−1	0.51
1988	14.25819	8.37538	7.0983	−2	1

资料来源：历年《中国统计年鉴》.

根据表 12.16 所示的数据, 利用 FOSVR 进行预警, 结果显示决策函数为

$$f_1(x,y,z)=0.017z \quad 和 \quad f_2(x,y,z)=0.017z-1.142$$

其中, 1987 年在预警中作用系数为 0.056.

为了对比, 采用 OSVR 预警算法, 结果的决策函数为

$$f_1(x,y,z)=0.0044y+0.063z$$

$$f_2(x,y,z)=0.0044y+0.063z-1.59$$

1987 年在预警中作用系数为 0.12, 比 FOSVR 的作用要大.

12.5.3 有序回归棉花预警

本小节仍然采用上年棉花播种面积增长率、上年纺织工业产值增长率、上年棉粮收购价比, 用有序回归预警方法对棉花产量增长率进行了实证研究. 这里取 1978~1988 年的数据作为训练样本, 1989 年和 1990 年的数据作为测试样本, 其中参数 $C = 10$.

首先采用固定间隔法, 计算结果表明, 4 个决策函数分别为

$$\begin{aligned}
f_1(x) &= 0.074x^1 + 0.067x^2 + 0.0073x^3 - 0.27 \\
f_2(x) &= 0.074x^1 + 0.067x^2 + 0.0073x^3 - 0.26 \\
f_3(x) &= 0.074x^1 + 0.067x^2 + 0.0073x^3 - 0.018 \\
f_4(x) &= 0.074x^1 + 0.067x^2 + 0.0073x^3
\end{aligned}$$

将 1989 年的数据代入上述 4 个函数, 计算结果分别为 −0.19, −0.16, 0.062, 0.08, 因此属于 −2 类 (中警), 与实际结果基本符合 (重警: −3); 1990 年的计算结果为 1.18, 1.17, 1.43, 1.45, 属于 0 类, 即无警, 与实际相同.

然后, 利用总和间隔法进行预警, 计算结果表明

$$\begin{aligned}
&\boldsymbol{w}^* = (0.56, 0.83, 0.0069)^{\mathrm{T}} \\
&a_1 = 3.60, \quad b_1 = 3.70 \\
&a_2 = 14.8, \quad b_2 = 15.0 \\
&a_3 = 15.1, \quad b_3 = 18.4
\end{aligned}$$

对 1989 年和 1990 年进行尝试预警, 与固定间隔法有相同的预测效果.

12.6 稻瘟病气象预警

稻瘟病是危害水稻最严重的病害之一, 属世界性病害. 我国凡有水稻种植的地区均有不同程度稻瘟病发生. 稻瘟病的减产幅度一般在 20%~30%, 严重的可达 60%以上, 甚至颗粒无收. 因此如何有效地预防稻瘟病是保证水稻生产的关键一环. 然而气象条件是稻瘟病发生的最重要因素, 因此以浙江省宁波市某水稻种植区稻瘟病气象预警为例, 将强模糊支持向量机应用于稻瘟病气象预警, 得出基于模糊支持向量机的稻瘟病气象预警方法.

这里选取每年 6 月中旬至 7 月中旬共 30 天 (稻瘟病发生高峰期) 为监测时段, 以日平均气温 (X_1)、平均空气相对湿度 (X_2)、平均日降水量 (X_3)、平均日照时数 (X_4)4 项指标作为警兆指标. 以 1995~2003 年的数据作为训练样本, 以 2004~2007 年的数据作为测试样本进行预警试验. 我们咨询了水稻专家, 就 1995~2003 年的稻瘟病警度进行分析. 由于历史资料不够全面及历史数据不够准确, 给专家判断分类

(有警、无警) 带来一定影响. 因此, 专家只能给出历史警度的模糊判别, 将其转化为“有警隶属度”, 如表 12.17 所示.

表 12.17 稻瘟病气象预警数据表 (1)

年份	X_1/°C	X_2/%	X_3/mm	X_4/h	隶属度
1995	25.80	82.50	5.13	5.67	0.763(−)
1996	27.15	80.50	5.27	5.20	0.814(−)
1997	26.35	80.00	8.53	5.87	0.712(+)
1998	27.00	79.50	8.14	5.67	0.655(+)
1999	24.95	84.50	5.73	3.89	0.912(+)
2000	27.20	76.50	5.19	6.58	0.608(−)
2001	27.20	79.00	9.36	6.96	0.832(+)
2002	27.00	77.50	7.22	6.38	0.654(+)
2003	28.20	72.00	2.42	8.12	0.956(−)

注: ① 隶属度 *(+) 表示有警 (正类) 隶属度为 *, 隶属度 *(−) 表示无警 (负类) 隶属度为 *, 下同.
②以上数据来自《中国气象年鉴》和《中国农业年鉴》, 下同.

根据强模糊支持向量机得出对浙江省宁波市某水稻种植区 2004~2008 年的稻瘟病预警结果如表 12.18 所示.

表 12.18 稻瘟病气象预警数据表 (2)

年份	X_1/°C	X_2/%	X_3/mm	X_4/h	模糊预警 (隶属度)
2004	27.60	72.00	3.54	7.06	0.704(+)
2005	28.25	72.50	2.50	7.77	0.908(−)
2006	27.80	73.00	4.57	7.84	0.673(+)
2007	28.70	70.00	4.61	6.28	0.864(+)

同时利用支持向量机和模糊聚类方法, 采用同样数据对该水稻种植区 2004~2008 年的稻瘟病进行预警, 结果如表 12.19 和表 12.20 所示.

表 12.19 稻瘟病气象预警数据表 (3)

年份	支持向量机预警结果 (将模糊训练点近似为清晰点)
2004	有警
2005	无警
2006	有警
2007	有警

表 12.20 稻瘟病气象预警数据表 (4)

年份	模糊聚类方法预警结果
2004	无警
2005	无警
2006	无警
2007	有警

将以上 3 种方法得到的预警结果, 请水稻专家评价得出结论：

(1) 利用强模糊支持向量机得到的预警结果符合实际, 客观地反映浙江省宁波市某水稻种植区 2004 ~2008 年稻瘟病发生的实际情况.

(2) 利用支持向量机得到的预警结果基本符合实际, 但反映该水稻种植区 2004~2008 年稻瘟病发生实际情况不够客观 (缺乏实际问题的中间过渡).

(3) 利用模糊聚类方法得到的预警得结果与实际情况偏差较大.

由此可以看出, 强模糊支持向量机处理模糊分类问题有较大的优越性.

12.7 财务困境识别

财务危机识别是管理科学与工程领域研究中的一个前沿和热点问题, 是一项多学科交叉的边缘性研究课题, 建立切合企业实际的财务困境预警系统, 具有降低投资风险及防范金融危机的积极作用. 对企业财务困境的研究, 主要是从分类的角度开展的, 即通过某些可以反映企业偿债能力及发展趋势的指标对企业的状况进行综合分析, 将企业分为可能会发生财务危机和不会发生财务危机两种类别 (或更多类别), 从而得出关于企业财务情况的结论.

数据的来源为国内上市公司的真实数据, 其中选取的破产公司是指在连续两年内被股市特殊处理的公司, 同时依据行收分类选取该行收的其他公司为门常公司, 以财务状况异常最早日为基准日, 选取这些公司在基准日前两年的财务报表数据. 共选取 20 家财务状况异常公司、30 家门常公司, 共 50 家公司来构建样本集合. 数据来源于上市公司年报及 “精信资讯网” 中 2002 年年度的财务数据.

数据选用获利能力指标、经营能力指标、偿债能力指标、资本结构指标、经营发展能力等 14 个指标, 具体指标如下：a、主营收务利润率; b、投资收益比率; c、净资产收益率; d、每股净利润; e、应收账款周转率; f、存货周转率; g、总资产周转率; h、流动比率; i、资产负债率; J、流动负债比率; k、净资产比率; l、每股净资产; m、主营业务收入增长率; n、净资产增长率; o、总资产增长率.

这里把所有数据样本分成两份, 分别是训练集和测试集, 训练集和测试集各 25 个样本.

首先, 通过对上市公司数据的属性约简, 得到上市公司指标离散化决策表 (表 12.21).

表 12.21 上市公司指标离散化决策表 (3 类)

序号	a	b	c	d	e	f	g	h	i	j	k	l	m	n
1	2	2	2	1	2	2	3	2	1	2	2	2	2	2
2	3	2	2	1	2	1	3	1	3	1	2	1	3	1
3	1	2	3	1	2	1	2	2	3	2	2	2	2	1
4	2	2	2	1	2	1	2	2	3	2	2	2	2	2
5	2	1	2	1	2	1	2	2	3	2	2	2	1	1
6	2	2	2	1	2	1	2	2	3	2	2	2	2	2
7	2	2	1	1	2	2	2	2	3	2	2	2	2	1
8	2	2	2	1	2	1	2	2	3	2	2	2	2	1
9	2	2	3	1	2	1	3	3	3	3	3	1	2	1
10	2	3	2	1	2	2	2	2	3	2	2	2	2	2
11	2	2	2	2	2	3	2	2	3	2	2	3	1	3
12	2	2	2	1	2	2	1	2	2	2	2	2	2	2
13	2	2	2	1	2	2	2	2	3	2	2	2	2	2
14	2	2	2	1	1	2	1	2	2	2	2	2	2	2
15	2	2	2	1	3	1	3	2	3	2	2	2	2	2
16	2	2	2	1	2	2	2	2	3	2	2	2	2	2
17	2	2	2	1	2	2	2	2	3	2	2	2	2	2
18	2	2	2	1	2	2	1	2	3	2	1	2	2	2
19	2	2	2	1	2	2	2	2	3	2	2	2	2	2
20	2	2	2	1	2	2	2	2	3	2	2	2	1	2
21	2	2	2	1	2	2	1	2	3	2	2	2	2	2
22	2	2	2	1	2	2	2	2	1	2	2	2	2	2
23	2	2	2	3	2	2	2	2	2	2	2	2	2	2
24	2	2	2	2	2	2	2	2	2	2	2	2	2	2
25	2	2	2	2	2	2	1	2	1	2	2	2	2	2

然后, 根据 RS 理论, 对各属性进行约简, 可以得到上市公司属性决策表的一个约简 $R=\{$e,f,g,n$\}$(表 12.22).

表 12.22 约简后的训练数据

序号	e	f	g	n
1	8.6	0.85	0.31	−1.35
2	0.51	0	0.02	−38.79
3	2.46	0.24	0.6	−35.14
4	1.45	0.25	0.79	13.26
5	1.46	0.2	0.85	−49.78

续表

序号	e	f	g	n
6	0.19	0.11	1.19	13.86
7	3.79	0.62	0.97	−25.36
8	2.36	0.23	0.71	−15.66
9	0.03	0.02	0.05	−54.27
10	9.49	0.5	1.27	52.58
11	5.96	2.57	1.37	163.69
12	11.98	0.47	1.8	−3.8
13	5.77	1.29	1.3	31.13
14	19.16	0.49	1.6	2.99
15	120.98	0.15	0.25	3.17
16	13.89	0.91	1.01	30.59
17	2.72	0.75	1.3	23.51
18	1.98	1.03	1.6	37.01
19	7.04	1.33	1.09	30.33
20	2.96	0.72	1.26	40.84
21	3.89	0.59	1.72	15.51
22	6	1	0.73	10.94
23	6.05	0.97	1.01	35.65
24	6.21	1.2	0.84	14.28
25	8.93	0.95	1.6	21.37

通过属性约简后, 得到的预测数据如表 12.23 所示.

表 12.23 约简后的测试数据

序号	e	f	g	n
1	4.93	0.7	0.12	−26.42
2	0.93	0.13	0.12	−9.3
3	0.4	0.14	0.95	−25.8
4	3.02	0.07	0.17	−14.5
5	0.96	0.02	0.43	−4.98
6	3.59	0.65	0.28	−15.37
7	3.38	0.14	0.86	−1.1
8	1.56	0.21	0.7	−31.51
9	0.42	0.13	1.02	−14.29
10	0.86	0.12	0.22	−11.1
11	2.82	0.82	1.43	8.58
12	17.41	1.28	1.4	3.08
13	7.04	1.33	1.09	30.33
14	36.32	0.42	4.72	6.99
15	3.31	0.92	1.07	80.66

续表

序号	e	f	g	n
16	6.43	0.55	1.01	17.56
17	5.69	1	1.16	2.94
18	5.23	0.71	1.05	−9.53
19	338.72	0.27	2.77	3.91
20	4.35	1.38	1.07	3.14
21	5.49	1.22	3.69	49.84
22	5.82	0.8	1.18	9.36
23	7.6	1.7	1.4	7.6
24	11.52	2.25	1.54	62.13
25	13.42	1.14	1.32	15.76

利用约简前、后分类预测的结果比较, 其中, SVM 表示一般的 SVM 模型, RS-SVM 表示约简后的 SVM 模型. 参数选择：SVM, 选用径向基核, $\sigma = 50$, $C = 25$; RS-SVM, 选用径向基核, σ=100, C= 50. 一类错误率为将负类错判为正类的百分比, 二类错误率为将正类判为负类的百分比 (表 12.24).

表 12.24 约简前、后分类效果比较

模型	一类错误率/%	二类错误率/%	误判率/%
SVM	10	26.67	20
RS-SVM	10	13.3	12

通过分类效果的比较可以看出, 通过属性约简后, 分类效果并没有降低, 但却可减少使用的评价指标, 可减少计算的复杂度.

神经网络作为一种处理非线性分类的方法有着较广泛的应用, 用 BP 神经网络来进行对比. RS-ANN 表示约简后的神经网络模型. BP 神经网络的参数选择：选用标准下层 BP 网络, 网络结构为 4×9×1, 训练次数为 1000, 训练目标为 0.01, 学习速率为 0.10. new-RS-SVM 则选择径向基核与多项式核的线性组合, $C = 70$, 多项式核：$A = 50$, $d = 15$, $C = 50$; 径向基核：$B = 2$, $\sigma = 50$. 结果如表 12.25 所示.

表 12.25 约简前、后分类效果比较

模型	一类错误率/%	二类错误率/%	误判率/%
RS-ANN	10	13.3	12
new-RS-SVM	10	6.7	8

运用企业财务困境预警的 RS-SVM 模型, 减少了财务指标的数量, 提取主要的特征属性, 降低了 SVM 的复杂性和训练时间, 提高了学习能力、推理能力和分类能力, 实现对企业财务困境状态的测定和预警, 与传统的方法相比具有更大的优势.

给出了一个基于 RS-SVM 模型的企业财务困境预警实例. 实验结果表明, 该模型是有效的、可行的, 为企业财务困境的预警提供了一条新的途径.

12.8 股票预测

本节主要将基于粗糙集理论的支持向量回归机运用于上市公司股价的预测当中. 首先介绍了上市公司股票收益率模型, 并运用真实的上市公司数据进行了实例研究, 对比传统的神经网络方法验证了新方法的有效性.

股票市场具有高收益和高风险并存的特性. 关于股票收益率的分析和预测研究一直被人们所重视, 但是由于股票市场的高度非线性特征, 导致众多股票收益率分析方法的应用效果都难如人意. 随着粗糙集理论和支持向量机方法研究的深入, 为股票市场的建模和预测提供了新的技术和方法.

目前, 运用于股票收益率预测的方法主要有两类：第一类是基本分析; 第二类是技术分析. 前者主要是根据金融学、投资学的基本原理推导出来的分析方法, 后者则是根据证券市场本身的变化规律得出的分析方法.

本节选用技术分析的方法来预测股价的短期变化, 股票的数据也可以看作一个时间序列进行处理. 支持向量回归机因为其广泛的适应性和学习能力, 在非线性系统预测方面得到广泛的应用.

用于股价预测的常用模型有一般的统计回归模型、神经网络模型等人工智能模型.

选用信息类一家上市公司 (浪潮信息证券代码 000977) 股价变动情况进行预测分析. 这里将每 5 天作为一个周期, 每天的股票交易数据的 5 个指标：最高价、最低价、交易量、收盘价、开盘价作为网络的输入向量. 输出则为下一天的股票价格的升降幅度. 因此输入的变量个数为 25 个, 输出的变量个数为 1 个. 数据选用 2005 年 4 月 7 日 ~2005 年 5 月 24 日期间的数据, 训练样本个数为 25 个, 预测样本数为 3 个. 共 28 个数据样本. 数据来源为和讯网、证券之星网站.

将得到的数据进行归一化, 然后, 将训练数据离散化得到的决策表如表 12.26 所示.

表 12.26 约简前、后效果比较

模型	第 1 天错误率/%	第 2 天错误率/%	第 3 天错误率/%	平均错误率/%
SVR	94.72	86.76	77.33	86.27
RS-SVR	96.01	87.37	78.28	87.22

通过属性约简, 约简后的属性为 $[b, f, l, o, r, v, w, z]$, 其中, z 为决策属性, 得到约简后的决策表如表 12.26 所示.

对比约简前、后的回归效果, 可得到约简前、后运用支持向量回归机的对比效果如表 12.27 所示. R 表示约简前的模型, RS-SVR 表示约简后的模型. 参数选择: SVR, 选用径向基核, $\sigma = 50$, $\varepsilon= 0.2$. RS-SVR, σ =100, $\varepsilon = 0.2$.

表 12.27　通过数据离散化得到的决策表

序号	a	b	c	d	e	f	g	h	i	j	k	l	m	n	o	p	q	r	s	t	u	v	w	x	y	z
1	1	2	3	3	3	2	3	2	3	3	3	2	1	2	2	3	1	2	2	2	2	2	1	2	2	3
2	3	3	3	2	3	2	2	2	3	3	2	1	2	3	3	3	2	2	3	2	2	1	3	2	1	3
3	3	2	3	3	3	2	1	2	3	1	2	1	2	3	2	3	2	1	3	2	3	1	3	2	2	1
4	3	2	3	2	3	3	3	2	1	1	3	1	2	1	3	2	1	2	3	2	2	1	3	2	1	2
5	3	3	3	1	3	3	2	3	3	3	1	1	2	3	3	3	2	2	2	2	2	1	3	2	1	3
6	3	2	3	2	3	2	2	3	2	1	3	3	2	3	3	3	2	1	3	2	2	1	2	2	1	3
7	3	2	1	2	3	2	3	2	3	2	3	1	2	3	1	3	3	2	2	3	2	2	2	2	2	2
8	1	2	3	3	3	2	1	1	3	3	3	1	2	3	3	2	3	2	1	2	2	3	2	2	1	2
9	3	2	2	2	3	2	1	2	2	2	3	1	2	3	3	3	3	1	2	2	2	1	3	2	2	3
10	3	3	1	2	3	2	2	1	2	3	3	2	2	3	3	3	2	2	3	2	2	1	1	2	2	3
11	3	2	3	2	2	2	3	3	1	3	3	3	2	2	3	3	2	2	3	2	1	3	3	2	1	1
12	3	3	3	2	2	2	2	3	3	3	3	2	2	2	3	3	2	3	1	3	2	3	2	2	1	2
13	3	2	2	2	2	3	2	2	2	3	2	1	2	3	3	3	1	2	1	2	2	2	3	3	2	2
14	3	3	3	2	2	2	3	3	1	3	3	1	2	1	3	2	1	3	1	2	3	3	3	3	2	2
15	3	1	3	2	2	2	1	3	2	2	3	1	1	2	2	2	2	2	1	3	2	1	2	2	2	1
16	2	2	3	2	3	2	3	3	1	3	3	1	2	1	3	2	2	3	1	2	2	1	3	3	1	2
17	3	2	1	2	3	3	3	2	2	1	3	1	1	2	3	3	1	2	2	1	2	2	3	2	2	2
18	3	1	2	2	2	2	3	3	3	3	3	2	2	1	3	2	3	3	2	2	3	2	3	2	2	2
19	3	2	3	2	2	3	3	3	2	2	2	1	2	1	3	3	2	1	2	1	2	3	1	1	1	1
20	3	2	3	2	3	3	3	2	3	1	2	2	3	3	3	3	1	2	3	2	2	2	3	3	2	3
21	2	2	3	2	1	1	1	3	1	3	3	3	2	2	3	3	2	2	2	3	2	2	3	2	1	1
22	3	2	3	1	3	3	1	3	3	3	2	2	2	3	3	3	2	2	1	2	2	2	3	2	3	3
23	1	2	3	2	3	3	3	2	2	3	2	2	1	3	2	3	1	2	1	2	2	2	3	2	1	1
24	3	2	3	2	3	3	3	1	2	3	2	1	2	1	2	1	1	1	3	2	2	1	1	2	2	2
25	3	2	2	2	2	3	3	3	3	3	3	1	3	2	3	3	3	2	1	3	2	3	3	2	1	2

通过分类效果的比较可以看出, 通过属性约简后, 分类效果并没有降低, 但可减少使用的评价指标, 可减少计算的复杂度 (表 12.28).

运用新核与经典核对比可得表 12.29. new-RS-SVR 表示选用新核后的模型, 新核选用多项式核与径向基核的线性组合. new-RS-SVR 的参数选择: $\varepsilon = 0.1$, 多项

式核系数 $A=1, C=20, d=50$, 径向基核系数 $B=5$, $\sigma=50$.

表 12.28 通过约简后得到的决策表

序号	b	f	l	o	r	v	w	z
1	2	2	2	2	2	2	1	3
2	3	2	1	3	2	1	3	3
3	2	2	1	2	1	1	3	1
4	2	3	1	3	2	1	3	2
5	3	3	1	3	2	1	3	3
6	2	2	3	3	1	1	2	3
7	2	2	1	1	2	2	2	2
8	2	2	1	3	2	3	2	2
9	2	2	1	3	1	1	3	3
10	3	2	2	3	2	1	1	3
11	2	2	3	3	2	3	3	1
12	3	2	2	3	3	3	2	2
13	2	3	1	3	2	2	3	2
14	3	2	1	3	3	3	3	2
15	1	2	1	2	2	1	2	1
16	2	2	1	3	3	1	3	2
17	2	3	1	3	2	2	3	2
18	1	2	2	3	3	2	3	2
19	2	3	1	3	1	3	1	1
20	2	3	2	3	2	2	3	3
21	2	1	3	3	2	2	3	1
22	2	3	2	3	2	2	3	3
23	2	3	2	2	2	2	3	1
24	2	3	1	2	1	1	1	2
25	2	3	1	3	2	3	3	2

表 12.29 选用新核前、后回归效果的比较

模型	第 1 天错误率/%	第 2 天错误率/%	第 3 天错误率/%	平均错误率/%
RS-SVR	96.01	87.37	78.28	87.22
new-RS-SVR	96.07	88.12	81.95	88.71

通过试验表明, 新的核函数能够在一定程度上提高回归的效果.

神经网络作为一种处理非线性回归的方法有着较广泛的应用, 本文应用 BP 神经网络来进行对比. RS-ANN 表示约简后的神经网络模型. BP 神经网络的参数选择: 选用标准 3 层 BP 网络, 网络结构为 $7\times15\times1$, 训练次数为 1000, 训练目标为 0.01, 学习速率为 0.1(表 12.30).

表 12.30　选用新核效果与神经网络方法回归效果的比较

模型	第 1 天错误率/%	第 2 天错误率/%	第 3 天错误率/%	平均错误率/%
RS-ANN	95.87	87.52	77.12	86.83
new-RS-SVR	96.07	88.12	81.95	88.71

通过试验表明, 运用新核后, 其效果相对于神经网络稍好. 表明基于粗糙集预处理的支持向量回归机模型在实际应用中具有可行性和有效性.

12.9　遥感影像分类

光谱遥感是接收地表物质波谱反射信息的一种被动式遥感技术. 随着光谱遥感技术朝着高空间分辨率、高光谱分辨率、高时相分辨率的迅猛发展, 人们将获取越来越庞大的光谱遥感数据. 作为光谱遥感影像处理过程中的重要步骤, 分类一直被从事于遥感信息处理的广大科技人员所重视. 光谱遥感影像分类方法包括统计模式识别、句法模式识别以及神经网络、遗传算法、模拟退火算法等. 上述方法大多要求已知先验概率或基于渐进理论. 而在实际应用过程中, 样本的数目通常是有限的, 上述方法都难以取得理想的效果. 基于结构风险最小化的支持向量机 (SVM) 模型, 可以有效地解决小样本条件下的学习问题. 但是, 光谱遥感影像具有较强的不确定性, 主要表现在同物异谱、同谱异物、时相变化及地物单元空间分布的相互交错关系. 基于不确定性理论的支持向量机方法来研究光谱遥感影像的处理和分类是当前遥感信息智能处理领域的主流研究趋势之一.

将不确定性支持向量机 (模糊支持向量机和未确知支持向量机) 算法应用于光谱遥感影像分类研究, 建立基于不确定性支持向量机算法的光谱遥感影像分类方法.

遥感图像分割现有的方法基本上都是基于像元分类的. 这里处理的是 Lansat7 获取的 TM 遥感图像. TM 图像共有 8 个波段 (7 个中一色波段和一个全色波段). 通常上地覆盖物分类研究中仅选用其中的 1 ～ 5 和 7 共 6 个波段, 即每个像元是一个 6 维向量. 其空间分辨率为 30m×30m. 选取浙江余姚 408×356 像元的区域作为试验区. 支持向量机分类器本身是一种有监督的分类方法. 需要确定分类的个数和标注过类型的训练样本. 对照相应的 1:50000 的土地利用图将实验区地面覆盖类型分为 6 大类, 选取了 3370 个标注样本. 将其中的 900 个 (每类随机选取 150 个) 作为训练样本, 将所有 3370 个样本作为测试样本. 因为样本非线性可分, 通过实验, 选择 3 阶多项式核函数, 用 1-r-a 多类分类器进行训练和分类, 得到如表 12.31 所示的结果.

表 12.31 初步试验结果

训练样本数	支持向量个数	测试样本数	分类正确率/%
900(150×6)	37	3370	95.4

初步的实验结果表明, 基于多类支持向量机分类器有很好的性能. 根据实际应用的需要, 分类需要更加精细, 进一步地细分为 27 个类别, 每类选取 200 个标注样本, 其中 100 个作为训练样本, 另 100 个作为测试样本. 分别选择 2, 3, 5 阶多项式核函数, 获得的实验结果如表 12.32 所示. 可见, 采用支持向量机分类器比现有其他方法的分类精度提高很多.

表 12.32 进一步试验结果

序号	核函数	C 值	分类正确率/%
1	1 阶多项式	10	88.63
2	2 阶多项式	10	89.78
3	3 阶多项式	5	89.52
4	5 阶多项式	5	88.63

参考文献

[1] Alex S, Peter B, Bernhard S, et al. Advances in Large Margin Classifiers. Cambridge: MIT Press, 2000.

[2] Bartlett P J, Shawe J. Generalization Performance of Support Vector Machines and Other Pattern Classifiers. Advances in Kernel Methods-Support Vector Learning. Cambridge: MIT Press, 1999.

[3] Bartlett P. The sample complexity of pattern classification with neural networks: the size of the weights is more important than the size of the networks. IEEE Trans on Information Theory, 1998, 44(2).

[4] Bellman R E, Zadeh L A. Decision-making in fuzzy environment. Mgt, 1970, 17(2).

[5] Bernhard S, Alex S. Learning with Kernels. Cambridge: MIT Press, 2002.

[6] Bernhard S, Chris B, Alex S . Advances in Kernel Methods - Support Vector Learning. Cambridge: MIT Press, 1999.

[7] Bradley P S, Mangasarian O L, Musicant D R. Optimization methods in massive datasets. Technical Report Data Mining Institute TR-99-01, University of Wisconsin in Madison, 1999.

[8] Buckley J, Qu Y. Solving linear and quadratic fuzzy equations. Fuzzy Sets and Systems, 1990, 38(1).

[9] Burges C. A tutorial on support vector machines for pattern recognition. Data Mining and Knowledge Discovery, 1998,2 (2).

[10] Burges J C, Scholkopf B. Improving the accuracy and speed of support vector learning machines. Advances in Neural Information Processing Systems. Cambridge: MIT Press, 1997 .

[11] Chang C C, Hsu C W, Lin C J. The analysis of decomposition methods for support vector machines. IEEE Trans Neural Networks, 2000,11(4).

[12] Charnes A, Cooper W. Chance constrained programming. Management Science, 1959, 6(1).

[13] Cortes C, Vapnik V N. Support vector networks. Machine Learning, 1995, 20(3).

[14] Crisp D J, Burges C J.A Geometric interpretation of v-SVM classifiers. Advances in Neural Information Processing,11, Cambridge: MIT Press，2003.

[15] Dubios D, Prade H. Operations on fuzzy numbers. International Journal for Systems Sciences, 1978, 9(7).

[16] Dumais S, Plat J, Heckerman D, et al. Inductive learning algorithms representations

for text categorization. Proceedings of the 7th International Conference on Information and Knowledge Management, 1998.

[17] Hiriart J B, Strodiot J J, Nguyen V H. Generalized hessian matrix and second-order optimality conditions for problems with LC^1 data. Applied Mathematics and Optimization, 1984,11(1).

[18] Joachims T. Text categorization with support vector machines: learning with many relevant features. Proceedings of the 10th European Conference on Machine Learning, 1998.

[19] Joachinms T. Making Large-Scale SVM Learning Practical.Advances in Kernel Methods—Support Vector Learning. Cambridge: MIT Press, 1998.

[20] Keerthi S, Shevade C B, MurthyK R. A fast iterative nearest point algorithm for support vector machine classifier design. IEEE Trans Neural Networks, 2000 ,11(1).

[21] Lin C J. Formulations of support vector machines: a note from an optimization point of view. Neural Computation, 2001.

[22] Lin C F, Wang S D. Fuzzy support vector machines. IEEE Transactions on Neural Networks, 2002,13(2).

[23] Liu B, Iwamura K. Chance constrained programming with fuzzy parameters. Fuzzy Sets and Systems, 1998,94 (2).

[24] Liu B, Iwamura K. Fuzzy programming with fuzzy decisions and fuzzy simulation based evolutionary algorithm. Technical Report, 1997.

[25] Liu B. Dependent-chance programming with fuzzy decisions. IEEE Transactions on Fuzzy Systems, 1999, 7(3).

[26] Mangasarian O L, Musicant D R. Data discrimination via nonlinear generalized support vector machines. Technical Report Mathematical Programming TR 99-03, University of Wisconsin in Madison, 1999.

[27] Mangasarian O L. Generalized support vector machines. Advances in Large Margin Classifiers. Cambridge: MIT Press, 1999.

[28] Mangasarian O L. Mathematical programming in data mining. Data Mining and Knowledge Discovery, 1997, 1(1).

[29] Nello C, et al. Introduction to Support Vector Machines. Cambridge University Press, 2000.

[30] Nello C, John S T. An Introduction to Support Vector Machines and other Kernel-based Learning Methods. Cambridge: Cambridge University Press, 2000.

[31] Osuna E, Freund R, Girosi F. Training support vector machines: an application to face detection. Proceedings of the IEEE International Conference on Computer Vision and Pattern Recognition, New York: IEEE, 1997.

[32] Platt J C. Fast Training of SVMs using sequential minimal optimization. Advances in Kernel Methods-Support Vector Learning. Cambridge: MIT Press, 1998.

[33] Platt J C. Using sparseness and analytic QP to speed training of support vector machines. Advances in Neural Information Processing Systems. Cambridge: MIT Press, 1999.

[34] Pontil M, Verri A. Massachusetts Inst. Techno. AI Memo No. 1612. Properties of Support Vector Machines. AI Memo, 1997(1612).

[35] Ralf H. Learning Kernel Classifiers. Cambridge: MIT Press, 2002.

[36] Rockafellar R T. Convex Analysis Princeton.NJ: Princeton University Press, 1970.

[37] Scholkopf B, Smola A, Williamson R C, et al. New support vector algorithms. Neural Computation, 2000, 12(5).

[38] Shigeo A, Takuya I. Fuzzy support machines for multiclass problems. ESANN'2002.

[39] Sun J. On the structure of convex piecewise quadratic functions. Journal of Optimization Theory and Applications, 1992,16(3).

[40] Vapnik V N. Statistical Learning Theory. Wiley, 1998.

[41] Vapnik V N. The Nature of Statistical Learning Theory. New York: Springer-Verlag, 1995.

[42] Yang Z M, Yang X, Liu G L. A fuzzy optimization method for data mining. Journal of Convergence Information Technology, 2010, 5(5).

[43] Yang Z M, Yang X, Zhang B Q. Fuzzy support vector classification based on fuzzy optimization. Lecture Note in Artificial Intelligence,2009(5775).

[44] Yang Z M, Yang X. A fuzzy optimization method for fuzzy support vector classification. Proceedings of FSKD2010 (IEEE).

[45] Yang Z M, Liu G L. Fuzzy support vector classification based on fuzzy chance constrained programming. Proceedings of CIS2006 (IEEE).

[46] Yang Z M, Wang L, Deng N Y. Fuzzy linear support vector machines. Proceedings of WCICA2004 (IEEE).

[47] Yang Z M. Review of the monograph mathematical treatment and application of uncertain information. Chinese Science Bulletin, 2001,46(7).

[48] YLee Y J, Mangasarian O L. RSVM: reduced support vector machines. Technical Report 00-07, Data Mining Institute, Computer Sciences Department, University of Wisconsin, Madison, Wisconsin, 2000.

[49] Zadeh L A. Fuzzy sets. Information and Control, 1965,8(3).

[50] Zadeh L A. Fuzzy sets as a basis for a theory of possibility. Fuzzy Sets and Systems. 1978, 1(1).

[51] Zhang X. Using class-center vectors to build support vector machines. Proc IEEE NNSP'99.

[52] 边肇祺, 张学工, 等. 模式识别 (第二版). 北京：清华大学出版社, 1992.

[53] 蔡子兴, 徐光佑. 人工智能及其应用. 北京：清华大学出版社, 1997.

[54] 陈铤. 决策分析. 北京：科学出版社, 1987.

[55] 陈贻源. 模糊数学. 武汉：华中工学院出版社, 1984.

[56] 崔伟东, 周志华, 李星. 支持向量机研究. 计算机工程与应用, 2001, 37(1).

[57] 邓乃扬, 等. 无约束最优化计算方法. 北京：科学出版社, 1982.

[58] 邓乃扬, 田英杰. 数据挖掘中的新方法 —— 支持向量机. 北京：科学出版社, 2004.

[59] 邓乃扬, 田英杰. 支持向量机 —— 理论、算法与拓展. 北京：科学出版社, 2009.

[60] 邓乃扬, 诸梅芳. 最优化方法. 沈阳：辽宁教育出版社, 1987.

[61] 方述成, 汪定伟. 模糊数学与模糊优化. 北京：科学出版社, 1997.

[62] 冯英俊, 魏权龄. 多目标规划模糊解的一般形式. 模糊数学, 1982, 2(2).

[63] 何新贵. 模糊知识处理的理论与技术. 北京：国防工业出版社, 1998.

[64] 胡金柱. 模糊决策与决策支持系统. 武汉：华中师范大学出版社, 1989.

[65] 胡劲松. 模糊指派问题求解方法研究. 系统工程理论与实践, 2001, 21(9).

[66] 黄风岗, 宋克欧. 模式识别. 哈尔滨：哈尔滨工程大学出版社, 1998.

[67] 李小青, 周长银, 王延朝. 支持向量机中未确知信息的处理方法. 鲁东大校学报, 2011, 27(1).

[68] 刘宝碇, 赵瑞清, 王纲. 不确定规划及应用. 北京：清华大学出版社, 2003.

[69] 刘宝碇, 赵瑞清. 随机规划与模糊规划. 北京：清华大学出版社, 1998.

[70] 刘宝光. 非线性规划. 北京：北京理工大学出版社, 1988.

[71] 刘广利, 邓乃扬. 不确定性支持向量分类预警算法. 中国管理科学, 2003, (3).

[72] 刘广利, 邓乃扬. 基于 SVM 分类的预警系统. 中国农业大学学报, 2002, 7(6).

[73] 刘广利. 基于支持向量机的经济预警方法研究. 北京：中国农业大学管理学博士论文, 2003.

[74] 刘开第, 吴和琴, 等. 不确定性信息数学处理及应用. 北京：科学出版社, 1999.

[75] 刘普寅, 吴孟达. 模糊理论及其应用. 长沙：国防科技大学出版社, 1998.

[76] 罗承忠. 模糊集引论. 北京：北京师范大学出版社, 1989.

[77] 乔忠, 王光远. 模糊随机规划理论. 北京：科学出版社，1996.

[78] 汪培庄，李洪兴. 模糊系统理论与模糊计算机. 北京：科学出版社，1996.

[79] 汪培庄, 李洪兴. 知识表示的数学理论. 天津：天津科学技术出版社, 1994.

[80] 汪培庄. 模糊集合论及其应用. 上海：上海科学技术出版社, 1988.

[81] 温熙森, 胡莺庆, 邱静. 模式识别与状态监控. 长沙：国防科技大学出版社, 1997.

[82] 谢季坚, 刘承平. 模糊数学方法及其应用. 武汉. 华中理工大学出版社, 2000.

[83] 徐增坤. 数学规划导论. 北京：科学出版社, 2000.

[84] 薛毅. 支持向量机与数学规划. 北京：北京工业大学理学博士论文, 2003.

[85] 阎满富, 杨志民. 模糊支持向量机与模糊模拟. 系统工程, 2004, 22(11).

[86] 杨志民, 邓乃扬. 基于可能性理论的模糊支持向量分类机. 模式识别与人工智能, 2007, 2(1).

[87] 杨志民, 梁静, 刘广利. 强模糊支持向量机在稻瘟病气象预警中的应用. 中国农业大学学报, 2010, 15(3).

[88] 杨志民，田英杰. 基于模糊系数规划的模糊支持向量分类机, 中国农业大学学报, 2007, 12(5).

[89] 杨志民, 田英杰, 刘广利. 城市空气质量评价中的模糊支持向量机方法. 中国农业大学学报, 2006, 11(5).

[90] 杨志民, 邓乃扬. 模糊线性支持向量回归机. 计算机工程与应用, 2004, 40(36).

[91] 杨志民, 邓乃扬. 未确知机会约束规划. 系统工程, 2004, 22(3).

[92] 杨志民, 齐志泉. 模糊支持向量分类机在冠心病诊断中的应用. 计算机工程与应用，2006, 42(9).

[93] 杨志民, 田英杰, 邓乃扬. 模糊支持向量分类机. 计算机工程, 2005, 31(20).

[94] 杨志民, 刘广利. 不确定性支持向量机原理及应用. 北京：科学出版社, 2007.

[95] 袁亚湘, 孙文瑜. 最优化理论与方法. 北京：科学出版社, 1997.

[96] 曾庆宁. 模糊系数规划. 模糊系统与数学, 2000, 14(3).

[97] 张文修, 梁广锡. 模糊控制与系统. 西安：西安交通大学出版社, 1998.

[98] 张文修, 梁怡. 不确定性推理原理. 西安：西安交通大学出版社, 1996.

[99] 张文修, 梁怡. 遗传算法的数学基础. 西安：西安交通大学出版社, 1997.

[100] 张文修, 王国俊, 等. 模糊数学引论. 西安：西安交通大学出版社, 1997.

[101] 张文修. 模糊数学基础. 西安：西安交通大学出版社, 1995.

[102] Vapnik V N. 统计学习的理论本质. 张学工译. 北京：清华大学出版社, 2000.